3ds Max 2015中文版从新手到高手

和平艳 睢丹 编著

清华大学出版社
北京

内 容 简 介

3ds Max 2015 是 Autodesk 公司开发的一款功能强大、应用领域广泛的三维动画软件。本书系统、详细地介绍了 3ds Max 2015 的各种动画技法，并配合有针对性的实例来引导读者学习和创作。全书共分为 11 章，内容包括 3ds Max 基础操作、基础建模和修改器应用、复合建模、多边形建模、材质应用、灯光与摄影机应用、粒子动画、特效动画、环境与效果以及渲染等。本书配套光盘附有多媒体语音视频教程和大量的场景文件，供读者学习和参考。

本书适合三维造型、动画设计、影视特效和广告创意方面的初级读者，也可以作为高等院校计算机美术、影视动画等相关专业以及社会各类 3ds Max 培训班的基础教材。

图书在版编目（CIP）数据

3ds Max 2015 中文版从新手到高手 / 和平艳，睢丹编著. —北京：清华大学出版社，2016（2016.8 重印）
（从新手到高手）

ISBN 978-7-302-42297-6

Ⅰ. ①3… Ⅱ. ①和… ②睢… Ⅲ. ①三维动画软件 Ⅳ. ①TP391.41

中国版本图书馆 CIP 数据核字（2015）第 281742 号

责任编辑： 冯志强 薛 阳
封面设计： 吕单单
责任校对： 徐俊伟
责任印制： 杨 艳

出版发行： 清华大学出版社
网 址： http://www.tup.com.cn, http://www.wqbook.com
地 址： 北京清华大学学研大厦 A 座 **邮 编：** 100084
社 总 机： 010-62770175 **邮 购：** 010-62786544
投稿与读者服务： 010-62776969，c-service@tup.tsinghua.edu.cn
质量反馈： 010-62772015，zhiliang@tup.tsinghua.edu.cn
印 装 者： 河北新华第一印刷有限责任公司
经 销： 全国新华书店
开 本： 190mm×260mm **印 张：** 19 **字 数：** 551 千字
附光盘 1 张
版 次： 2016 年 1 月第 1 版 **印 次：** 2016 年 8 月第 2 次印刷
印 数： 3001 ～ 4520
定 价： 59.80 元

产品编号：066184-01

前　　言

3ds Max 2015 是 Autodesk 公司开发的一款功能强大、应用领域广泛的三维造型和动画制作软件。本书系统、详细地介绍了 3ds Max 2015 的各种模型技法，并配合有针对性的实例来引导读者学习和创作。全书共分为 11 章，内容包括 3ds Max 操作基础、关键帧动画、修改变形动画、参数控制动画、材质动画、动画控制器、粒子动画、特效动画、影视后期动画以及动力学、角色动画等技法。本书针对每一个知识点都安排了精彩的实例，使读者通过操作学知识、操作案例学思路，达到双管齐下的效果。

1．本书内容简介

第 1 章　初识 3ds Max 2015，介绍 3ds Max 2015 的功能、应用领域、软件操作流程、软件环境以及一些常用的操作，例如打开和保存、初始化、视图操作等。

第 2 章　对象的基本操作，介绍 3ds Max 2015 的基本操作部分，包括对象的选择、变换、复制、对齐和组合的编辑操作，使读者对模型的基本操作有清醒的认识，打下坚实的基础。

第 3 章　基础建模和修改器，介绍 3ds Max 的基础建模知识和修改器知识，包括创建和修改简单的几何模型、修改器的定义、常见二维修改器、常见三维修改器，以及一些建模后期常用的修改器等。

第 4 章　复合建模，本章更深层地阐述 3ds Max 2015 的高级建模技术。重点讲解最为常用的复合建模，使读者能够制作复杂的三维模型。

第 5 章　产品造型和多边形建模，介绍产品造型设计的含义以及多边形建模的过程，重点讲解最为常用的多边形建模，使读者能够制作复杂多变的三维模型。

第 6 章　物体的质感表现，介绍材质的概念、在三维创作过程中材质的重要性，以及它们的一些常用类型，包括标准材质、混合材质、多维/子对象材质、卡通材质等类型。

第 7 章　灯光与摄影机，介绍灯光和摄影机的使用方法，具体介绍灯光的种类以及应用方法和摄像机的景深效果等。

第 8 章　粒子动画，介绍 3ds Max 的基础粒子动画基础知识，包括粒子动画的鉴赏、喷射和超级喷射、雪粒子和暴风雪粒子、粒子阵列和粒子流动画的制作方法等。

第 9 章　动画设计，介绍 3ds Max 动画部分，包括动画基础知识概述、动画制作流程、控制工具和关键帧的应用等。

第 10 章　环境和效果，介绍环境特效的应用，包括环境对效果的影响、设置环境，以及对环境和效果的应用等。

第 11 章　渲染艺术，主要介绍渲染及渲染器的应用，是对前面所学到的知识的总结，利用综合实例来提高读者对各个知识点的综合应用能力。

2．本书主要特色

本书采用基础理论知识和实例相结合的方法讲解 3ds Max 的功能，使读者在了解软件理论知识的基础上，通过具体实践加深理解所学到的知识，从而真正掌握 3ds Max 建模和动画、特效等制作的能力。

❑ 理论知识

在每一节中，首先安排一些关于软件模块、工具方面的理论知识，帮助读者学习工具的使用方法、动画的实现原理。

❑ 实例应用

每节都安排了一个或者两个案例，用于提高读者对工具使用的熟练程度，提高对三维动画的认识，重要的是帮助读者开阔思路，做到理论和实际相结合，能够将本书所学到的知识应用到实际工作中。

❑ 随书光盘

本书为实例配备了视频教学文件，读者可以通过视频文件更加直观地学习 3ds Max 2015 的三维动画制作知识。

3. 本书使用对象

本书的内容从易到难，将案例融入到每个知识点中，使读者在掌握理论知识的同时，动手能力也得到同步提高。本书适合三维造型、动画设计、影视特效和广告创意方面的初级读者，也可以作为高等院校计算机美术、影视动画等相关专业以及社会各类 3ds Max 培训班的基础教材。

本书由睢丹、和平艳主编，其中睢丹老师编写了第 6~9 章，参与本书编写的还有郑路、余慧枫、吕单单、郑国栋、庞婵婵、隋晓莹、王红梅等人。由于时间仓促，水平有限，疏漏之处在所难免，欢迎读者朋友登录清华大学出版社的网站 www.tup.com.cn 与我们联系，帮助我们改进提高。

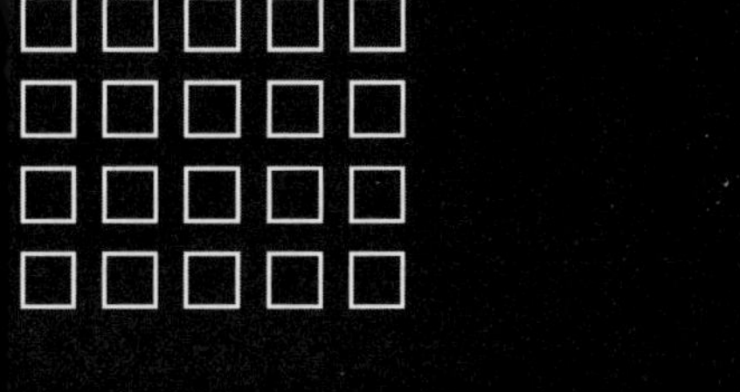

目　　录

第 1 章

初识 3ds Max 2015

3ds Max 是三维动画软件中的佼佼者，随着三维动画和视频特技在影视制作中的应用日益广泛，三维动画制作成为近几年的热门行业。3ds Max 2015 是 Autodesk 发布的最新版本。本章作为本书的开篇，主要向读者介绍 3ds Max 2015 的一些基础知识。

通过本章的学习，读者能够真正认识 3ds Max 2015，了解 3ds Max 的环境设置，从而投入到三维动画的创作当中。

1.1 3ds Max 2015 简介

目前，3ds Max 已被广泛应用到了影视特技、广告、军事、医疗、教育、娱乐等行业中。这种无与伦比的强大视觉冲击力被越来越多的人所接受，也让很多有志热血青年踏上了三维创造之路。本节主要介绍 3ds Max 2015 的功能，以及关于 3ds Max 的一些基础知识。

1.1.1 功能简介

3ds Max 的功能十分强大，在经过多次的版本升级后，其功能更是日臻完善。本节将向读者介绍 3ds Max 的功能。其中，基本功能部分向读者介绍了 3ds Max 的主要作用，而新增功能部分则向读者介绍了 3ds Max 本次升级的亮点所在。下面首先介绍 3ds Max 的基本功能。

在众多的三维软件中（如 Maya、3ds Max、Soft Image 等），3ds Max 是最为流行的软件之一，被广泛地应用于机械设计、实体演示、模拟分析、商业、影视娱乐、广告制作、建筑设计、多媒体制作等诸多方面。如图 1-1 所示的就是利用 3ds Max 制作出来的建筑效果图。

图 1-1 3ds Max 所设计出来的建筑效果

3ds Max 是 Autodesk 公司的主打产品之一，它由 Autodesk 公司旗下的 Discreet 公司负责开发，因此很多人奇怪是不是 3ds Max 由另外一个公司出品或发行了，实际上 Discreet 公司还是属于原来老牌的 Atuodesk 公司。

言归正传，3ds Max 之所以能够如此深入人心，除了其不断增加的强大功能外，还有一点就是软件的定位比较准确，Autodesk 直接应用 Windows XP 这个优秀的商业软件应用平台，为软件的发展奠定了非常坚实的基础。

3ds Max 也具有非常好的开放性和兼容性，因此它现在拥有最多的第三方软件开发商，具有成百上千种插件，极大地扩展了 3ds Max 的功能。

3ds Max 不仅可以制作人物、动物等模型，还可以创建出极其复杂的场景和特效。如果使用它与其他专业软件配合，还可以制作出非常逼真的动画角色。如图 1-2 所示是利用 3ds Max 制作出来的成功作品。

图 1-2 3ds Max 作品

1.1.2 新增功能

使用 3ds Max 2015 可以在较短的时间内制作

出令人难以置信的作品。3ds Max 2015 通过提高软件性能，可以极大地提高生产力。这是通过支持点云系统、增强实时渲染和工具的增加等方面的改进以及场景管理功能增强实现的。

下面详细介绍新增功能的具体体现。

1．人群填充增强

在新版本中，人群的创建和填充得到增强，现在可以对人物进行细分，得到更精细的人物模型，有更多的动态比如坐着喝茶的动作。走路动画也有所修正。因此得到了更有说服力的人群。还能给人变脸，提供了一些预置的脸部。但是整体感觉还是比较粗糙。如图 1-3 所示人群填充效果。

图 1-3　任务填充

2．支持点云系统

创建面板增加了点云系统的支持。点云就是使用三维激光扫描仪或照相式扫描仪得到的点云点，因为点非常密集，所以叫点云。通过这个扫描出来的模型，直接用于建模或者渲染，非常快速有效。目前点云系统是个新技术，不过应用前景应该还不错。

3．ShaderFX 着色器

这是之前 dx 硬件材质的增强。现在在载入 dx 材质的时候可以应用 ShaderFX，并且有个独立的面板可以调节。但是这部分还是英文界面，不太成熟。这些材质类型都是和 dx11 相匹配的，能实现一些游戏中实时的显示方式。

4．放置工具

可以在物体的表面拖动物体，相当于吸附于另一个物体，然后可以进行移动、旋转、缩放。

5．增强的实时渲染

增加了 NVIDIA iray 和 NVIDIA MENTALREY 渲染器的实时渲染效果，可以实时地显示大致的效果，并且随着时间不断更新，效果越来越好。

6．视口显示速度增强

展示上，使用 3d Max 2014 显示的场景只有几帧每秒，同样的场景到了 3ds Max 2015 中就变成了二百帧每秒。

7．Python 脚本语言

新版 3d Max 2015 的脚本语言已经改成了 Python 语言。Python 是一个通用语言，使用 Python 可以快速生成程序结构，提高脚本效率。

8．视口设置可以设置抗锯齿

关于 3ds Max 2015 的新增功能还有好多，读者可以在实际的使用过程中仔细体会，这里不再一一介绍。

1.1.3　应用领域

由于 3ds Max 自身所具有的优点，使其能够被广泛应用于广告、影视、工业设计、建筑设计、多媒体制作、辅助教学以及工程可视化等多个领域，成为人们十分关注的一个热点。本节将向读者介绍 3ds Max 应用的几个主要领域，以便于读者能够全面掌握它的功能，并为自己以后的择业奠定基础。

1．影视特效

影视特效是 3ds Max 的一个重要功能，通过它制作出来的影视作品有很强的立体感，写实能力较强，能够轻易而举地表现出一些结构复杂的形体，并且能够产生惊人的真实效果，典型的应用是影视作品的合成，例如《银河护卫队》中的反面主角就多次使用这种技术。如图 1-4 所示是电影当中的精彩镜头。

图 1-4　影视作品

2. 电视栏目

3ds Max 广泛应用在电视作品中，主要包括栏目片头、特效等，许多电视节目的片头均为设计师配合使用 3ds Max 和后期编辑软件制作而成的，如图 1-5 所示的是一个电视片头的效果。

图 1-5　电视片头

3. 游戏角色

由于 3ds Max 自身所具备的建模优势，使其成为全球范围内应用最为广泛的游戏角色设计与制作软件。除制作游戏角色外，还被广泛应用于制作一些游戏场景，如图 1-6 所示是三维游戏中的场景和人物效果。

图 1-6　游戏场景和角色

4. 广告动画

在商业竞争日益激烈的今天，广告已经成为一个热门的行业。而使用动画形式制作电视广告是目前最受厂商欢迎的一种商品促销手段。使用 3ds Max 制作三维动画更能突出商品的特殊性、立体效果，从而引起观众的注意，达到商品的形象宣传效果。如图 1-7 所示的就是一个广告的动画效果。

图 1-7　广告效果

5. 建筑效果

室内设计与建筑外观表现是目前使用 3ds Max 领域最广的行业之一，大多数学习 3ds Max 的人员首要的工作目标就是制作建筑效果。如图 1-8 所示是利用 3ds Max 制作出来的室内效果图。

6. 工业造型

3ds Max 是产品造型设计中最为有效的技术手段，它可以极大地拓展设计师的思维空间。同时，在产品和工艺开发中，它可以在生产线建立之前模拟实际工作情况以检测生产线运行情况，以免因设计失误而造成巨大的损失，如图 1-9 所示的是利用 3ds Max 制作出来的产品造型。

图 1-8　建筑效果

图 1-9　产品造型

实际上，3ds Max 的应用不仅局限于上述的几个方面，它在很多行业当中都有具体的使用范围，限于篇幅的问题这里就不再一一介绍。

1.1.4　3ds Max 制作流程

对于初学者而言，可能 3ds Max 给你的是一种神秘的感觉。很多读者也有这样的问题：3ds Max 的模块那么多，究竟应该从哪里着手啊？实际上，利用 3ds Max 设计作品有一定的流程，即有一定的次序。本节将简单介绍 3ds Max 的制作流程，从而使读者对于以后的学习有个整体的认识。

1. 建模

在 3ds Max 中，建模是制作作品的基础，如果没有模型则以后的工作将无法继续。3ds Max 提供了多种建模方式，建模可以从不同的三维基本几何体开始，也可以使用二维图形通过一些专业的修改器来进行，甚至还可以将对象转换为多种可编辑的曲面类型进行建模，如图 1-10 所示是利用 3ds Max 的建模功能制作出来的模型。

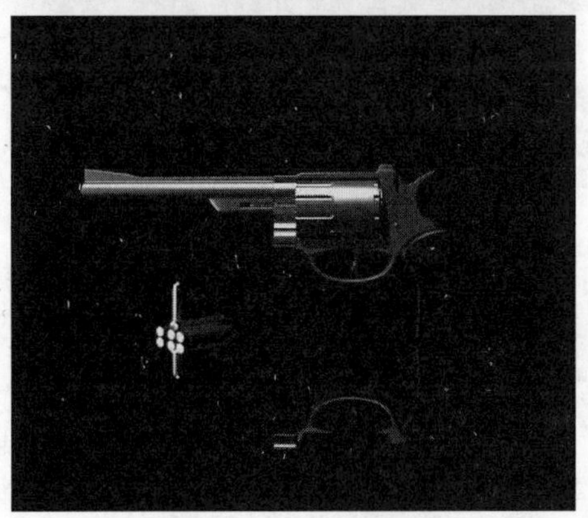

图 1-10　建模阶段

2. 制作材质

完成模型的创建工作后，需要使用【材质编辑器】设计材质。再逼真的模型如果没有赋予合适的材质，都不是一件完整的作品。通过为模型设置材质能够使模型看起来更加逼真。3ds Max 提供了许多材质类型，既有能够实现折射和反射的材质，也有能够表现凹凸不平表面的材质，如图 1-11 所示是模型的材质效果。

3. 布置灯光和定义视口

照明是一个场景中必不可少的，如果没有恰当的灯光，场景就会大为失色，有时甚至无法表现创作的意图。在 3ds Max 中既可以创建普通的灯光，也可以创建基于物理计算的光度学灯光或者天光、日光等真实世界的照明系统。通过为场景添加摄像机可以定义一个固定的视口，用于观察物体在虚拟三维空间中的运动，从而获取真实的视觉效果。

4. 渲染场景

完成上面的操作后，并不是作品就已经产生了。在 3ds Max 中，还需要将场景渲染出来，在该过程中还可以为场景添加颜色或者环境效果。

5. 后期合成

后期合成可以说是 3ds Max 制作的最后一个环节，通过该环节的操作后，制作出来的效果将变为一个完整的作品。

在大多数情况下需要对渲染效果图进行后期修饰操作，即利用二维图像编辑软件例如 Photoshop 等进行修改，以去除由于模型或者材质、灯光等问题而导致渲染后出现的瑕疵。

图 1-11　利用材质表现的效果

1.2 3ds Max 环境基础

本节将介绍 3ds Max 的操作环境。它对读者的学习起着很重要的作用。本节所要讲解的内容包括 3ds Max 2015 的主操作界面，以及位于该界面上工具的含义、功能；在 3ds Max 中关于文件的操作，例如新建、打开、保存、暂存以及初始化场景和视图的操作等。

1.2.1 认识工作界面

学习一个新的软件时，对于其环境的认识是非常重要的，它将直接关系到操作。本节将向读者介绍 3ds Max 的环境，从而为用户的实际操作打下基础。当用户安装好 3ds Max 软件后，双击桌面上的

3ds Max 2015 图标，即可启动该软件，如图 1-12 所示的就是 3ds Max 2015 的启动画面。

当系统初始化完毕后，即可进入它的操作界面。和所有的三维设计软件相同，3ds Max 2015 也拥有 4 个默认的视图，分别是顶视图、前视图、左视图和透视图，如图 1-13 所示。

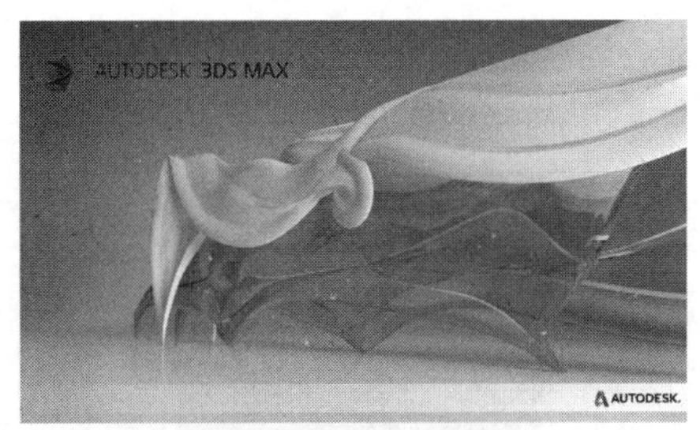

图 1-12　3ds Max 2015 的启动界面

图 1-13　3ds Max 工作界面

本节将向用户详细介绍 3ds Max 2015 的主界面及其各个部分的功能，首先来看菜单栏的功能。

1．菜单栏

和常见的应用软件相同，3ds Max 2015 的菜单栏位于标题栏的下方，包括编辑、工具、组、视图、创建、修改器、动画、图形编辑、渲染、自定义、MAX Script（X）和帮助 12 项菜单。

2．工具栏

工具栏位于菜单栏下方，包括选择物体按钮、撤销操作按钮、选择并移动按钮、镜像按钮、阵列按钮，以及材质编辑器按钮等一些常用的工具和操作按钮，关于这些工具的简介如表 1-1 所示。

表 1-1　主要按钮说明

按　钮	说　明
（选择对象）	单击该按钮后可以以单击或框选的方式选择物体
（按名称选择）	根据名字选择，单击该按钮，在弹出的【选择对象】对话框中用户可以通过名称进行选择
（撤销）	单击该按钮可以撤销刚才的操作，回到上一步操作结果
（重做）	单击该按钮可以重复刚才的操作
（选择并移动）	单击该按钮后可以选择物体并随意拖动到任意位置
（选择并旋转）	单击该按钮可以选择物体并旋转该物体
（选择并均匀缩放）	单击该按钮后，拖动鼠标可以使所选物体沿约束的坐标轴或坐标进行挤压或拉伸
（镜像）	单击该按钮后，在弹出的对话框中对当前选中的物体进行镜像操作
（对齐）	单击该按钮可以将视图中的物体以一定的方式对齐
（材质编辑器）	单击该按钮后弹出材质编辑器窗口
（渲染产品）	单击该按钮可以快速渲染当前选择视图窗口

3. 命令面板

在 3ds Max 2015 中，命令面板位于界面的最右侧。它的结构比较复杂，内容丰富，包括基本的建模工具、物体编辑工具以及动画制作等工具，是 3ds Max 的核心工具之一，如图 1-14 所示。

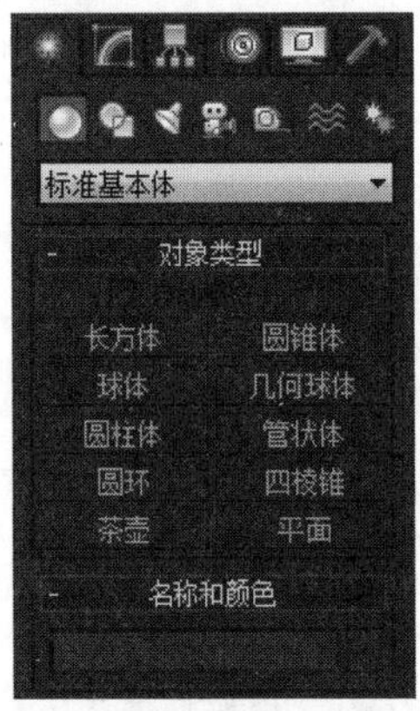

图 1-14　命令面板

在命令面板的顶部有 6 个选项卡，每个选项卡代表 3ds Max 中的一类工具。当用户单击某一个选项卡时，系统将打开与该类型相近的所有命令。例如，当用户单击【运动】面板时，与运动相关的所有参数都将被打开。关于这 6 个选项卡的简介如表 1-2 所示。

表 1-2　命令面板上各按钮的名称及功能

按钮	含义	功能简介
	创建命令	该面板主要用于创建物体，其下面的 7 个选项分别为几何体、图形、灯光、摄影机、辅助物体、空间扭曲和系统
	修改命令	单击该选项卡后，当前被选择的物体名字出现在顶部，并有一组物体修改命令按钮出现在下面
	层次命令	该面板用于调整物体的轴心，进行反向动力学设置，控制物体的链接
	运动命令	该面板用于动画设置
	显示命令	该面板用于控制物体在视图中的显示
	实用程序命令	用于显示常规实用程序和外挂实用程序列表

通常一个命令面板包括多个卷展栏。卷展栏的最前端带有+号或-号，表示该卷展栏下存在子选项。通过单击该符号可以展开或收缩其下方区域。此外，如果在卷展栏最前端显示+号，表示该卷展栏下方区域未展开；如果在卷展栏最前端显示-号，则表示该卷展栏的下方区域已被展开。

4. 视图控制区域

视图控制区域位于整个界面的右下方。该区域主要用于改变视图中场景的观察方式（但它并不能更改视图中场景的结构）。用户可以通过视图控制区对视图显示的大小、位置进行调整。该区域中的各个工具简介如表 1-3 所示。

表 1-3　视图控制区各按钮名称及功能

按钮名称	功能简介
缩放	单击该按钮后，按下鼠标左键，上下拖动鼠标可以拉近或推远视图
缩放所有视图	单击该按钮可以使所有视图窗口随当前视图窗口变化
最大方式显示选定对象	单击该按钮可以以尽可能大的方式显示所选物体
所有视图最大显示选定物体	单击该按钮可以使所有视图窗口中的所有被选物体都尽可能放大
缩放区域	单击该按钮，然后在视图窗口中画一矩形，使被框住的部分放大至整个视图窗口
移动视图	单击该按钮后，可以平行移动视图窗口
旋转视图	单击该按钮后，可以绕中心点旋转视图
最大、最小视图切换	单击该按钮后，可以使当前视图窗口全屏显示或者恢复

5. 视图区域

视图是操作的平台，通过系统提供的视图，可以快速了解一个模型各个部分的结构，以及执行修改命令后的效果。在默认状态下，工作视图由顶视图、前视图、左视图和透视图组成，如图 1-15 所示。

图 1-15　工作视图

其中，顶视图显示从上向下看到的物体的形状；前视图显示从前向后看到物体的形状；左视图显示从左向右看到的物体的形状；透视图则可以从任何角度观测物体的形状。另外，顶视图、前视图与左视图属于正交视图，主要用于调整各物体之间的相对位置和对物体进行编辑；透视图则属于立体视图，主要用于观测效果。

注意

在视图区域中可以根据自己的需要切换视图，操作的方法是：将鼠标放在视图窗口的左上角，当鼠标变成形状时，单击鼠标右键，打开右键菜单。单击视图选项，在弹出的二级菜单中选择需要切换的视图即可。

6．力学工具面板

力学工具面板位于工作界面的最左侧，它的主要功能是用于动力学设置。该面板中所有的创建工具均可在创建命令面板中找到。

7．动画控制区域

动画控制区域主要用来制作、播放动画并用于设置动画的播放时间等。其中，单击按钮，可以在打开的对话框中设置动画的播放时间和播放格式等内容；单击【自动关键点】按钮则可以录制动画；单击【设置关键点】按钮可以设置帧的属性等。

1.2.2　文件的操作

对于任何一款软件而言，文件的操作都是最基本的。这些操作能够帮助我们创建一个基本的平台，从而为实际操作提供空间。本节所要介绍的是关于 3ds Max 中的文件操作。在这里将介绍关于 3ds Max 的一些操作，包括文件的新建、场景的初始化，以及暂存与取回等多种操作。

1．新建场景

使用【新建】操作可以清除当前场景中的内容，但不能更改系统设置，如视图配置、捕捉设置、材质编辑器和背景图像等。关于新建文件的操作方法如下。

首先，在一打开的文件场景中依次选择【文件】|【新建】命令，打开如图 1-16 所示的【新建场景】对话框。

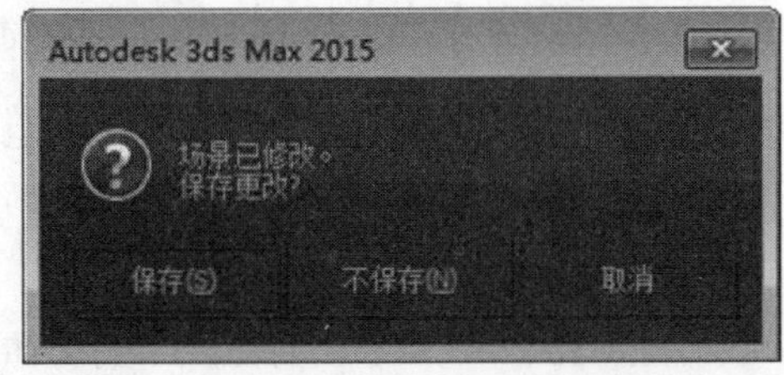

图 1-16　新建场景

然后，在该对话框中指定要保留的对象类型。单击对话框上的【确定】按钮，即可创建一个新的场景文件。在【新建场景】对话框中有三种新建场景的基本形式，下面一一介绍它们的功能。

- ❑ **保留对象和层次**　如果选择该选项后，则在新建的文件中将保留对象以及对象之间的层次链接，但移除所有动画的关键点。
- ❑ **保留对象**　保留场景中的对象，但移除它们之间的所有链接和所有动画关键点。
- ❑ **新建全部**　清除当前场景的内容。

2．打开文件

要使用或者编辑处理已经存在的 3ds Max 文件，需要事先打开该文件。打开的方法简介如下。

首先，依次选择【文件】|【打开】命令，打开如图 1-17 所示的【打开文件】对话框。然后在文件所在的位置选择要导入的文件，单击【打开】按钮就可以打开文件。

图 1-17　打开文件

3．保存文件

作品制作完毕，就需要将其保存起来，文件的保存分为多种类型，例如可以完全保存图像，也可以另存为图像，甚至还可以保存选定的对象。

❑ 保存与另存为

依次选择【文件】|【保存】命令，打开如图 1-18 所示的【文件另存为】对话框。然后，选择放置文件的位置，并输入文件名称，单击【保存】按钮即可保存文件。

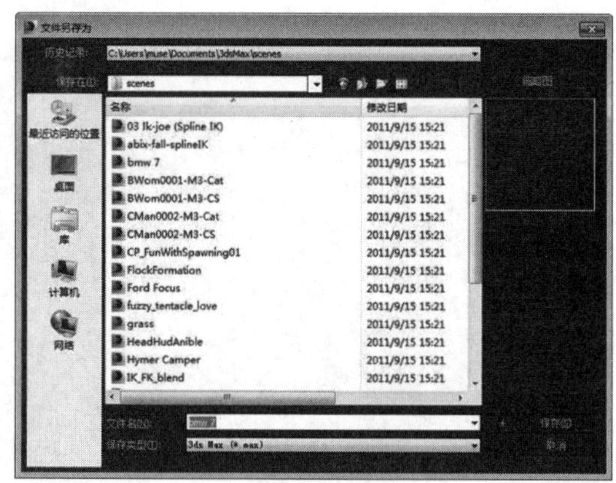

图 1-18　文件另存为

如果要创建当前打开文件的副本，可以依次选择【文件】|【另存为】命令，打开【文件另存为】对话框。改变文件放置的位置和文件名称，然后单击【保存】按钮即可另外创建一个文件。

> **提示**
>
> 如果另存的文件与原文件放置在同一个目录下，则必须为另存的文件重新命名，否则另存的文件将覆盖原文件。文件另存以后，程序将自动关闭原文件，并打开另存后的文件。

❑ 保存选定对象

3ds Max 有一种特殊的文件保存功能，即保存选定对象。利用这种功能可以只保留场景中的一部分物体，即可以选中这部分物体，并将其保存为一个新的文件。保存的方法是：选择要保存的部分，使其处于高亮度选中状态，如图 1-19 所示。

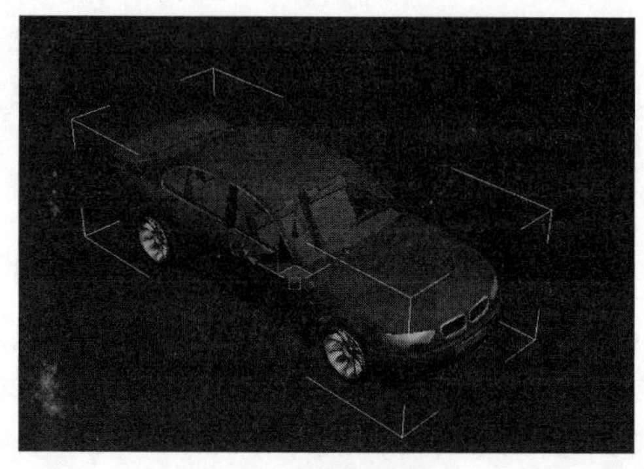

图 1-19　选择保存部分

依次选择【文件】|【保存选定对象】命令，打开【文件另存为】对话框，指定一个名称后，单击【保存】按钮完成保存。

4．暂存与取回对象

在 3ds Max 中，某些操作是不能进行撤销的，例如布尔运算等，一旦执行了这些操作后就不能恢复到执行前的状态。对于这样的问题，3ds Max 提供了【暂存】功能。对暂存保存的场景，可以在需要恢复时使用【取回】功能恢复到原场景。要使用该功能可以执行以下操作步骤。

在需要保存场景的时候依次选择【编辑】|【暂存】命令，暂时保存场景的当前状态，然后继续执行其他操作。在需要退回到暂存前的状态时，可依次选择【编辑】|【取回】命令，打开如图 1-20 所示的对话框，单击【是】按钮即可回到暂存前的场景状态。

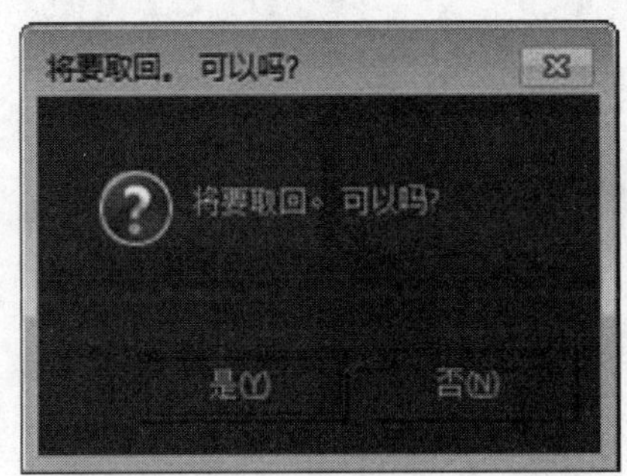

图 1-20　取回操作

5．初始化场景

3ds Max 中的【重置】功能可以清除所有的数据并重置程序的设置，例如视图配置、捕捉设置、材质编辑器、背景图像等，其操作的具体方法如下。

在已经打开的场景文件中依次选择【文件】|【重置】命令，弹出如图 1-21 所示的对话框。单击【保存】或者【不保存】按钮即可初始化场景。

图 1-21　初始化操作

提示

如果在如图 1-21 所示的对话框中单击【保存】按钮则会打开保存文件对话框，对当前操作执行保存操作；如果单击【不保存】按钮则直接初始化文件；如果单击【取消】按钮则不做任何操作，返回到操作环境。

6．导入与导出

与其他三维软件的完美结合，是 3ds Max 的一个很大的优点。可以通过使用【导入】命令将其他软件创建的格式文件导入，例如 AutoCAD 创建的*.dwg 格式文件等。也可以使用【导出】命令将自身创建的文件转化为其他格式以供其他软件使用，例如，将 3ds Max 场景转变为 Lightscape 软件可用的*.LP 格式文件等。

1.2.3　视图操作

视图是进行操作的主要区域，对于视图的操作十分重要。3ds Max 为我们提供编辑命令的同时，也提供了大量的关于视图的操作，以便于从不同的角度观察和编辑场景中的物体。打开 3ds Max 界面后，可以看到其中的 4 个工作框，这就是视图。在默认情况下，主界面中显示顶、前、左、透视 4 个视图，如图 1-22 所示。在其中的一个视图中创建物体后，该物体也在其他视图中显示状态。

注意

在默认情况下，顶视图位于左上角，前视图位于右上角，左视图位于左下角，透视图位于右下角。如果视图被一个黄色边框包围，说明该视图已经被激活。默认情况下，透视图处于激活状态。

3ds Max 不仅仅只有 4 个视图可以显示物体，它提供了高达 9 个视图的显示方式，读者可以根据实际需要选择显示物体的顶、底、前、后、左、右、用户、透视和摄像机视图。

3ds Max 2015 中文版从新手到高手

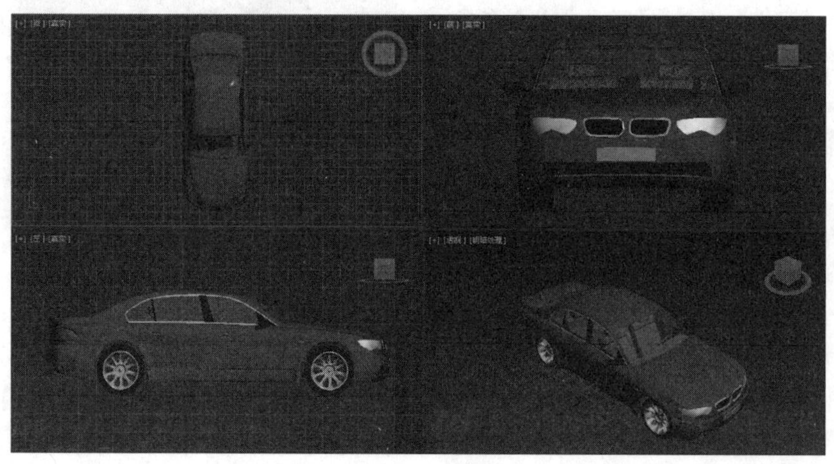

图 1-22　默认的视图

此外，3ds Max 界面中的视图的大小可以根据显示的需要进行调整。通常情况下，调整视图的方法可以有两种，分别如下。

- □ **拖动视图**　鼠标指针放在 4 个视图的中间位置时将变为一个十字形状，如图 1-23 所示。此时可以通过拖动鼠标指针来改变视图的形状。

图 1-23　拖动鼠标更改视图

- □ **使用命令**　执行【视图】|【视图配置】命令，在打开的对话框中切换到【布局】选项卡，然后选择视图的布置方式，如图 1-24 所示。

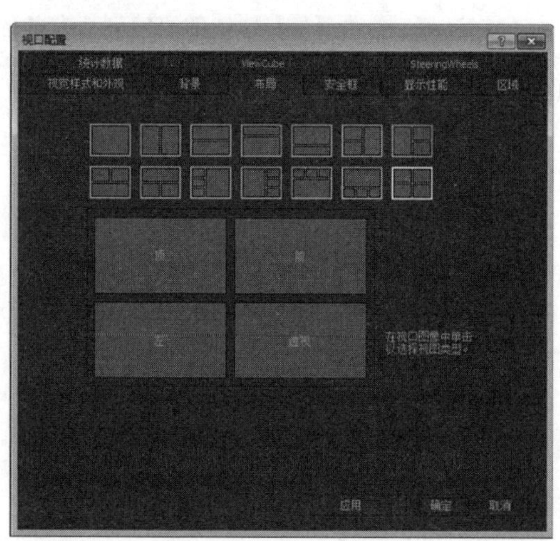

图 1-24　视口配置

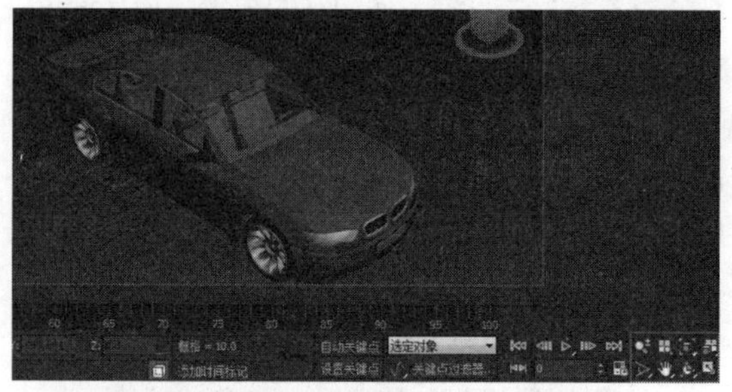

图 1-25　视图调整工具

视图调整工具位于 3ds Max 界面的右下角，如图 1-25 所示。根据当前激活的视图类型，视图调整工具略有不同，读者可以通过观察视图控制区域的工具按钮，观察它们的变化。当选择了一个视图工具后，该按钮呈现黄色高亮度显示，从而表示对当前激活的视图来说该按钮是可用的。下面将介绍这些工具的功能。

- ❑ **缩放**　调整当前视图的放大值。
- ❑ **缩放所有视图**　调整物体在所有视图中的放大比例。
- ❑ **缩放程度**　在当前视图中显示场景中的所有对象。该按钮还包含一个隐藏的按钮，即最大化显示选定对象。
- ❑ **所有视图最大化显示**　将所有可见对象在所有视图中居中显示。该按钮还包含一个隐藏按钮，即所有视图最大化显示选定对象。
- ❑ **缩放区域**　放大在视图内选择的矩形区域。如果当前视图是透视视图，则该按钮还包含一个隐藏按钮，即视野。
- ❑ **平移视图**　以与当前视图平面平行的方向移动视图。
- ❑ **弧形旋转**　使视图围绕其中心自由旋转。
- ❑ **最大化视图切换**　使当前视图在正常大小和全屏之间进行切换。

除了可以更改视图的布局外，还可以设置模型在视图中的显示方式。在视图中的标签上（即标识视图的文字，例如透视图中的“透视”字样上）单击鼠标右键，在打开的快捷菜单中将显示视图属性，如图 1-26 所示。

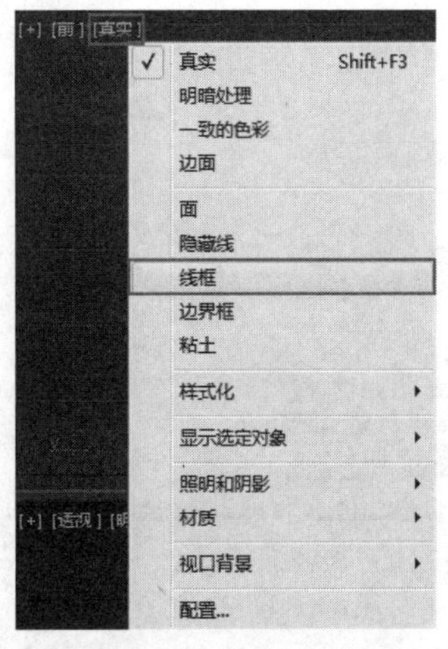

图 1-26　视图属性

在该菜单中选择一个命令后，系统将按照指定的方式显示模型，例如选择了【隐藏线】命令，则视图将以隐藏线的方式显示模型，如图 1-27 所示。关于视图的操作是非常重要的，它牵涉到对模型的整体操作，因此需要切实掌握它们，并能够熟练应用。

图 1-27　隐藏线显示模型

第 2 章

对象的基本操作

掌握对象的基本操作是制作 3ds Max 模型的基础，而 3ds Max 软件具有强大的建模功能，随着软件版本的不断升级，其建模功能更加完善，无论是简单的规则模型还是复杂的不规则模型，3ds Max 都可以出色地完成任务，而掌握对象的基本操作读者才算是能制作 3ds Max 模型。

本章详细介绍 3ds Max 2015 的基本操作部分及对齐和组工具的应用，使读者对模型有个全面的认识，并打下坚实的基础，为创建更复杂的模型做准备。

2.1 选择物体

在 3ds Max 中，对于对象的选择操作是非常重要的。为了满足不同选择的需求，3ds Max 2015 提供了多种选择方式，可根据不同的需要采用不同的选择方式。本节将介绍一些常用的对象选择方式。

2.1.1 直接选择

选择物体的方式根据不同的要求分为很多种类型，但是对于初学者而言，需要掌握两种基本的选择方式，分别是基本选择法和区域选择法。这两种类型是掌握 3ds Max 的基础，也是众多选择方式中最为简单的方法。

当需要选择视图中的对象时，可以直接单击工具栏上的【选择对象】按钮，此时视图中的光标变为可用来选择对象的十字光标。通过十字光标可以单击选择对象，也可以配合其他方式拖曳光标形成一个区域来定义对象选择集。如果要取消选择对象，只需要在没有对象的视图空白区域单击鼠标即可。

> **提示**
>
> 如果要选择多个对象，则可以通过按住 Ctrl 键在视图中连续单击不同的对象，即可将它们一一选择。

2.1.2 区域选择

上面所介绍的是利用鼠标直接选择对象的方式，这种方式的最大优点就在于选择灵活，但同时它也有自己的缺点，为此 3ds Max 还提供了区域选择方式，下面一一介绍它们的功能。

❑ 矩形选区

矩形区域选择是系统默认的选择方式，在该方式下可以使用鼠标拖出一个矩形区域来进行选择，如图 2-1 所示。

❑ 圆形选区

圆形区域选择是以视图上的一点为圆心画出一个圆形区域，松开鼠标则圆形区域内的物体即被选中，如图 2-2 所示。

图 2-1 矩形选区

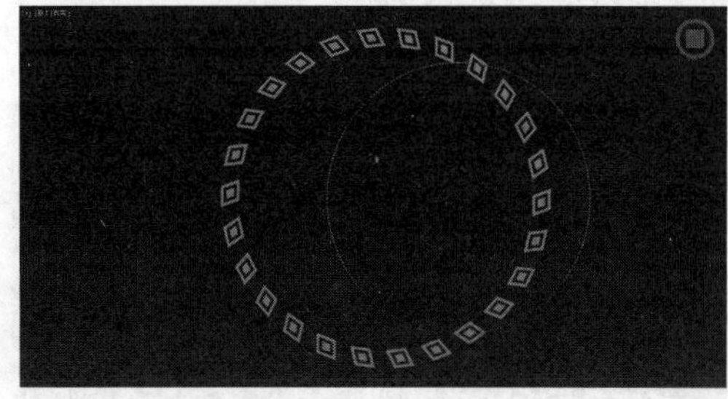

图 2-2 圆形选区

❑ 围栏选区

任意多边形区域选择可以在视图上画出任意的多边形，当选定区域后只有当鼠标回到起点，再次单击鼠标后，多边形区域内的物体将被选中，如图 2-3 所示。

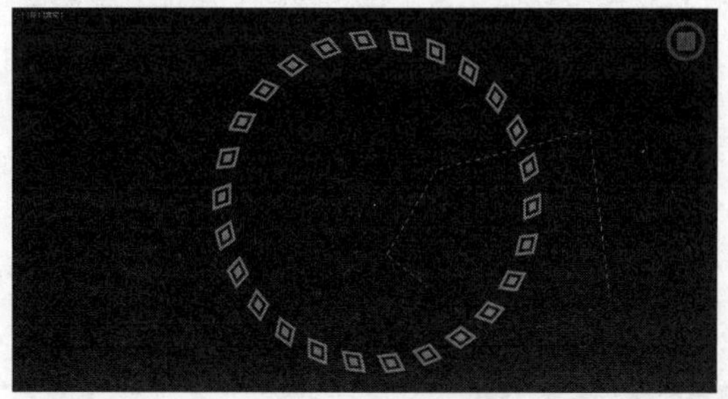

图 2-3 围栏选区

❑ 套索选区

套索选区类似于矩形区域选择的方法，但可以拖出极其特殊的形状区域，如图 2-4 所示。

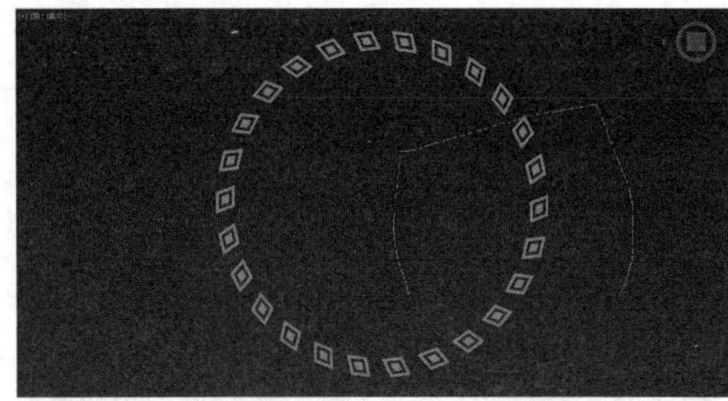

图 2-4　套索选区

❑ 绘制选区

描绘式区域选择可以在视图上有选择性地选择物体，单击按钮后，在视图上单击某个物体则在该物体上将出现一个圆形标记，这时按住鼠标左键，再选择其他物体即可完成操作，如图 2-5 所示。

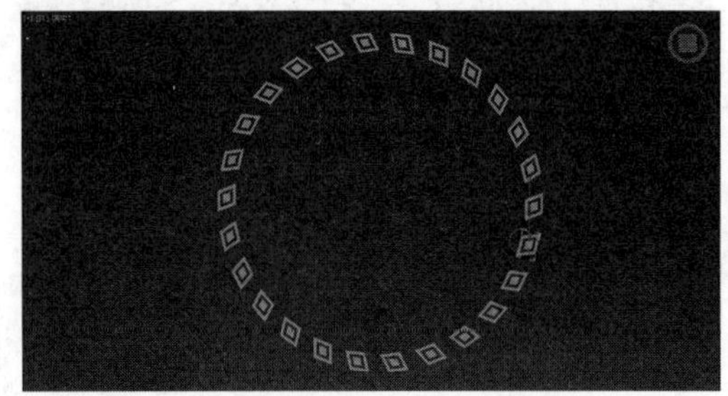

图 2-5　描绘区域

2.1.3　多物体选择

多物体选择指的是一次性选择多个物体，或者在选择一些物体之后，在此基础上加选一些物体。在 3ds Max 中，多物体选择可以分为三种类型，分别是鼠标单击选择，区域选择（上文已经讲解过）和【编辑】菜单选择，关于其简介如下。

1．鼠标单击选择

通常情况下，按住 Ctrl 键，逐一单击要选择的物体，可以从选择集中增加物体；逐一单击要取消的物体，可以从选择集中取消物体。

2．区域选择

按住 Ctrl 键，用区域选择的方法，框选需要选择的多个物体，可以向选择集中增加多个物体；框选要取消的多个物体，可以从选择集中取消多个物体。

3．使用【编辑】菜单

选择【编辑】|【全选】命令，可以选择视图中所有物体。选择【全不选】命令，可以取消视图中所有被选择的物体。

2.1.4　列表选择

除了上述选择方式外，3ds Max 还提供了一种精确选择物体的方法，即利用【从场景选择】按钮。打开该对话框，然后，在其中的列表框中选择物体的名称。单击【确定】按钮，即可以将物体选中，如图 2-6 所示。

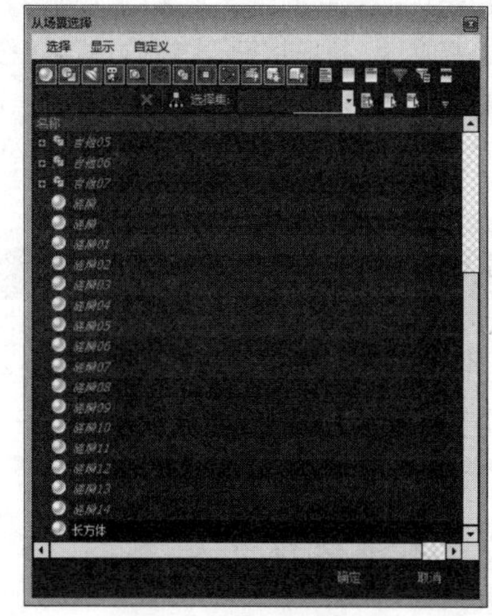

图 2-6　从场景选择

相对于其他选择方式而言，这种选择方式是最精确的。当场景中物体比较多时，使用这种选择方式可以提高工作效率。

2.2　变换物体

在 3ds Max 中，移动、旋转和缩放操作合称为变换操作。变换操作是最基本的操作，轴向则是影响变换操作最主要的一个因素。本节就通过具体实例介绍变换操作工具的具体使用方法。

2.2.1　移动物体

在创建场景时，有时需要移动物体进行观察，把它们放置在合适的位置，这就要用到移动工具。下面介绍移动工具的运用。

启动 3ds Max 2015，设置场景单位为 mm，并在视图中创建一个长方体。

在工具栏中激活按钮，此时长方体上出现移动变换轴。移动变换轴包括 XYZ 三个轴向，分别显示为红色、绿色和蓝色箭头，将鼠标放置在某个轴上，这个轴即变为黄色显示，如图 2-7 所示，此时拖动鼠标便可以移动对象。

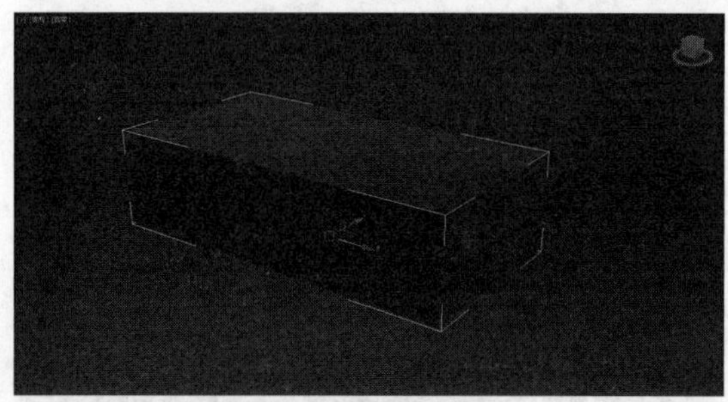

图 2-7　移动轴向

还可以通过输入数值的方式控制移动的距离。在视图中选中创建的长方体，在工具栏中激活按钮，并在这个按钮上单击鼠标右键，打开【移动变换输入】对话框。在这个对话框中，左侧一列数值为对象在场景空间中相对于原点的位置坐标；右侧的数值为相对于原来位置的改变值。

在对话框右侧【移动变换输入】一列数值中设置 X 轴移动量为 100mm，然后按回车键确认，此时长方体向右移动 100mm，如图 2-8 所示。

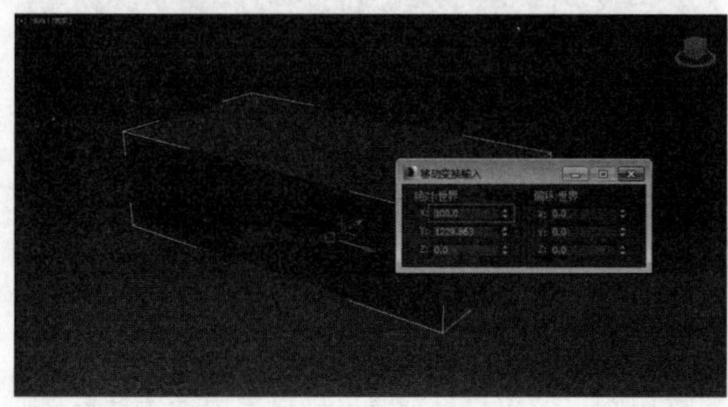

图 2-8　设置移动距离

2.2.2　旋转物体

在视图中选中长方体，在工具栏中激活按钮，此时长方体上出现旋转变换轴。旋转变换轴包括 XYZ 三个轴向和一个屏幕轴，XYZ 轴分别显示为红色、绿色和蓝色圆；屏幕轴则显示为灰色圆，如图 2-9 所示。

图 2-9　旋转轴

与移动轴的使用方式一样，将鼠标放置在某个轴上，这个轴即变为黄色显示，此时拖动鼠标便可以旋转对象。

也可以通过输入数值的方式精确控制旋转的角度。在视图中选中创建的长方体，在工具栏中激活按钮，并在这个按钮上单击鼠标右键，打开【旋转变换输入】对话框。在对话框右侧【绝对.世界】一列数值中设置 Z 轴旋转量为 60°，然后按回车键确认，此时长方体顺时针旋转 60°，如图 2-10 所示。

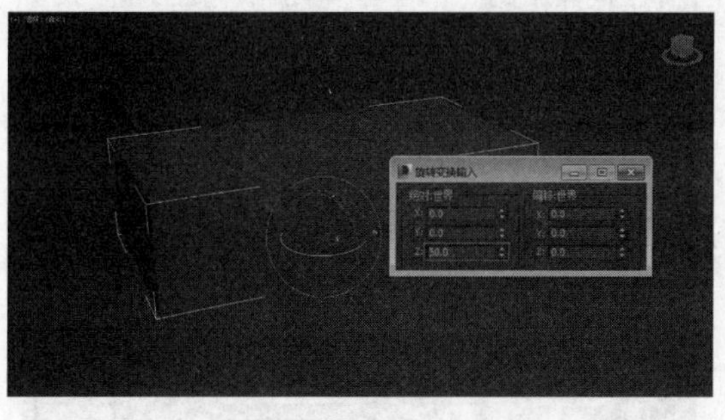

图 2-10　旋转对象

2.2.3　缩放物体

在视图中选中长方体，在工具栏中激活按

钮，此时长方体上出现缩放变换轴。缩放变换轴包括XYZ三个轴向，XYZ轴分别显示为红色、绿色和蓝色线。将鼠标放置在某个轴上，这个轴即变为黄色显示，此时拖动鼠标便可以缩放对象。

如果要等比缩放长方体，则需要将光标放置在三个轴的中心，三个轴的连线都显示为黄色时拖动鼠标，如图 2-11 所示。也可以使用输入数值的方式精确控制缩放的值，【缩放变换输入】对话框的使用方法和移动、旋转的使用方法类似，不再赘述。

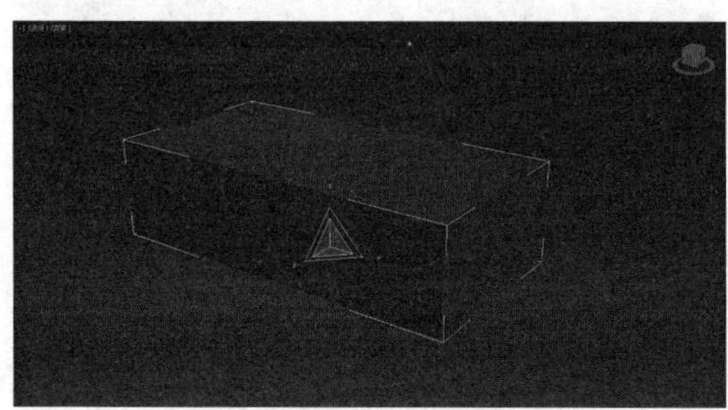

图 2-11　等比缩放对象

2.2.4　练习：哮天犬流浪记

前面介绍了选择工具和移动、旋转以及缩放的基本使用方法，下面来做一个实例练习。首先，需要读者打开场景文档，这是一个基本的场景文件。

STEP|01 单击工具栏上的按钮，在前视图中将光标指向其中的一个模型，单击鼠标左键即可选中该模型，如图 2-12 所示。

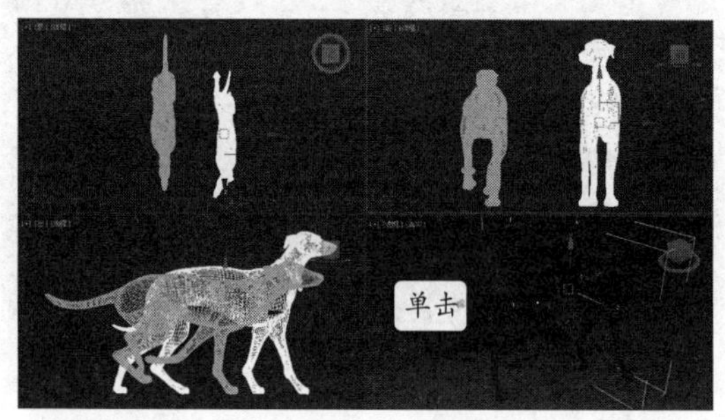

图 2-12　选择模型

STEP|02 再单击工具栏上的【移动】按钮，拖动鼠标将选择的模型调整到另一个模型的后面，如图 2-13 所示。

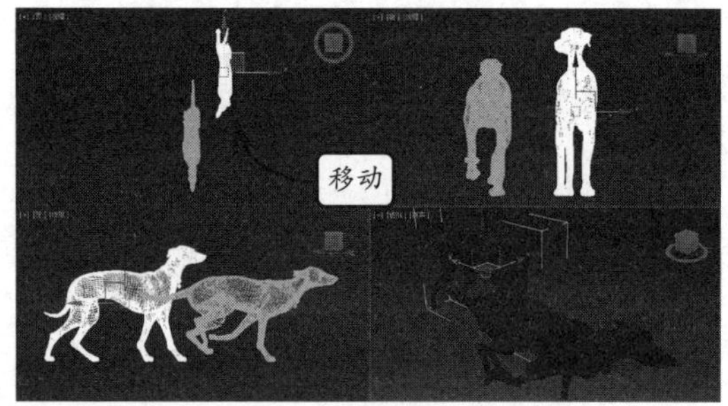

图 2-13　移动模型

STEP|03 确认一个模型处于选中状态，单击工具栏上的【旋转】按钮，启用旋转工具，此时在模型上将会产生一个环形的操作柄，如图 2-14 所示。

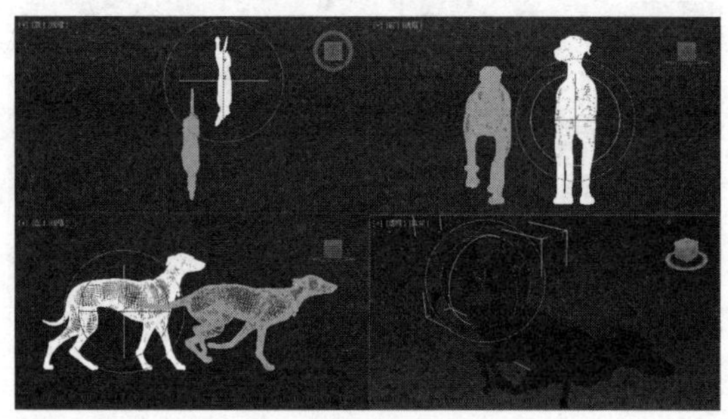

图 2-14　启动旋转工具

STEP|04 这三个圆环分别代表着 X、Y 和 Z 轴，选择一个圆环后，拖动鼠标即可使其沿着该轴向进行旋转，如图 2-15 所示。

图 2-15　旋转物体

STEP|05 在工具栏上单击【缩放】按钮，可以对选中的模型执行缩放操作。当单击该按钮后，则会显示一个如图 2-16 所示的操作柄。

图 2-16　缩放模型

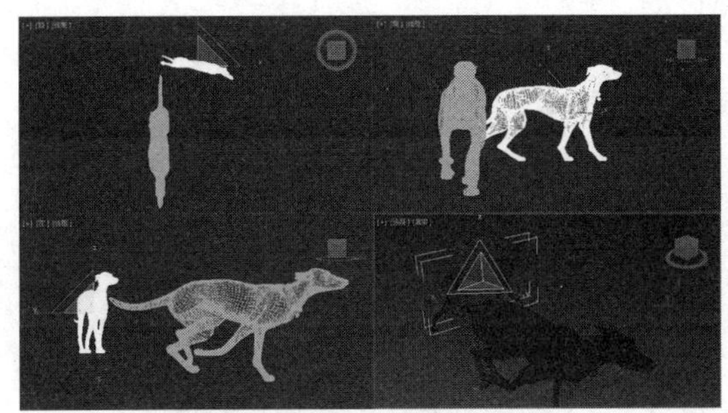

图 2-17　缩放模型

STEP|06 这里的三条线也代表缩放的三个轴向，如果选择中间的黄色区域，将启用整体缩放功能，否则将按指定轴向缩放物体。选择轴向后，按住鼠标左键，向上拖动鼠标则可以放大模型，向下拖动鼠标则可以缩小模型，如图 2-17 所示。

在 3ds Max 中，物体的缩放形式分为三种，分别是【选择并均匀缩放】、【选择并非均匀缩放】和【选择并挤压】。要在不同的缩放工具之间切换，可以单击工具栏上的【缩放】按钮，按住鼠标左键不放，在打开的下拉列表中选择即可。

2.3 复制物体

在创建场景时，有时需要创建许多相同的物体，而且它们都具有相同的属性，这时就可以使用复制的方法进行创建，读者可以通过使用该方法达到提高作图效率的目的。

2.3.1 4 种复制方式

复制有三种选择，包括【复制】、【实例】、【参考】。

❑ 复制

该方式复制的物体是与原来的物体完全相同的、独立的复制物体，即它们之间不产生任何关系。对原来物体或复制物体中的任何一个物体进行修改都不会影响到另一个物体。

❑ 实例

如果利用该方式复制物体，则对原物体或复制物体的修改都将影响到另一个物体，即修改原来的物体，复制物体也同时被修改，修改复制物体，原来的物体也同时被修改。

❑ 参考

该方式与【实例】方式有些相似，对原来物体进行修改会影响到参考物体，但是修改参考物体却不会影响到原来的物体。

复制操作可以快速创建多个相同的对象。在 3ds Max 中，可以实现复制的命令有多个。本节即通过实例，来学习【直接复制】、【移动复制】、【旋转复制】、【镜像复制】的操作。

2.3.2 直接复制方式

在 3ds Max 2015 中，物体的复制方法有两种，一种是使用【克隆】命令复制物体，另一种是在移动、旋转或缩放过程中复制物体。下面分别介绍这两种不同的复制方法。

❑ 使用【克隆】命令

在视图中选择需要复制的物体，然后选择【编辑】|【克隆】命令，打开如图 2-18 所示的【克隆选项】对话框，选择一种复制方式后，单击【确定】按钮完成物体的复制。

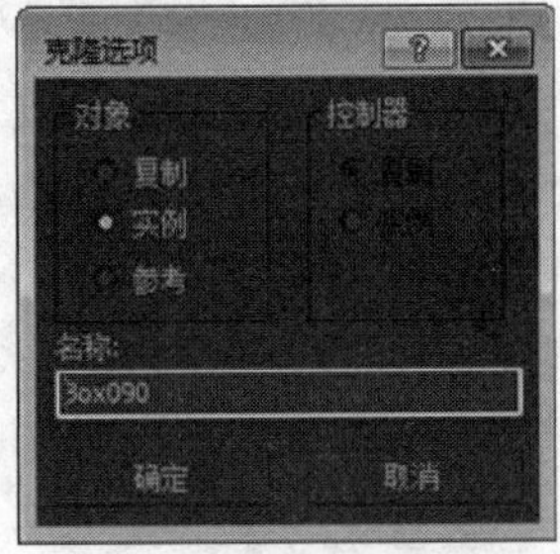

图 2-18 【克隆】对话框

❑ 在移动、旋转或缩放时复制物体

在任意一个视图中选择需要复制的物体，单击工具栏上的【移动】按钮（使用旋转或缩放复制时则单击相应的按钮即可），按住 Shift 键并拖动鼠标，释放鼠标后打开如图 2-19 所示的对话框。

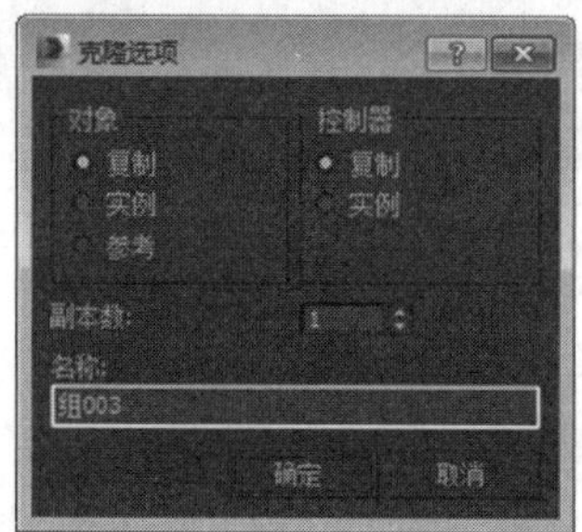

图 2-19　移动复制

提示

该对话框与直接使用【克隆】命令复制物体时所打开的对话框基本相同，只是该对话框中增加了一个【副本数】选项，用于设置复制的数量。

2.3.3　镜像复制方式

几乎所有的制图软件中都提供了镜像工具。它类似于照镜子或者水中的倒影，在对象的另一侧复制出一个造型完全相同，但位置恰好相反的对象。通常用于快速建模，例如，只创建人头模型的一半，然后利用镜像工具复制另一侧，如图 2-20 所示。

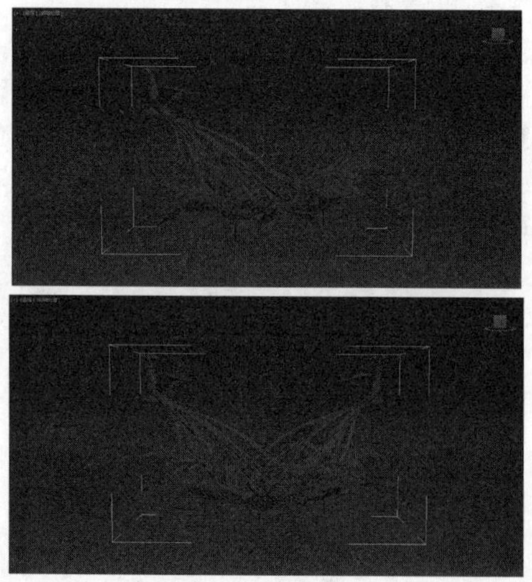

图 2-20　镜像复制

要创建镜像物体，应首先选中已创建的物体，然后选择【工具】|【镜像】命令或在工具栏上单击【镜像操作】按钮，打开【镜像：世界坐标】对话框，如图 2-21 所示。

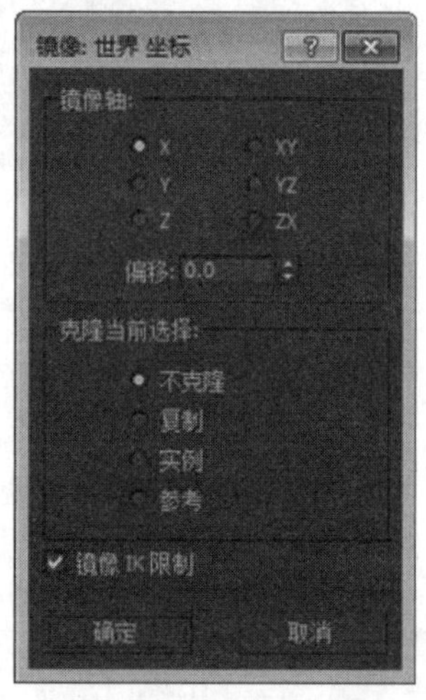

图 2-21　【镜像：世界坐标】对话框

在【镜像：世界坐标】对话框中，利用【镜像轴】选项区域可选择镜像轴或镜像平面；利用【偏移】可设置镜像偏移量；利用【克隆当前选择】选项区域可设置镜像选择。

2.3.4　旋转复制方式

旋转复制是对直接复制的又一次延伸，减少了创作步骤，对读者来说是一种便利。在顶视图中选中长方形，激活工具栏中的按钮，锁定 Z 轴将其旋转一定的角度，并使用【移动】工具调整其位置，如图 2-22 所示。

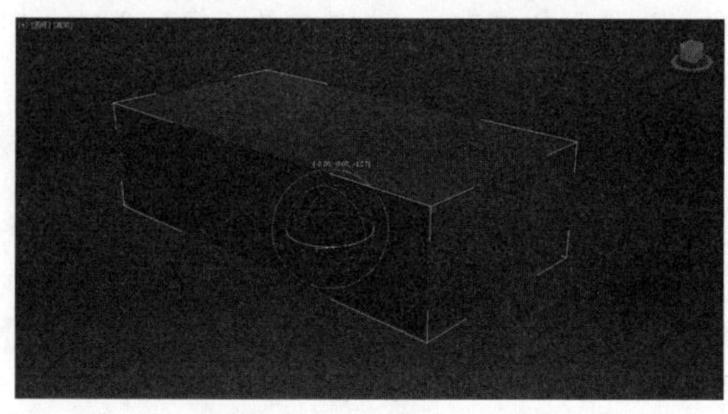

图 2-22　调整角度和位置

在视图中选择长方形，激活工具栏中的按钮，按住 Shift 键，在顶视图将鼠标放到 Z 轴上逆时针拖动，然后释放鼠标，设置弹出的【克隆选项】对话框，如图 2-23 所示。

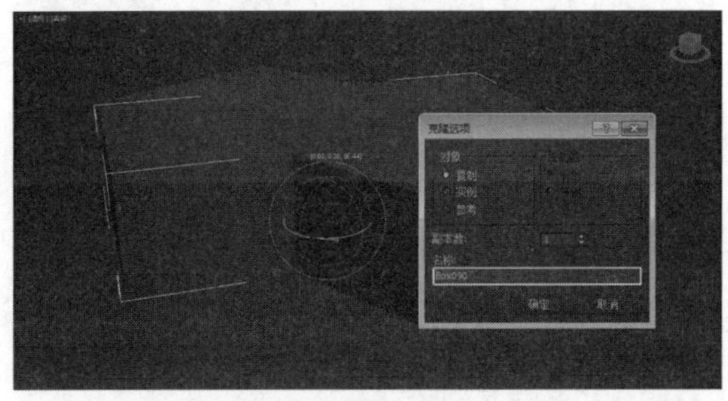

图 2-23　旋转复制

按 W 快捷键，激活按钮，在视图中调整对象的位置，如图 2-24 所示。

图 2-24　造型位置

2.3.5　阵列复制方式

【阵列】是一种高级复制方法，使用阵列功能可以快速创建一个规则的复杂对象。要使用阵列功能，可以在选择要阵列的物体后依次选择【工具】|【阵列】命令，打开如图 2-25 所示的对话框。

图 2-25　【阵列】对话框

下面介绍一下阵列参数的功能。

❑【增量】选项区域

该对象用于决定原始对象的每个复制品之间的移动、旋转和缩放量。

❑【总计】选项区域

该选项区域与上一选项区域的使用原理是相同的，只是它所规定的移动、旋转和缩放量是作为所有阵列对象的移动、旋转和缩放量的总和，它对阵列后的位置和方向执行整体管理。

❑【阵列维度】选项区域

阵列维度选项区域用于设置三个坐标轴的每个轴向上所产生的阵列对象的数量。1D 用于创建线性阵列，即创建后的阵列对象是一条直线；【数量】用于设置要阵列的对象个数；2D 用于在二维平面上产生阵列，该选项将同时在两个方向上阵列出平方的阵列对象个数；3D 用于在三维空间上产生阵列。

❑【预览】选项区域

【预览】选项区域用于预览阵列的效果。设置好阵列参数后，单击该选项区域中的【预览】按钮即可预览当前的阵列效果。如果启用【显示为外框】复选框，则阵列物体将以方框的形式显示，如图 2-26 所示。

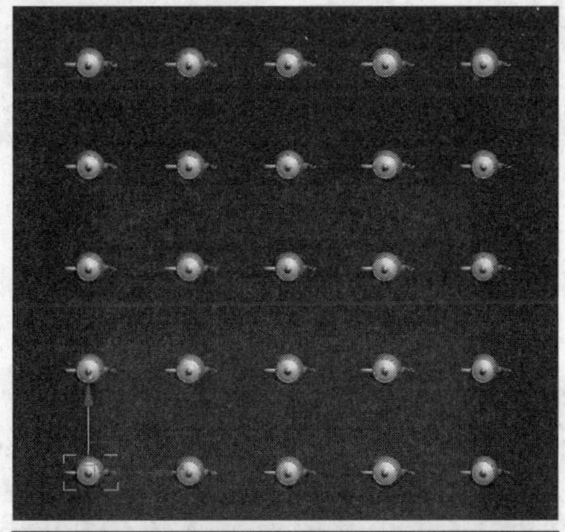

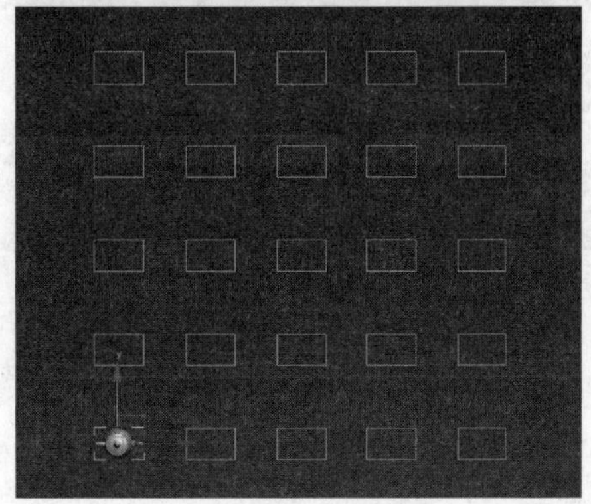

图 2-26　显示方式

在使用阵列工具时，阵列前设置好阵列所需的坐标系和旋转中心是非常重要的。如果不对旋转中心的位置做好设置，则旋转出来的阵列将会产生错误。同样，如果对阵列的坐标系没有把握好，则阵列效果同样会产生错误。

2.3.6 练习：微观细胞

本节介绍一个关于医药广告中的影视镜头。在这个镜头当中，显示了一段血管，以及血管中的一些细胞，为的是向观众讲解药品治疗的原理。在这个场景当中，细胞物体就是通过复制调整而形成的，下面介绍如何复制这些细胞。

STEP|01 打开场景文件，此时场景中只有一个细胞，如图 2-27 所示。

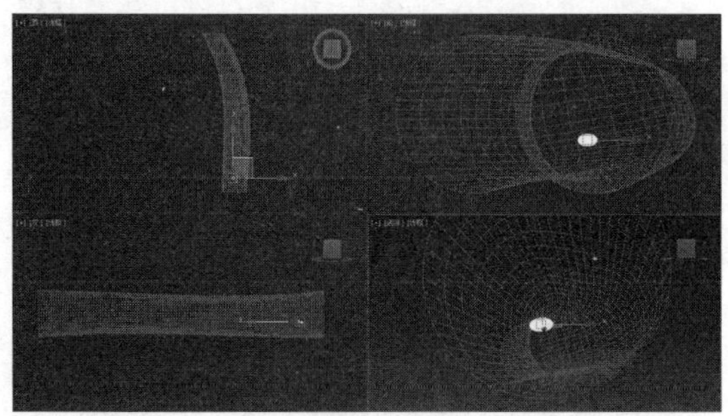

图 2-27 场景文件

STEP|02 选择细胞物体，按住 Shift 键，在顶视图中拖动鼠标创建一个副本，如图 2-28 所示。

图 2-28 复制副本

STEP|03 选择复制出来的细胞物体，在前视图中沿 Y 轴向下移动，从而调整一下它的位置，如图 2-29 所示。

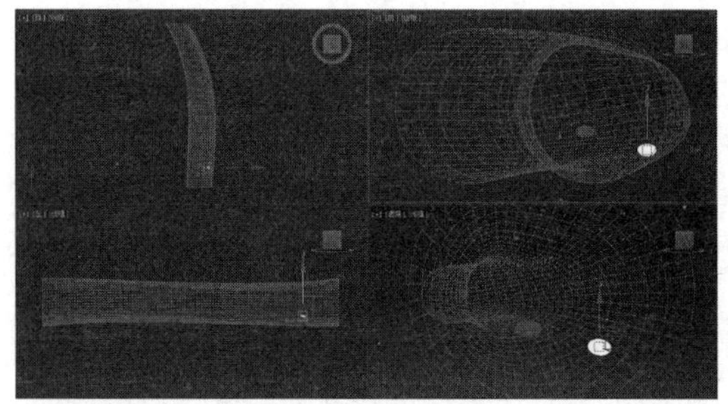

图 2-29 移动模型

STEP|04 确认复制的部分处于选中状态，单击工具栏上的按钮，打开【镜像：屏幕坐标】对话框。在【镜像轴】选项区域中选中 Y 单选按钮，将【偏移】设置为 200，如图 2-30 所示。

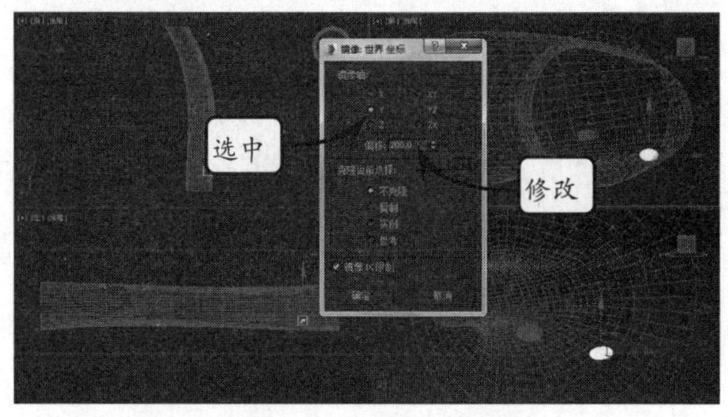

图 2-30 设置基本参数

STEP|05 在【克隆当前选择】选项区域中选中【复制】单选按钮，单击【确定】按钮即可镜像一个副本，如图 2-31 所示。

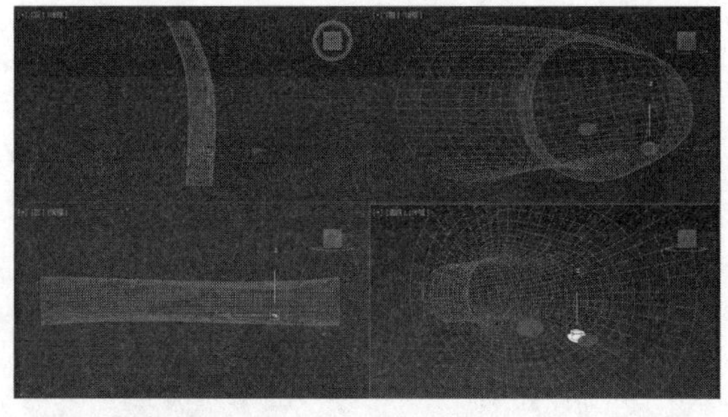

图 2-31 镜像副本

STEP|06 为了能够使镜像的细胞呈现出复杂的状态，需要调整一下它的角度。可以单击工具栏上的【旋转】按钮，在不同的轴向上调整它的角度，如图 2-32 所示。

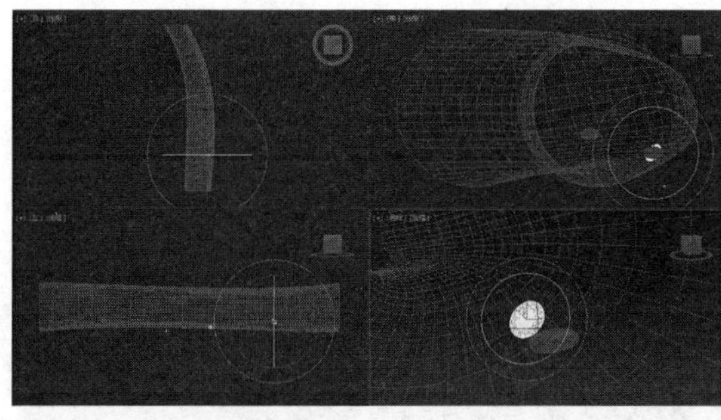

图 2-32　旋转角度

STEP|07 使用相同的方法，利用复制或者阵列工具创建多个细胞造型，并适当调整它们的位置，效果如图 2-33 所示。

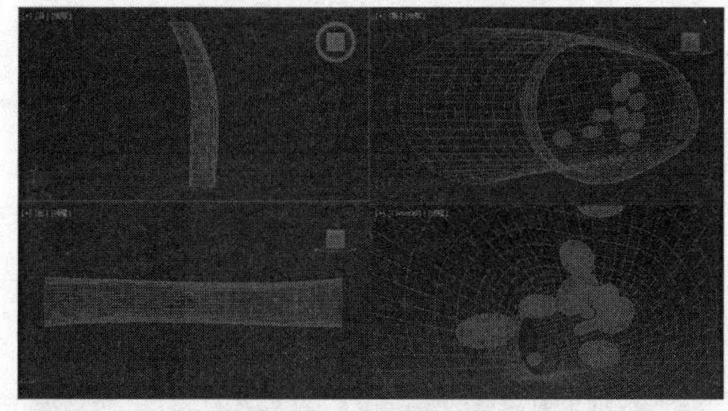

图 2-33　复制并调整物体

STEP|08 按快捷键 M 打开材质编辑器，选择已经制作出材质的示例球，单击水平工具栏上的按钮，将材质赋予模型，创建的效果如图 2-34 所示。

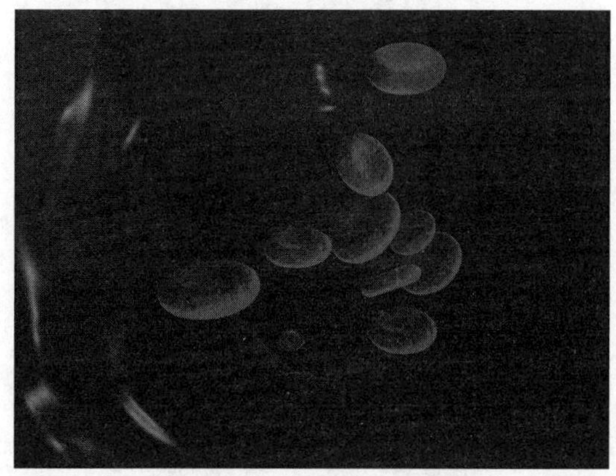

图 2-34　渲染效果

2.4 对齐和组工具

对齐和组工具是制作模型中使用频率较高的工具，对齐工具可以快速地将对象按照要求进行排列，而组工具可以将模型捆绑在一起，在制作模型时更加有条理，提高制作效率。

2.4.1　对齐工具

【对齐】命令可以快速地将两个对象按照要求进行对齐，熟练使用这个工具能够提高工作效率，本节通过一个实例介绍这个命令的使用方法。

选择【文件】|【打开】命令打开文件，在这个场景中存在一组摆设，如图 2-35 所示。

图 2-35　选择造型

选择右边的花瓶物体，单击【工具】|【对齐】工具栏中的按钮，激活【对齐】命令，当鼠标变成对齐光标的时候，单击左边的花架，在弹出的【对齐当前选择】对话框中设置参数，如图 2-36 所示。

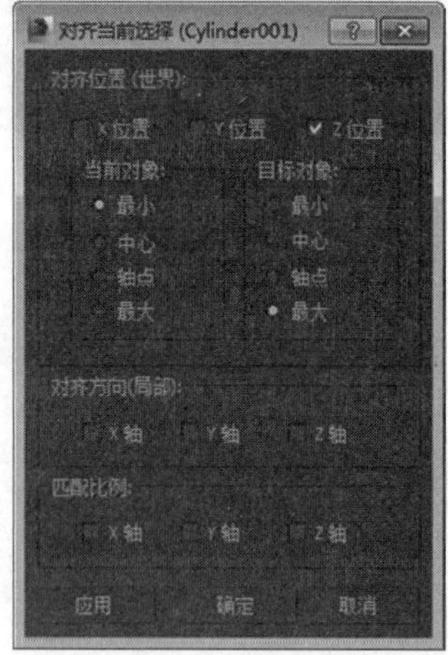

图 2-36　对齐设置

对齐后的效果如图 2-37 所示。单击快速访问工具栏中的按钮，将当前的场景进行保存。

图 2-37　对齐后的效果

2.4.2　练习：冰糖葫芦

对齐操作几乎应用在所有的场景中，通过合理地使用对齐，可以很好地提高工作效率。本节将介绍一个冰糖葫芦的实例，在这个实例当中，将利用对齐工具把山楂穿到木棒上，详细操作流程如下。

STEP|01 打开场景文件，这是一个简单的场景，如图 2-38 所示。

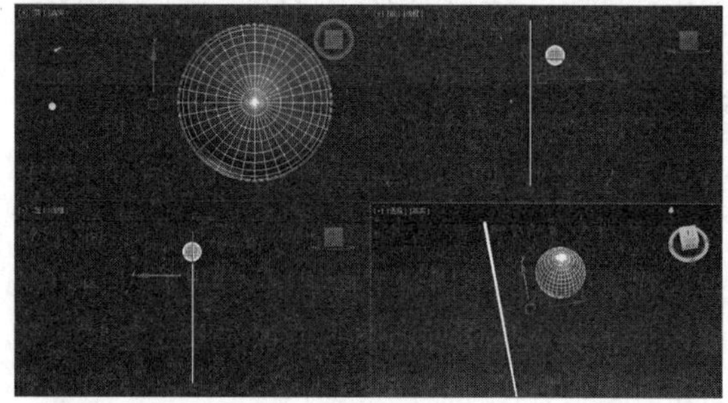

图 2-38　场景文件

STEP|02 使用选择工具在视图中选择球体，单击工具栏上的【对齐】按钮，启用对齐工具，注意此时的鼠标形状变化，如图 2-39 所示。

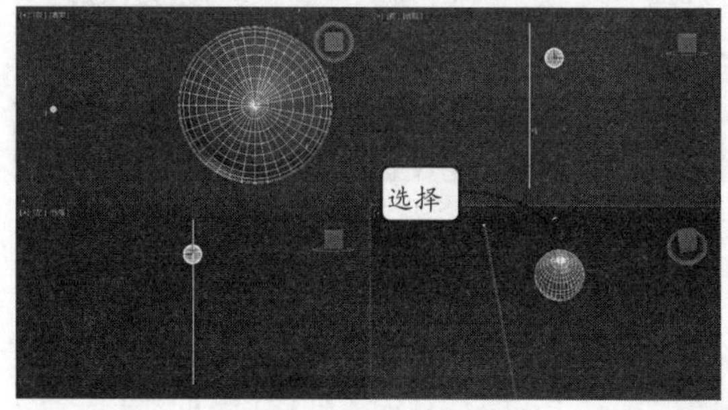

图 2-39　启用对齐工具

STEP|03 在圆柱体上单击鼠标左键，打开【对齐当前选择（Cylinder 001）】对话框。在【当前对象】选项区域中选中【中心】单选按钮，在【目标对象】选项区域中选中【最大】单选按钮，其他参数设置如图 2-40 所示。

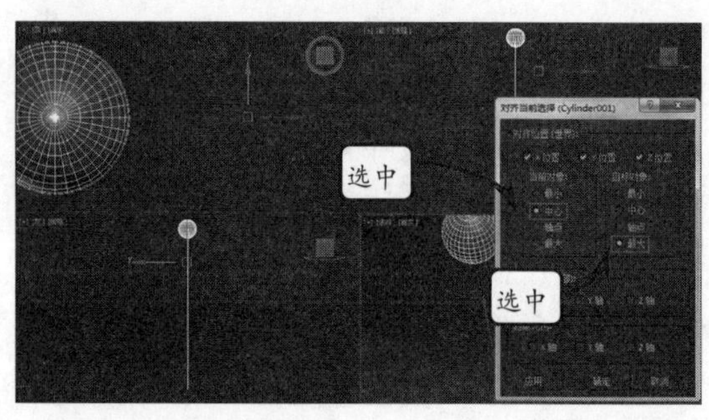

图 2-40　设置对齐参数

STEP|04 设置完毕后，单击【确定】按钮，即可完成物体的对齐，此时的场景如图 2-41 所示。

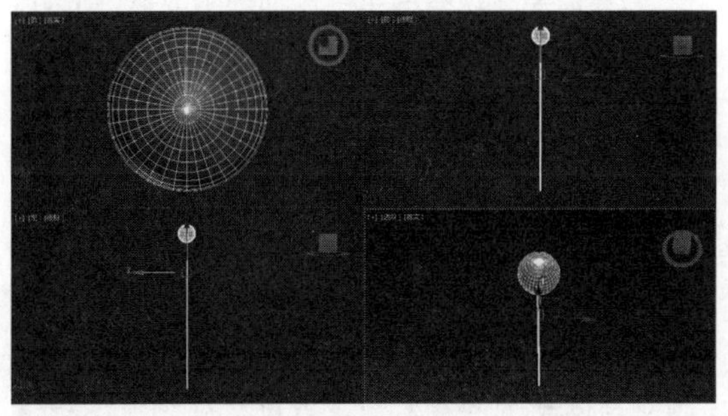

图 2-41　对齐物体

STEP|05 确认球体处于选中状态，按住 Shift 键，在前视图中沿 Y 轴的反方向拖动鼠标，并松开鼠标左键，打开如图 2-42 所示的【克隆选项】对话框。

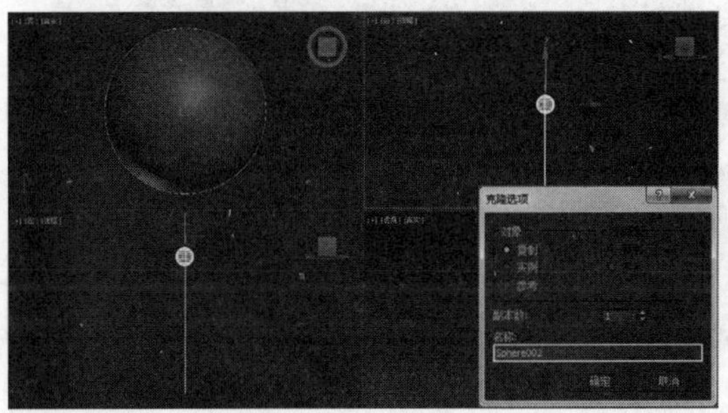

图 2-42　复制物体

STEP|06 将【副本数】设置为 5，单击【确定】按钮复制 5 个部分，效果如图 2-43 所示。

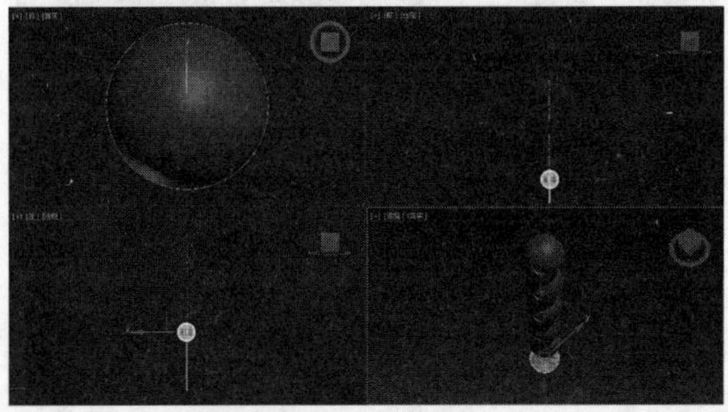

图 2-43　复制副本

STEP|07 框选场景中的所有物体，选择【组】|【组】命令，在打开的对话框中为其指定名称为"糖葫芦"，如图 2-44 所示。

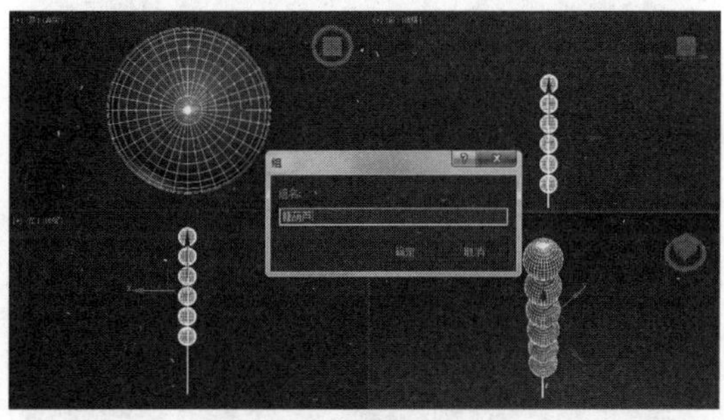

图 2-44　成组物体

STEP|08 选择组物体，按照上面所介绍的方法复制副本，并调整一下它们的位置。赋予材质和复杂场景，按 Shift+Q 键渲染，观察最终效果，如图 2-45 所示。

图 2-45　渲染效果

2.4.3　使用组

在 3ds Max 2015 中，用户可以将一个组添加到另一个组中，这种行为被称为组的嵌套。本节将介绍组合对象的具体方法。

1. 创建组

要创建一个组，应当首先选定作为组成员的多个物体，然后选择【组】|【组】命令，并在打开的【组】对话框中输入组名。

当物体被组合后，选择该组中的任意物体，都将直接选中组。因为在系统中，它们已经被认定是一个物体，物体组合前与组合后的区别如图 2-46 所示。

图 2-46　组合物体前后对比

2．添加组成员

如果需要在现有的组中添加一个成员，则可以在视图中选择需要添加的物体。选择【组】|【附加】命令，并在视图中选取要添加的组，这样就可以将物体添加到组中，如图 2-47 所示。

提示

创建组时，组的所有成员均被链接到一个不可见的哑物体上，此时组物体使用哑物体的轴点与本地变换坐标系。当用户对组物体施加修改命令后，则修改命令将应用于组中的每个物体。

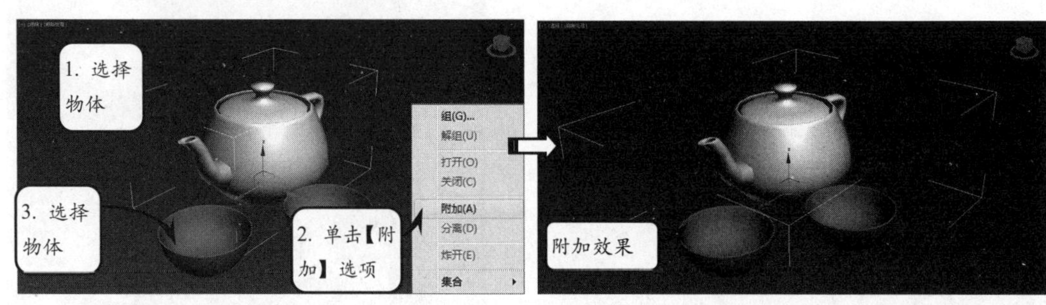

图 2-47　添加组成员

3．拆分组操作

在 3ds Max 中，可以将一个物体添加到一个已有的组中。另外，还可以从当前的组中拆分出来一个物体，如果需要在当前组中拆分个别物体，那么就可以直接使用【组】|【解组】命令，然后在视图中选择要拆分的物体即可。

2.4.4　练习：组合物体

本案例介绍一组摆设的编辑过程。当我们需要将一套摆设的模型导入到场景中时，为了便于后期的处理以及选择操作，通常将其各个部分组合。本节将利用两种方法组合餐具，并利用相应的工具将其炸开。

STEP|01 选择【文件】|【打开】命令打开文件，在这个场景仅存在一组摆设，如图 2-48 所示。

图 2-48　打开场景

STEP|02 单击摆设的模型，可以发现它并不是一个整体，而是由多个部分组成，如图 2-49 所示。

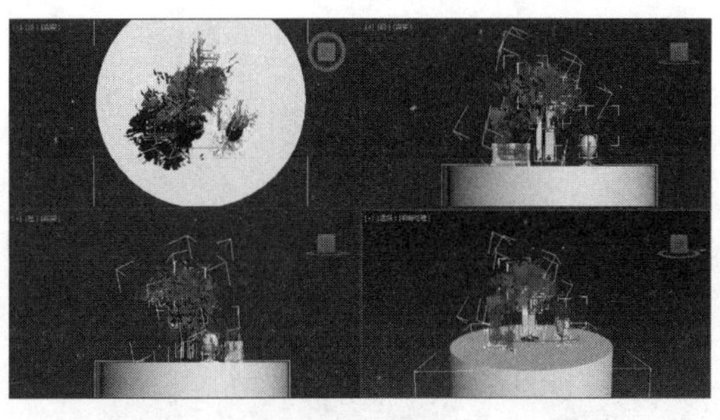

图 2-49　摆设

STEP|03 为了将其调入到另一个场景当中，在实际操作时，需要事先将其组合为一个组对象。使用鼠标框选视图中的所有对象，如图 2-50 所示。

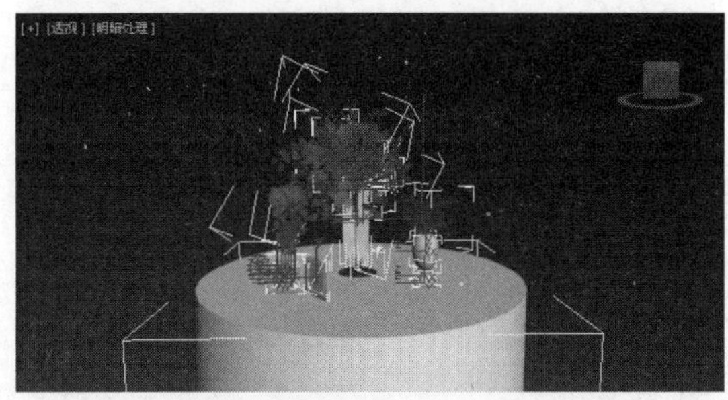

图 2-50　框选物体

STEP|04 依次执行【组】|【组】命令，打开【组】对话框。在【组名】文本框中指定名称为“摆设”，然后单击【确定】按钮即可，如图 2-51 所示。

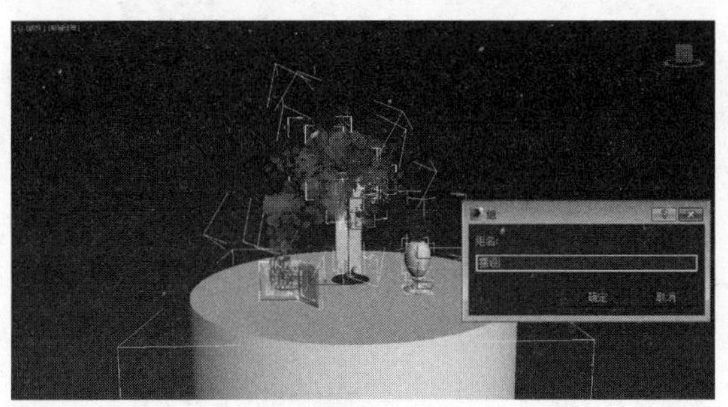

图 2-51　成组

STEP|05 选择创建的组，执行【组】|【炸开】命令，将所组合的物体全部炸开，如图 2-52 所示。

STEP|06 使用鼠标单击和框选的方法，单独选择花瓶部分，如图 2-53 所示。

图 2-52　炸开组

图 2-53　选择物体

提示

可以按住 Ctrl 键选择大树的两个树干。然后，执行【编辑】|【反选】命令或者按 Ctrl+I 快捷键，从而反选物体。

STEP|07 再次选择【组】|【组】命令，在打开的对话框中将组名称设置为“花瓶”，如图 2-54 所示。

图 2-54　组合枝叶

STEP|08 然后，再分别选择相框和干枝花瓶的组成部分，选择【组】|【组】命令，各自成组。然后选择花瓶，单击【组】|【附加】选项，在视图中分别拾取【相框】组和【干枝花瓶】组，即可将

其附加到一起，如图 2-55 所示。

图 2-55 附加组

STEP|09 最后，将场景附上材质和灯光，进行渲染，效果如图 2-56 所示。

图 2-56 渲染效果

第 3 章

基础建模和修改器

基础建模是制作复杂模型的基础，只有掌握基础建模的方法才能制作出复杂唯美的模型。而修改器则是制作复杂精美模型必不可少的工具。

本章介绍建模的技巧、建模类型、创建和修改二维模型，以及众多修改器的性能和应用方法，帮助读者了解建模中的技巧和方法，并通过操作练习从而为创建更复杂的模型打下坚实的基础。

3.1 基础建模

基础建模是高级建模的基础，学会并熟练掌握基础建模，将会为学习高级模型打下坚实的基础，本节主要讲述建模的技巧、建模类型、几何体的介绍、创建和修改二维模型。

3.1.1 建模技巧概述

在 CG 产业中，建模可以分为两种类型，一种是角色模型，一种是非角色模型。角色模型是指一些与活动物体相关的模型，包括动物和人，甚至一些怪物等，如图 3-1 所示。

图 3-1 角色模型

非角色模型所包含的对象较多，例如汽车、计算机等一些物品都属于非角色模型，如图 3-2 所示。

图 3-2 建筑模型

本节重点介绍关于建模的一些特性。

模型按照应用领域不同，质量要求不同，可以简单地分为：低精度质量模型和高精度质量模型。

低精度质量模型是指模型细节少，面的数量也很少的模型。这样的模型主要运用于游戏行业和其他一些对模型要求不高的行业。即时渲染三维游戏的渲染能力受到处理器的限制很大，为了游戏的流畅显示，往往只能减少模型细节。如图 3-3 所示的是低精度模型。

图 3-3 低精度模型

高精度质量模型是指模型细节非常丰富，能够满足高要求项目的要求，同时模型的面的数量非常多的模型。有这样要求的行业一般首先会想到电影行业（实际上它主要应用的领域就是影视）。如图 3-4 所示的是高精度模型的效果。

图 3-4 高精度模型

那么，如何才能有效地制作出需要的模型呢，需要读者做以下的突破。

❑ 要掌握建模软件

当今世界动画软件可以说是百花齐放，3ds Max、Maya、XSI、LW、Silo、modo、Mudbox、ZBrush 等软件很多，在建模方面也都各有自己的长处，所以想作为一个专业的模型艺术家，就必须在这些软件中找到适合自己的软件。

❑ 建立自己的建模生产线

深入研究建模流程，学会利用不同软件的特长，建立自己的模型制作生产线。

❑ 研究角色布线

研究角色布线对制作高精度模型有很重要的意义。

❑ 坚实的美术基础

在个人能力方面，需要读者切实提高自己在美术方面的功底，尤其是在肌肉、骨骼方面的功底。

这是本书作者对于三维建模的一些感想，需要读者在建模过程中去体会、理解。

3.1.2 建模类型

在 3ds Max 2015 中创建模型，大致有三种方式，分别是二维建模、复合建模、三维建模。在这些建模方式中，二维建模最为简单易学，可以创建出最为简单实用的东西；复合建模难度适中，可以创建一些稍微复杂的物体；而三维建模最为复杂，通常制作造型奇特结构最为复杂的模型。下面就来介绍一下 3ds Max 中的这三种建模方式。

1. 二维建模

在真实的世界中，许多物体都是由简单的几何体组成的，例如方木、书、纸张、倒角文字等，而在这些简单物体的基础上经过加工，简单的物体就成了造型奇特的工艺品。在 3ds Max 中，许多造型复杂的模型都是由基础的模型演变而来的，基础建模部分是学习 3ds Max 的必经之路，也是非常重要的部分之一，如图 3-5 所示。

2. 复合建模

复合建模方法又称为组合建模，就是将两个或者多个简单的对象组合成一个新的对象。在 3ds Max 2015 中，复合建模创建工具位于创建命令面板中的几何体面板中。在该面板中包括 12 种类型的复合建模方法，这些复合建模方法中最为常用的是布尔运算和放样。复合建模的效果如图 3-6 所示。

图 3-5 二维建模

图 3-6 复合建模

3. 三维建模

三维建模是 3ds Max 比较常用的建模方法，覆盖面也更为广泛，基本上所有的物体都可以使用三维建模的方法制作出来。而三维建模中最为常用的是多边形建模。

多边形建模是 3ds Max 所有建模类型中最为强大的一种建模技术。其优势非常明显，首先是它的操作感非常好，3ds Max 2015 中提供了许多高效的工具，为实际创作带来很大的便利；其次可以对模型的网格密度进行较好的控制，使最终模型的网格分布稀疏得当，后期还能比较及时地对不太合适的网格分布进行纠正。多边形建模的效果如图 3-7 所示。

图 3-7　三维建模

3.1.3　几何体介绍

标准几何体是 3ds Max 中最基本的三维对象，在系统默认情况下，3ds Max 2015 提供了 10 种标准几何体，这 10 种标准几何体可以组合出各种各样的效果，本节将详细介绍这些标准几何体的基本创建方法和基本参数的修改方法，帮助读者对三维对象有个清晰的认识。

在创建标准几何体时，读者只需要单击相应的按钮，在某一视图中通过拖动和单击鼠标即可完成。因此，在这里将不再详细介绍标准几何体的创建方法，而主要介绍标准几何体的一些特性。

1. 长方体

日常生活中的很多物体都可以使用长方体来近似表示，例如课桌、楼房、台阶等。实际上，长方体是一种最为简单的几何体，如图 3-8 所示。

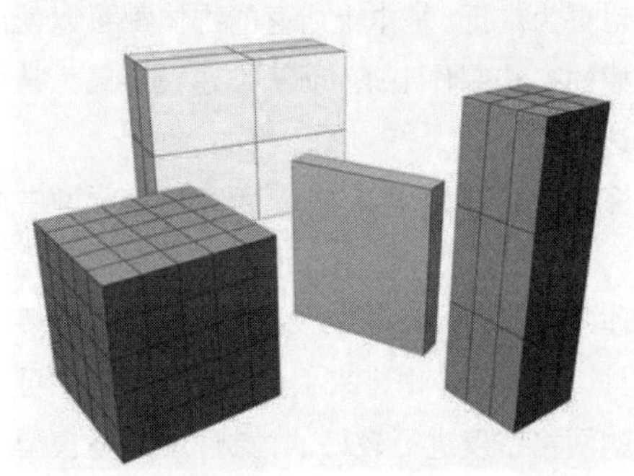

图 3-8　长方体

> **提示**
>
> 如果要创建长方体底部造型为正方形的物体，则可以在创建长方体时按住 Ctrl 键再拖动鼠标。

2. 圆锥体

在 3ds Max 中使用【圆锥体】工具，不仅可以创建圆锥体，也可以创建圆台或者圆柱等多种圆锥变形体，如图 3-9 所示。

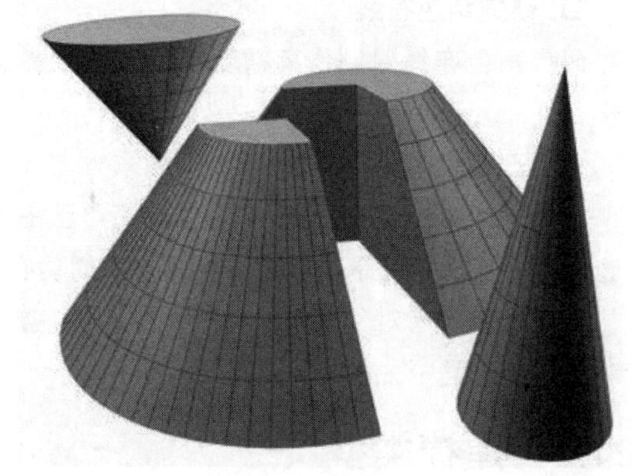

图 3-9　圆锥体

3. 球体

利用【球体】工具可以生成完整的球体、半球体或球体的其他部分。还可以围绕球体的垂直轴对其进行切片，从而得到新的变形物体。如图 3-10 所示是球体的一些常用变形。

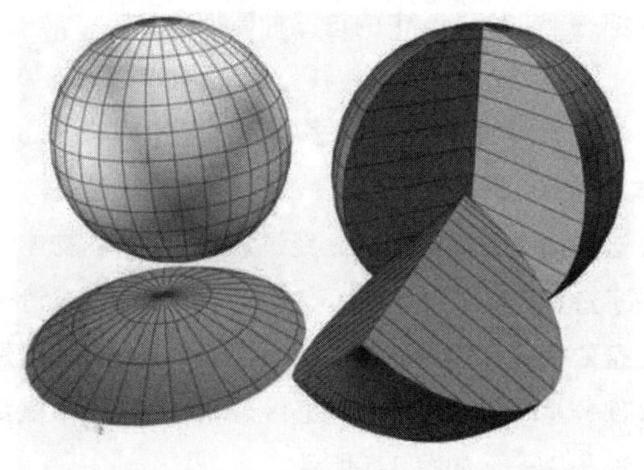

图 3-10　球体

4. 几何球体

几何球体与球体不同，几何球体的表面由三角形组成，而球体的表面由四边形组成。利用几何球体创建的物体及其变形如图 3-11 所示。

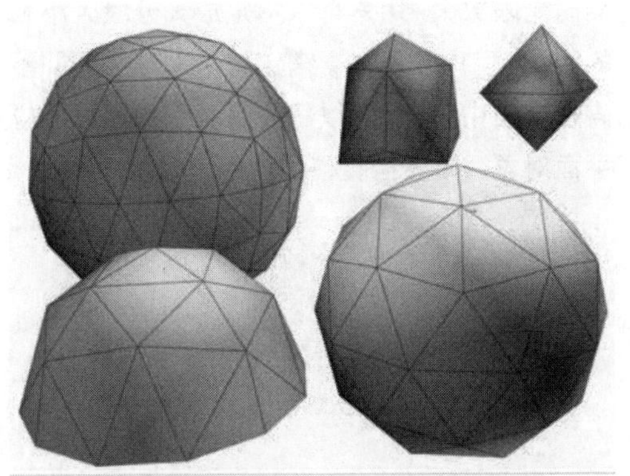

图 3-11 几何球体

与标准球体相比，几何球体能够生成更规则的曲面。在指定相同面数的情况下，它们也可以使用比标准球体更平滑的剖面进行渲染。与标准球体不同，几何球体没有极点，这对于应用某些修改器非常有用。

5. 圆柱体

圆柱体工具可用于生成具有圆柱特性的物体，当然也可以利用切片的方法创建圆柱体的变形体，如图 3-12 所示。

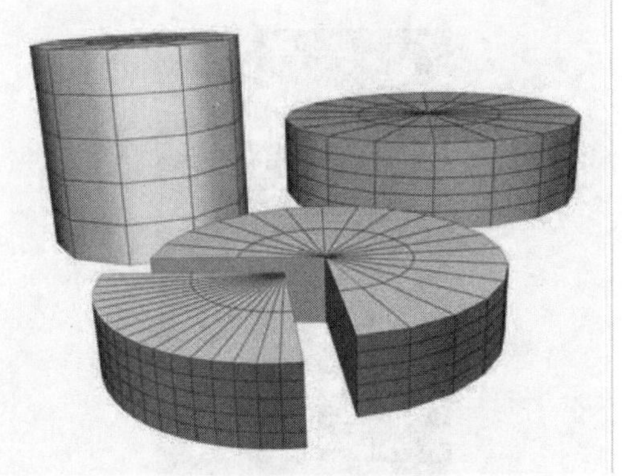

图 3-12 圆柱体

6. 管状体

管状体可用于生成圆形和棱柱管道。管状体类似于中空的圆柱体。如图 3-13 所示的是利用管状体创建的物体。

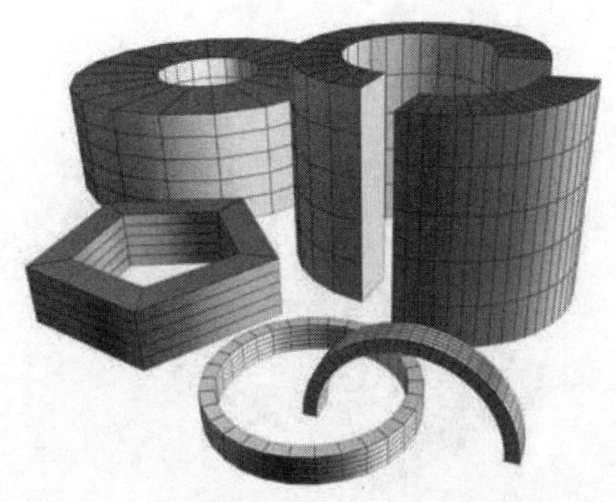

图 3-13 管状体

注意

在管状体的参数卷展栏中，半径 1 指创建过程中产生的第一个圆的半径；半径 2 指的是圆环另一边缘的半径。

7. Torus（圆环）

圆环可生成一个环形或具有圆形横截面的环，有时也被称为环形。用户可以将平滑选项与旋转和扭曲设置组合使用，以创建复杂的变体，如图 3-14 所示。

图 3-14 圆环

8. 四棱锥

四棱锥基本体拥有方形或矩形底部和三角形侧面，类似于金字塔。它的变形体较少，基本上就一个金字塔形状，当然也可以通过调整它的参数来适当地修改其外形，如图 3-15 所示。

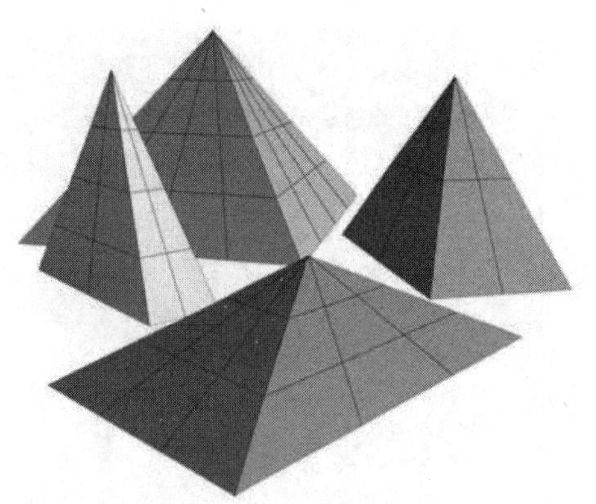

图 3-15　四棱锥

9. 茶壶

大家对于茶壶并不陌生。不过令很多初学者都感到惊异的是，3ds Max 为什么要提供一个茶壶的形状呢？实际上，茶壶的外形可以衍生出很多物体，例如水瓶、人头等。正是它的这些重要性，才使其成为标准基本体的一员。3ds Max 中的茶壶造型如图 3-16 所示。

图 3-16　茶壶

在创建一个茶壶后，可以通过其参数面板来定义取舍的部分，例如可以取消茶壶的“壶盖”，如图 3-17 所示。

图 3-17　修改茶壶

10. 平面

平面对象是特殊类型的平面多边形网格，可在渲染时无限放大。用户可以指定放大分段大小和数量的因子。使用平面对象来创建大型地平面并不会妨碍在视口中工作。可以将任何类型的修改器应用于平面对象，以模拟陡峭的地形，如图 3-18 所示。

图 3-18　平面

关于标准基本体的相关知识就介绍到这里。如果要掌握这些物体的使用方法，则还需要读者勤加练习。

3.1.4　创建二维图形

在 3ds Max 2015 中的二维绘图命令均被放在【创建】卷展栏中的【形状】子面板中。通过在窗口右侧的命令面板中单击【创建】按钮，在系统弹出创建图形卷展栏中单击图标按钮，即可进入二维绘图命令面板，如图 3-19 所示。

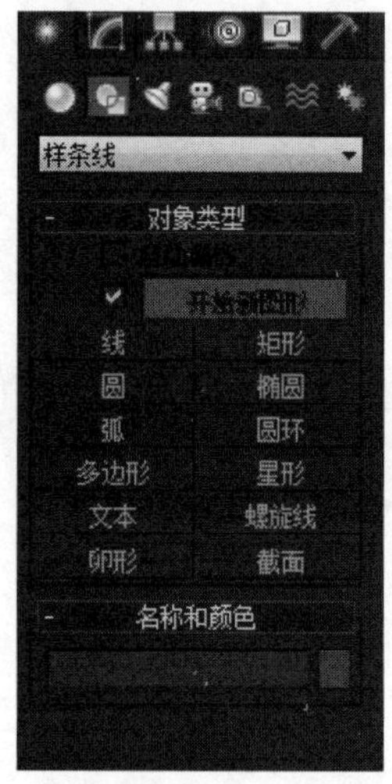

图 3-19　二维创建面板

当系统进入二维绘图命令面板后，会有许多图形选择，它们在创建二维图形时使用是最频繁的，也是最多的。下面介绍一下这些常用的二维命令。

1．样条曲线

样条曲线是由一系列的点定义的曲线，样条上的点通常被称为【节点】。每个节点包含定义它的位置坐标的信息，以及曲线通过节点的方式的信息。样条曲线中连接两个相邻节点的部分称为【线段】。

默认情况下，在某个点处单击并立即释放鼠标按键可创建【角】（表明下一线段为直线）类型的顶点；如果单击并拖动可创建 Bezier 类型的顶点（表示该顶点前后线段均为曲线），此时可首先通过拖动调整该顶点上一个线段的曲度，释放鼠标按键后移动光标，可创建下一段曲线。另外，在使用【线】命令绘制直线时，如果按下 Shift 键，可绘制出水平或者垂直直线。

2．圆

【圆】是绘制二维样条线中的另一种常用命令，它的绘制方法非常简单，在【形状】面板中单击【圆】按钮后，在视图窗口中单击并拖动，即可确定圆形和半径，如图 3-20 所示。

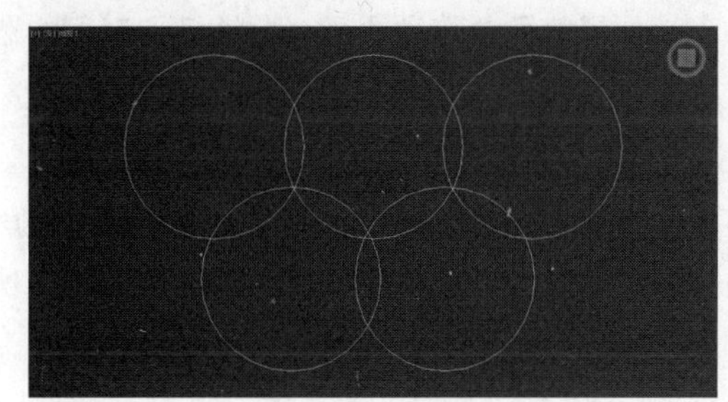

图 3-20　圆形

3．椭圆

提到椭圆，读者就会想到，椭圆通过指定中心、长轴、短轴可以创建出来。在 3ds Max 中创建椭圆和圆的方法是一样的，椭圆的形状如图 3-21 所示。

图 3-21　椭圆

4．圆弧

圆弧可以说是圆形的特殊类型，创建圆弧的方法不同于创建圆。选择【扇形】复选框将在圆弧的基础上产生一个扇形，如图 3-22 所示。

图 3-22　选择【扇形】复选框前后的效果

5．多边形

使用【多边形】工具可以创建任意边数的多边形。单击【形状】卷展栏中的【多边形】按钮，在视图中就可以创建一个六边形，如图 3-23 所示。

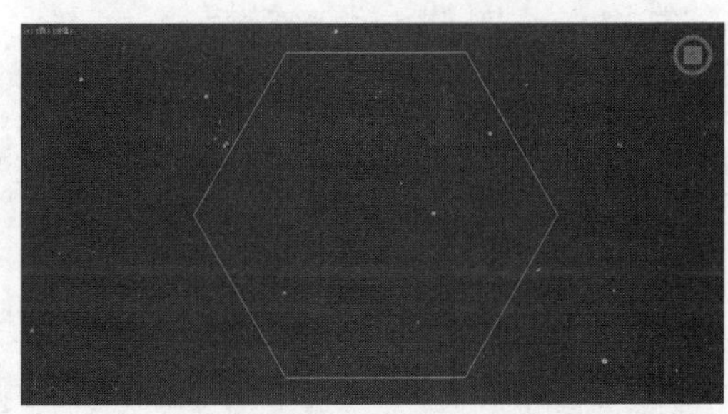

图 3-23　多边形

6．Text（文本）

在 3ds Max 中使用【文体】工具可以创建出多种文字的效果，通常结合倒角修改器制作出三维立体文字。在选择字体的时候，3ds Max 会列出系统中所拥有的字体以供选择，如图 3-24 所示为在前视图中创建的文字。

图 3-24　文本

默认情况下，字体的字型为 Arial，如果单击■按钮，可以将文本设置为斜体；单击■按钮，可以为文字添加下划线，如图 3-25 所示。

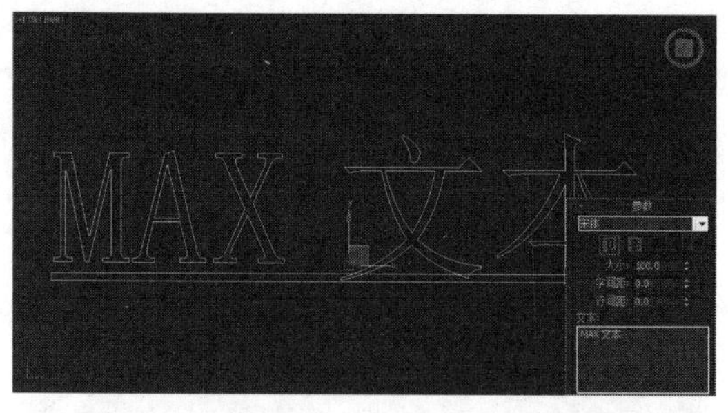

图 3-25　下划线

当输入多行文本时，单击■按钮，可以使多行文字左对齐；单击■按钮，可以使多行文字居中对齐；单击■按钮，可以使多行文字右对齐；单击■按钮，可以使多行文字分散对齐。另外，可以调整文字的大小、字体间距以及文本的行距。

注意

当在改变这些设置数值之前，启用【手动更新】复选框，将激活【更新】按钮。此时，若改变文字的设置参数，在视图窗口中不再同步更改，而是当所有的设置更改完毕后，单击【更新】按钮，在视图中的文字才进行相应的修改。

7. 螺旋线

螺旋与生活中的弹簧很相似，一般情况下，在效果图的围墙栏杆中使用螺旋花造型，家庭中的大门上也常使用螺旋花的造型，如图 3-26 所示。

图 3-26　门上的螺旋花

3.1.5　修改二维图形

创建二维图形的过程只是形体轮廓操作的一部分，如果要深入修改二维图形的形状或者想得到更为复杂的造型，就必须将其转换成可编辑样条线，然后才可以调整顶点、线段，改变曲线的曲率等。

在 3ds Max 2015 中，将二维图形转换成可编辑样条线有两种方法，一种是选中要编辑的样条曲线，右击鼠标，从弹出的快捷菜单中选择【转换为】|【转化为可编辑样条线】命令；第二种方法是选中要编辑的样条曲线，切换到修改面板，在修改器列表的下拉菜单中选择【可编辑样条线】修改器。

将曲线转换为可编辑样条线之后在修改面板中会出现编辑样条线的三个卷展栏，下面分别介绍。

1. 【选择】卷展栏

该卷展栏下的选项用于对曲线各次对象的选择操作，曲线的次对象包括顶点、线段、样条线。在【选择】卷展栏下单击任何一个次对象按钮，就可以使用 3ds Max 的选择工具，在场景中选择该层对象和变换操作。当在该卷展栏中单击【顶点】按钮，即可进入顶点编辑状态，这时有关顶点的选项也被激活，如图 3-27 所示。

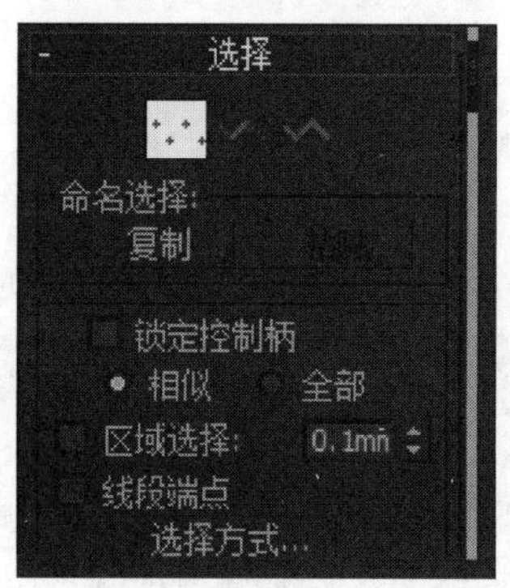

图 3-27　【选择】卷展栏

如果在【显示】区域框中启用【显示顶点编号】复选框，将在视图中显示从起始点到结束点的顶点编号，如图 3-28 所示。

图 3-28 显示顶点编号

技巧

进入样条线的次层级编辑模式方法有三种：一种是在选择卷展栏下单击各次层级按钮，另一种是在修改堆栈中单击 E 前面的＋号将其展开，然后选择次层级，最后还有一种比较快捷的方法就是在右键菜单中进行选择。

2.【软选择】卷展栏

【软选择】卷展栏中的选项如图 3-29 所示。使用软选择工具可以以衰减的方式对曲线的次对象进行选择，在高级建模中这种选择方式经常用到。在此以顶点次对象为例讲解其中的参数含义。

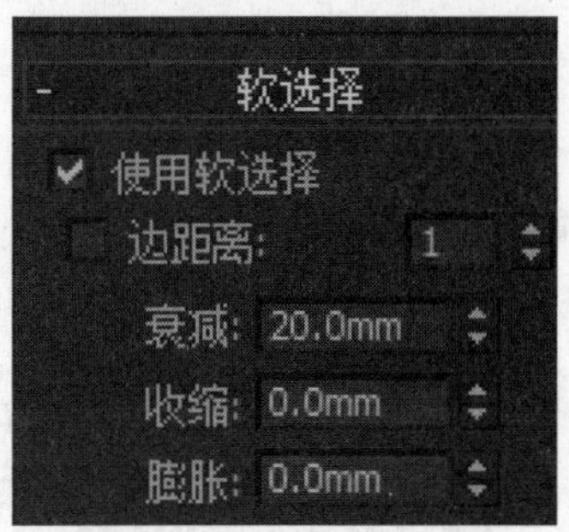

图 3-29 【软选择】卷展栏

进入顶点编辑状态，并启用【使用软选择】复选框，现在选择曲线上一个或部分顶点，它会影响一个区域，通过调整【衰减】值可以定义影响区域的距离，3ds Max 以颜色的方式显示衰减的范围，红色表示完全影响，然后依次向蓝色递减，移动选择的顶点即可看到效果，如图 3-30 所示。

图 3-30 使用软选择

3. 几何体卷展栏

几何体卷展栏包括多种曲线编辑工具，当在【选择】卷展栏下选择不同的次对象时，该卷展栏中所显示的编辑工具也不相同。本节将根据不同的次对象分别介绍各编辑工具的用法。

❑ **新顶点类型**

该选项区域中包含 4 种顶点编辑方式，分别是【角点】、Bezier、【平滑】和【Bezier 角点】，它们代表图形的 4 种顶点属性，如图 3-31 所示。

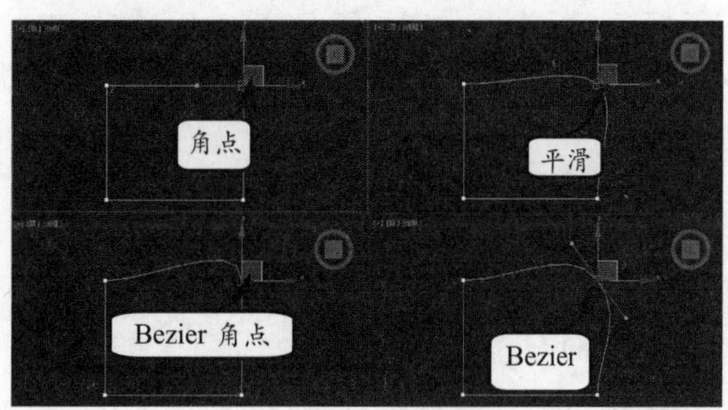

图 3-31 4 种顶点方式

如果读者需要使用其中的一种方式，只需选中相应的单选按钮即可。另外，还可以在选择了一个顶点后，选择右键菜单中的相应命令进行转换。

提示

当使用 Bezier 或【Bezier 角点】方式时，可以通过调整控制手柄控制样条线的曲率。在选中控制手柄的同时，按 F8 键可以切换要操作的轴向。

❑ **断开**

该工具将选定的一个或多个顶点拆分。如图 3-32 所示的就是在选中一个圆形的两个顶点后，单击【断开】按钮，这时圆形就被拆成了两部分。

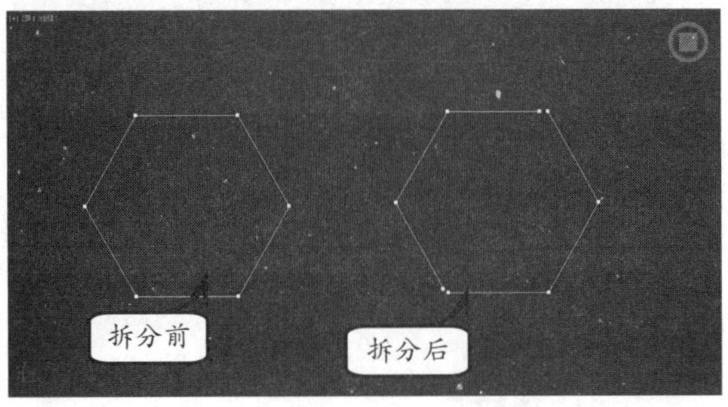

图 3-32 拆分顶点

❑ 附加

【附加】是一种比较重要的工具，它不仅使用在可编辑样条线中，还可以在可编辑网格和可编辑多边形中使用。【附加】工具可以将多个图形合并为一个图形，

注意

当一个图形被附加后，将丢失对其创建参数的所有访问。例如，一旦将某个圆附加到某个正方形后，便无法返回并更改圆的半径参数。

❑ 优化

【优化】工具可以在当前的图形上添加顶点。如果在单击【优化】按钮之前启用【连接】复选框，可以将添加的顶点进行连接，如图 3-33 所示。

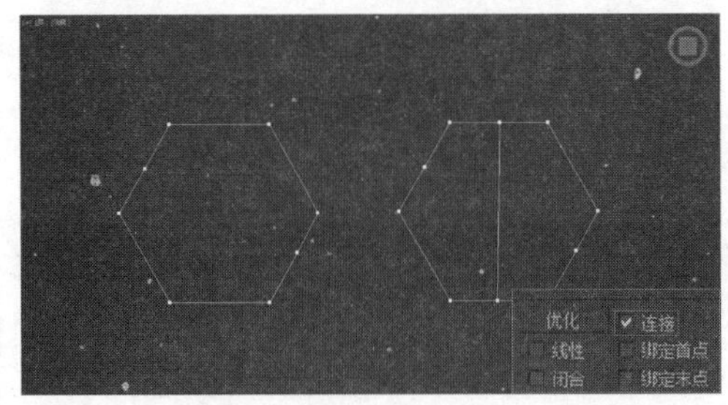

图 3-33 优化并连接顶点

❑ 焊接

将曲线上的两个或多个开口的顶点焊接为一个顶点。选择需要焊接的两个顶点，在【焊接】右侧的微调框中输入一个合适的数值，单击【焊接】命令即可。图 3-34 是焊接前后的效果对比。

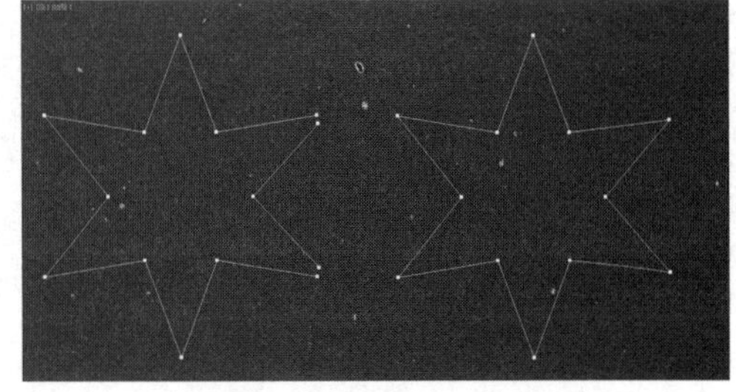

图 3-34 顶点焊接前后

❑ 连接

使用该工具可以连接两个顶点以生成一条线性线段。单击【连接】按钮，按住鼠标左键从一个顶点拖动到另一个顶点上释放即可创建一条线段，连接效果如图 3-35 所示。

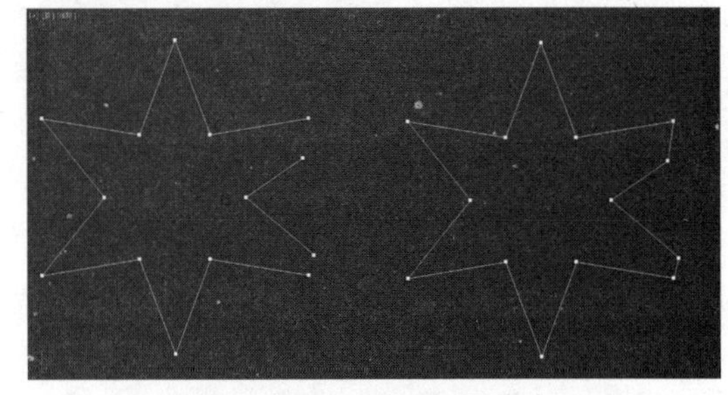

图 3-35 连接前后对比

❑【圆角】和【切角】

这两个工具可以在顶点处创建圆角和切角，使用后面的微调框可以调整圆角或切角的大小。如图 3-36 所示是在矩形一个顶点处创建的圆角和切角。

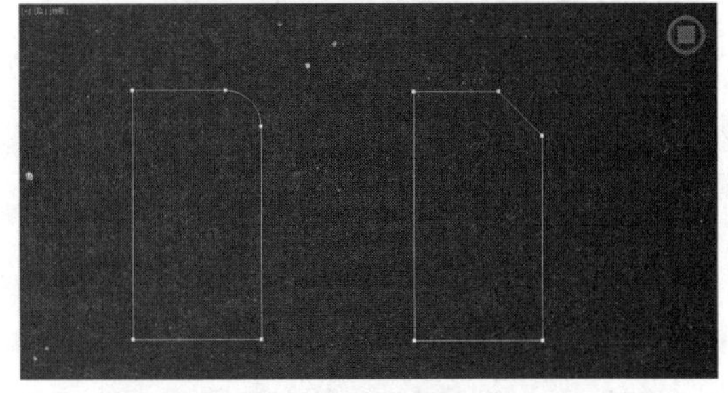

图 3-36 创建圆角和切角

❑ 轮廓

【轮廓】命令只有在样条线级别的时候可以使

用，它可以将一条线分离为两条线，如图 3-37 所示。

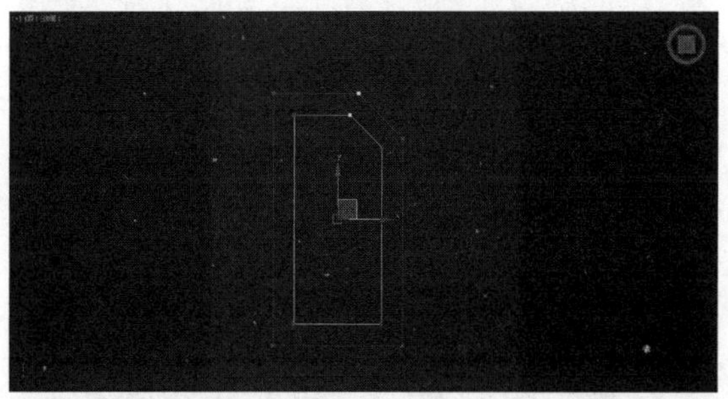

图 3-37 轮廓效果

3.1.6 练习：制作机械零件

本节使用二维线段制作一个机械图的模型，在制作过程中，使用了可编辑样条线命令对二维线段进行编辑，可编辑样条线命令可以有效地调整图形成为所需要的任何形状，通过本节的学习，要求读者掌握二维图形的编辑方法。

STEP|01 在顶视图中创建一个【圆环】，设置【半径 1】为 50，【半径 2】为 35，如图 3-38 所示。

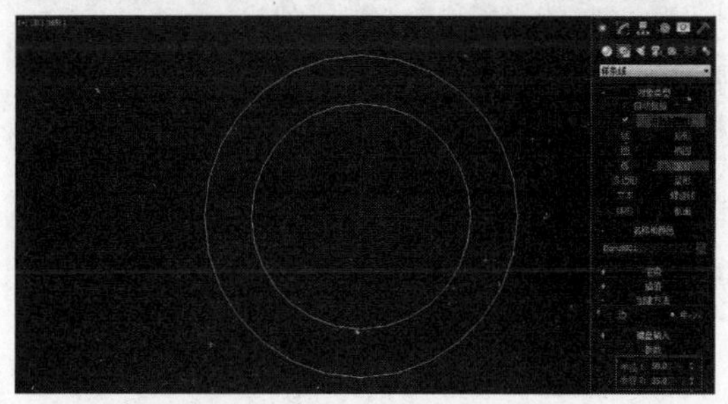

图 3-38 创建圆环

STEP|02 接着在圆环的中心创建一个【弧】，如图 3-39 所示。

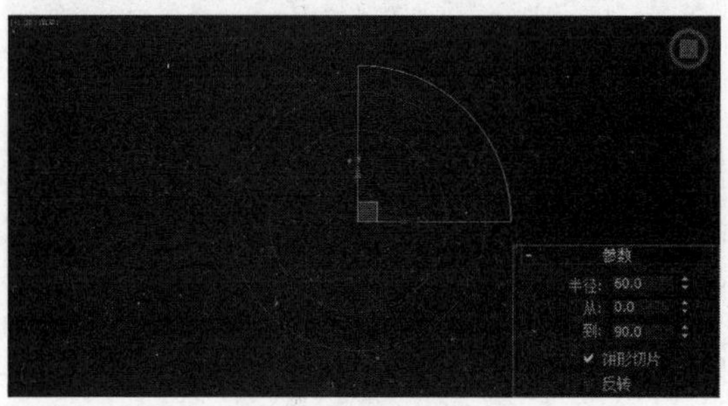

图 3-39 创建弧形

STEP|03 选中圆环图形，将其转换为可编辑样条线，然后在修改面板中使用【附加】工具将弧形结合为一个图形，如图 3-40 所示。

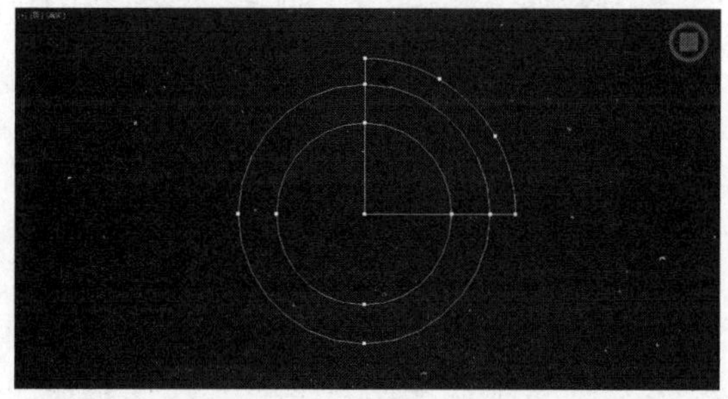

图 3-40 合并图形

进入到样条线编辑状态，接着使用【修剪】工具修剪图形，如图 3-41 所示。

图 3-41 修剪图形

STEP|04 在工具栏中单击【捕捉】按钮并启用【顶点】捕捉，切换到图形面板单击【弧】按钮，在曲线的两端创建两个半圆弧形，如图 3-42 所示。

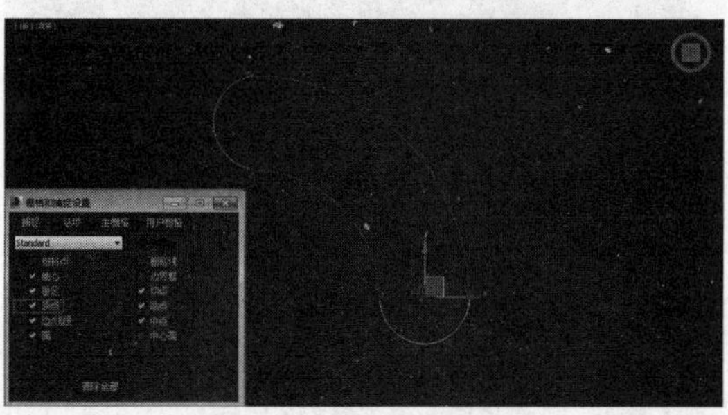

图 3-42 创建弧形

STEP|05 将所有的图形附加为一个图形，使用【焊接】工具将 4 个点焊接，如图 3-43 所示。

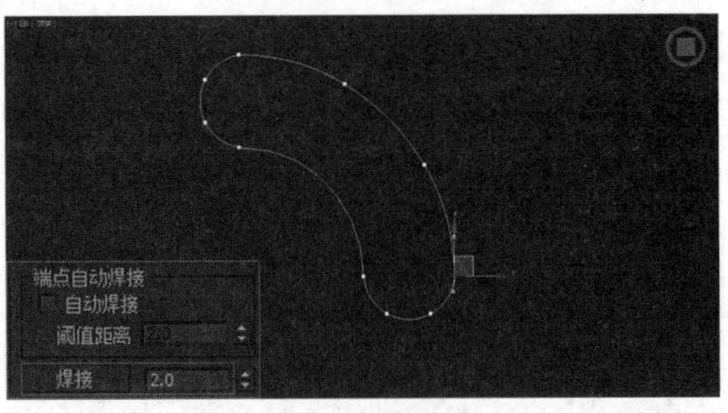

图 3-43　焊接顶点

STEP|06 进入到曲线的【样条线】编辑状态，选择图形，然后在几何体卷展栏下单击【轮廓】按钮，将【轮廓】参数设置为-4，如图 3-44 所示。

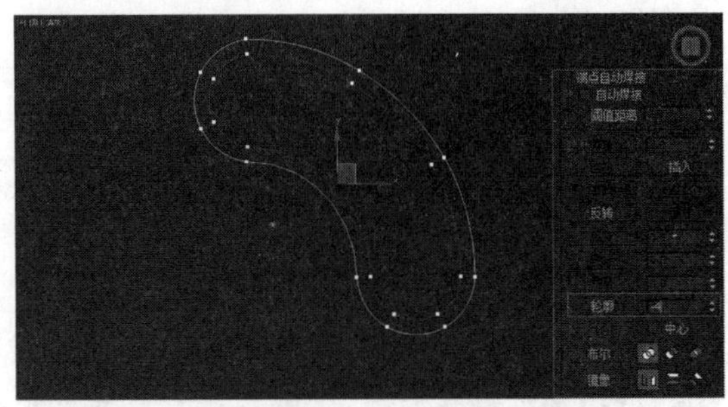

图 3-44　创建轮廓

STEP|07 在顶视图中创建一个【弧】，位置与参数如图 3-45 所示。

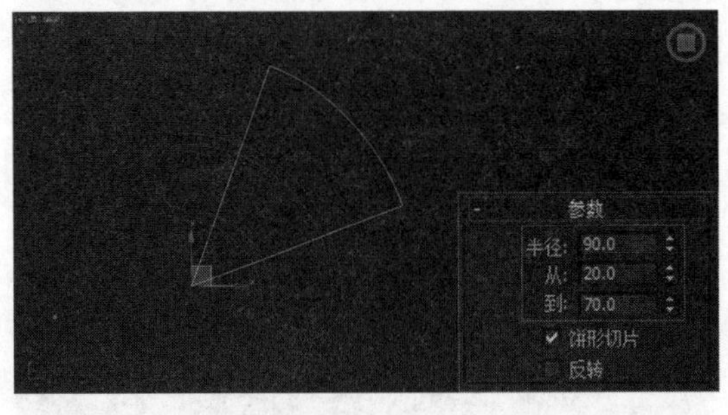

图 3-45　创建弧形

STEP|08 创建另一个【弧】，设置其参数如图 3-46 所示。

STEP|09 选择样条线图形，使用【附加】工具将两个弧形结合到当前图形，如图 3-47 所示。

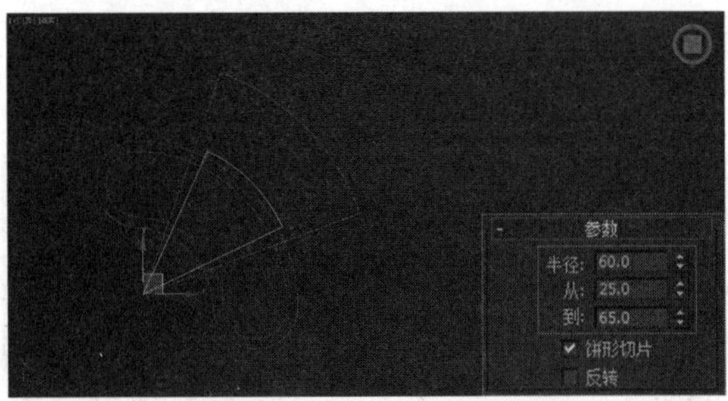

图 3-46　创建另一个弧形

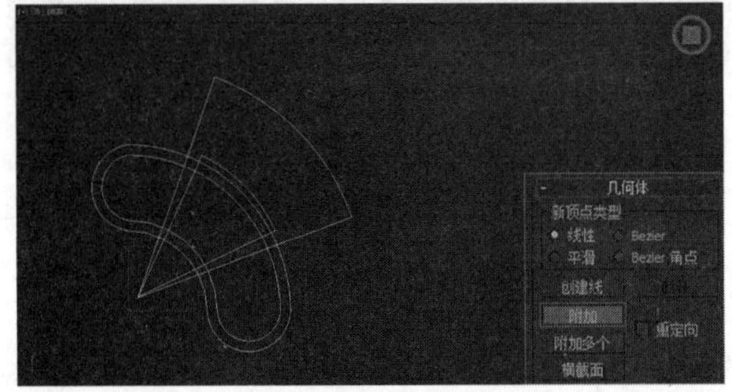

图 3-47　附加图形

STEP|10 然后进入到样条线编辑状态，使用【修剪】工具编辑图形，结果如图 3-48 所示。

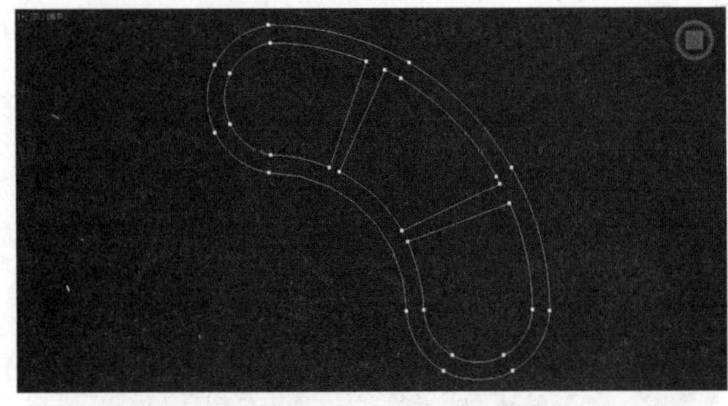

图 3-48　修剪图形

STEP|11 回到曲线的顶层级，在指定位置创建两个半径分别为 8 和 6 的圆，并将其复制到如图 3-49 所示。

图 3-49　创建圆形

STEP|12 创建一个矩形，使用旋转工具旋转 45°，然后将其转换成可编辑样条线，调整形状如图 3-50 所示。

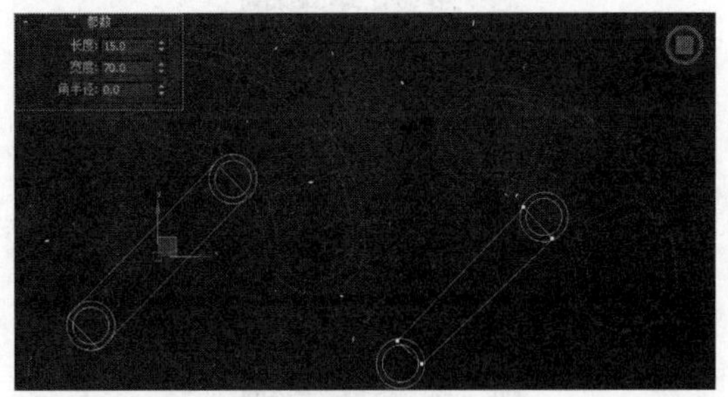

图 3-50　创建矩形并调整顶点

STEP|13 进入曲线的顶层级，使用【附加】工具将所有的图形合并成一个图形，然后进入到样条线编辑状态，使用【修剪】工具编辑图形，结果如图 3-51 所示。

图 3-51　修剪得到的图形

提示

如果在修剪时出现问题，可以先进入顶点编辑状态，使用【相交】工具给图形相交处添加顶点，然后再使用【修剪】工具编辑。

STEP|14 最后，附加图形并修剪如图 3-52 所示。

图 3-52　截面图

STEP|15 在修改面板中添加一个【挤出】修改器将其挤出，设置【数量】为 20，如图 3-53 所示。

图 3-53　添加挤出修改器

STEP|16 还可以为其添加一个小场景以烘托出效果，最终效果如图 3-54 所示。

图 3-54　最终效果

3.2 初识修改器

3ds Max 2015 的修改器是在修改命令面板中，通过该面板可以快速访问到它们。修改器是在创建了一个对象后，对这个基本对象进行进一步加工制作的重要工具，因此它必须以基本对象为依据进行编辑。在利用修改器编辑几何对象时，需要使用到一些面板，本节将介绍修改器环境、公用属性以及空间和塌陷。

3.2.1 修改面板

在视图中选择一个创建的对象，单击右侧面板上的【修改】按钮切换到修改命令面板，如图3-55所示。在修改命令面板中，最上面的文本框用于设置所选择对象的名称和颜色。关于修改面板的布局如图3-55所示。

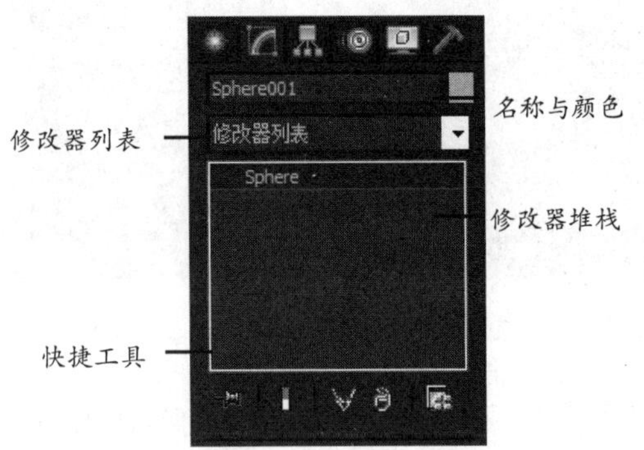

图 3-55 修改命令面板

1. 名称与颜色

【名称与颜色】选项区域用于修改对象的名称以及它在视图中显示的颜色，与创建命令面板的【名称与颜色】选项区相同，这里不再赘述。

2. 修改器列表

【修改器列表】中包含3ds Max 2015中的大部分修改器，如图3-56所示。其中，【选择修改器】用来定义样条线、网格和面板等次对象的选择集，以便于形成编辑修改的对象。无论作用于网格和面片等次对象的选择集还是作用于参数对象。【世界空间修改器】主要应用在世界空间中的修改器；【对象空间修改器】主要应用在对象空间中的修改器。

图 3-56 修改器列表

注意

在场景中选择不同的对象时，则【修改器列表】中只显示与其相关的修改器类型。

3. 修改器堆栈

修改器堆栈位于【修改器列表】的下方，该区域罗列了最初创建的参数几何对象和作用于该对象的所有编辑修改器。

所谓的堆栈类似于在一个容器中放东西，首先放进去的东西位于整个容器的最底层，后来放进去的东西则会一一向上堆积，而最后放进去的东西则处于最顶层。修改器堆栈也是这样，处于最底层的是原始对象，其位置不能变动。作用于原始物体上的修改器则是按照一定的次序排列在堆栈中，可以通过调整它们的放置位置来调整它们之间的次序。不过，不同的修改器放置次序所产生的原始物体是不相同的。如图3-57所示的是在一个圆柱体上添加了锥化和弯曲修改器的不同形状，在图3-57（a）中我们先使用了锥化修改器，再使用弯曲修改器，而右图3-57（b）则正好相反。

在修改器堆栈中单击鼠标右键，利用打开的快捷菜单可以对各修改器进行编辑操作，例如重命名、剪切、复制、塌陷等。这一功能可以针对视图中的各个对象空间灵活应用，大大提高了修改器的利用率。另外，在各个修改器的左侧有一个“灯泡”图标，它用于确定是否要在原始对象上使用修改器，如果对象变为灰色显示，则表示当前修改器没有作用在原始对象上，如图 3-58 所示。

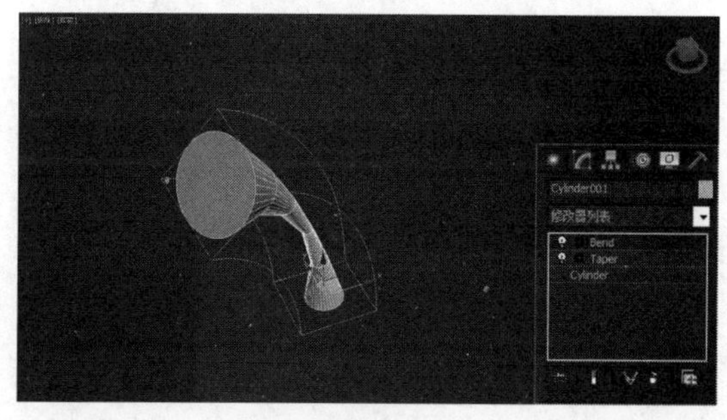

(a)

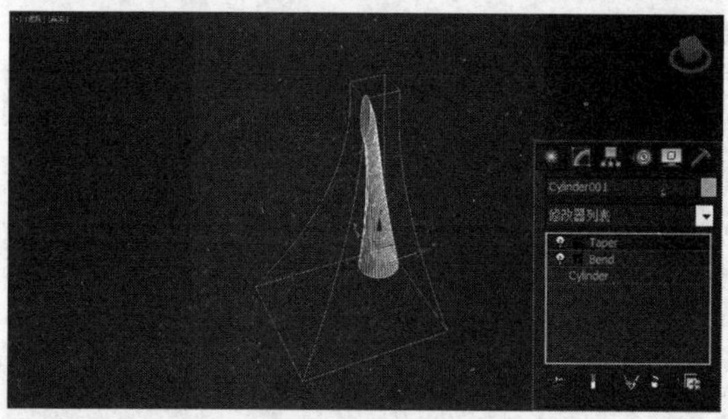

(b)

图 3-57 修改器的放置次序

图 3-58 作用与非作用

通过上面的学习，我们知道修改器的编辑将直接影响到几何体的最终形态。那么，通常情况下，可以对修改器执行哪些操作呢？

- 查找和调整修改器顺序；
- 在对象之间复制、剪切和粘贴修改器；
- 在堆栈中和视图上冻结某个修改器的作用；
- 选择一个修改器的属性，包括 Gizmo 和中心（在后面的讲解中将介绍这两个属性）；
- 删除修改器。

4. 快捷工具

在整个面板的最下方提供了一些关于修改器编辑的快捷工具，通过利用这些工具可以在很大程度上提高工作效率，下面介绍一下这些工具的功能。

- **锁定堆栈**

【锁定堆栈】按钮用来冻结堆栈的当前状态，能够在变换场景对象的情况下，仍然保持原来选择对象的修改器的激活状态。

- **显示最终结果**

【显示最终结果】按钮用于确定堆栈中的其他修改器是否显示它们的结果。通过利用该工具，可以直观地看到修改器的编辑效果。在建模的过程中，可以通过关闭该按钮来检查修改器的效果，观察整体模型的形状时再打开它，这样可以减轻计算机的处理量，节省显示时间。

- **使唯一**

【使唯一】按钮用于将选择集的修改器独立出来，只作用于当前选择的对象。

- **移除修改器**

【移除修改器】用来从堆栈中删除选择的修改器。

- **配置修改器集**

【配置修改器集】用来控制是否在修改命令面板中显示经常使用的修改器按钮，如图 3-59 所示是作者自定义的一个修改器集。

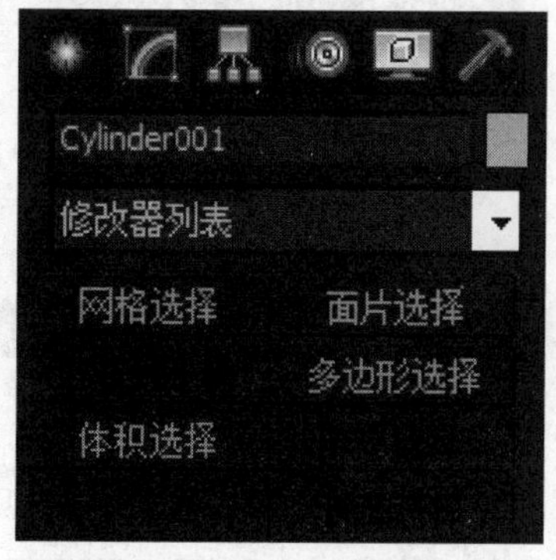

图 3-59 修改器集

如果要配置一个修改器集，则可以单击该按钮，在打开的快捷菜单中选择【配置修改器集】命令，然后在打开的对话框中选择右侧列表中的相应修改器，并将其拖动到左侧的空白按钮上，如图3-60所示。

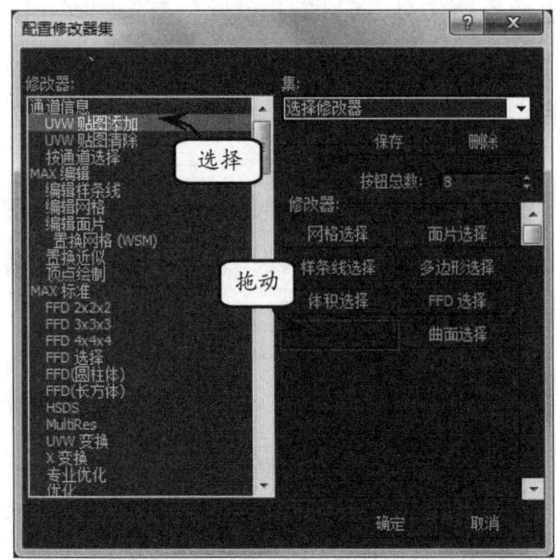

图 3-60　配置修改器集

设置完成后，单击【确定】按钮即可完成修改器集的配置。不过，此时它并不能显示在修改命令面板中，读者可以再次单击【配置修改器集】按钮，在打开的快捷菜单中选择【显示修改器集】命令，如图3-61所示是修改后的修改器集。

图 3-61　修改器集

技巧

在【配置修改器集】对话框中，也可将选择的修改器直接拖动到现有的修改器上，这样可以将原来的修改器替换。

3.2.2　编辑公用属性

在3ds Max 2015中，大多数修改器都共享一些相同的基本属性。通常情况下，一个修改器除了其自身所具有的特性外，还提供了一个Gizmo和【中心】属性。本节将介绍这两个属性的功能以及其常用操作方法。在修改器堆栈中选择一个修改器，单击其左侧的+号可以显示出来这两个属性，如图3-62所示。

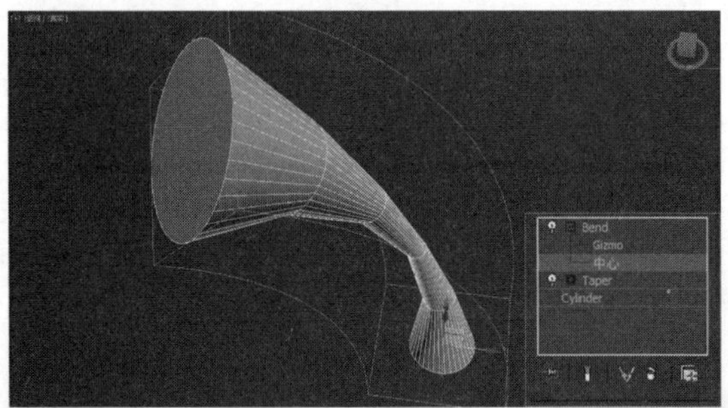

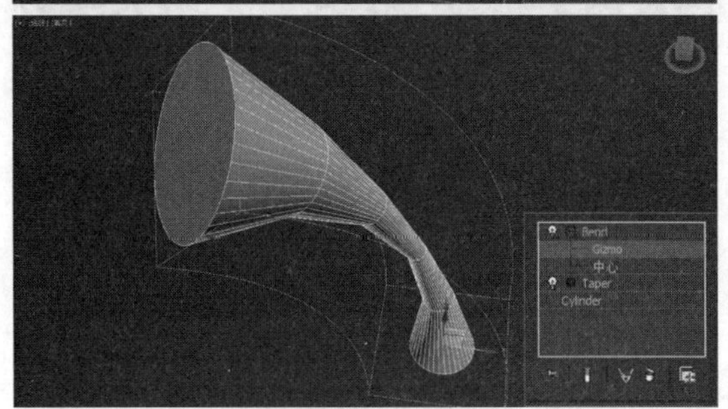

图 3-62　修改器的两个公用属性

Gizmo是一种显示在视图中以线框的方式包围被选择对象的形式。3ds Max 2015中，Gizmo是被作为修改器使用的重要辅助工具，通过移动、旋转和缩放，Gizmo可以大大影响修改器作用于对象的效果，图3-63是通过移动Gizmo的位置所产生的不同形状。

【中心】是作为场景中对象的三维几何中心出现的，同时它也是修改器作用的中心。与Gizmo相同，【中心】也是修改器作用的重要辅助工具，通过改变它的位置也可以大大影响修改器作用于对象的效果，如图3-64所示。

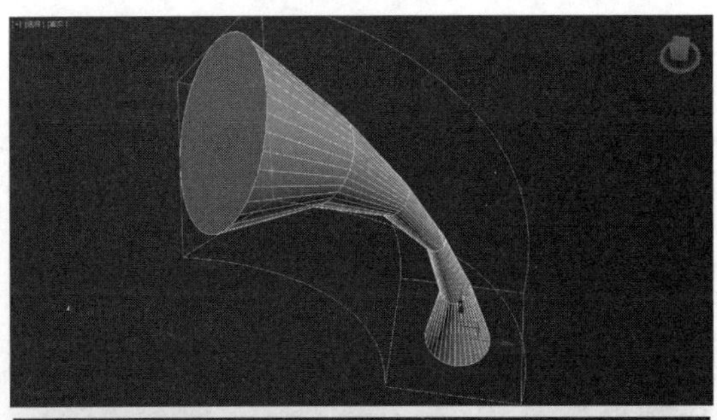

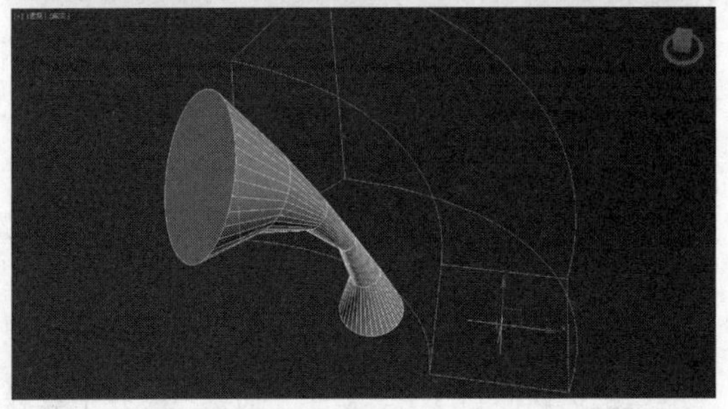

图 3-63　Gizmo 对物体的影响

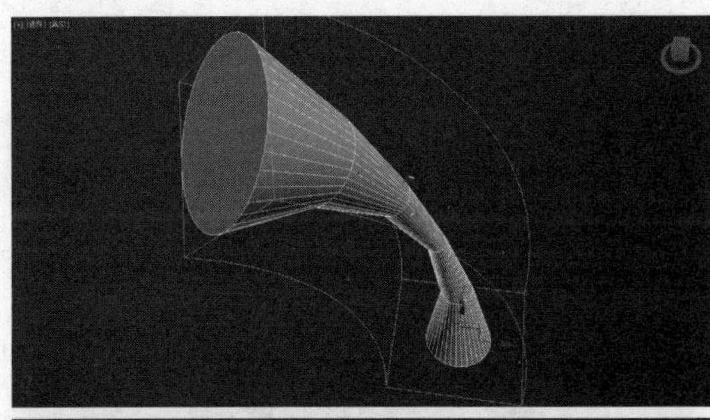

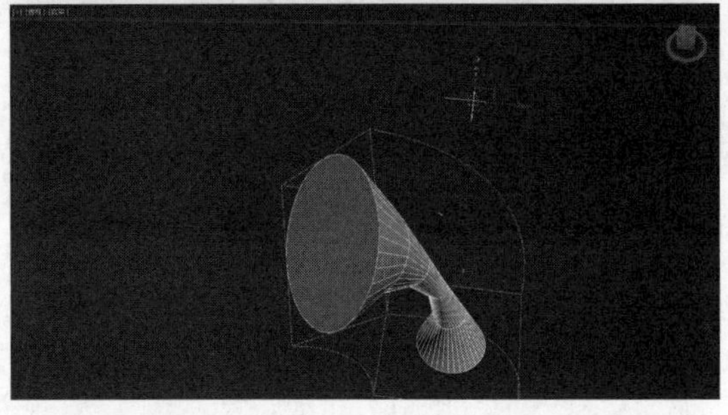

图 3-64　改变中心的效果

1．移动 Gizmo 和【中心】

通常情况下，移动 Gizmo 和移动【中心】的方法是相同的。不同的是，移动 Gizmo 将使其与所匹配的对象分离，这样可能使后期的建模产生一些混乱；而移动【中心】只会改变中心的位置，不会对 Gizmo 的位置产生影响。移动 Gizmo 和【中心】的不同效果对比可以参考上面的两个图。

> **注意**
>
> 在 3ds Max 2015 中，【中心】只能够移动，对其不能够使用旋转或者缩放操作。

2．旋转/缩放 Gizmo

除了对 Gizmo 使用移动功能外，还可以对其执行旋转和缩放操作，关于它的缩放方法和基本体的操作相同，这里不再赘述。

对于 Gizmo 的旋转或者缩放操作而言，笔者是不太赞成的。通常情况下，修改器都提供了一些旋转或者缩放的参数，读者可以精确调整这些参数来达到修改的目的。再者，读者还可以直接缩放或者旋转几何体，再进行修改。

3.2.3　空间与塌陷

空间是 3ds Max 中的基本概念，几乎所有的对象都是基于空间的元素。塌陷是在制作复杂模型时经常需要的操作，通过这样的操作可以提高计算机的处理速度，节约大量的时间。本节将分别介绍空间的概念和修改器堆栈塌陷的实现方法。

1．空间概述

在 3ds Max 2015 中，存在两种极其重要的空间坐标系，分别是对象空间和世界空间。【对象空间】是从属于场景中各个对象的对立坐标系统，用来定位应用于对象的每个细节。例如，对象的节点位置、修改器的放置位置、贴图的坐标和使用的材质位置都需要在对象空间中定义。【世界空间】是一种直接影响场景中对象位置的全局坐标系统。世界空间坐标系位于各个视图中的左下角，它是不能被改变或者移动的。场景中的对象通过它们之间的相对位置、相对大小定位在世界空间之中。如图 3-65 所示的是在世界空间的桌上放置着一般应用于对象空间的书。

图 3-65　世界空间和对象空间

在 3ds Max 2015 中，修改器不是应用于对象空间就是应用在世界空间中。应用在对象空间中的修改器被称为“对象修改器”，应用于世界空间的修改器被称为“世界修改器”。

应用在对象局部坐标系统中的对象空间修改器受对象的轴心点的影响，而世界空间修改器是全局性应用，它只会影响场景中的对象位置。例如，将对象移动到路径上时，世界空间的【路径变形】修改器保留路径在原来的位置，同时移动对象到路径上。而对象空间的【路径变形】修改器保留对象在原来的位置，同时移动路径到对象上。

对象空间修改器和世界空间修改器可以被复制和粘贴，但它们不能混合在一起使用，而且对象空间修改器不能被粘贴在实际空间修改器上。

2．塌陷操作

尽管修改器堆栈对于模型编辑或者动画制作有很大的帮助，可是它需要占用大量的内存空间，这是因为修改器堆栈中的每一步操作都占据着一定的内存，这样将会大大地降低计算机的处理能力，延长编辑时间。

为此，可以将当前的修改器堆栈塌陷，从而减少内存资源的占用。塌陷堆栈就会引起几何体传递途径的计算，将对象缩减成最高级的几何体，每个修改器的编辑效果仍然存在，但是它们的效果将会变为显式的，并且被冻结。

塌陷修改器堆栈的方法有两种，下面分别给予介绍。

第一，在修改器堆栈中单击鼠标右键，选择快捷菜单中的【塌陷到】或者【塌陷全部】命令即可完成塌陷。其中，【塌陷全部】命令将塌陷存在于堆栈中的所有修改器；【塌陷到】命令表示从选择的修改器向下塌陷到堆栈的底部，如图 3-66 所示。

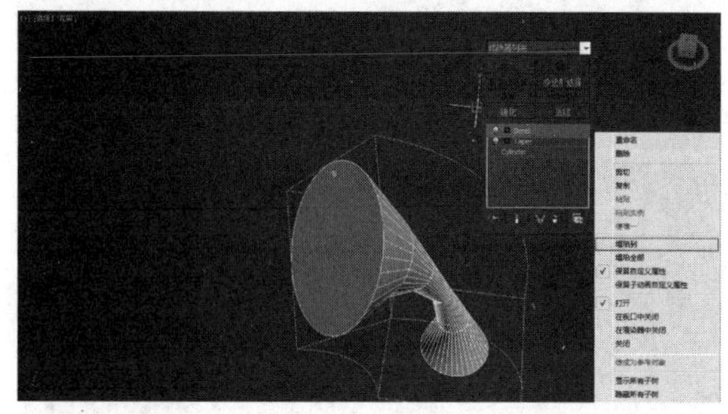

图 3-66　塌陷到

第二，切换到【工具】命令面板，展开工具卷展栏，单击其中的【塌陷】按钮，打开如图 3-67 所示的卷展栏。然后，在视图中选择要塌陷的对象，单击【塌陷选定对象】按钮即可塌陷选择的对象，此时的物体将会转换为一个可编辑网格对象。

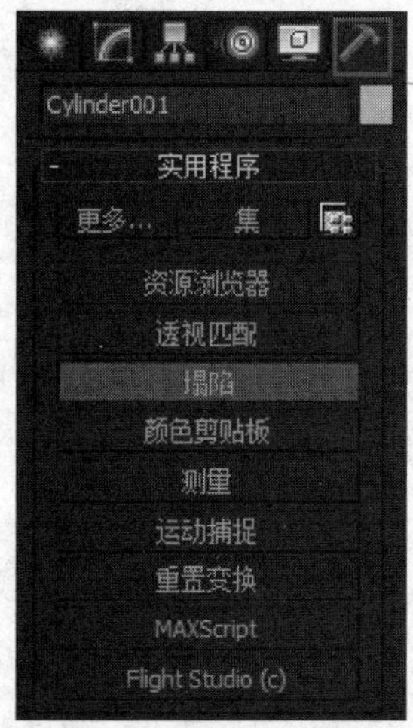

图 3-67　塌陷

警告

在运用第二种方法执行塌陷操作前，一定要考虑清楚，否则一旦塌陷操作成功后，即使应用【撤销】命令也很难回到塌陷前的状态。为此，读者可以在塌陷前对当前场景进行备份或者使用【暂存】功能保存场景。

3.3 挤出与锥化修改器

修改器是 3ds Max 2015 中功能最强大的建模工具之一。使用它不仅能够进入物体的子物体级别中进行编辑，还可以随时删除物体上的修改器，恢复物体原状。另外，修改器作用在物体本身坐标系中，因此它可以对物体坐标系内部结构进行操作，例如，使用扭曲修改器修改一个网格物体，则组成物体的每个点位置都会在物体坐标系中发生改变以产生扭曲效果。而本节主要讲述挤出修改器与锥化修改器。

3.3.1　认识挤出修改器

在 3ds Max 2015 中，可以对一个创建完成的基本对象进行编辑修改，从而生成更为复杂的对象。修改器就是实现这一功能的重要工具，本节将介绍二维修改器的使用方法。

挤出修改器通过在二维剖面上添加厚度，使得二维线性转换为三维物体。与系统提供的三维物体不同的是，在使用修改器前需要创建一个二维剖面图形。利用挤出修改器转换的三维效果如图 3-68 所示。

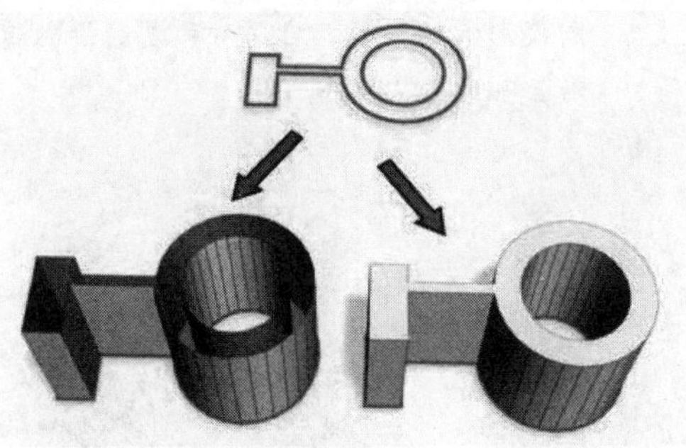

图 3-68　挤出效果

❑ 数量

该参数用于控制拉伸的高度，需要读者自定义。不同的数量值所产生的效果不尽相同。

❑ 分段

指定将要在挤出对象中创建线段的数目。这个参数十分重要，尤其是在后期要进行多边形处理时特别有用，如图 3-69 所示。

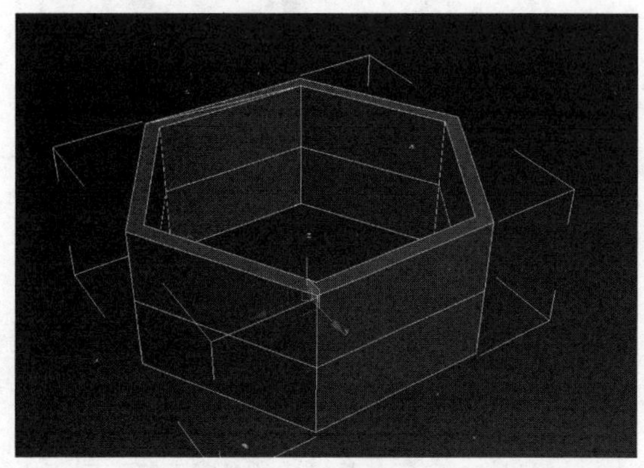

图 3-69　分段效果

❑【封口始端】和【封口末端】

如果启用【封口始端】复选框，则封闭模型的顶端；如果启用【封口末端】复选框，则封闭模型末端，3ds Max 默认为启用，不启用这两个选项的效果如图 3-70 所示。

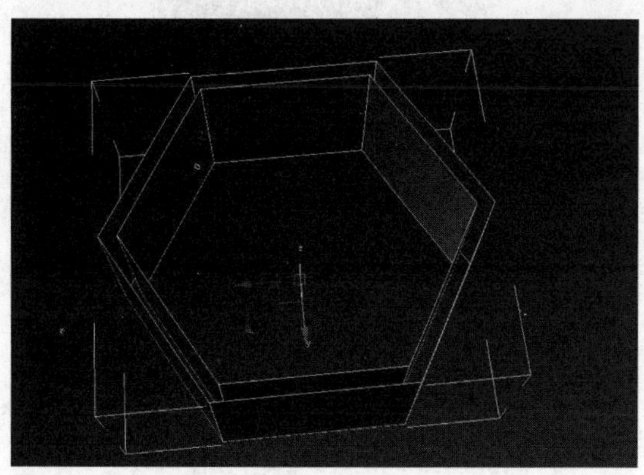

图 3-70　不封闭模型效果

3.3.2　锥化修改器

锥化修改器通过缩放对象几何体的两端产生锥化轮廓，或者产生一端放大而另一端缩小的效果。还可以在两个轴向上控制锥化的量和曲线，也可以对几何体的局部进行限制锥化。锥化修改器的修改效果如图 3-71 所示。

图 3-71　锥化效果

如图 3-72 所示的是锥化的参数面板，下面主要介绍一下常用的参数的功能以及使用方法。

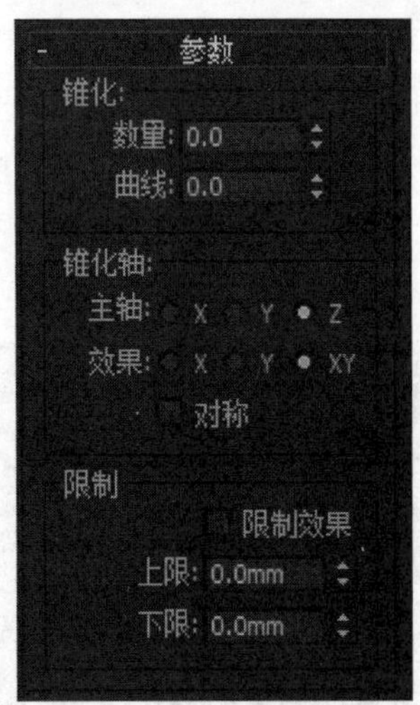

图 3-72　锥化参数面板

- **数量**　该参数用于缩放扩展的末端，数值越大，则锥化效果越明显。
- **曲线**　对锥化 Gizmo 的侧面应用曲率，因此影响锥化对象的图形。正值会沿着锥化侧面产生向外的曲线，负值产生向内的曲线，如图 3-73 所示。

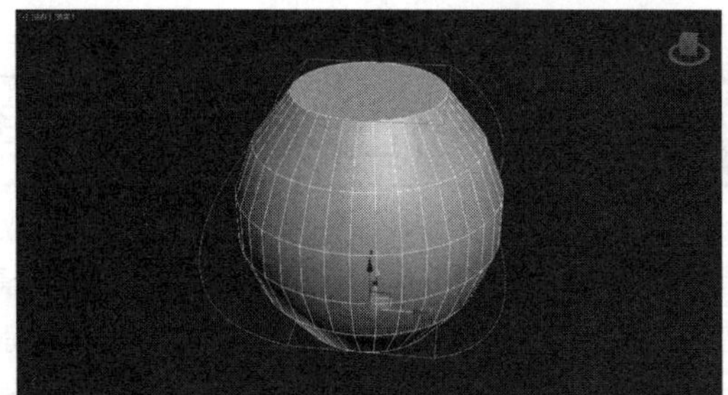

图 3-73　正值与负值的区别

- **主轴**　锥化的中心样条线或中心轴，读者可以在 X、Y 或 Z 三个轴向上生成锥化效果，默认设置为 Z 轴。
- **效果**　用于表示主轴上的锥化方向的轴或平面。可用选项取决于主轴的选取。影响轴可以是剩下两个轴的任意一个，或者是它们的合集。如果主轴是 X，影响轴可以是 Y、Z 或 YZ。
- **对称**　围绕主轴产生对称锥化。锥化始终围绕影响轴对称，启用对称复选框创建的效果如图 3-74 所示。

图 3-74　对称对锥化的影响

- **限制**　锥化偏移应用于上下限之间。围绕的几何体不受锥化本身的影响，它会旋转以保持对象完好。锥化限制对模型的影响如图 3-75 所示。

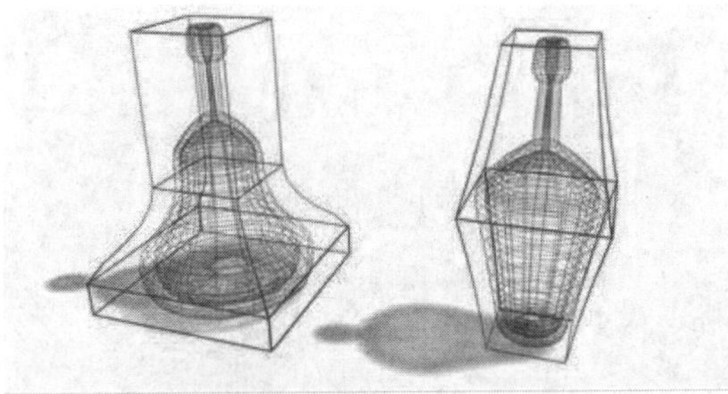

图 3-75　限制对锥化的影响

关于锥化的实现过程比较简单，这里不再做过多的介绍。用户可以利用上机时间来制作一些具体的造型，以理解其参数含义。

3.3.3　练习：路灯

本练习将带领读者制作一组路灯的模型，整个模型都是通过编辑一些基本几何体得到，在制作的过程中主要讲解基础建模的编辑方法，以及基本操作工具的应用。通过本练习读者能够使用基本几何体创建一些简单的模型。怎样灵活运用简单的几何体进行建模是本练习的重点所在。

STEP|01 在几何体面板，创建一个【圆环】，其参数设置为【半径 1】为 100，【半径 2】为 20，如图 3-76 所示。

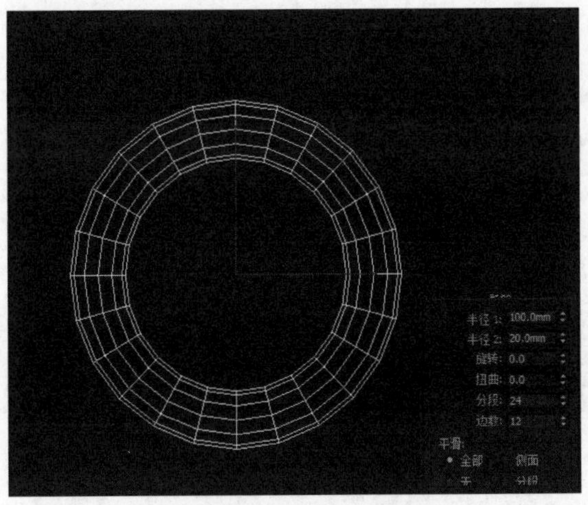

图 3-76　创建圆环

STEP|02 在顶视图中创建一个【球体】，设置【半径】为 35，如图 3-77 所示。

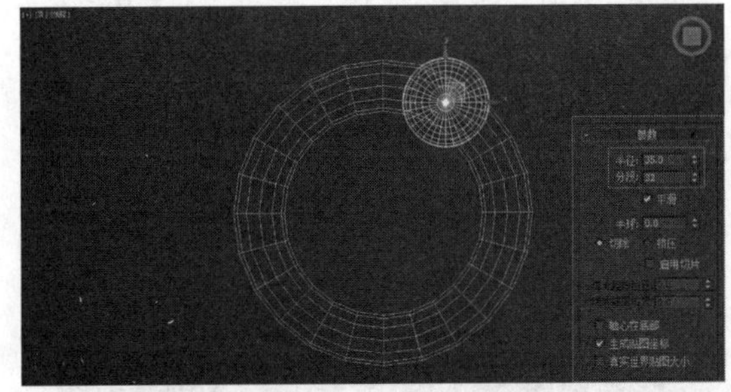

图 3-77　创建球体

STEP|03 进入到【层次】面板中，单击【仅影响轴】按钮，会出现轴心点的设置坐标，如图 3-78 所示。

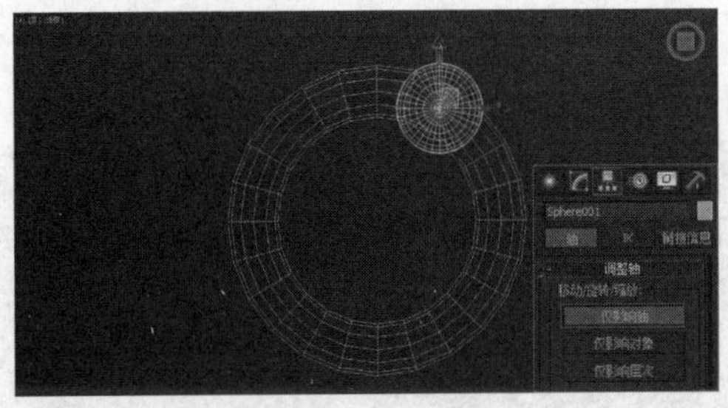

图 3-78　打开轴心点设置

STEP|04 将轴心点的坐标移动到圆环的中心，如图 3-79 所示。

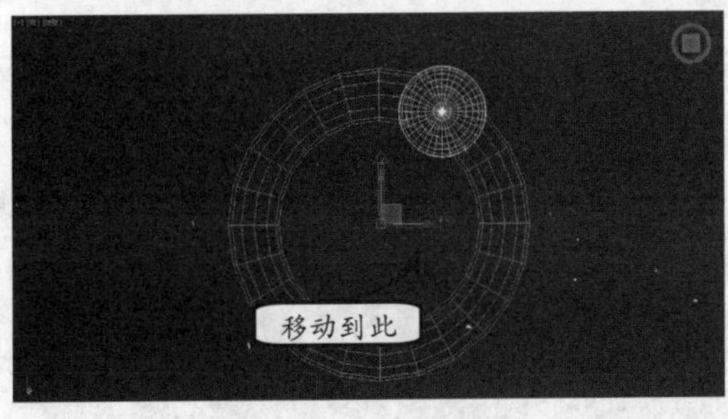

图 3-79　移动轴心点

提示

移动球体的轴心的时候，可以使用 3D 捕捉工具进行捕捉轴心。具体方法是：在工具栏上单击按钮，并右击鼠标，在弹出的对话框中启用 Pivot Point 复选框即可。

STEP|05 使用旋转工具配合 Shift 键旋转复制 5 个球体，旋转的角度为 60°。然后选择圆环物体使用移动工具上下复制三个，并适当调整半径值、大小和位置，结果如图 3-80 所示。

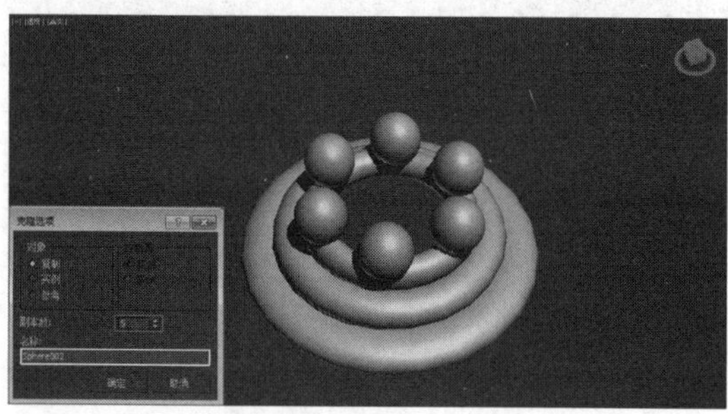

图 3-80　复制对象

STEP|06 在顶视图中创建一个【星形】，然后使用对齐工具和移动工具将其调整到如图 3-81 所示的位置。

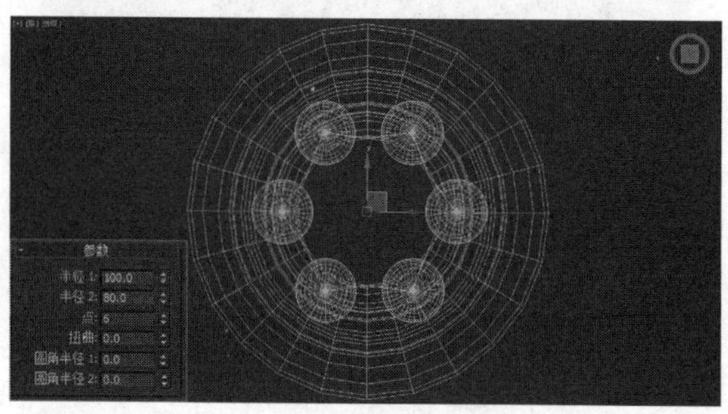

图 3-81　创建 Star

STEP|07 选择星形图形，按 Ctrl+C 快捷键进行复制，并设置复制出的图形参数如图 3-82 所示。

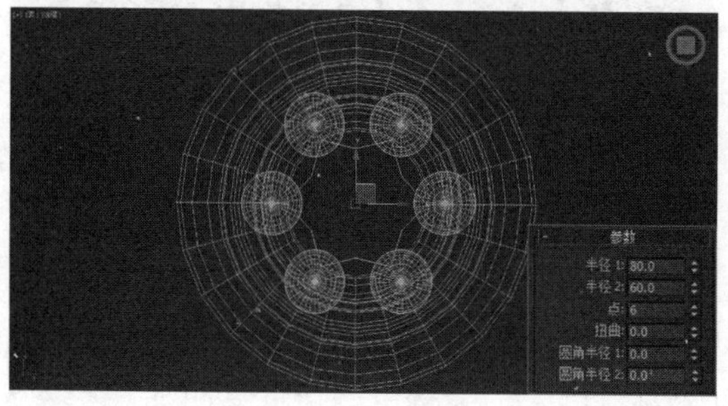

图 3-82　复制星形

STEP|08 在修改面板中分别为两个星形图形添加【挤出】命令，设置外侧星形挤出数量为 500，内侧星形图形挤出数量为 2000，如图 3-83 所示。

图 3-83　挤出

STEP|09 在路灯的顶端创建一条曲线，形状如图 3-84 所示。

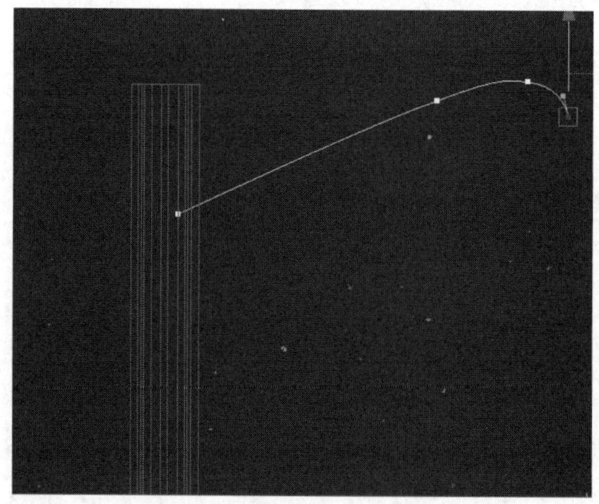

图 3-84　创建曲线

STEP|10 进入到样条线的修改面板，设置其参数如图 3-85 所示。

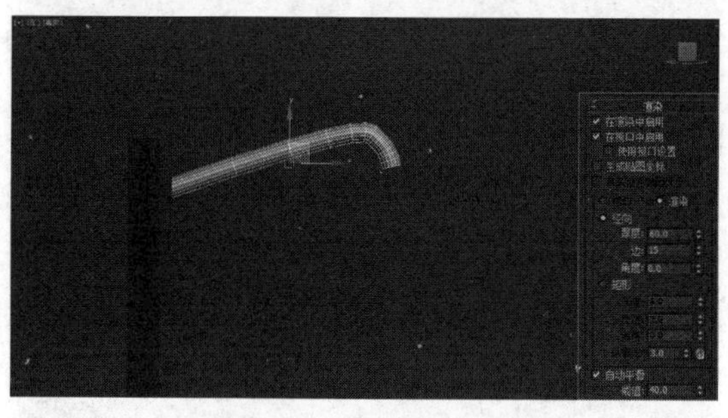

图 3-85　创建路灯杆

STEP|11 然后创建一个【球体】和【圆柱体】，将

其放在如图 3-86 所示的位置。

图 3-86　创建灯罩

STEP|12 选中球体、切角圆柱体和曲线模型，在菜单栏中选择【组】|【组】命令，将其群组，然后复制出两组，调整角度和位置。到此所有的路灯模型制作完毕，如图 3-87 所示。

STEP|13 最后可以添加一个简单的场景来丰富效果，如图 3-88 所示。

图 3-87　路灯模型

图 3-88　最终效果

3.4 车削修改器

车削修改器与挤出修改器相同，都是针对二维图形进行操作的一种修改工具。所不同的是，车削修改器是通过旋转的方法利用二维截面形成三维实体，可以使用它创建具有旋转角度的物体，例如花瓶、碗、杯子等。

车削修改器要求首先创建一个二维剖面图形，在修改面板中添加车削修改器，之后设置其参数，如图 3-89 所示。

图 3-89　车削效果

3.4.1　认识车削修改器

本节介绍车削修改器的参数。车削修改器可以通过对二维图形的旋转制作出三维物体，例如平时生活中经常看到的花瓶、酒瓶杯子等物体。要利用车削修改器创建模型，可以事先定义一个二维截面；然后，切换到修改命令面板，选择修改器列表中的【车削】命令，添加该修改器；最后，在车削修改器参数面板中调整其参数控制即可生成模型，车削修改器的参数面板如图 3-90 所示。

由于车削修改器的参数比较多，为了初学者快速接受，这里介绍一些常用的参数设置。

❑ **度数**

确定对象绕轴旋转多少度，可以给【度数】设置关键点，来设置车削对象圆环增强的动画。不同的角度创建的不同效果如图 3-91 所示。

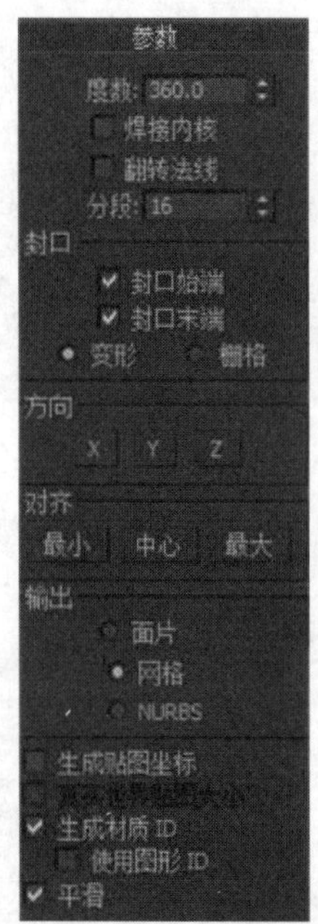

图 3-90　车削修改器参数面板

图 3-91　角度对比

❑ 焊接内核

通过将旋转轴中的顶点焊接来简化网格。如果要创建一个变形目标，则需要禁用该复选框。

❑ 翻转法线

该参数依赖图形上顶点的方向和旋转方向，旋转对象时可能会产生法线错误，导致模型内部造型外翻。此时就可以通过启用该复选框来进行纠正，如图 3-92 所示。

❑ 方向

该选项用于设置截面旋转方向。通过设置该选项，可以确定截面图形沿哪个轴进行旋转。

❑ 对齐

该选项区域用于设置中心轴的位置是在截面曲线的最小边、中心（默认）还是最大边。

图 3-92　反转法线对比

❑ 输出

输出选项区域为用户提供了三种基本的模型输出方式，分别是面片、网格和 NURBS 曲面，读者只需选中相应的单选按钮就可以使用相应的曲面输出模型。

3.4.2　练习：制作花瓶

酒瓶和酒杯是人们生活中必不可少的东西，本节使用车削修改器制作一个酒瓶的模型，在制作过程中也用到了编辑样条线的命令，使用它可以灵活定义酒瓶的造型，通过本节学习要求读者掌握车削修改器的使用方法。

STEP|01 使用【线】工具在前视图中画出一条线段，如图 3-93 所示。

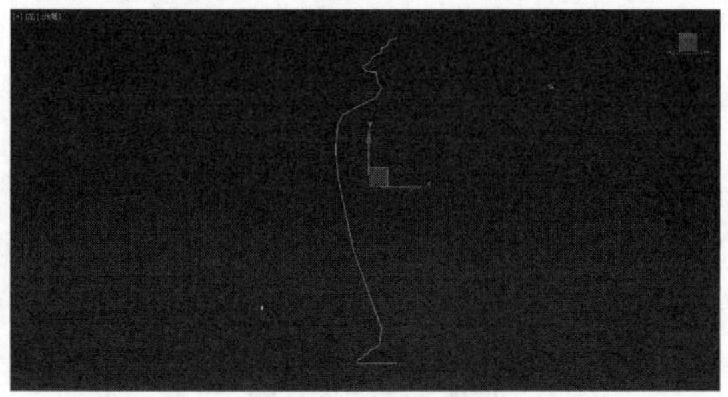

图 3-93　创建样条线

STEP|02 接着观察瓶口形状，进入【点】显示状态，如图 3-94 所示。

图 3-94 点显示状态

STEP|03 使用【圆角】工具将瓶子直角进行圆滑，如图 3-95 所示。

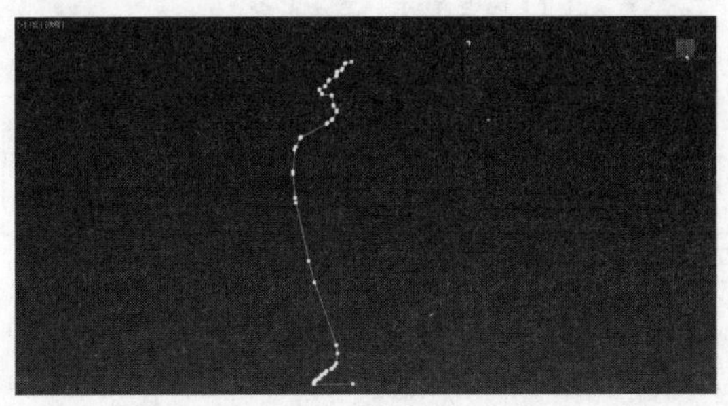

图 3-95 添加圆角

STEP|04 将图形全部选择，单击右键，转化为【Bezier 角点】，调整瓶颈和瓶身处的一些细节，如图 3-96 所示。

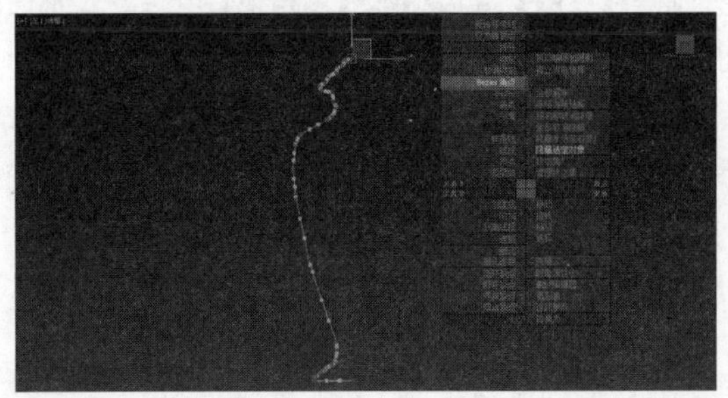

图 3-96 转换为 Bezier 角点

STEP|05 进入修改面板中，添加【车削】命令，单击将其旋转成一个酒瓶，分段设置如图 3-97 所示。

STEP|06 关闭【车削】效果，在其内侧添加一个样条线作为小花瓶的侧面，如图 3-98 所示。

图 3-97 旋转花瓶

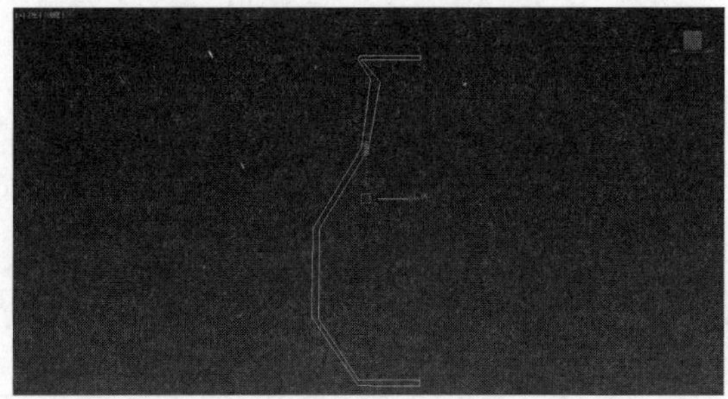

图 3-98 建立小花瓶侧面

STEP|07 进入【点】显示状态，单击右键，转化为【Bezier 角点】，调整瓶颈和瓶身处一些细节，如图 3-99 所示。

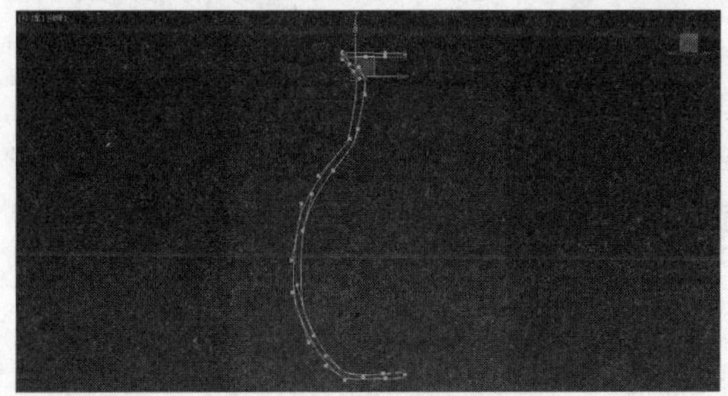

图 3-99 调整细节

STEP|08 同样使用【车削】效果旋转小花瓶，如图 3-100 所示。

图 3-100 旋转小花瓶

STEP|09 为物体添加一个场景，如图 3-101 所示。

图 3-101 添加场景

STEP|10 最后可以添加灯光和材质使其更加真实，如图 3-102 所示。

图 3-102 最终效果

3.5 倒角修改器

倒角修改器的功能与挤出修改器有些类似，它也是以一个二维图形为挤出，通过拉伸、挤压的方式将其转换为三维物体的二维修改器。

倒角修改器也是二维修改器，有着与挤出修改器不同的特性——在物体的边缘形成平的或者圆的倒角，从而可以使物体看起来更加光滑、圆润。通常情况下，可以利用该修改器创建三维文本和徽标，而且可以应用于任意图形，如图 3-103 所示。

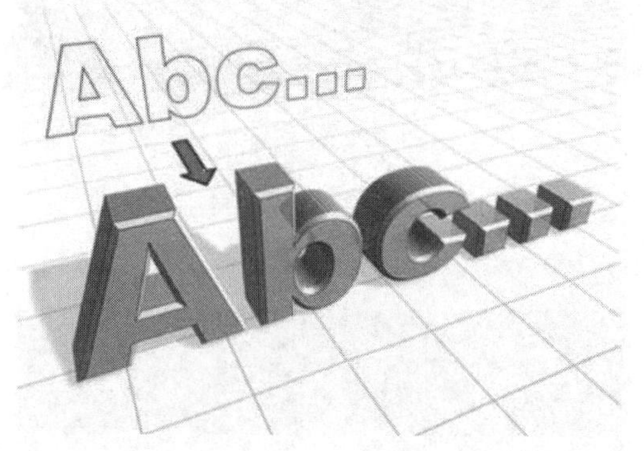

图 3-103 倒角效果

3.5.1 认识倒角修改器

本节介绍倒角修改器的一些重要的参数，在图形上添加倒角修改器的方法与添加挤出修改器的方法基本相同，只需要利用图形工具绘制出物体的基本轮廓，然后选择修改器列表中的【倒角】命令即可。

当将倒角修改器添加到图形上时，就需要通过其修改面板调整它的参数设置，从而制作符合需要的物体。倒角修改器的修改面板分为两个卷展栏，分别是【参数】卷展栏和【倒角值】卷展栏，下面介绍它们的常用功能。

【倒角值】卷展栏是控制倒角效果的中心部分，通过利用其中的参数可以制作出多种倒角效果。

❑ 起始轮廓

该选项用于设置轮廓从原始图形的偏移距离。任意非零设置都会改变原始图形的大小。

❑ 级别 1

该选项区域中的参数用于设置物体在第一个级别上的模型外观表现。它包含【高度】和【轮廓】两个参数。其中，前者用于设置倒角的高度，而后者则用于设置物体截面的变化，如图 3-104 所示。

❑ 级别 2

用于设置倒角物体在第二级别上的变化情况。它也包含【高度】和【轮廓】两个参数，效果如图

3-105 所示。

图 3-104　级别 1 效果

图 3-105　级别 2 效果

❑ 级别 3

级别 3 是倒角的最后一个级别，它的功能与其他两个级别相同，其效果如图 3-106 所示。

图 3-106　级别 3 效果

3.5.2　练习：制作倒角文字

文本是一种重要的组件，它通常用来提醒人们一些事情，或者告诉人们一些有用的事情。倒角文字是文本的一种实例化应用，不管是一些广告牌、标志等，都采用这种方法进行制作。在 3ds Max 2015 中，利用倒角修改器可以轻松制作出类似的效果。本节将介绍一个简单的倒角文字的制作方法。

STEP|01 使用【文本】命令在前视图中创建一个文本，如图 3-107 所示。

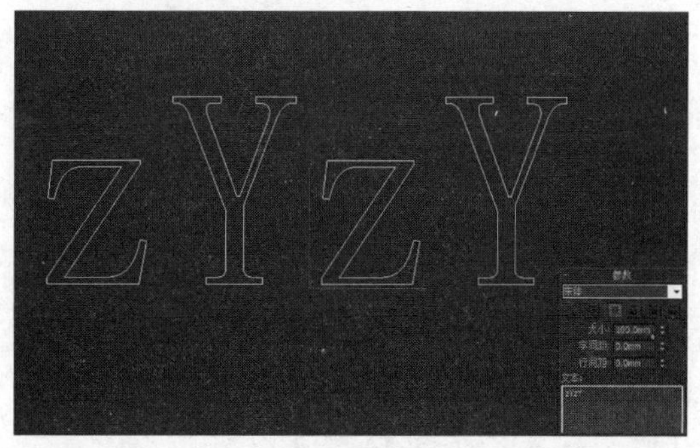

图 3-107　创建文本

STEP|02 在文本上单击右键，选择【转化为】|【转化为可编辑样条线】命令，将其转化为【可编辑样条线】，如图 3-108 所示。

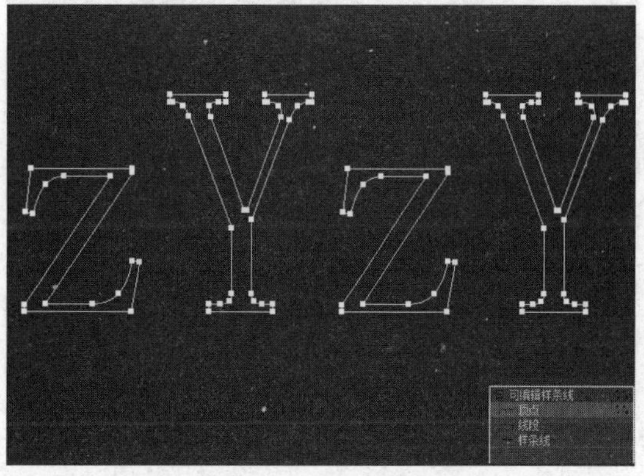

图 3-108　转变为可编辑样条线

STEP|03 进入到点级别模式。使用【移动】和【删除】命令移动设置其形状，如图 3-109 所示。

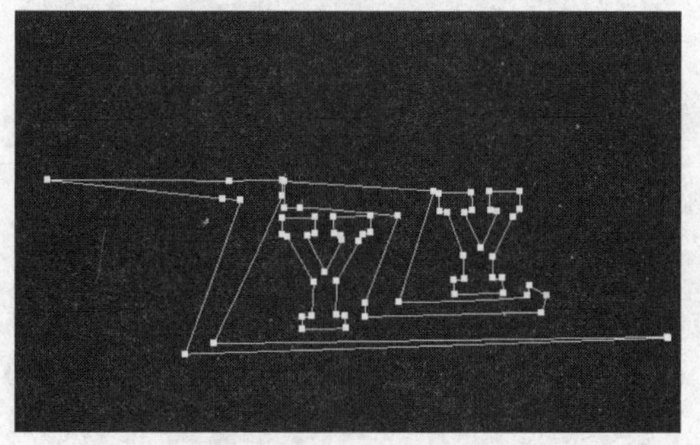

图 3-109　修改形状

STEP|04 接着进入到修改面板中，添加倒角修改器，并设置【级别 2】的高度，如图 3-110 所示。

图 3-110 添加倒角修改器

STEP|05 设置 Level1 的参数，如图 3-111 所示。

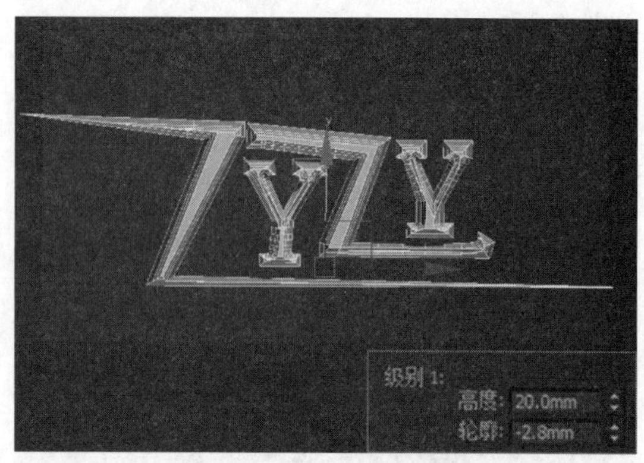

图 3-111 设置倒角

STEP|06 设置【级别 3】的参数如图 3-112 所示。

图 3-112 设置另一倒角

STEP|07 使用【线】命令在左视图中画一条线，如图 3-113 所示。

图 3-113 创建曲线

STEP|08 为曲线添加挤出修改器，将其挤出，如图 3-114 所示。

图 3-114 挤出面

STEP|09 添加 Normal 命令将法线反转，如图 3-115 所示。

图 3-115 反转法线

STEP|10 制作到这里倒角文字就制作完毕了，可以为其附上材质灯光等丰富环境，如图 3-116 所示。

图 3-116　最终效果

3.6 弯曲修改器

弯曲修改器是允许将当前选中对象围绕单独轴弯曲 360°，在对象几何体中产生均匀弯曲的非线性变形的修改器。可以对几何体的一段限制弯曲，可以在任意三个轴上控制弯曲的角度和方向。

3.6.1 认识弯曲修改器

要使用该修改器，可以在场景中选择一个三维物体，然后在修改命令面板中为其添加【弯曲】命令。如图 3-117 所示的是使用弯曲修改器创建的模型效果。

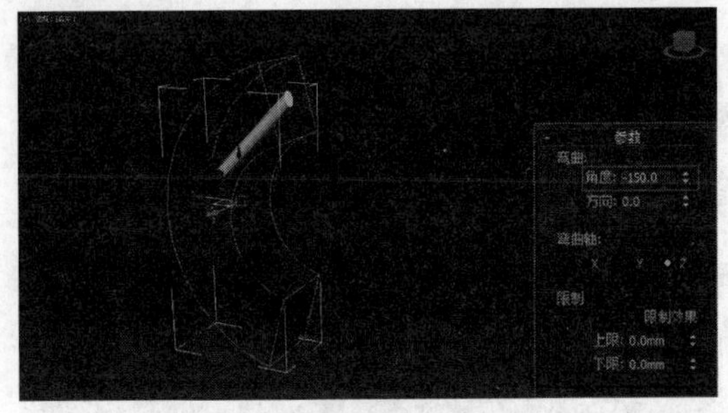

图 3-117　弯曲修改器

❑【弯曲】选项区域

【弯曲】选项区域中的【角度】用于设置弯曲的度数，【方向】用于设置模型在指定的轴向上的弯曲方向，如图 3-118 所示。

❑【弯曲轴】选项区域

【弯曲轴】选项区域是用于设置模型弯曲所绕的轴向，默认设置为 Z 轴，要改变轴向只需选中相应的 X、Y、Z 单选按钮即可，如图 3-119 所示为不同轴向的弯曲效果。

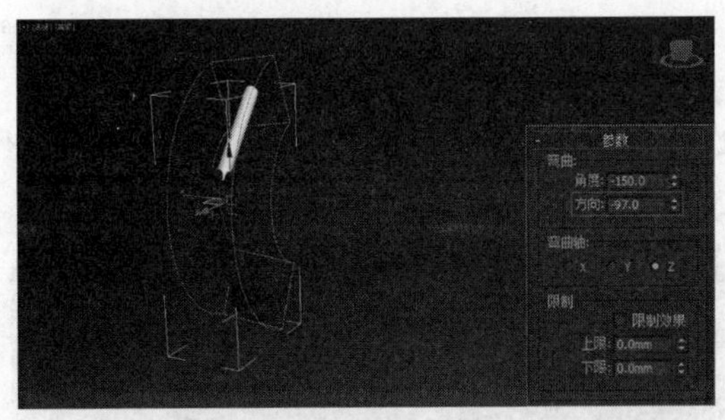

图 3-118　调整弯曲方向

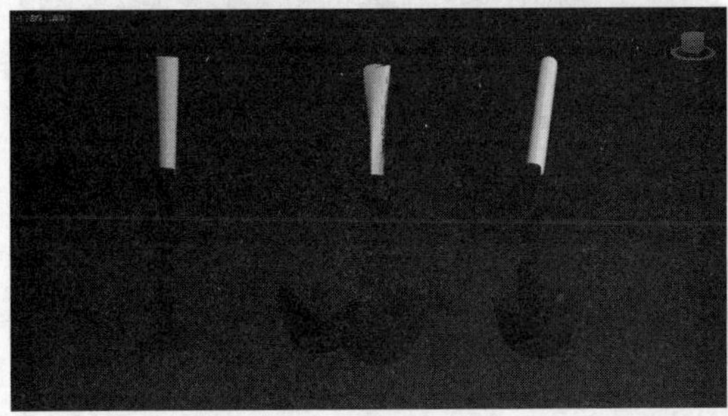

图 3-119　设置弯曲轴向

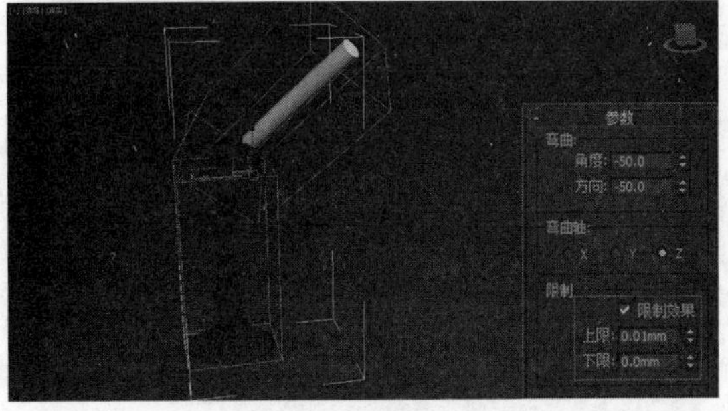

图 3-120　弯曲限制

❑【限制】选项区域

【限制】选项区域精确到毫米，将弯曲限制约束在模型的某个位置，其中包括【上限】和【下限】两个选项，超出部分则不受修改器影响，如图 3-120 所示。

3.6.2 练习：折扇效果

本节将通过对弯曲修改器的学习，带领读者制作一个经典的折扇造型。在制作的过程中，将利用到弯曲、阵列等一些常用的编辑方法。折扇的制作包括两部分，第一部分是扇面的制作方法，第二部分则是扇骨的制作方法。在整个制作过程中，将利用到多种建模手法，包括曲线建模、标准几何体建模等，下面详细介绍其实现方法。

STEP|01 新建一个场景文件，在视图中创建一条线，如图 3-121 所示。

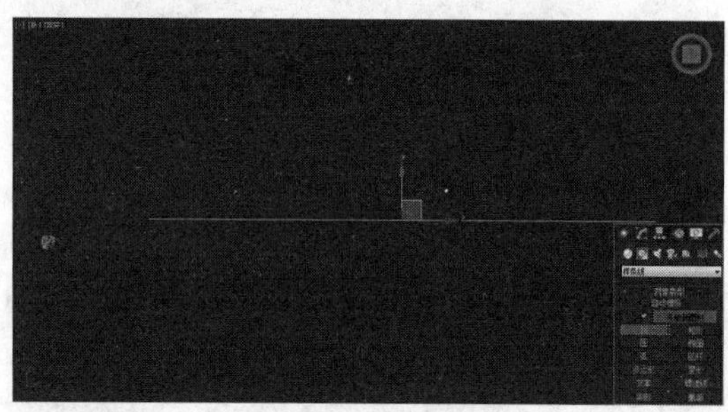

图 3-121 绘制曲线

STEP|02 切换到修改命令面板，展开【修改器堆栈】卷展栏，选择其中的【线段】选项，并在视图中选择整个线段，如图 3-122 所示。

图 3-122 选择线段

STEP|03 切换到【几何体】卷展栏，在【拆分】右侧的文本框中输入"27"，单击【拆分】按钮将其拆分为 27 段，如图 3-123 所示。

图 3-123 拆分线段

STEP|04 切换到顶点级别，依次间隔一个点并选择一个点，并利用工具向下移动一下位置，如图 3-124 所示。

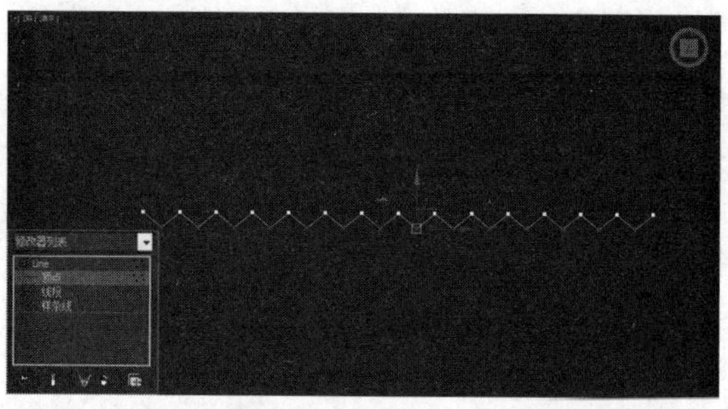

图 3-124 调整顶点位置

STEP|05 在修改器堆栈中选择【样条线】选项，在顶视图中选择样条线。展开【几何学】卷展栏，将【轮廓】设置为 0.5，创建一个轮廓，如图 3-125 所示。

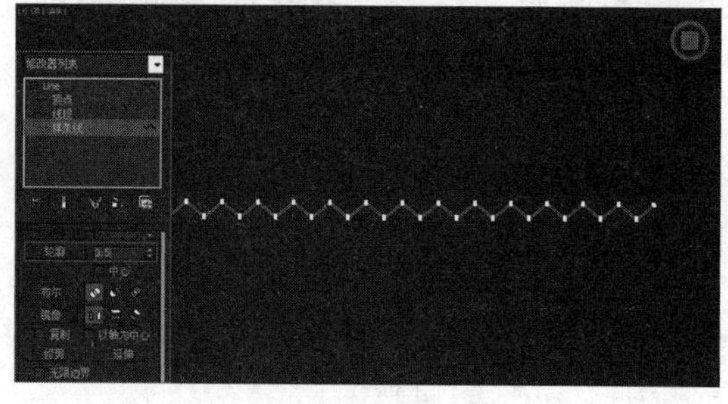

图 3-125 创建轮廓

STEP|06 展开修改器列表，选择其中的【挤出】命令，将【数量】设置为 80，从而将线条转换为三维物体，如图 3-126 所示。

图 3-126　添加挤出修改器

STEP|07 然后，在顶视图中创建一个长为 0.2、宽为 4.5、高度为 150 的长方体。再利用【旋转】工具按钮，将其进行一定角度的旋转，使其能够与扇面的折线平行，如图 3-127 所示。

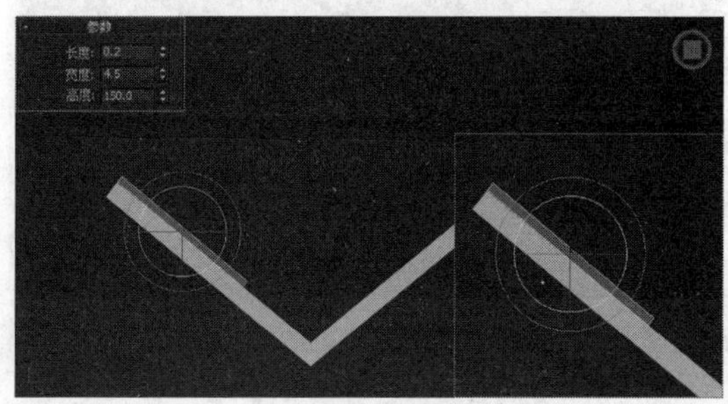

图 3-127　创建长方体

STEP|08 选择长方体，单击【镜像】工具按钮，在弹出的【镜像】对话框中选中 X 单选按钮，将【偏移】设置为 7.1（具体数值是长方体贴上扇体的距离），启用【实例】复选框，如图 3-128 所示。

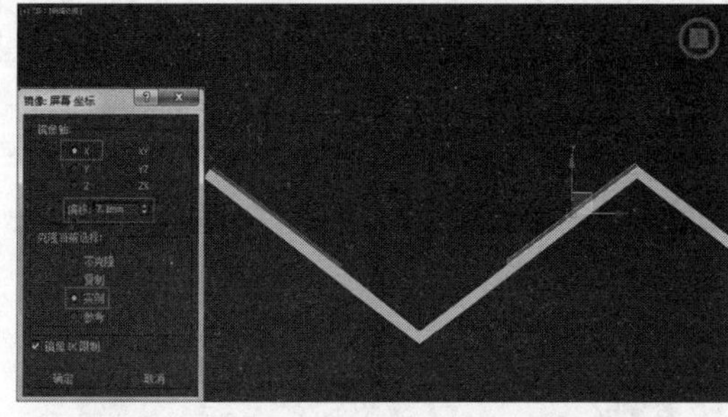

图 3-128　镜像副本

STEP|09 在顶视图中选择创建的两个长方体，按住 Shift 键复制长方体模型，在弹出的【克隆选项】对话框中设置副本数为 13，效果如图 3-129 所示。

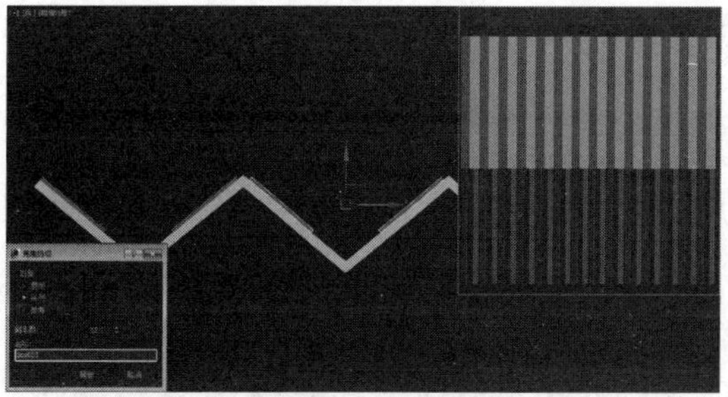

图 3-129　复制副本

STEP|10 框选场景中的所有模型。在修改命令面板中展开【修改器列表】，选择其中的【弯曲】命令，如图 3-130 所示。

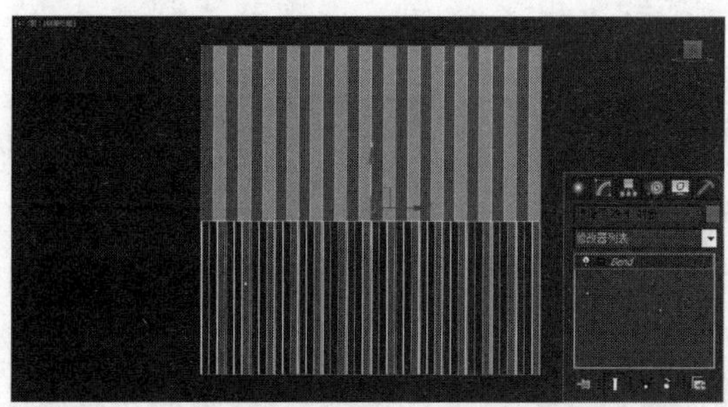

图 3-130　添加弯曲修改器

STEP|11 展开【参数】卷展栏，将【角度】设置为 165，将【弯曲轴】设置为 X 轴，如图 3-131 所示。

图 3-131　设置弯曲

提示

此时，扇子下面的一部分太大，需要修改一下。实际上，使用弯曲修改器时，可以通过调整其中心点来达到调整的目的。

STEP|12 展开修改器堆栈，选择 Gizmo 选项。然后，在前视图中沿 Z 轴向下调整它的位置，效

果如图 3-132 所示。

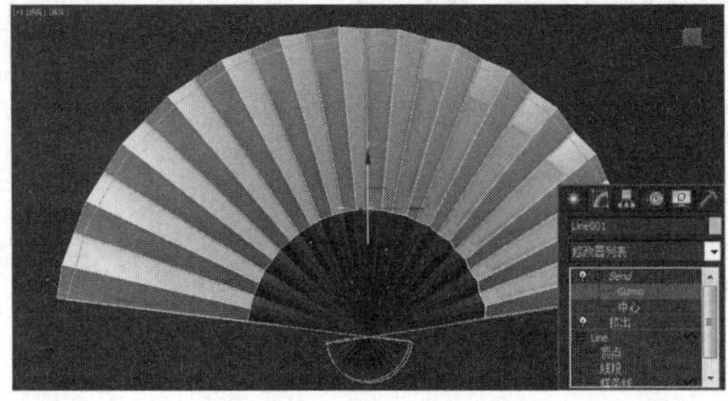

图 3-132　调整 Gizmo

STEP|13 最后，渲染一下透视图观察效果看是否有错误的地方，如图 3-133 所示。

图 3-133　扇子效果

提示

通过渲染某个场景，是查找模型错误的一种最好的方法。

确认模型没有问题后，可以为其制作材质，并将其渲染输出出来，如图 3-134 所示。

图 3-134　折扇效果

3.7 扭曲修改器

扭曲修改器在对象几何体中产生一个旋转效果，可以控制任意三个轴向上扭曲的角度，并设置偏移来压缩扭曲相对于轴点的效果，甚至也可以对几何体的一段限制扭曲。

3.7.1　认识扭曲修改器

在应用扭曲修改器时，系统会将扭曲 Gizmo 的中心放置于对象的轴点，并且 Gizmo 与对象局部轴排列成行，其效果如图 3-135 所示。

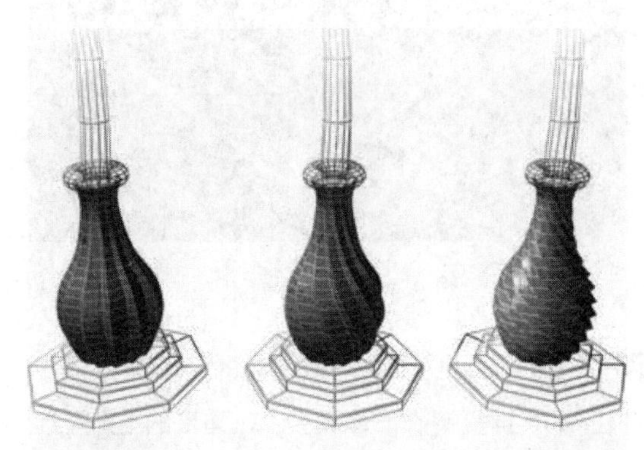

图 3-135　扭曲修改效果

如图 3-136 所示的是扭曲修改器的参数面板。关于该修改器的添加方法和上述的修改器相同，这里不再赘述，下面向用户介绍一下常用参数的功能。

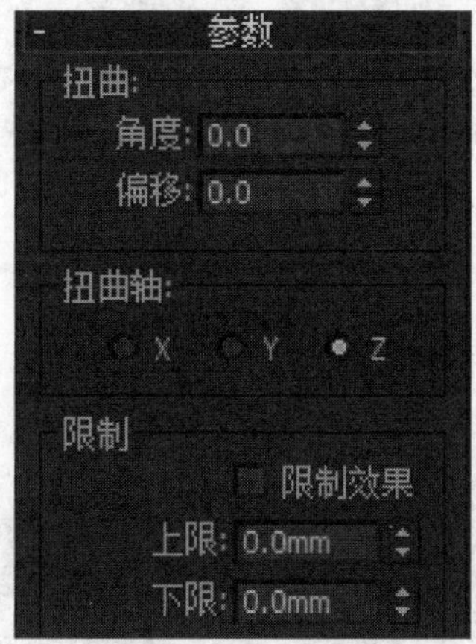

图 3-136　扭曲参数面板

1．扭曲

【扭曲】区域用于控制发生扭曲的剧烈程度。其中，【角度】指定围绕垂直轴扭曲的量；【偏移】扭曲旋转在对象的任意末端聚团。该参数为负时，对象扭曲会与 Gizmo 中心相邻。该值为正时，对象扭曲远离于 Gizmo 中心。

2．扭曲轴

【扭曲轴】用于设置发生扭曲的方向，读者可以分别选中 X、Y 和 Z，从这三个方向上产生扭曲效果。

3．限制

【限制】选项区域和上述修改器的功能相同，主要用于设置扭曲发生的位置，可以通过启用【限制效果】，调整【上限】和【下限】来修改扭曲的位置。

3.7.2　练习：时尚手镯

三维修改器不仅可以作用在一个对象上，同时可以将一个修改器作用在多个物体上，使其作为一个整体来产生效果。本节将使用扭曲和弯曲两个修改器打造一个漂亮的手镯造型，通过本练习的学习，要求读者掌握弯曲的应用方法，以及多个修改器结合使用的方法。

STEP|01 新建一个文件。单击创建命令面板中的【圆柱体】按钮，在顶视图中拖动鼠标创建一个圆柱体，如图 3-137 所示。

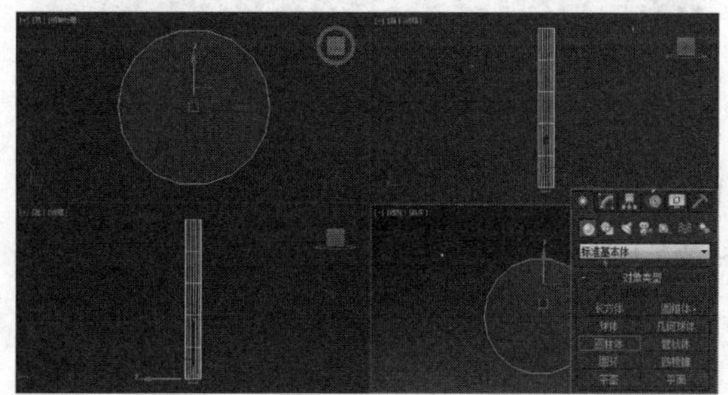

图 3-137　创建圆柱体

STEP|02 展开圆柱体的修改面板，将其【半径】设置为 1，【高度】设置为 300，【高度分段】设置为 64，如图 3-138 所示。

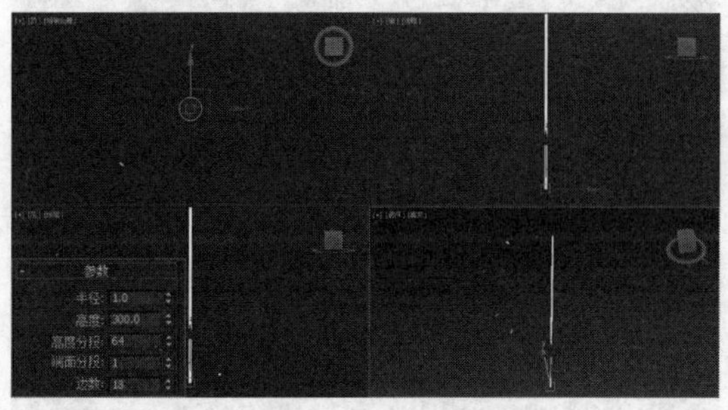

图 3-138　修改参数设置

STEP|03 在视图中选择创建的圆柱体，按 Ctrl+V 快捷键复制一个副本，并将其调整到如图 3-139 所示的位置，复制方式最好选择【实例】复制。

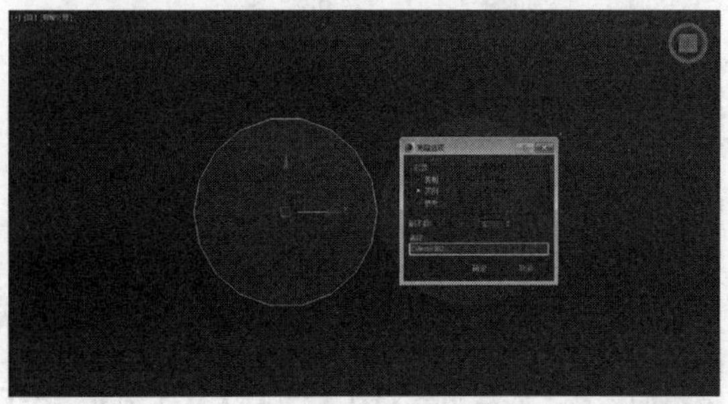

图 3-139　复制副本

STEP|04 框选两个圆柱体物体，切换到修改命令

面板，展开【修改器列表】，选择其中的【扭曲】命令，即可将该修改器添加到两个物体上，如图3-140 所示。

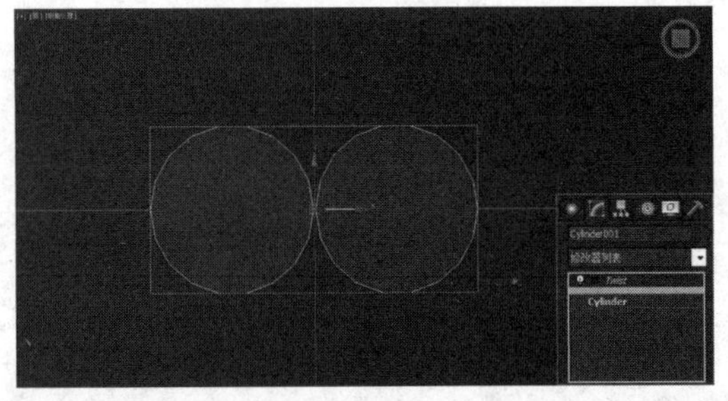

图 3-140　施加对象

注意

修改器作用于几个对象取决于当前选择的对象，如果当前已经选择了三个对象，那么修改器将作用于这三个对象上。

STEP|05 展开扭曲【参数】卷展栏，将【角度】设置为 4800，从而使两个圆柱体扭曲 4800°，旋转轴向为 Z 轴，如图 3-141 所示。

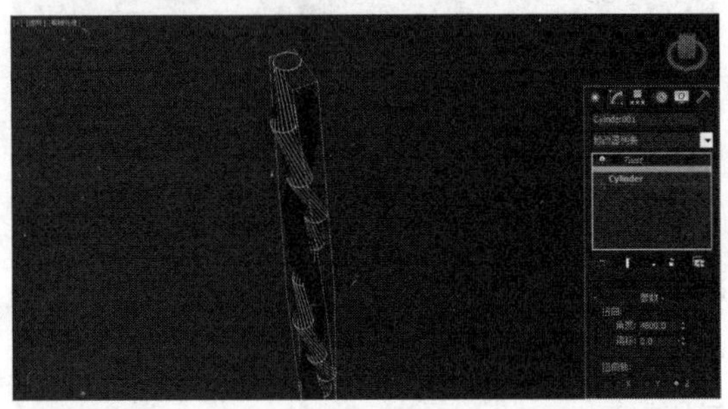

图 3-141　扭曲效果

STEP|06 在视图中框选扭曲到一起的圆柱体，展开【编辑列表】下拉菜单，选择其中的【扭曲】命令，将该修改器作用于圆柱体，如图 3-142 所示。

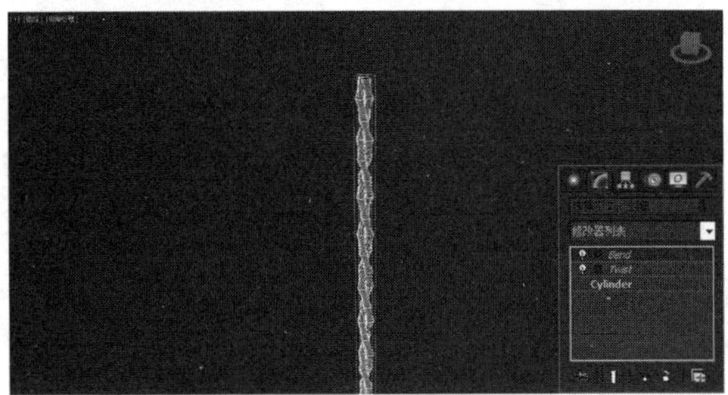

图 3-142　添加弯曲修改器

STEP|07 切换到弯曲修改器的【参数】卷展栏，保持其他参数不变，仅将【角度】设置为 360 即可，如图 3-143 所示。

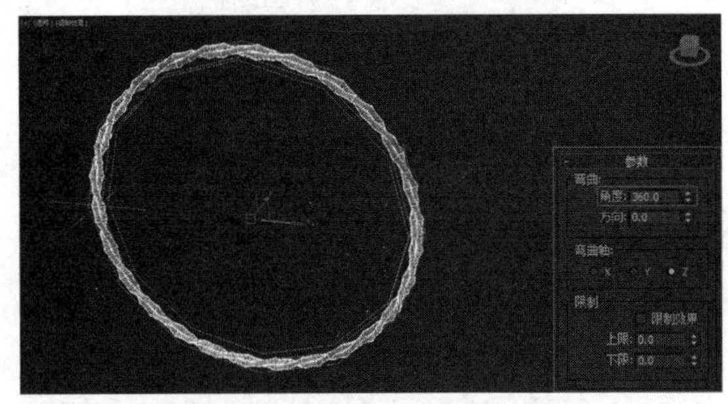

图 3-143　弯曲效果

至此，关于时尚手镯的造型就创建完成了。读者可以再为其布置一个简单的场景，将其渲染出来，如图 3-144 所示。

图 3-144 手镯效果

3.8 噪波与 FFD 修改器

噪波修改器是一个三维修改器，能够制作一些表面凹凸，细节丰富的模型效果。FFD 修改器是自由变形修改器，可以将模型进行随心所欲的变形。本节主要讲述噪波修改器和 FFD 修改器。

3.8.1　认识噪波修改器

噪波修改器是一个随机修改器，是沿着三个轴的任意组合调整对象顶点的位置，常用于模拟对象形状随机变化的动画，也可以制作山地、海面等形状，如图 3-145 所示。在对象上添加噪波修改器的方法是：选中需要添加噪波修改器的对象，切换到修改命令面板，选择其中的【噪波】选项，然后在其基本参数卷展栏中调整参数设置即可。

图 3-145　利用噪波修改器制作的效果

1．种子

从系统允许的随机数中生成一起始点，作为噪波的产生原点。该参数在设置地形、海面等效果时非常有用。

2．比例

【比例】设置对噪波影响的程度。较大的值产生更为平滑的噪波，较小的值产生锯齿现象更严重的噪波，如图 3-146 所示。

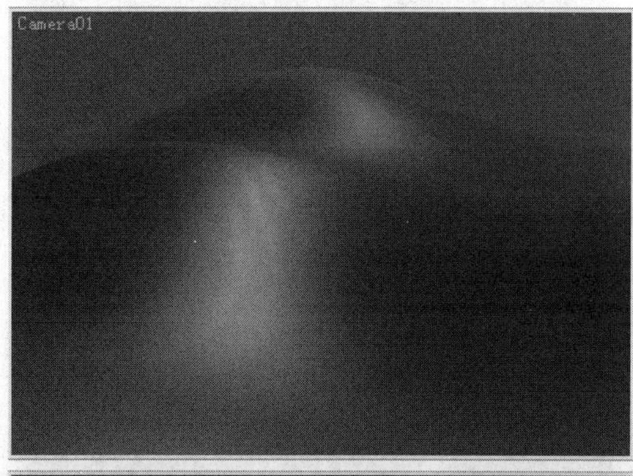

图 3-146　较大的比例值和较小的比例值效果

3．分形

【分形】根据当前设置产生分形效果，默认状态为禁用。如果启用该复选框，则可以通过【粗糙度】和【迭代次数】来调整噪波的细节。

4．粗糙度

【粗糙度】设置粗糙化的程度。较低的值比较高的值更精细。范围为 0~1.0，默认值为 0。应用粗糙程度后的效果对比如图 3-147 所示。

5．迭代次数

【迭代次数】指分形功能所使用的迭代数目。较小的迭代次数可以创建出平滑的噪波效果。

6．强度

【强度】选项区域用于控制噪波的大小，只有设置了强度后噪波效果才能产生。噪波允许从三个轴向上设置强度，分别是 X、Y 和 Z 轴。

图 3-147 粗糙程度的效果对比

7. 动画

【动画】选项通过为噪波图案叠加一个要遵循的正弦波形，控制噪波效果的形状。这使得噪波位于边界内，并加上完全随机的阻尼值。启用【动画噪波】复选框后，这些参数将影响整体噪波效果。

8. 频率

【频率】用于设置正弦波的周期，调节噪波效果的速度。较高的频率使得噪波振动的更快，较低的频率产生较为平滑和更温和的噪波。

❑ 相位

【相位】用于移动基本波形的开始和结束点。默认情况下，动画关键点设置在活动帧范围的任意一端。通过在轨迹视图中编辑这些位置，可以更清楚地看到相位效果。

注意

制作噪波效果时，物体的面数也是非常重要的。如果物体的面数太少，制作的噪波效果显得特别尖锐，甚至制作不出噪波效果；相反，如果物体的面数较多，则产生的效果将会非常光滑。

3.8.2 FFD 修改器

FFD 修改器是一种特殊的晶格变形修改，其全称为 Free From Deformations，是“自由变形”的意思。在 Maya 和 Softimage 软件中被称为 Lattice，它可以使用少量的控制点来调节表面的形态，产生均匀平滑的变形效果，如图 3-148 所示。它的优点就在于，它能保护模型不发生局部的撕裂。此外，在 3ds Max 中，FFD 修改器既可以是一种直接的修改加工工具，也可以作为一种隐含的空间扭曲影响工具。

图 3-148 FFD 调整效果

在 3ds Max 2015 中，FFD 被分为许多种类型，常见的有 FFD 2×2×2、FFD 3×3×3、FDD 4×4×4、FFD（长方体）和 FFD（圆柱体）等，如图 3-149 所示。虽然它们的类型不同，并且作用的对象也有一定的区别，但是它们的参数设置是相同的，因此在下面的讲解中将以 FFD（长方体）为例介绍 FFD 类修改器的参数功能。

图 3-149 FFD 修改器类型

FFD（长方体）修改器有三个次级修改，分别是：控制点、晶格、设置体积，如图 3-150 所示。通常情况下，对模型的修改是在【控制点】下进行的；在【晶格】和【设置体积】下没有参数，只能用于在视图中对 FFD 晶格和控制点的位置进行修改。

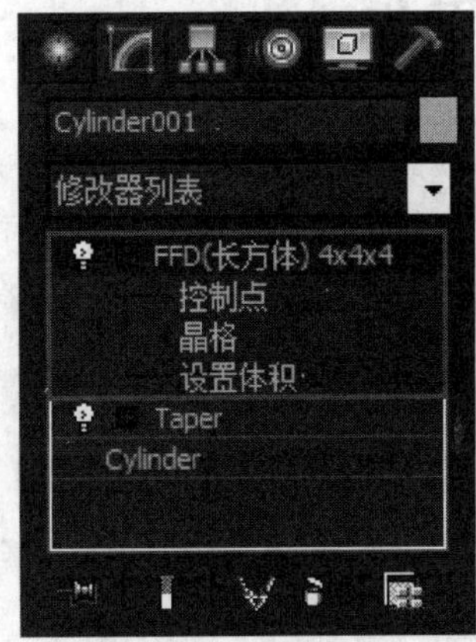

图 3-150　子层级

- ❑ **晶格**　将绘制连接控制点的线条以形成栅格。
- ❑ **源体积**　控制点和晶格会以未修改的状态显示。如果在【晶格】子层级时，可以启用该复选框来帮助我们摆放源体积位置。

提示

要查看位于源体积（可能会变形）中的点，通过单击堆栈中显示出的关闭灯泡图标来暂时取消激活修改器。

- ❑ **仅在体内**　只有位于源体积内的顶点会变形。
- ❑ **所有顶点**　将所有顶点变形，不管它们位于源体积的内部还是外部。
- ❑ **重置**　将所有控制点返回到它们的原始位置。
- ❑ **全部动画**　为指定的所有顶点添加动画控制器，从而使它们在轨迹视图中显示出来。
- ❑ **与图形一致**　在对象中心控制点位置之间沿直线延长线，将每一个 FFD 控制点移到修改对象的交叉点上，从而增加一个由【偏移】选项指定的偏移距离。

注意

将【与图形一致】应用到规则图形效果很好，如基本体。它对退化（长、窄）面或锐角效果不佳。这些图形不可使用这些控件，因为它们没有相交的面。

- ❑ **内部点/外部点**　【内部点】仅控制受【与图形一致】影响的对象内部点；【外部点】仅控制受【与图形一致】影响的对象外部点。
- ❑ **偏移**　受【与图形一致】影响的控制点偏移对象曲面的距离。

FFD 类修改器虽然子类型比较多，但是它们的操作方法和参数使用方法大都相同，读者可以直接将本节的内容应用于其他的 FFD 修改器上。

3.8.3　练习：制作冰块

冰块的效果是比较难以实现的，主要是因为冰块本身所具有的纹理，以及冰块的反射效果，加大了模拟的难度。实际上，在制作这种效果时，首先可以在模型上添加一些细节，然后再利用材质进行模拟，本节将通过在模型上添加噪波修改器来添加细节。

STEP|01 在【创建】命令面板中单击【几何体】按钮，在下拉列表框中选择【扩展基本体】选项。单击【切角长体】按钮，在视图中创建一个切角方体，如图 3-151 所示。

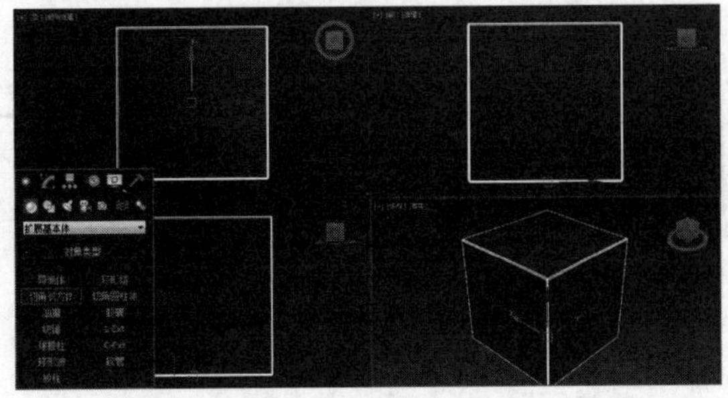

图 3-151　创建切角方体

STEP|02 切换到修改命令面板中修改一下方体的参数设置，如图 3-152 所示。

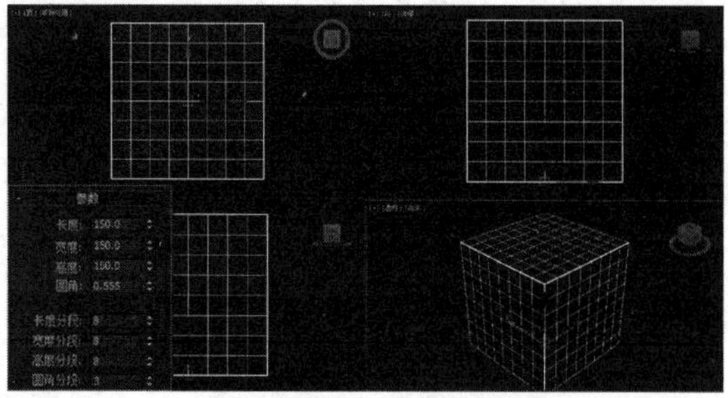

图 3-152　修改参数设置

STEP|03 切换到修改命令面板，在【编辑器列表】中选择【噪波】选项，从而添加该修改器，如图 3-153 所示。

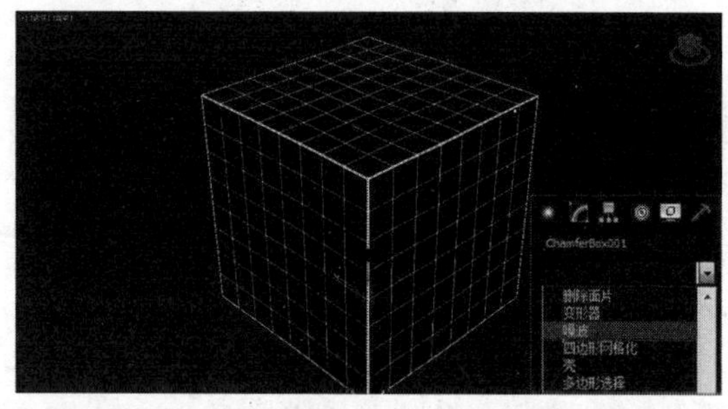

图 3-153　添加噪波修改器

STEP|04 展开【参数】卷展栏，启用【分形】复选框，将【迭代次数】设置为 10。在【强度】选项区域，将 X、Y、Z 都设置为 10，然后设置【圆角】值为 18，为其添加圆角效果，如图 3-154 所示。

STEP|05 然后，复制几个副本，调整一下它们的大小，创建一个简单的场景，如图 3-155 所示。

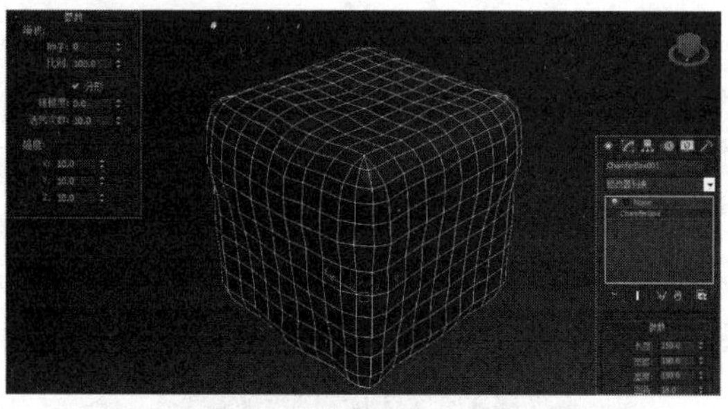

图 3-154　更改修改器参数

图 3-155　布置场景

STEP|06 场景布置完成后，再为其制作一下材质，即可完成冰块效果的制作，如图 3-156 所示。

图 3-156　冰块效果

3.9 UVW 贴图

上面所介绍的修改器主要应用在建模或者动画当中。本节所介绍的贴图修改器则主要用于贴图的修改当中。在为模型制作贴图的过程中，为了纠正贴图的坐标或者对齐贴图坐标，经常要使用到贴图修改器。在 3ds Max 2015 当中，提供了多种关于贴图的修改器，本节主要介绍 UVW 贴图修改器。

3.9.1　UVW 贴图简介

【UVW 贴图】修改器是制作贴图时经常使用的一种贴图，它的功能是在物体表面设置一个贴图框架来为图片定位。当使用外部导入的图像作为贴图时，需要在二维图像和三维几何体之间建立一个关联，即如何将平面图形附加在三维物体的表面。【UVW 贴图】的参数由贴图、通道和对齐三个选项区域所构成，不同的选项区域将实现不同的管理功能，如图 3-157 所示。

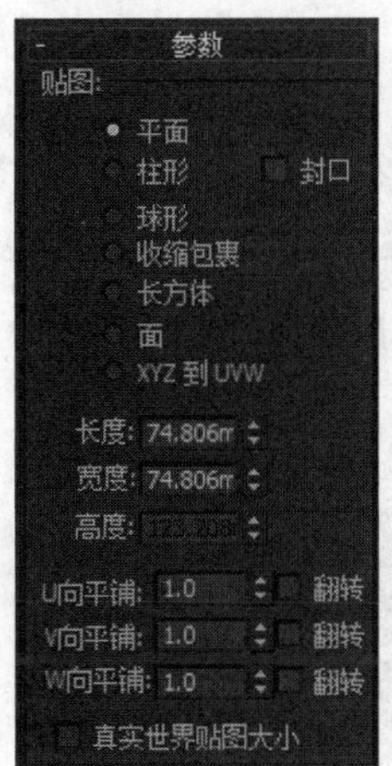

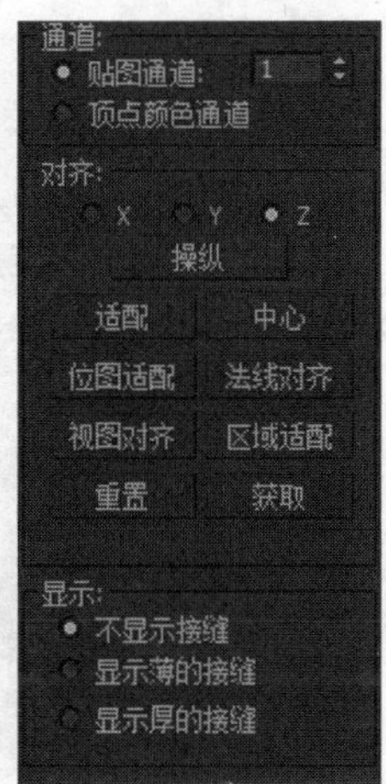

图 3-157　UVW 贴图参数

通过实践，我们可以将学习 UVW 贴图的要点列为 4 点：① 对不具有贴图坐标的对象可以使用 UVW 贴图修改器；② 变换贴图的中心可以调整贴图的位移；③ 在子对象层级可以使用贴图；④ 对指定贴图通道上的对象应用 7 种贴图坐标之一，不同的贴图通道具有不同的贴图坐标。

提示

所谓的 UVW 坐标是 3ds Max 中的一种贴图坐标，它与 XYZ 坐标相似，其中 U 和 V 轴对应于物体的 X 和 Y 轴。对应于 Z 轴的 W 轴一般只用于程序贴图。

UVW 贴图修改的添加方法和其他修改器相同。不同的是 UVW 贴图的参数设置有些特殊，由于其内容较多，将在后面重点讲解。

3.9.2　贴图类型

在利用 UVW 贴图修改器纠正贴图的坐标时，需要根据当前三维物体的形状选择不同的纠正方式，此时就需要使用到贴图坐标。所谓的贴图坐标是指为系统指定一种贴图坐标的计算方法，以便于重新计算贴图坐标。UVW 修改器提供了 7 种常用的贴图坐标方式，本节将一一介绍它们的功能。

1．平面贴图

如果要使用平面贴图坐标，则可以在【参数】卷展栏中选中【平面】单选按钮。这种贴图坐标可以从对象上的一个平面投影贴图。在需要贴图对象的一侧时，会使用这种贴图类型，一般用在利用位图作为贴图的时候。在平面对象上贴图的时候很容易控制使用的图片的范围，但是运用在具有深度的对象上时，W 轴就会发生推移现象。利用平面贴图类型创建的效果如图 3-158 所示，其中，图 3-158（a）是采用默认的方式创建的贴图效果，图 3-158（b）是添加 UVW 贴图后的效果。

（a）

（b）

图 3-158　平面贴图效果

2. 柱形

这种贴图方式主要应用在一些类似于圆柱体的模型上，如图 3-159 所示。一般情况下，为柱形物体添加该修改器后，在圆柱体的两端不会产生贴图，如图 3-160 所示，这是因为 UVW 贴图默认情况下没有计算两端，如果要使其产生贴图，则应该启用【柱形】选项右侧的【封口】复选框。

图 3-159 约束效果

图 3-160 两端不显示贴图

3. 球形

【球形】通过从球体投影贴图来包围对象，在球体顶部和底部，位图边与球体两极交汇处会看到缝与贴图的几点相交。这种贴图方式一般应用在圆形物体上，其效果如图 3-161 所示。

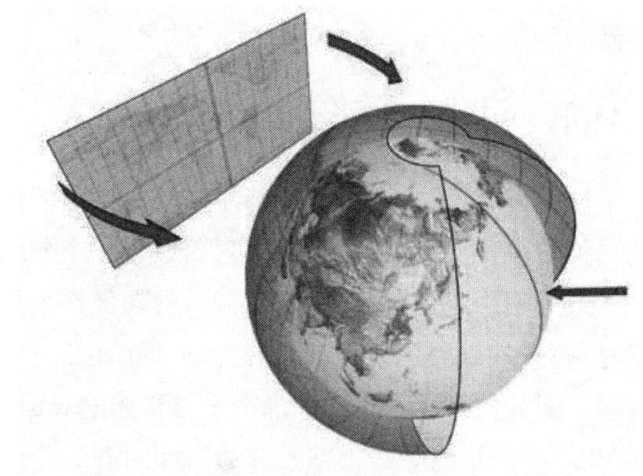

图 3-161 球形贴图方式

4. 收缩包裹

【收缩包裹】实际上使用的是球形贴图，但是它会截去贴图的各个角，然后在一个单独极点将它们全部结合在一起，仅创建一个奇点。收缩包裹贴图用于隐藏贴图奇点。其效果如图 3-162 所示。

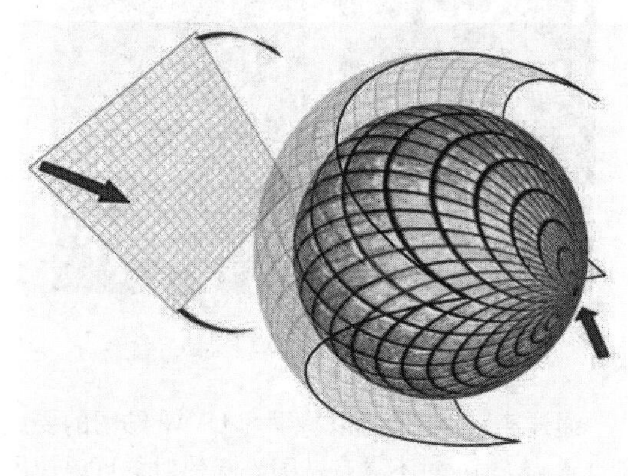

图 3-162 收缩包裹

5. 长方体

【长方体】贴图方式可以从长方体的 6 个侧面投影贴图，如图 3-163 所示。每个侧面投影为一个平面贴图，且表面上的效果取决于曲面法线。从其法线几乎与其每个面的法线平行的最接近长方体的表面贴图每个面。

6. 面投影

【面投影】贴图方式可以对对象的每个面应用贴图副本，如图 3-164 所示。使用完整矩形贴图来贴图共享隐藏边的成对面。使用贴图的矩形部分贴图不带隐藏边的单个面。

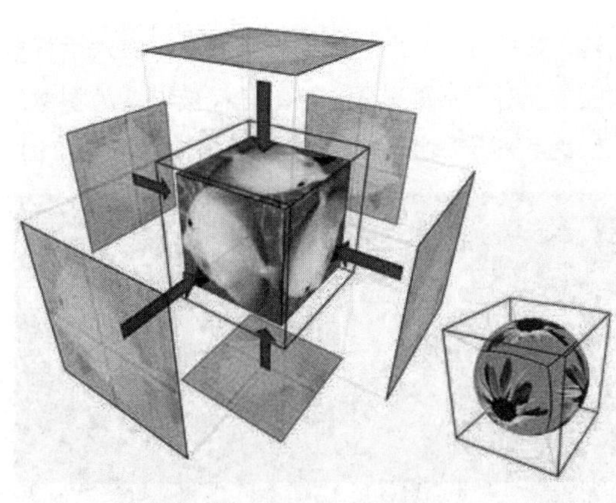

图 3-163　长方体贴图方式

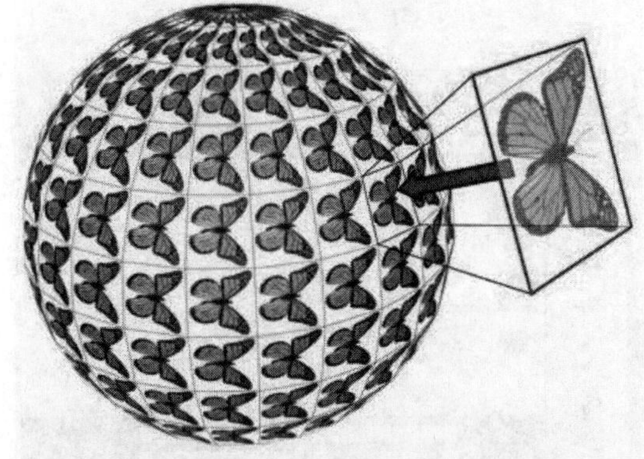

图 3-164　面投影贴图效果

7. XYZ 到 UVW

【XYZ 到 UVW】贴图方式可以将 3D 程序坐标贴图到 UVW 坐标。通过这种方式可以将程序纹理贴到表面。如果表面被拉伸，3D 程序贴图也被拉伸。通常情况下，将该选项与程序纹理一起使用，例如，如图 3-165 所示的就是将细胞贴图和该贴图方式一起使用所创建的效果。

图 3-165　【XYZ 到 UVW】贴图方式

在贴图选项区域的下方，提供了一些用于自定义的参数设置，包括贴图的长、宽、高等，下面介绍它们的功能。

长度、高度和宽度用于定义 UVW 贴图 Gizmo 的尺寸。在使用该修改器时，贴图图标的默认缩放由对象的最大尺寸决定。为了正确贴图，需要了解不同贴图方式所使用的尺寸的一些注意事项。例如，【高度】参数对于平面贴图方式是不可用的，因为平面贴图方式不具备高度。

【UVW 平铺和翻转】主要用于指定 UVW 贴图的尺寸以便于平铺图像。其中，【UVW 平铺】可以调整运用的贴图的重复次数；【反转】可以以指定的轴向为中心上下左右翻滚。

3.9.3　其他参数设置

在利用【UVW 贴图】编辑图像时，并不是仅仅利用上述的参数就可以制作出来完美的效果。有时候，还需要借助于它的另外一些参数来纠正贴图坐标。本节在这里集中介绍一些常用的参数的功能以及它们的使用方法。

1. 贴图的通道

在 3ds Max 2015 中，每个对象都可以拥有多个 UVW 贴图通道，默认通道数为 1。UVW 贴图修改器为每个不同的通道赋予贴图，这样在同一个完整对象上可以同时存在多组坐标。

❑ 贴图通道

该参数用于设置贴图通道。UVW 贴图修改器默认为通道 1，所以贴图具有默认行为方式，除非更改到另一个通道。

❑ 顶点颜色通道

通过启用该复选框，可将通道定义为顶点颜色通道。另外，确保将【坐标】卷展栏中的任何材质贴图匹配为【顶点颜色】方式。

2. 对齐贴图

【对齐】区域的主要功能是用于更加高效地完成贴图坐标的调整和自动适应，这是一个非常重要的区域。通常情况下，当我们选择了一种贴图方式后，需要通过在该区域中调整参数，使其能够和物体相适应。

❑ X、Y 和 Z

这三个参数主要用于指定对齐的轴向，例如，如果选中 X 单选按钮，则 UVW 贴图修改器的 Gizmo 将与物体的 X 轴对齐。

注意

这些选项与【U/V/W 平铺】选项右侧的【翻转】复选框不同。【对齐】选项按钮实际上翻转的是 Gizmo 的方向，而【翻转】复选框指定贴图的方向。

❑ 操纵

这是在 3ds Max 2015 中新增加的一种功能，当单击该按钮后，则可以使用鼠标直接在视图中拖动来改变 UVW 贴图的坐标位置。如图 3-166 所示，当将鼠标指针放置到 Gizmo 上时，相应的操作部位将变为红色。

图 3-166　操纵功能

❑ 适配

【适配】可以根据对象的大小，自动调整 Gizmo 使其能够适应物体。使用自动的方式调整 Gizmo 的优点就在于：使用这种方法可以在很大程度上避免 Gizmo 变形。

❑ 中心

单击该按钮，可以移动 Gizmo 的中心使其与原物体的中心对齐，如图 3-167 所示。如果在这之前已经对 Gizmo 子对象进行了一系列修改，需要将其还原，则可以直接单击该按钮来完成。

❑ 位图适配

单击该按钮可以打开一个标准的位图文件浏览器，如图 3-168 所示，读者可以通过该对话框拾取图像。对于平面贴图，贴图坐标被设置为图像的纵横比；对于柱形贴图，高度被缩放以匹配位图。

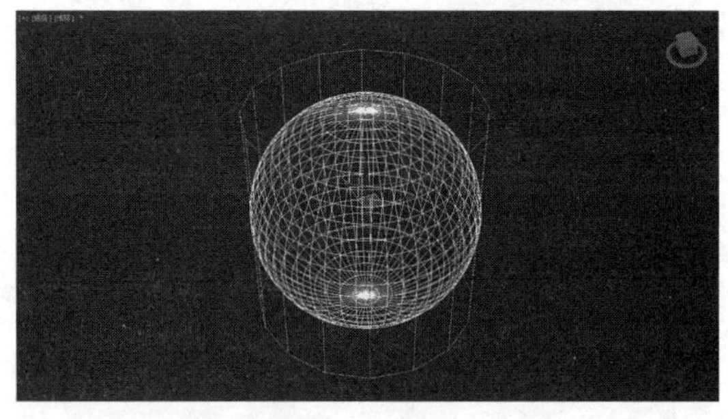

图 3-167　调整中心

图 3-168　选择图像对话框

❑ 法线对齐

单击该按钮，则在原物体上将显示一个类似于 Gizmo 的虚线框，如图 3-169 所示，可以通过在视图中拖动鼠标来调整贴图与物体的法线方向。

图 3-169　调整法线方向

❑ 视图对齐

通过单击【视图对齐】按钮，可以将贴图 Gizmo 重定向为活动视图，并能够保持贴图正面对着渲染的视角，如图 3-170 所示。

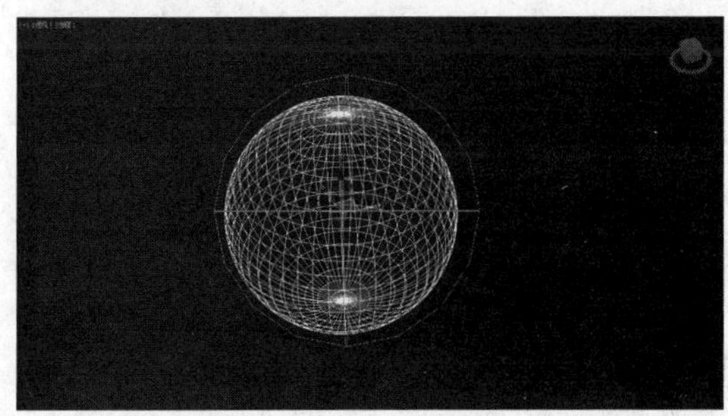

图 3-170　视图对齐

❑ 区域适配

这是一种比较灵活的适配方式，不过它创建出来的贴图 Gizmo 的精度较低。它的主要功能是利用鼠标拖动的方式创建一个 Gizmo，如图 3-171 所示。

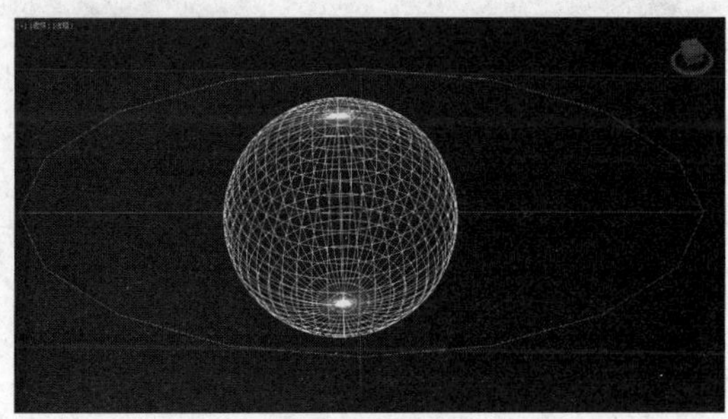

图 3-171　区域适配

❑ 重置

【重置】按钮可以删除控制 Gizmo 的当前控制器，并插入使用【拟合】功能初始化的新控制器。当单击该按钮后，所有 Gizmo 动画都将丢失。可以通过单击【撤销】命令来重置操作。

❑ 获取

通过单击该按钮，可以直接获取其他物体上已经设置好的贴图坐标。

3．显示设置

【显示】设置用于确定贴图的不连续性（即缝）是否显示在视图中以及如何显示。下面详细介绍其中的三个参数的含义。

【不显示接缝】可以在视图中不显示贴图的边界；【显示薄的接缝】可以使用相对较细的线条，在视图中显示对象曲面上的贴图边界，放大或者缩小视图时，线条的粗细保持不变；【显示厚的接缝】可以使用相对较为粗的线条，在视图中显示对象上的贴图边界，在放大视图时，线条变粗，在缩小视图时，线条变细。

第 4 章

复合建模

在 3ds Max 2015 中，除了第 3 章中讲过的基础建模以外，还有复合建模和三维建模。本章就来介绍一下复合建模。复合建模是一种非常快捷的建模方式，这种建模方式也是 3ds Max 中比较常用的建模方式，它可以将两个或者多个图形或物体组成单个的对象。

4.1 复合建模简介

复合建模方法又称为组合建模，就是将两个或者多个简单对象组合成一个新的对象。在 3ds Max 2015 中，复合建模创建工具位于【创建】命令面板中的【几何体】卷展栏。打开【标准基本体】下拉列表，从中选择【复合对象】选项，即可显示出复合建模的创建面板。在该面板中包括 12 种类型的复合建模方法，如图 4-1 所示。

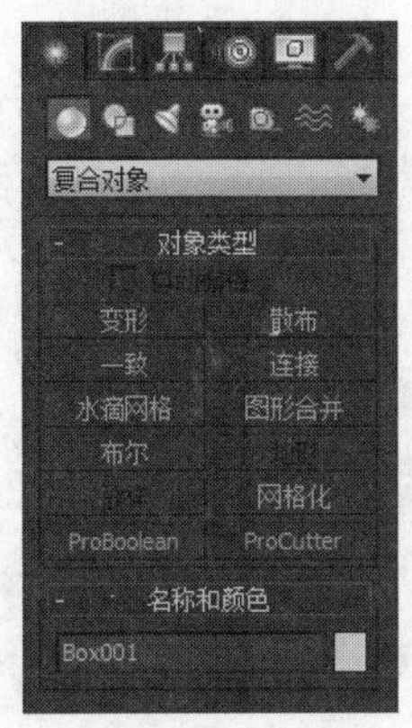

图 4-1　【复合对象】面板

1．变形

变形是一种与 2D 动画中的中间动画类似的动画技术。变形对象可以合并两个或多个对象，方法是插补第一个对象的顶点，使其与另外一个对象的顶点位置相符。如果随时执行这项插补操作，将会生成变形动画，如图 4-2 所示。原始对象称作种子或基础对象。种子对象变形成的对象称作目标对象。

图 4-2　变形效果

2．散布

散布是复合对象的一种形式，将所选的源对象散布为阵列，或散布到分布对象的表面。例如，制作山时就可以使用到该命令，山的平面用于散布树和两组不同的岩石，如图 4-3 所示。

图 4-3　散布效果

3．一致

一致对象是一种复合对象，通过将某个对象（称为“包裹器”）的顶点投影至另一个对象（称为“包裹对象”）的表面而创建。此功能还有一个空间扭曲版本。使用【一致】命令制作的山路效果如图 4-4 所示。

图 4-4　山路效果

4．连接

使用连接复合对象，可通过对象表面的洞连接两个或多个对象。要执行此操作，删除每个对象的面，在其表面创建一个或多个洞，并确定洞的位置，以使洞与洞之间面对面，然后应用【连接】命令，连接效果如图 4-5 所示。

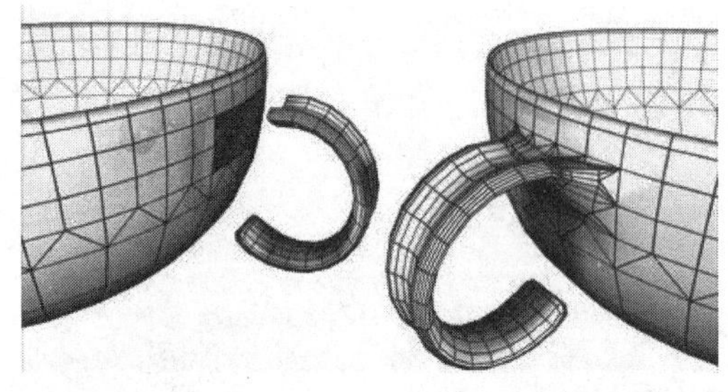

图 4-5 连接效果

5．水滴网格

水滴网格复合对象可以通过几何体或粒子创建一组球体，还可以将球体连接起来，就好像这些球体是由柔软的液态物质构成的一样。如果球体在离另外一个球体的一定范围内移动，它们就会连接在一起。如果这些球体相互移开，将会重新显示球体的形状，如图 4-6 所示。

图 4-6 水滴网格

6．图形合并

使用图形合并可以创建包含网格对象和一个或多个图形的复合对象。这些图形嵌入在网格中(将更改边与面的模式)，或从网格中消失。该命令经常用来制作物体上的文字，如图 4-7 所示。

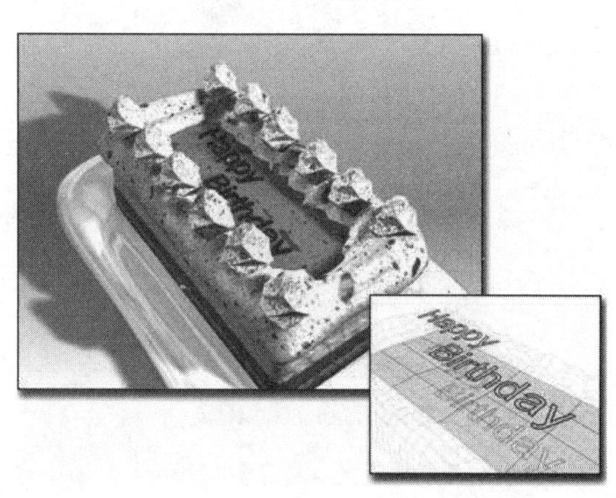

图 4-7 图形合并效果

7．布尔运算

通过布尔运算可以将物体进行合成，它提供了三种子运算，分别是：交运算、减运算和并运算。关于布尔运算的运算结果如图 4-8 所示。

图 4-8 布尔运算效果

8．地形

地形复合物体可以将一个或者几个二维造型转换为一个平面，其效果如图 4-9 所示。

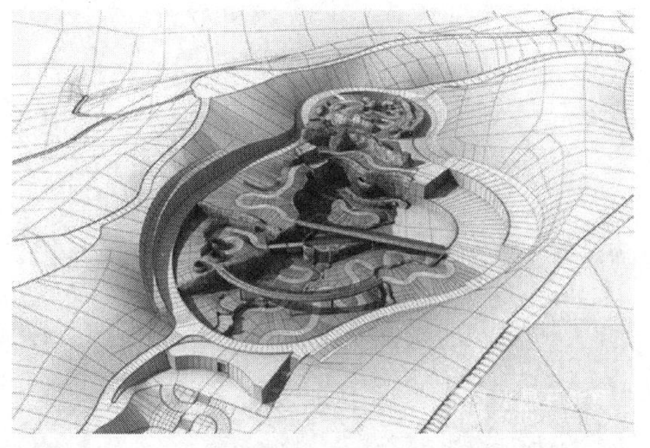

图 4-9　地形效果

9．放样

放样复合建模可以将两个或两个以上的二维图形组合成三维图形，其中一个图形作为放样的路径，其他图形作为放样的截面。如图 4-10 所示的是利用放样制作的路面效果。

10．网格化

网格化复合对象以每帧为基准将程序对象转化为网格对象，这样可以应用修改器，如弯曲或 UVW 贴图。它可用于任何类型的对象，但主要为使用粒子系统而设计。网格对于复杂修改器堆栈的低空的实例化对象同样有用。

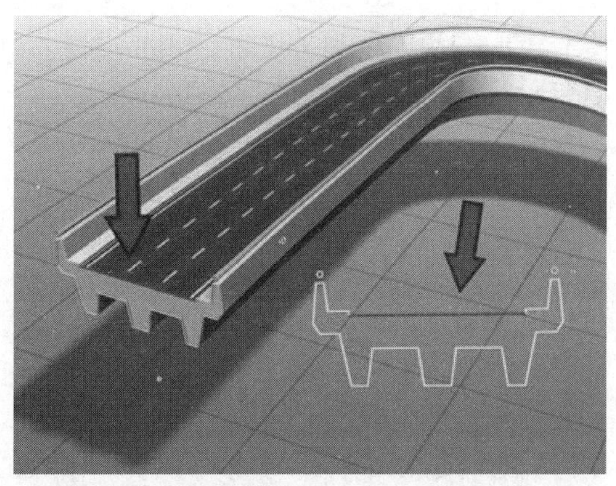

图 4-10　放样效果

11．Proboolean/proCutter

Proboolean 和 proCutter 复合对象为广大用户提供了将二维和三维形状组合在一起的建模工具，利用它们可以制作一些利用普通模型手段难以实现的效果。

4.2 放样建模技法

放样是一种传统的三维建模方法，它可以使截面形沿着路径放样形成三维物体，在路径的不同位置可以有多个截面型。放样建模之所以被推崇是因为它具自身的优越性。首先，放样物体的修改操作方便灵活，可以设置其表面参数、路径参数和外表参数。另外，在放样之后可以通过变形处理进行更复杂的编辑操作，能够在很大程度上提高工作效率。

4.2.1　认识放样工具

放样是基于二维图形进行创建模型的一种建模技术，创建放样模型的前提是，必须有放样截面图形和放样路径图形，其中，放样截面图形可以是单个也可以是多个。可以为任意数量的横截面图形创建作为路径的图形对象。该路径可以成为一个框架，用于保留形成对象的横截面。如果仅在路径上指定一个图形，3ds Max 会假设在路径的每个端点有一个相同的图形。然后在图形之间生成曲面。放样建模的效果如图 4-11 所示。

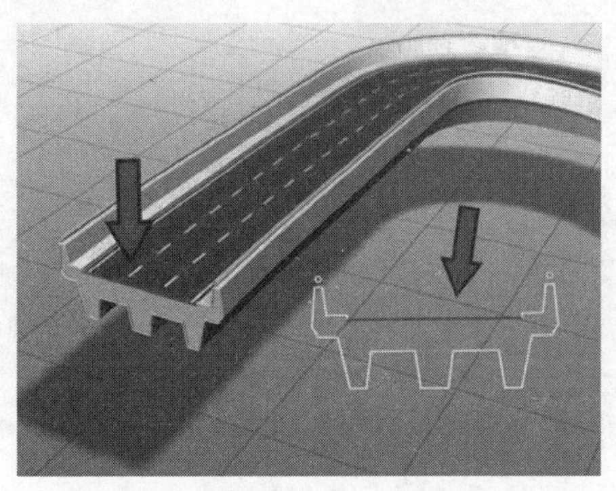

图 4-11　放样建模

创建两个物体，使用放样工具对齐进行放样操作后，进入到修改面板，在这里可以看到所有放样参数卷展栏，如图 4-12 所示。接下来对一些常用的命令进行介绍。

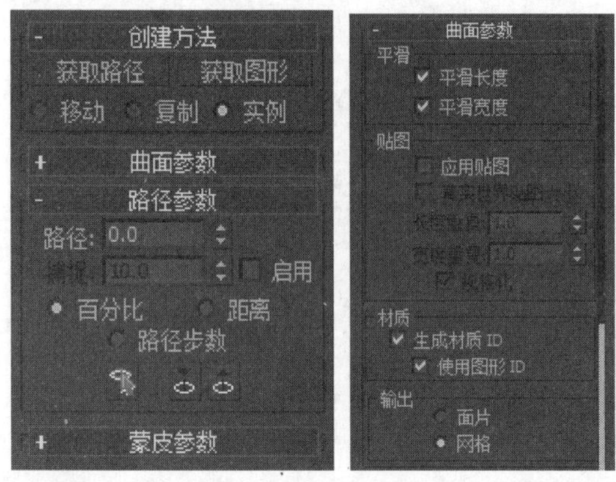

图 4-12　放样卷展栏

1.【获取路径】和【获取图形】

单击【获取路径】按钮可以将路径指定给选定图形或更改当前指定的路径；单击【获取图形】按钮可以将图形指定给选定路径或更改当前指定的图形。另外，下方的三个单选按钮用于指定路径或图形转换为放样对象的方式。

2.【平滑长度】

沿着路径的长度提供平滑曲面。当路径曲线或路径上的图形更改大小时，这类平滑非常有用。如图 4-13 所示是启用【平滑长度】复选框前后效果对比。

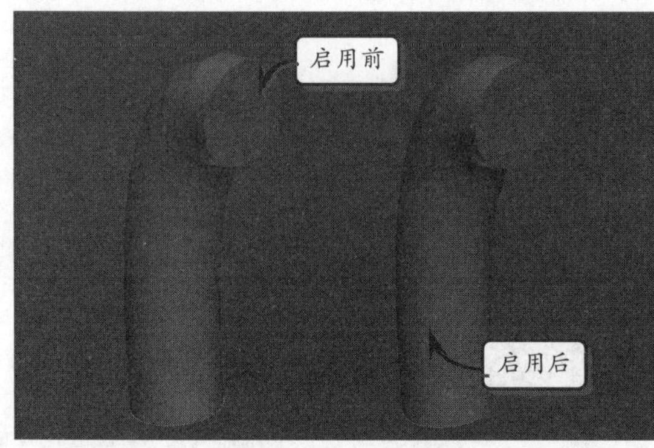

图 4-13　平滑长度

3.【平滑宽度】

围绕横截面图形的周界进行平滑曲面。当图形更改顶点数或更改外形时，这类平滑非常有用，如图 4-14 所示是启用【平滑宽度】复选框前后效果对比。

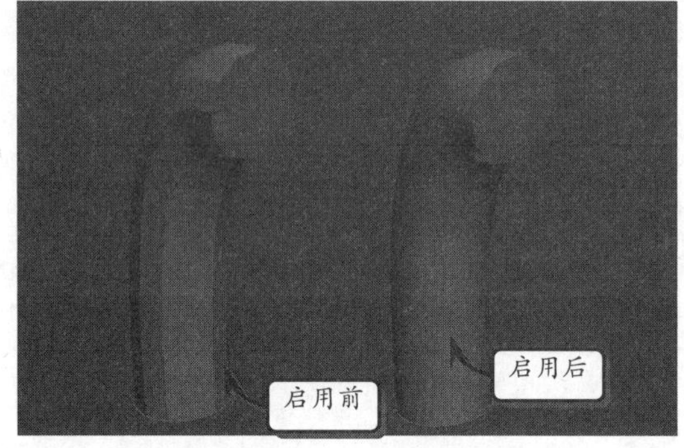

图 4-14　平滑宽度

4.【面片】和【网格】

【面片】和【网格】是放样时生成模型的两种不同类型，图 4-15 是这两种模型的效果对比。

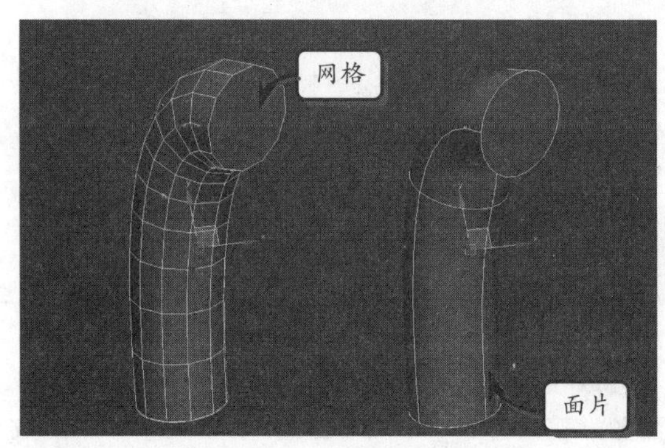

图 4-15　面片和网格效果

5.【路径】

通过输入值或拖动微调器来设置路径的级别。如果【捕捉】处于启用状态，该值将变为上一个捕捉的增量。

6.【百分比】、【距离】和【路径步数】

这是三种调整路径级别的方式。当选中【百分比】单选按钮时，将把路径级别表示为路径总长度的百分比；当选中【距离】单选按钮时，将把路径级别表示为路径第一个顶点的绝对距离；当选中

【路径步数】单选按钮时，路径级别将取决于曲线路径的步数和顶点。

提示

当选中【路径步数】单选按钮后，会弹出一个警告消息框，告知该操作可能会重新定位图形。并且，在【路径】参数的后面会显示出曲线路径的顶点数，每调整一次【路径】参数，将自动切换到路径的一个顶点。

7.【封口始端】和【封口末端】

这两个复选框决定放样模型的两端是否被封口。如图 4-16 所示是禁用【封口末端】的结果。

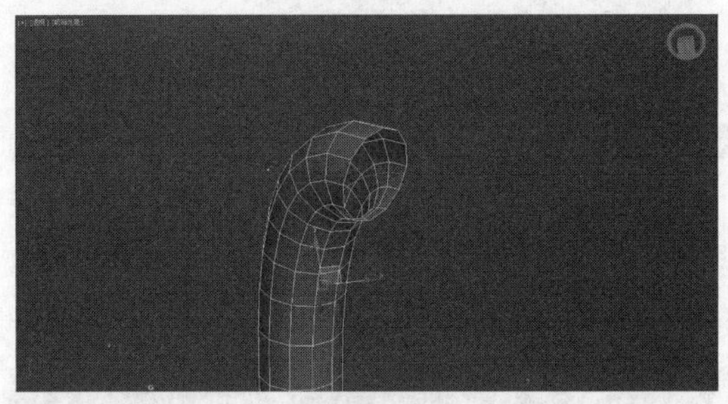

图 4-16　禁用封口末端效果

8.【圆形步数】

设置横截面图形的每个顶点之间的步数，同时该值会影响围绕放样周界边的数目。图 4-17 是不同圆形步数的效果对比。

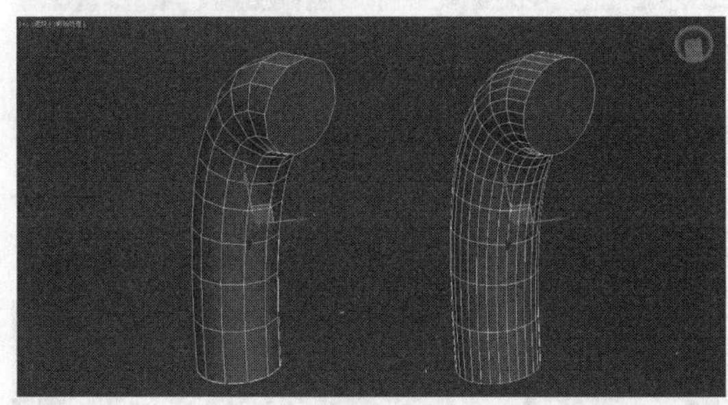

图 4-17　圆形步数对比

9.【路径步数】

设置路径的每个主分段之间的步数，同时该值会影响沿放样长度方向的分段的数目。如图 4-18 所示是不同路径步数效果对比。

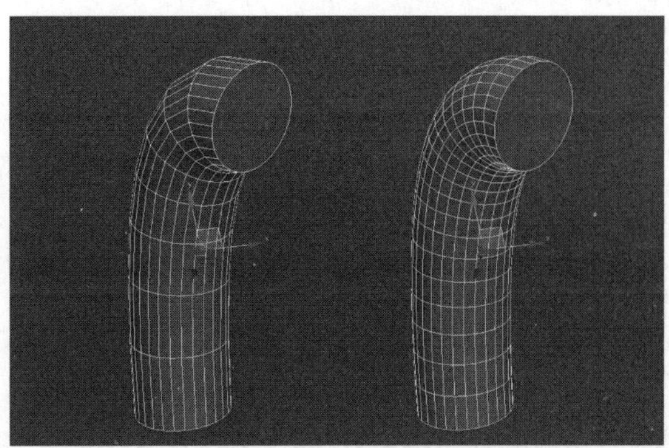

图 4-18　路径步数对比

4.2.2　练习：图腾柱

在 3ds Max 建模模块中，放样建模占据了很大的份量，有时候它要比 NUBUS 还要方便。在园林设计和房产规划中，经常会见到一些样式别致的欧式柱子。本节将利用放样建模配合其他的建模方法创建图腾柱的模型。

STEP|01 在顶视图中绘制一个边长为 110 的正方形，如图 4-19 所示。

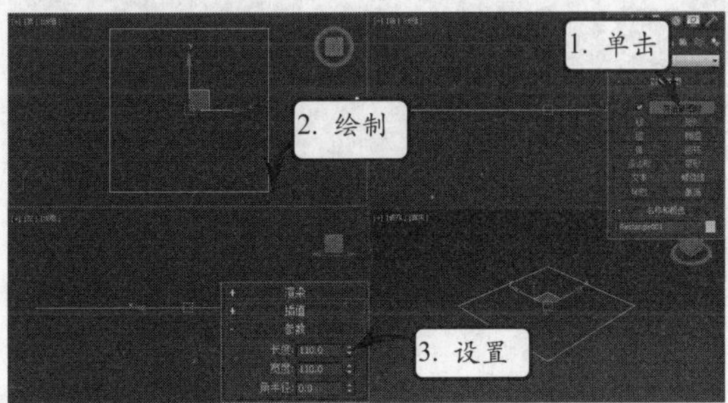

图 4-19　绘制正方形

STEP|02 再在顶视图中创建一个半径为 53 的圆。然后，再使用同样的方法创建一个星形，其参数设置如图 4-20 所示。

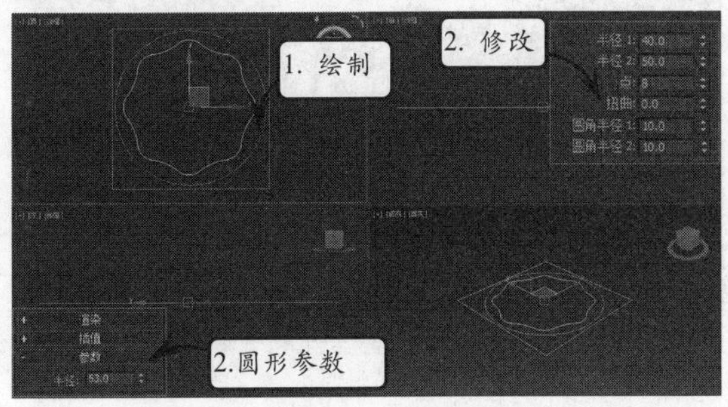

图 4-20　绘制图形

STEP|03 在【对象类型】卷展栏中单击【线】按钮，在前视图中绘制一条竖直的直线，并适当调整其长度，如图 4-21 所示。

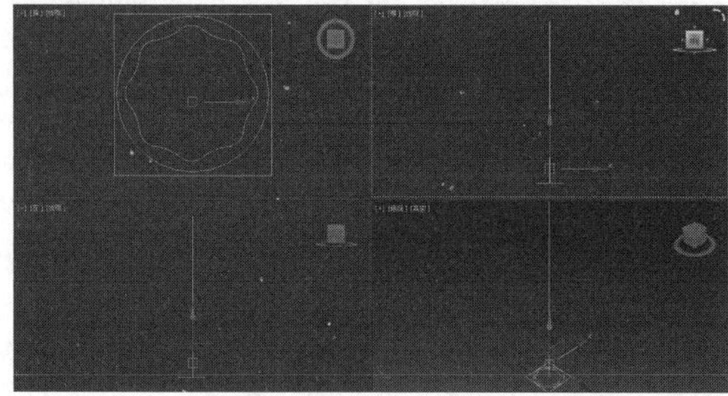

图 4-21 绘制直线

STEP|04 在前视图中选择直线，单击【创建命令】面板中的【几何体】下拉按钮，并在其下拉列表中选择【复合对象】选项。然后在【对象类型】卷展栏中单击【放样】按钮，启动放样工具，如图 4-22 所示。

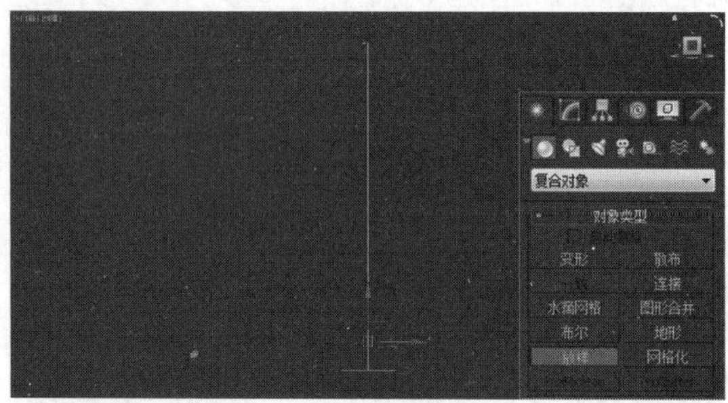

图 4-22 启用放样

STEP|05 在【创建方法】卷展栏中单击【获得图形】按钮，并在顶视图中选择长方形，得到的放样物体如图 4-23 所示。

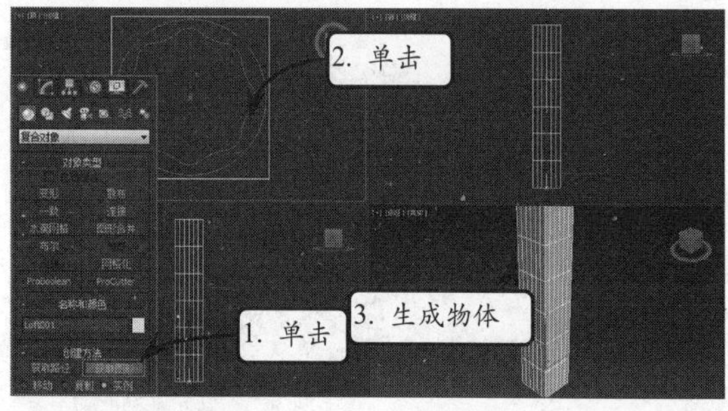

图 4-23 放样物体

STEP|06 在【路径参数】卷展栏中将【路径】的值设置为 3，再在【创建方法】卷展栏中单击【获取图形】按钮，然后在顶视图中再次选择长方形物体，此时的长方形仅在整个放样物体的 0%~3%之间进行，如图 4-24 所示。

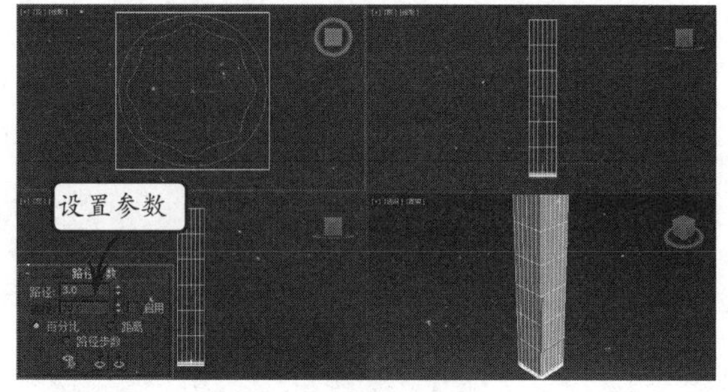

图 4-24 设置路径值

STEP|07 在【路径参数】卷展栏中将【路径】的值设置为 5，再在【创建方法】卷展栏中单击【获取图形】按钮，然后在顶视图中选择圆形物体，其结果如图 4-25 所示。

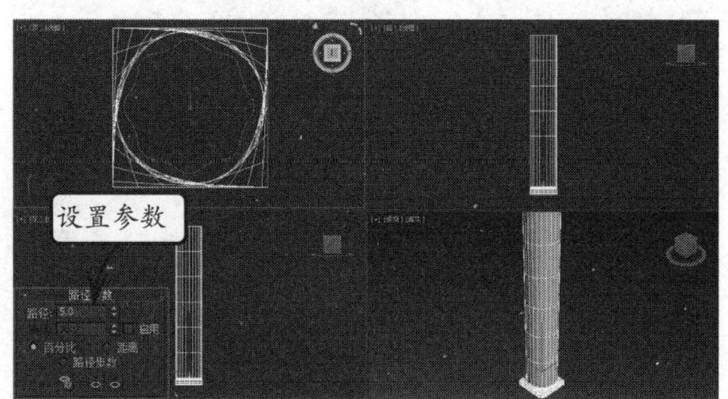

图 4-25 放样物体

STEP|08 再将【路径】的值设置为 7，单击【获取图形】按钮，然后在顶视图中选择圆形物体，其效果如图 4-26 所示。

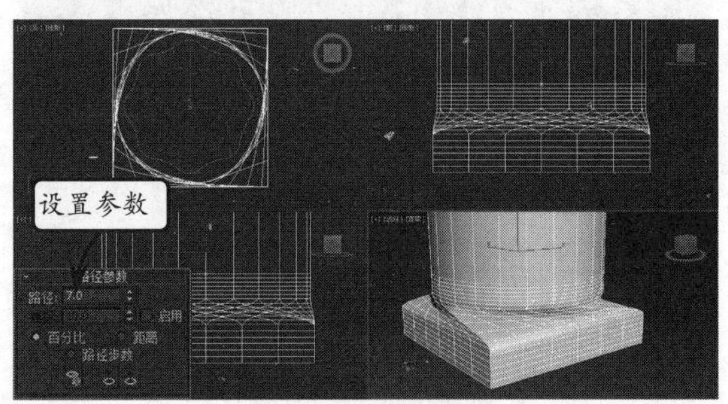

图 4-26 放样物体

STEP|09 在【路径】框中输入 8，单击【获取图形】按钮，在顶视图中选择星形物体，以产生星形放样，如图 4-27 所示。

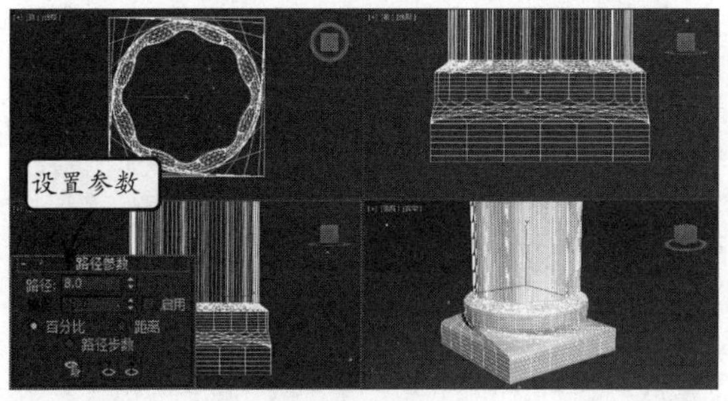

图 4-27　放样物体

STEP|10 将【路径】的值设置为 92，单击【获取图形】按钮，在顶视图中选择星形物体，从而终止星形物体的放样，如图 4-28 所示。

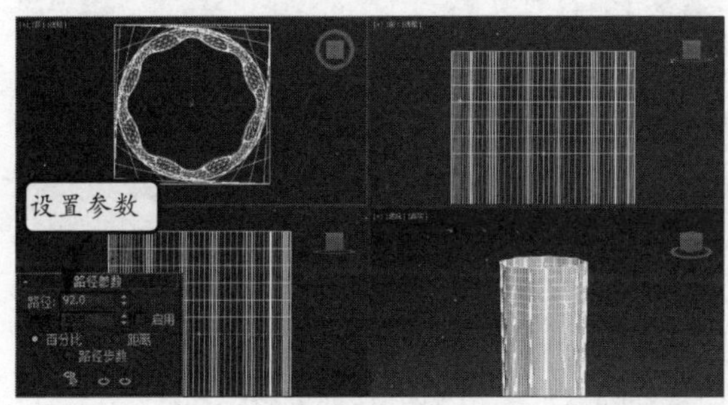

图 4-28　放样物体

STEP|11 将【路径】的值设置为 93，单击【获取图形】按钮，在顶视图中选择圆形物体，从而在星形结束后开始创建柱体，如图 4-29 所示。

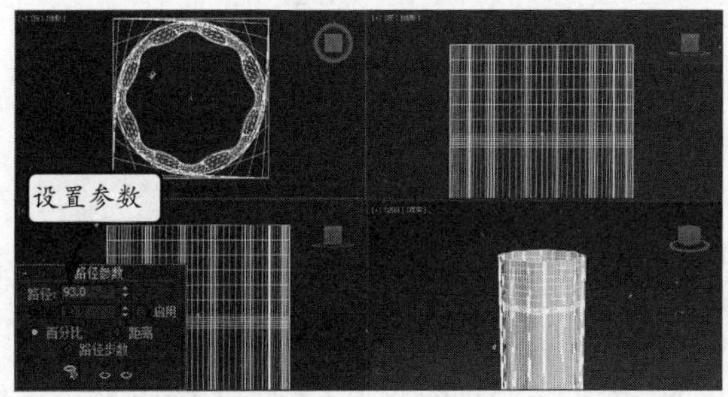

图 4-29　放样物体

STEP|12 将【路径】的值设置为 95，单击【获取图形】按钮，在顶视图中再次选择圆形物体，从而结束圆柱的创建，如图 4-30 所示。

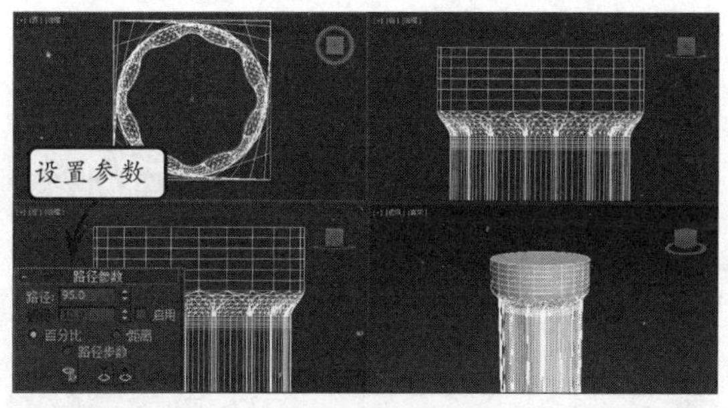

图 4-30　放样物体

STEP|13 将【路径】的值分别设置为 97 和 100，并单击【获取图形】按钮，在视图中选择长方形，从而将它们放样出来，如图 4-31 所示。

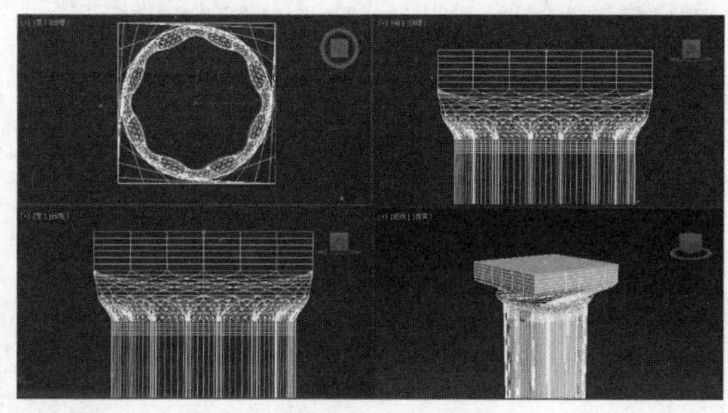

图 4-31　放样物体

STEP|14 此时的图腾柱过度并不完美，这是由于放样截面的点位置错误造成的，我们可以来修改它。在视图中选择放样物体，在【修改命令】面板中展开 Loft 选项左侧的+号，并选中其中的【图形】选项，如图 4-32 所示。

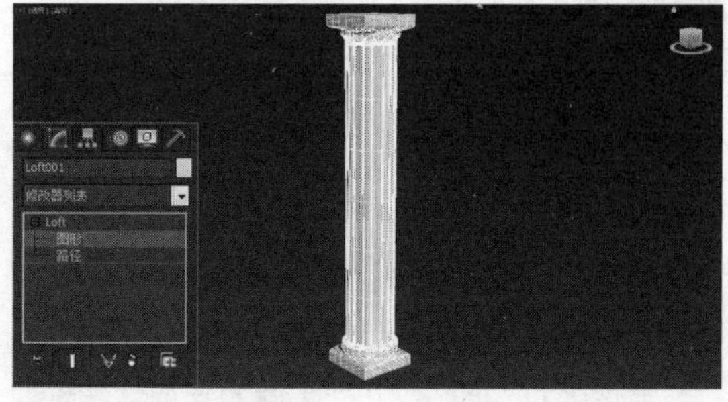

图 4-32　选择元素

STEP|15 在【图形命令】卷展栏中单击【比较】按钮，在【比较】窗口的工具栏上单击按钮，在视

图中选取放样物体各个部分的放样截面，将其添加进来，如图 4-33 所示。

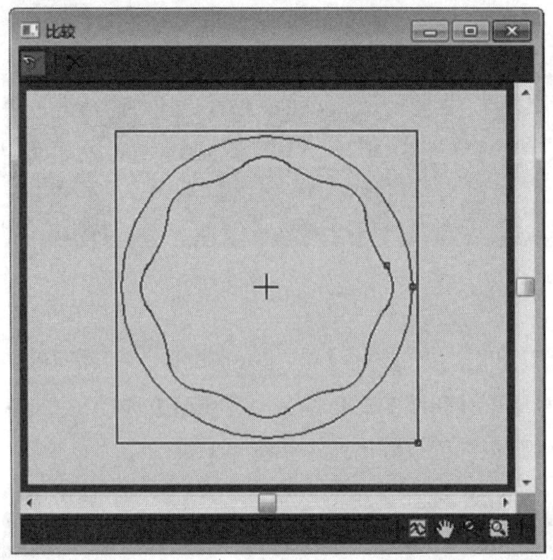

图 4-33　比较截面

STEP|16 在主工具栏中单击【旋转】按钮，并在视图中选取相应的截面，对其执行旋转操作，使【比较】窗口中的点处于一条直线，如图 4-34 所示。

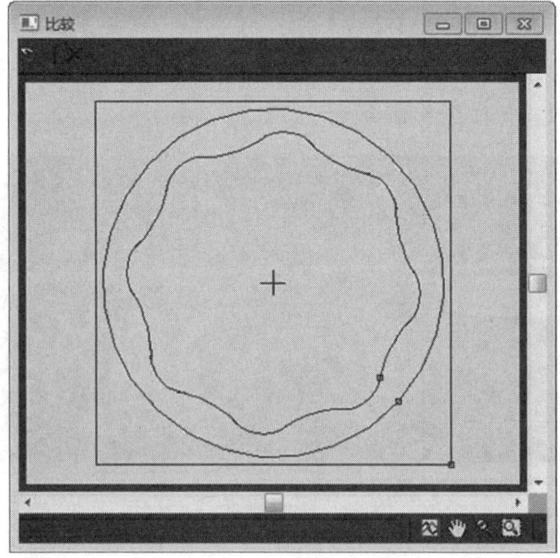

图 4-34　编辑截面点

STEP|17 最后，添加材质、布置灯光，效果如图 4-35 所示。

图 4-35　完成效果

4.3 放样变形

仅通过上述方法创建放样物体的方法是十分简单的，并且制作出来的模型也是一些基础的，如果要产生细节比较丰富的物体，则需要使用到放样变形。本节将介绍一下放样变形的操作方法。

当创建了一个放样物体后，就可以通过其修改面板中的【变形】卷展栏对其执行变形操作。3ds Max 中的放样提供了 5 种基本的变形方法，分别是【缩放】、【扭曲】、【倾斜】、【倒角】和【拟合】等，下面分别介绍它们的特性。

4.3.1 缩放

使用【缩放】可以改变截面的 X 和 Y 方向的比例，从而改变模型的结构。下面以【缩放】为例，使用简单的操作介绍一下变形编辑窗口的基本操作方法。

在透视图中创建一个圆角矩形和一条直线，然后使用放样工具将矩形沿路径进行放样，结果如图 4-36 所示。

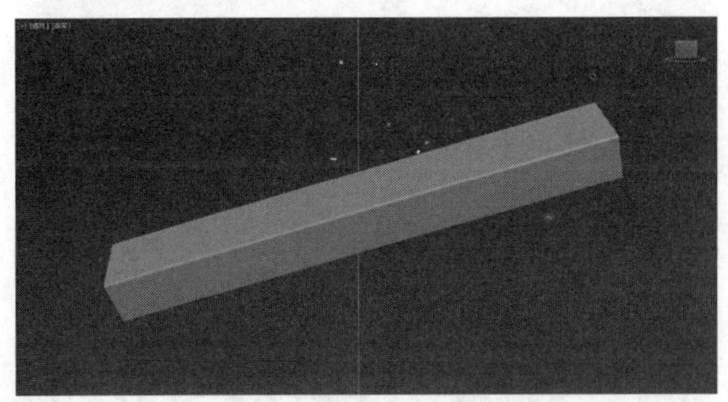

图 4-36　创建放样模型

选中放样模型，切换到【修改】面板，在【变形】卷展栏下单击【缩放】按钮，打开【缩放变形(x)】窗口，单击工具栏中的按钮，然后在编辑窗口的红线上添加两个顶点，如图 4-37 所示。

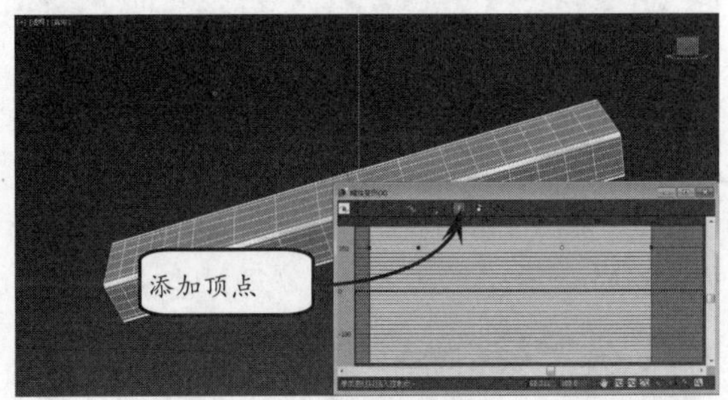

图 4-37　添加顶点

单击工具栏上的按钮，移动控制点的位置，这时，放样模型的形状也会跟随变化，如图 4-38 所示。

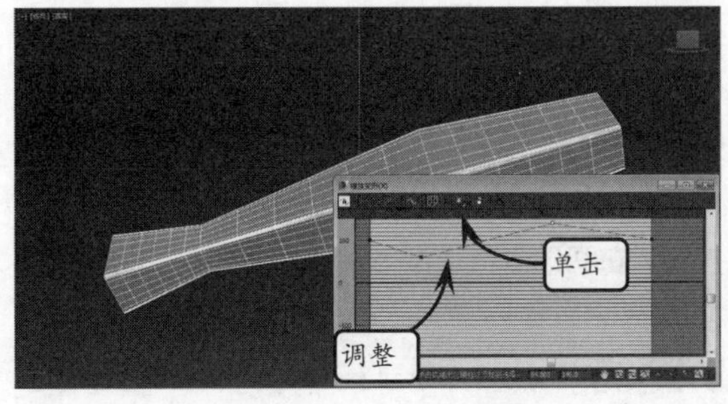

图 4-38　移动顶点位置

此外，在控制点上右击鼠标，在弹出的快捷菜单中可以选择顶点的方式，如图 4-39 所示是将顶点改为【Bezier-角点】方式的结果。

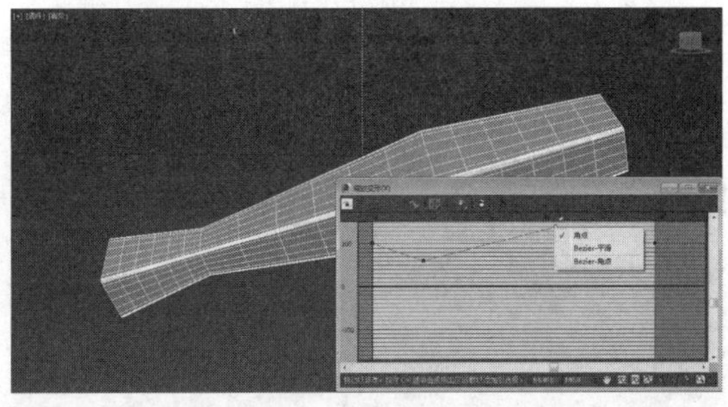

图 4-39　改变控制点的方式

4.3.2　扭曲

【扭曲】用来控制截面相对路径的旋转程度，它通过调整控制点之间的相对位置来控制旋转的角度，如图 4-40 所示扭曲效果，注意观察控制点的位置。

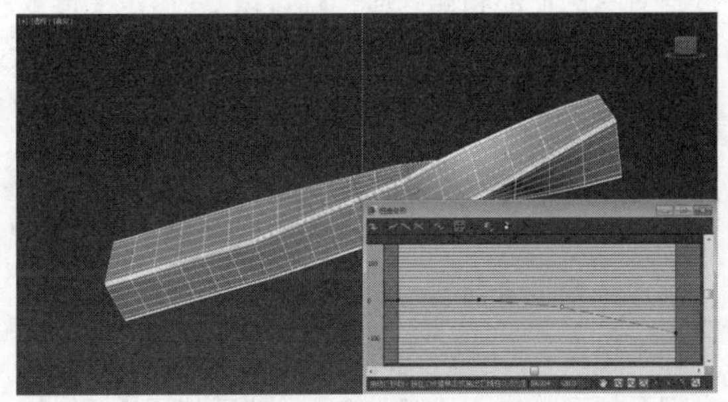

图 4-40　扭曲变形

4.3.3　倾斜、倒角和拟合

1．倾斜

Teeter 变形可以使放样截面围绕垂直于路径的 X 轴和 Y 轴旋转，使用这种变形可以制作金属外壳的褶皱效果等，如图 4-41 所示。

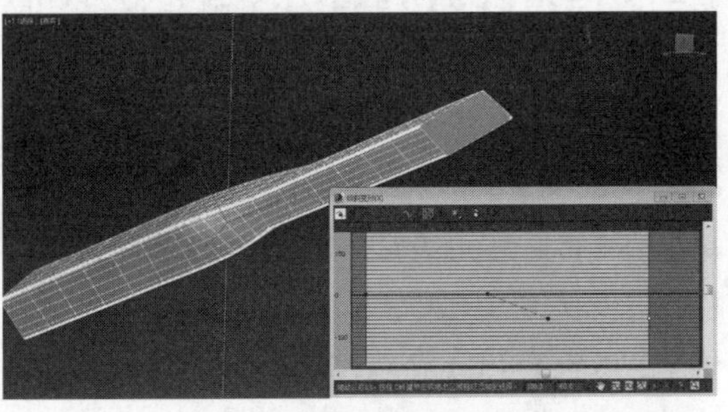

图 4-41　倾斜效果

2．倒角

【倒角】变形对放样物体执行一种类似于倒角修改器的变形功能，一般应用在放样物体的首端或者末端，如图 4-42 所示为倒角变形效果。

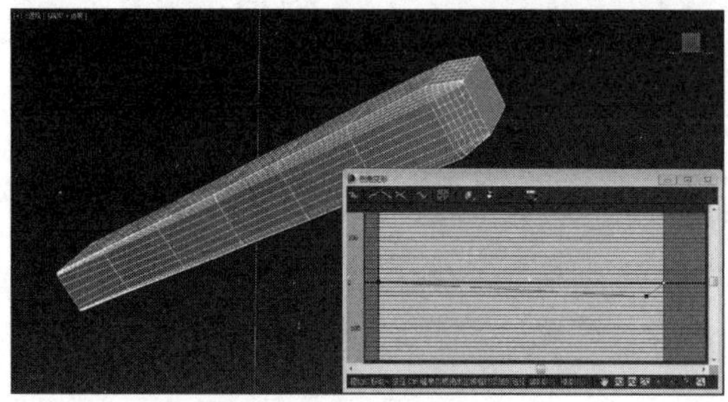

图 4-42　倒角变形

3．拟合

使用【拟合】变形可以使用两个二维图形定义放样对象的顶部和侧剖面，【拟合】变形是变形放样中功能最强的一种方式，是在原来放样的基础上添加了一个 Y 轴方向上的投射轮廓。

4.3.4　练习：花瓶

本练习将带领读者制作一个花瓶的模型。基本制作思路是：使用放样建模制作出花瓶的外壳，这中间要用到放样中的缩放变形；然后使用【可编辑多边形】调整模型；接着给模型添加 Shell 修改器制作出瓶体的厚度；最后再添加【编辑多边形】修改器调整瓶口处复杂的部分。通过本练习主要帮助读者掌握放样建模的编辑方法，以及和其他建模工具的配合应用。

STEP|01 在视图中创建一个半径为 12 的圆；再创建一个【半径 1】和【半径 2】分别为 12 和 10.5 的星形，将【点】设置为 16；最后，再创建一条直线，如图 4-43 所示。

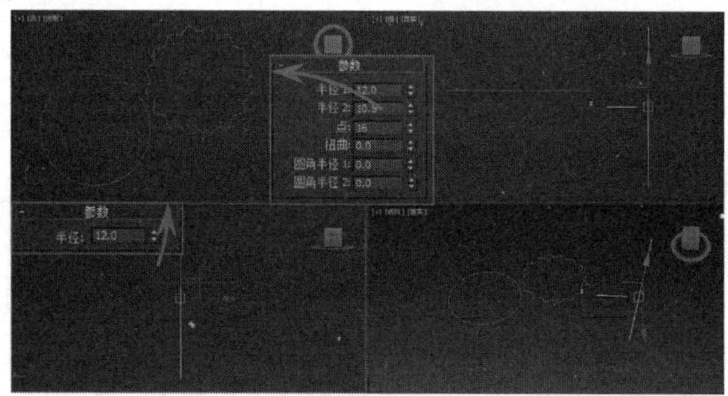

图 4-43　创建图形

STEP|02 切换到顶视图，选择星形并执行右键菜单中的【转换为-可编辑样条线】命令。进入到其【顶点】次层级编辑模式，选择所有顶点并执行右键菜单中的【平滑】命令，再执行 Bezier 命令，将其转换为【Bezier 角点】，如图 4-44 所示。

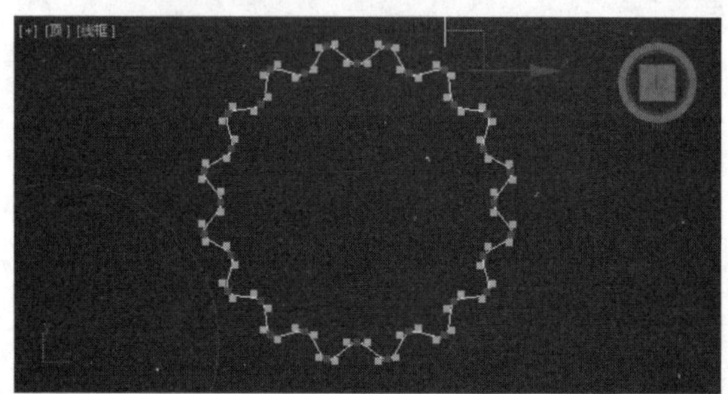

图 4-44　转换顶点模式

STEP|03 使用移动工具调整顶点的位置，然后选中控制手柄，使用缩放工具调整切线的曲率，结果如图 4-45 所示。

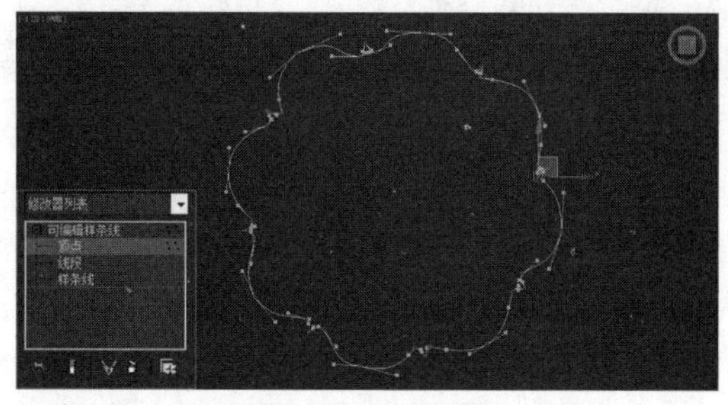

图 4-45　调整曲线顶点

STEP|04 在【透视】视图中选择直线，在【复合对象】下单击【放样】按钮，接着单击【获取图形】按钮，在视图中拾取圆形，产生一个放样物体，如图 4-46 所示。

STEP|05 切换到【修改】面板，在【路径参数】卷展栏下将【路径】设置为 35。在【创建方法】卷展栏下单击【获取图形】按钮，接着在视图中单击星形物体，结果如图 4-47 所示。

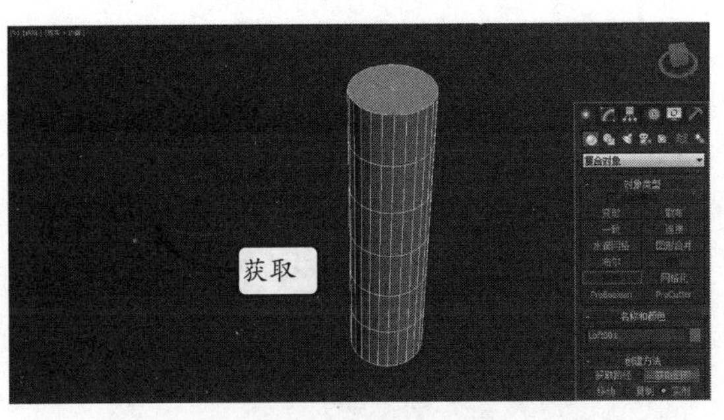

图 4-46　使用圆形放样

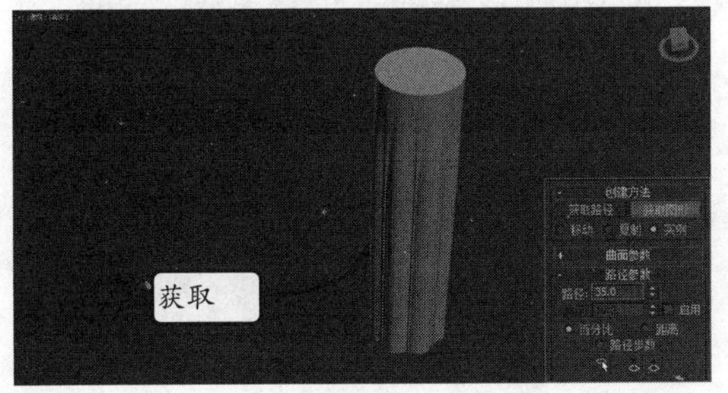

图 4-47　使用星形放样

STEP|06 确认放样物体处于选中状态，以 Z 轴为镜像轴，镜像图形，然后展开【变形】卷展栏并单击其中的【缩放】按钮，在打开的窗口中单击按钮，接着在红色的线上添加 4 个顶点，并在右键快捷菜单中将插入的顶点类型都改为【Bezier-平滑】类型，如图 4-48 所示。

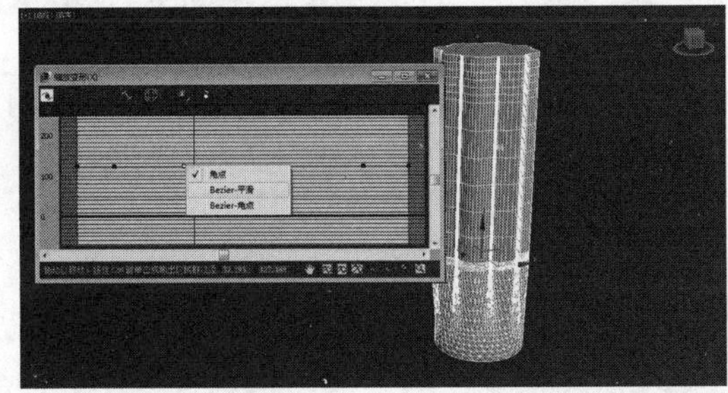

图 4-48 添加顶点

STEP|07 单击工具栏上的按钮，然后调整顶点的位置并通过调整控制手柄来改变曲率，结果如图 4-49 所示。

STEP|08 在【蒙皮参数】卷展栏下将【图形步骤】和【路径步骤】分别设置为 1 和 2，结果如图 4-50 所示。

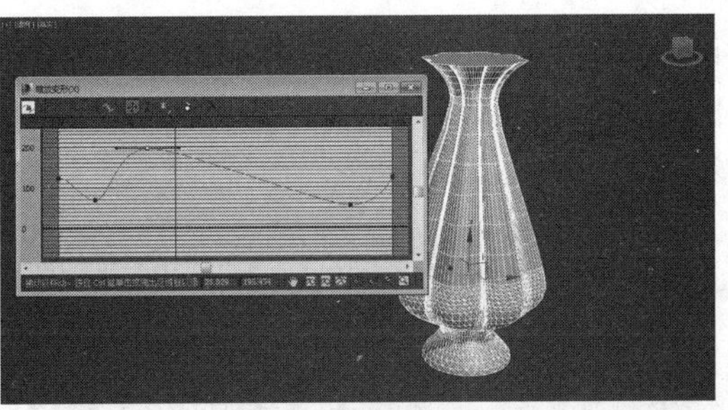

图 4-49　编辑顶点

图 4-50　设置分段

STEP|09 给模型添加【编辑多边形】修改器，进入多边形编辑模式，选择瓶口处的面将其删除，结果如图 4-51 所示。

图 4-51　删除表面

STEP|10 进入模型的顶层级，给其添加壳修改器，在【参数】卷展栏下设置【外数量】和【分段】分别为 1 和 2，结果如图 4-52 所示。

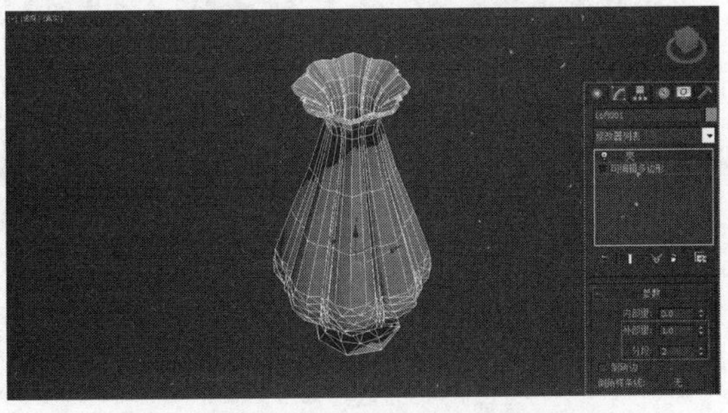

图 4-52　添加壳修改器

STEP|11 给模型再添加一个【编辑多边形】修改器，进入到顶点编辑模式，使用移动和缩放工具编辑瓶口处的顶点，结果如图 4-53 所示。

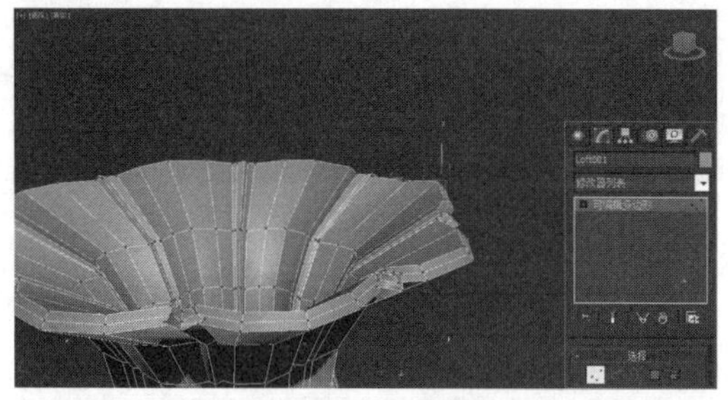

图 4-53 调整顶点

STEP|12 退出顶点模式，给该模型添加网格平滑修改器，效果如图 4-54 所示。

STEP|13 可以给模型添加材质和灯光，以及渲染输出，如图 4-55 所示的是渲染出来的效果。

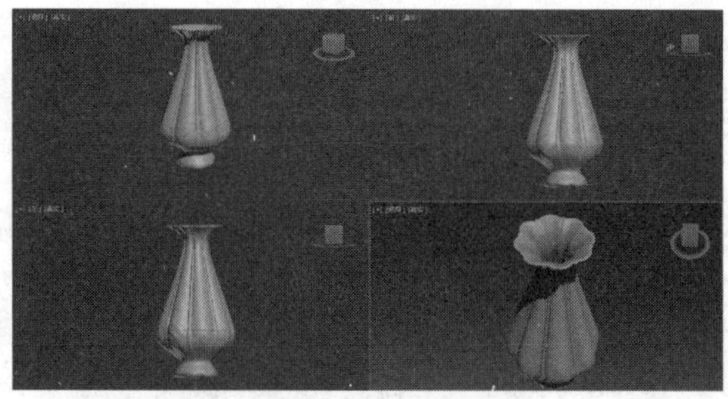

图 4-54 光滑模型

图 4-55 渲染效果

4.4 布尔运算

本节介绍布尔运算复合建模，布尔运算指的是【复合对象】中的【布尔】工具，使用它可以将两个或者两个以上的物体通过相交、相减等方式对物体进行计算，从而得到一个独立的物体。

4.4.1 执行布尔运算

【布尔运算】通过对两个以上的物体进行并集、差集、交集的运算，从而得到新的物体形态。在 3ds Max 2015 中布尔运算不只限于一次，对生成的布尔对象可以再进行多次的布尔运算。此外，布尔运算的方式和记录可以编辑修改，运算或修改的过程可以记录为动画，可以制作一些神奇的切割效果等。执行布尔运算时，需要场景存在两个或者两个以上用于计算的原始物体。如图 4-56 所示为利用布尔运算所能够执行的几种物体外形。

图 4-56 布尔运算的几种效果

执行布尔运算时，选择一个参与运算的物体，在【标准几何体】下拉列表中选择【复合对象】选项，单击【对象类型】卷展栏中的【布尔】按钮，即可打开其参数面板，如图 4-57 所示。可以根据其参数的功能以及自己的设计要求执行相应的操作。

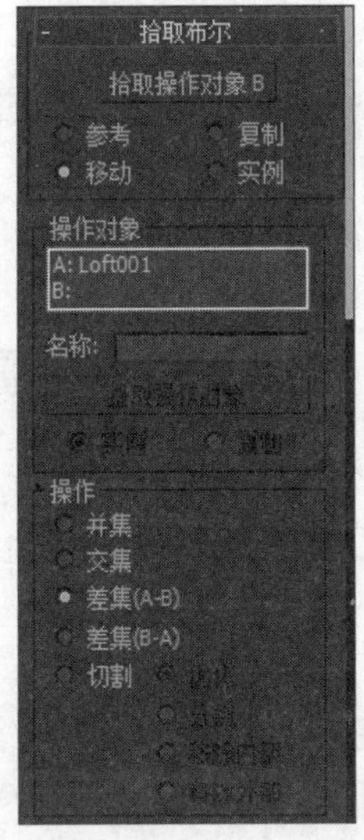

图 4-57　布尔参数卷展栏

1. 拾取布尔

执行布尔运算的关键在于其参数的设置，例如，选择布尔运算的计算方式等。下面简单介绍一下布尔运算的主要参数。

❑ **拾取操作对象 B**

单击该按钮，在场景中选择另一个物体完成布尔运算。其下的 4 个选项用来控制运算对象 B 的属性，它们要在拾取运算对象 B 之前确定。

2. 参数卷展栏

❑ **操作对象**

该选项区域中的参数用来显示所有的运算对象的名称，并可对它们做相关的操作。

❑ **名称**

显示列表框中选中的操作对象的名称，可对其进行编辑。

❑ **提取操作对象**

它将当前指定的运算对象重新提取到场景中，作为一个新的可用对象，包括【实例】和【复制】两种属性。

❑ **并集**

用来将两个造型合并，相交的部分将被删除，运算完成后两个物体将成为一个物体，结果如图 4-58 所示。

图 4-58　并集效果

❑ **交集**

用来将两个造型相交的部分保留下来，删除不相交的部分，如图 4-59 所示。

图 4-59　交集效果

❑ **差集（A–B）**

在 A 物体中减去与 B 物体重合的部分，是默认的布尔运算方式，如图 4-60 所示。

❑ **差集（B–A）**

在 B 物体中减去与 A 物体重合的部分。与上述的操作方式相反，如图 4-61 所示。

图 4-60　差集（A–B）效果

图 4-61　差集（B–A）效果

❑ 切割

用 B 物体切除 A 物体，但不在 A 物体上添加 B 物体的任何部分。当【切割】单选按钮被选中时，它将激活其下方的 4 个单选按钮让用户选择不同的切除类型。如图 4-62 所示的是两种不同的切割效果。

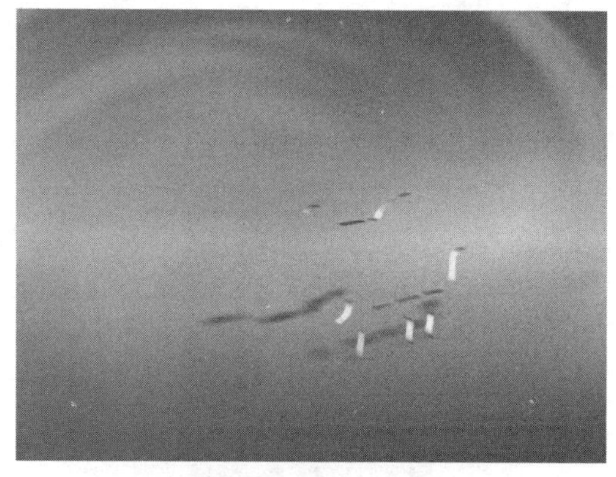

图 4-62　不同的切割效果

4.4.2　布尔运算的注意事项

在执行布尔运算的时候，需要按照严格的操作流程分步执行，这样可以有效地避免布尔运算的错误，本节将介绍如何在布尔运算当中避免一些错误。

1．布尔运算的次对象

在 3ds Max 中，布尔运算的一个灵活性就在于构成布尔运算的各个次对象仍然能够作为一个对象存在。每个运算对象仍然能够保留它自身的修改器堆栈，当进入布尔运算的次对象模式后，可以独立地对其编辑修改。

2．布尔运算的嵌套

布尔运算不只限于一次，对生成的布尔对象可以再使用任意次数的布尔运算。创建的布尔对象可以作为下一个布尔组合对象的【操作对象 A】，与其他几何体再进行一次布尔运算。每次对一个对象执行布尔操作时，实际上使原始对象作为新布尔对象的第一个运算对象。

3．布尔运算的注意事项

布尔运算虽然是一种常用的建模方法，但是使用布尔运算时需要小心，否则就有可能得不到有效的布尔对象。生成布尔对象时，要确保两个操作对象充分接触，对两个表面接触不完全的布尔对象执行操作时，有可能产生难以预料的结果。所以在进行布尔运算之前，最好能够使用【暂存】命令暂存一下场景，当布尔操作不理想时，可以使用【取回】

命令返回原来的状态。另外，执行布尔运算后，不能使用 Ctrl+Z 快捷键执行撤销操作。

4.5 布尔运算

【布尔】是 3ds Max 提供的一种新型布尔运算工具，通过使用这种工具可以制作出来更加完美的布尔物体。本节将介绍一下【布尔】工具的特性，以及使用方法。

4.5.1　全新体验布尔

【布尔】工具在执行布尔运算之前，它采用了 3ds Max 网格并增加了额外的智能。首先它组合了拓扑，然后确定共面三角形并移除附带的边。然后不是在这些三角形上而是在 *N* 多边形上执行布尔运算。完成布尔运算之后，对结果执行重复三角算法，然后在共面的边隐藏的情况下将结果发送回 3ds Max 中。这样额外工作的结果有双重意义：布尔对象的可靠性非常高，因为有更少的小边和三角形，因此结果输出更清晰。如图 4-63 所示的是两个利用【布尔】工具制作的效果图。

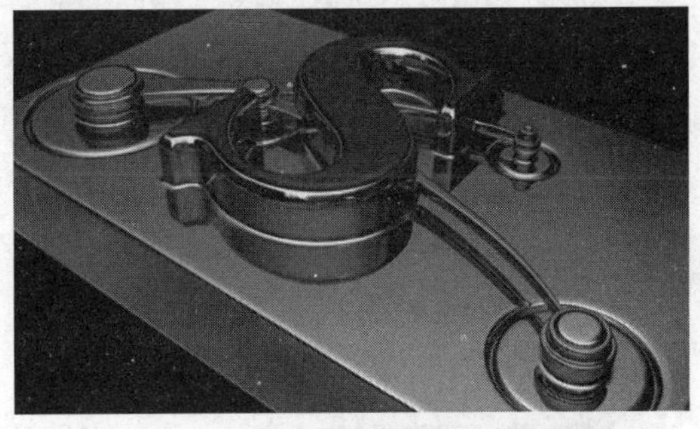

图 4-63　利用【布尔】工具制作的效果

这种布尔运算的操作方法和【布尔】工具是相同的，所不同的是它的计算方法经过改良。要利用该工具创建布尔物体，则可以按照下面的流程进行操作。

STEP|01 为布尔运算设置对象，如图 4-64 所示。例如，要从圆柱体中减去一个圆环形状。

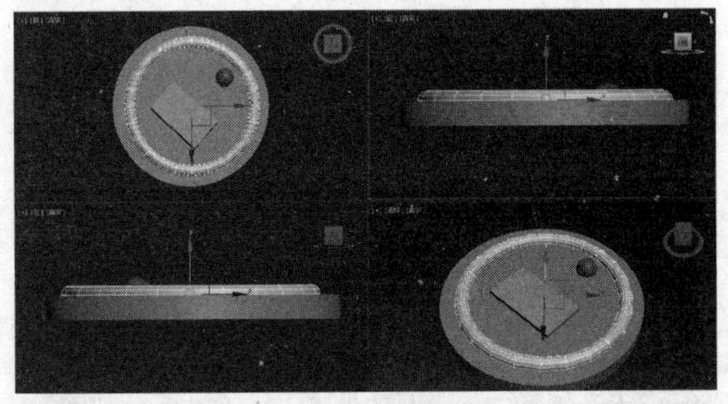

图 4-64　设置对象

STEP|02 选择基本对象。在这个场景中选择要执行布尔操作的基本体，例如圆柱体，如图 4-65 所示。

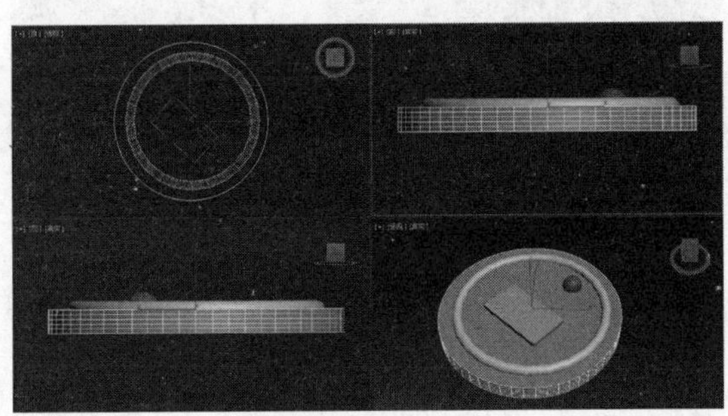

图 4-65　选择对象

STEP|03 在【创建】|【几何体】选项卡中，从下拉列表中选择【复合对象】选项，然后单击【布尔】按钮，如图 4-66 所示。

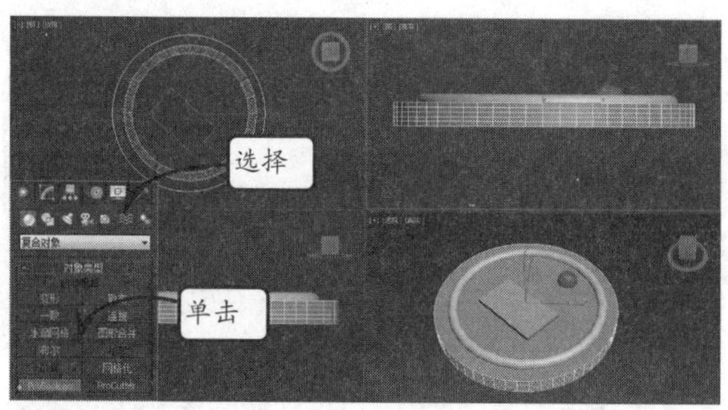

图 4-66　启用【布尔】工具

STEP|04 在【参数】卷展栏上，选择要使用的布尔运算的类型：【并集】、【交集】、【差集】等。还要选择该软件如何将拾取的下一个运算对象传输到布尔对象。本示例的参数设置如图 4-67 所示。

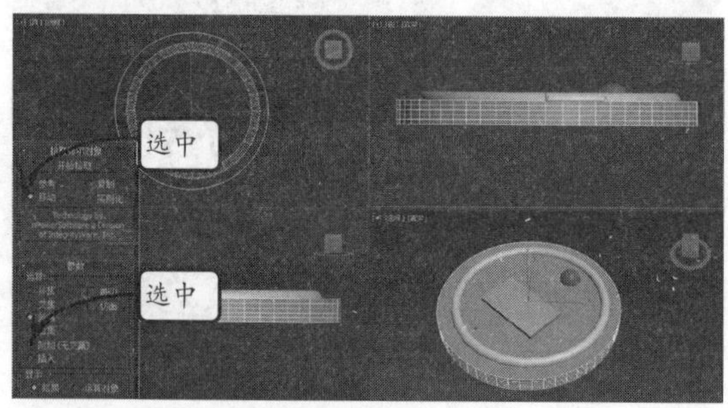

图 4-67　设置布尔参数

STEP|05 单击【开始拾取】按钮。在视图中拾取一个或多个对象参与布尔运算，如图 4-68 所示。

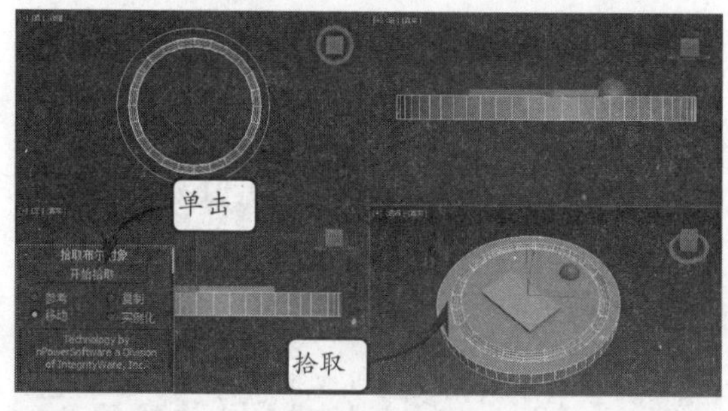

图 4-68　拾取物体

拾取对象时，对于每个新拾取的对象，可以更改布尔运算的方式，以及将下一个运算对象传输到布尔中的方式。只要确保【开始拾取】按钮处于单击选中状态，就可以继续拾取运算对象。将拾取的每个对象添加到布尔运算中。

4.5.2　练习：趣味时钟

本练习将介绍一个钟表的制作方法。在这个实例的实现过程中，需要多次利用【布尔】进行计算，下面是实现流程。

STEP|01 使用【弧】工具，分别制作半径为 26.5 和 54 的两段圆弧。绘制两段如图 4-69 所示的直线，用【附加】命令将几条线型连在一起。单击【次对象】，在【顶】级别中编辑线型。

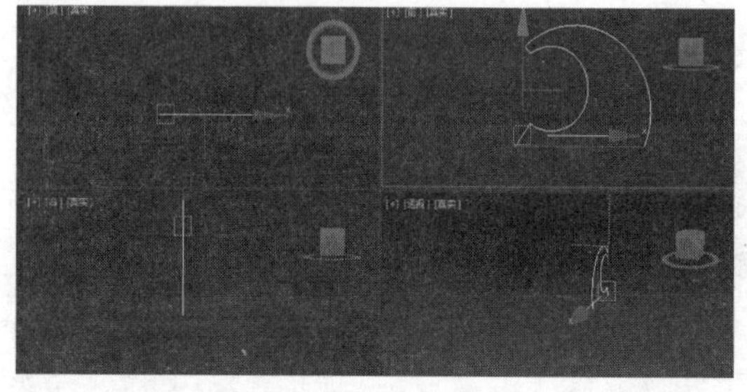
图 4-69　构建轮廓

STEP|02 选取【修改】|【修改器列表】|【倒角】命令，为刚才的线添加厚度，并制作倒角，形成钟架，如图 4-70 所示。

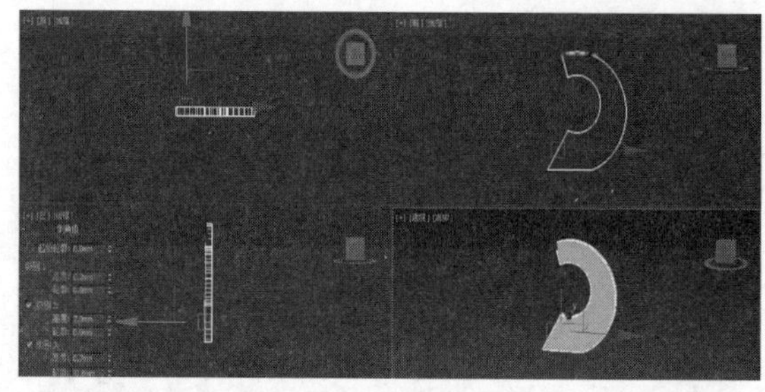
图 4-70　制作倒角

STEP|03 在前视图中创建一个大小适中的椭圆，并为其添加倒角修改器，调整出一定的高度，如图 4-71 所示。

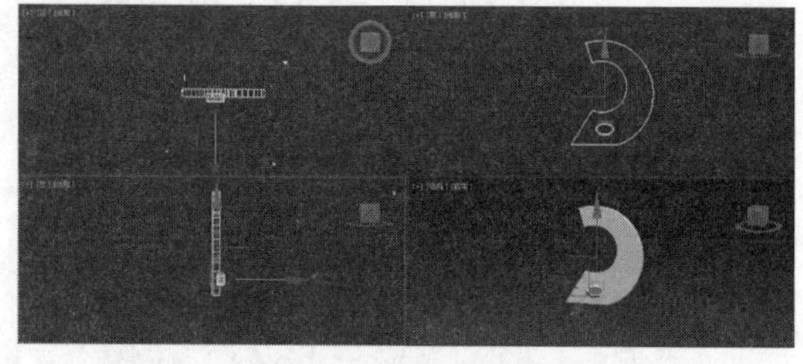
图 4-71　创建倒角体

STEP|04 在视图中选择钟表架，切换到【复合对象】面板中，单击【布尔】按钮，保持默认的参数不变，单击【拾取操作对象 B】按钮，在视图中拾取椭圆物体，从而创建一个布尔物体，如图 4-72 所示。

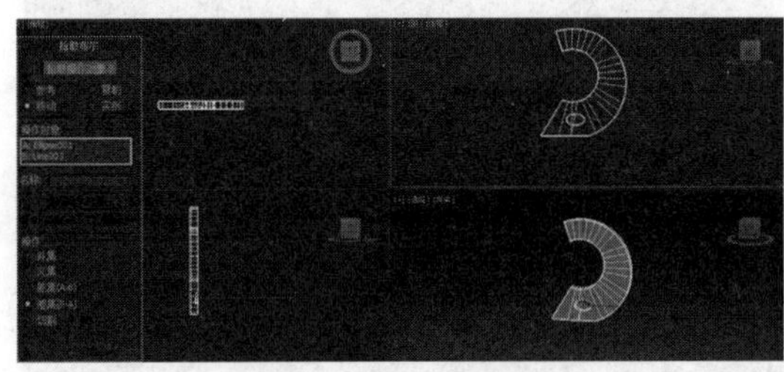

图 4-72　创建布尔运算

STEP|05 使用椭圆及三角形工具创建大小适中的图像，利用【挤出】拉伸厚度。用【网格平滑】使其光滑，如图 4-73 所示。

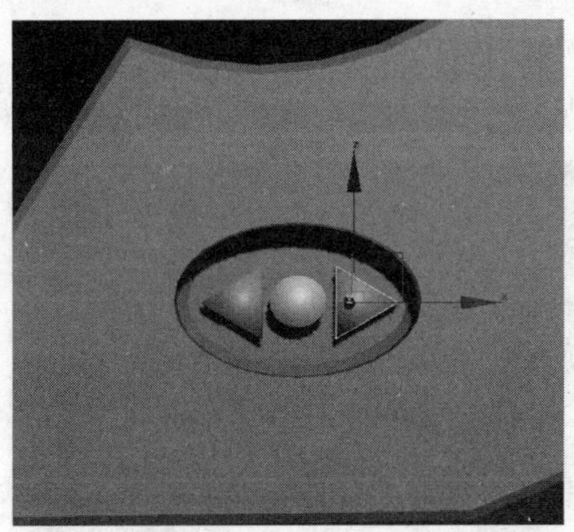

图 4-73　创建按钮

STEP|06 利用【油桶】工具在视图中创建一个胶囊，并使用非等比缩放工具调整一下它的形状，如图 4-74 所示。

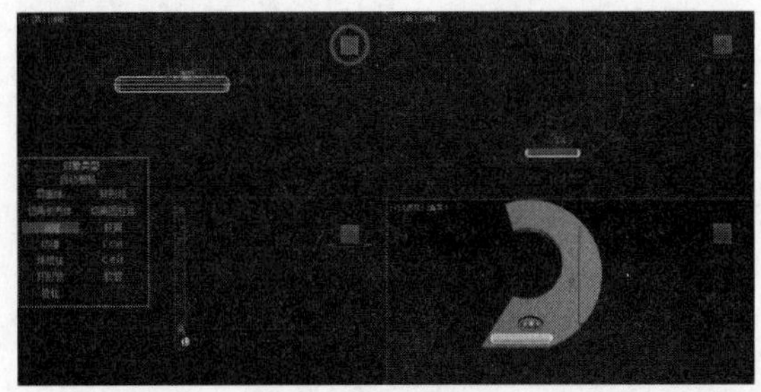

图 4-74　创建物体

STEP|07 再在场景中创建一个长方体，其长度要大于胶囊的长度，并按照如图 4-75 所示的位置进行放置。

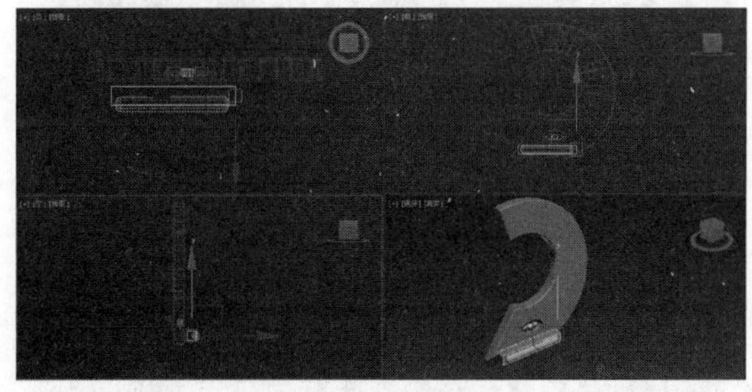

图 4-75　创建长方体

STEP|08 在视图中选择胶囊物体，启用【复合对象】工具，单击【拾取操作图形 B】按钮，在视图中拾取长方体，得到一个如图 4-76 所示的物体。

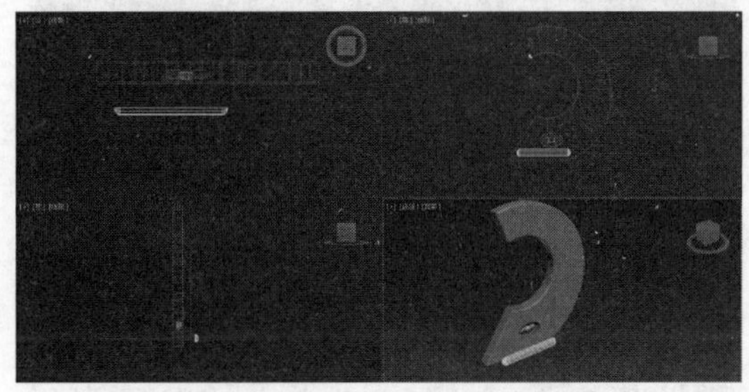

图 4-76　布尔物体

STEP|09 调整布尔物体到贴在钟表架上，作为一个造型，如图 4-77 所示。调整完毕后，框选场景中的所有物体，选择右键菜单中的【隐藏选定对象】命令，隐藏场景中的所有物体。

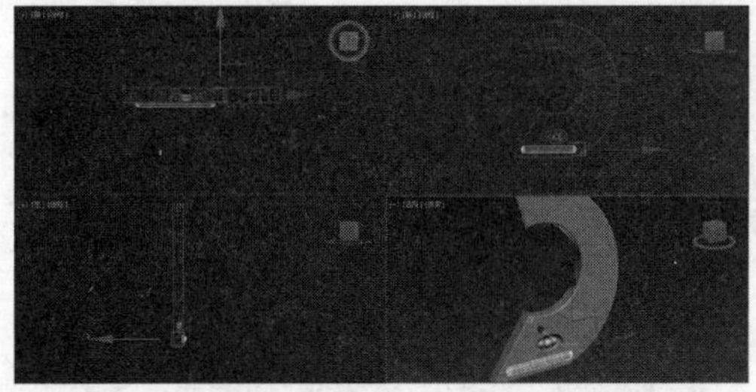

图 4-77　调整物体位置

STEP|10 使用【切角圆柱体】工具在前视图中创建一个切角长方体，并适当调整一下它的参数，如

图 4-78 所示。

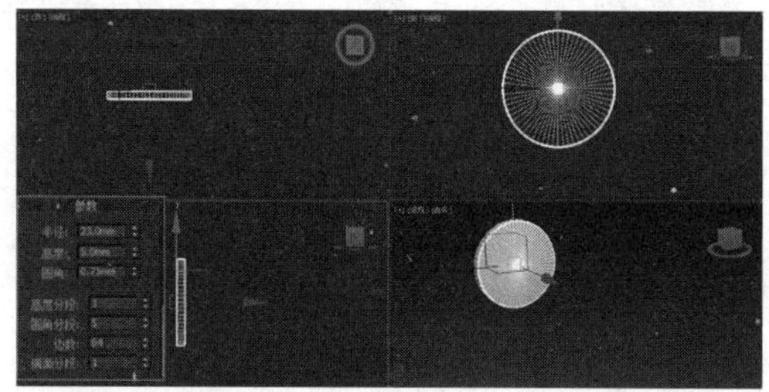

图 4-78　创建表盘

STEP|11 使用【切角圆柱体】工具再在视图中创建一个圆柱体，使其稍微小一些，并将其按照如图 4-79 所示的方式对齐。

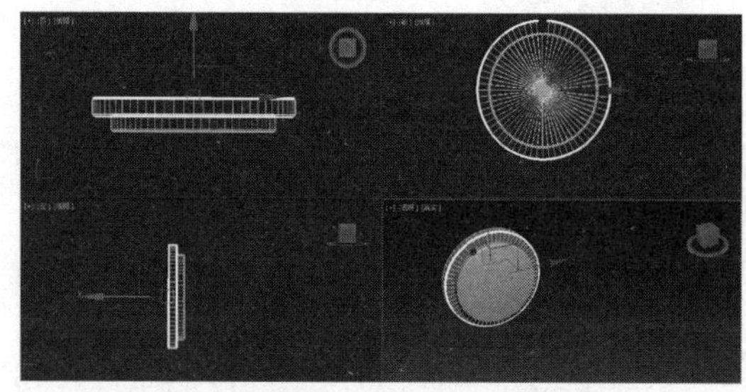

图 4-79　创建物体

STEP|12 在场景中选择表盘造型，切换到【复合对象】面板中，单击其中的【布尔】按钮，保持默认的参数不变，单击【拾取操作对象 B】按钮，在视图中拾取圆柱体，从而创建一个布尔物体，如图 4-80 所示。

STEP|13 再创建一个切角圆柱体，并按照如图 4-81 所示的参数进行设置，用于作为钟表的表盖。

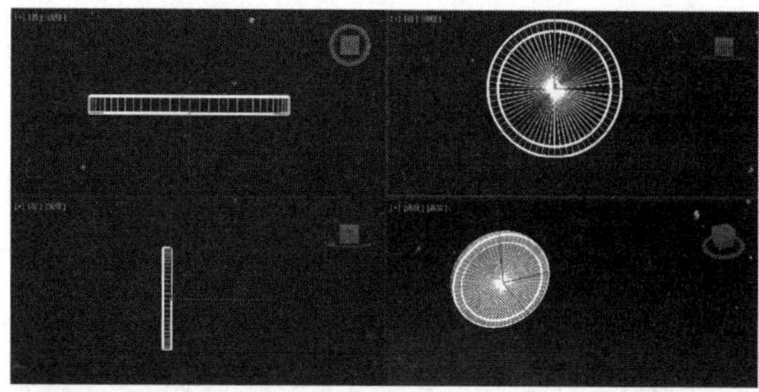

图 4-80　创建布尔物体

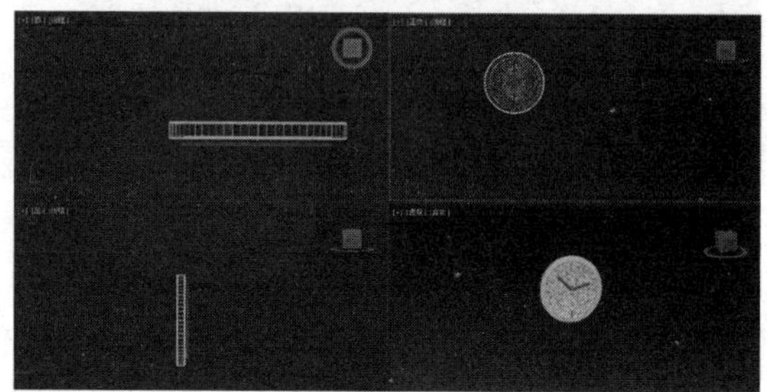

图 4-81　制作表镜

STEP|14 最后，需要制作一下钟表的指针以及刻度，即可完成整个实例，最终的效果如图 4-82 所示。

图 4-82　钟表的模型

4.6 散布复合对象

散布是 Scatter 的中文意思，【散布】是一种全新的建模工具，它可以将一个对象附着到另一个对象的表面，并实现阵列的功能。本节将介绍一下【散布】工具的使用方法，以及一些常用参数的含义。

4.6.1 散布操作基础

Scatter（散布）是复合对象的一种形式，将所选的源对象散布为阵列，或散布到分布对象的表面，其效果如图 4-83 所示。由于场景的制作是一个烦琐的过程，因此可能每个场景都具有自身的特点，为此就需要针对不同的场景进行考虑，这样才能够合理地布置场景，3ds Max 提供的这个复合工具解决了这类问题。

图 4-83　散布效果

要创建一个散布复合对象，则可以在选择一个源对象后，在【复合对象】选项中单击【散布】按钮，然后单击【拾取分布对象】按钮，并在视图中拾取要散布的对象即可，图 4-84 是将石块散布到一个球体上的效果。

图 4-84　散布对象

当我们将一个源对象散布到一个对象上时，就可以通过【修改】面板对其参数进行设置，从而使其能够按照我们的意愿进行排列，下面介绍一下【散布】的一些参数的功能，如图 4-85 所示的是该复合工具的参数卷展栏。

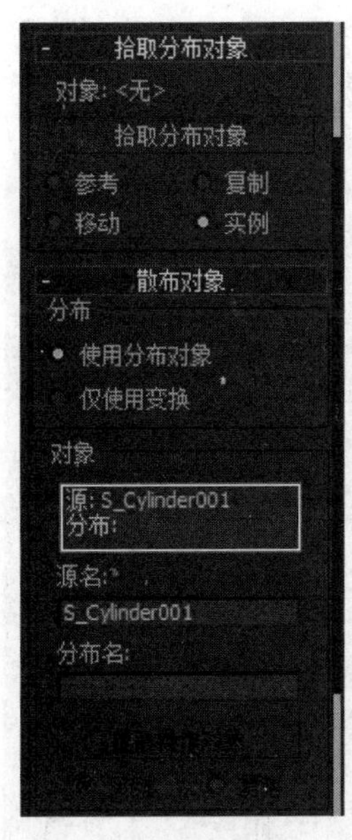

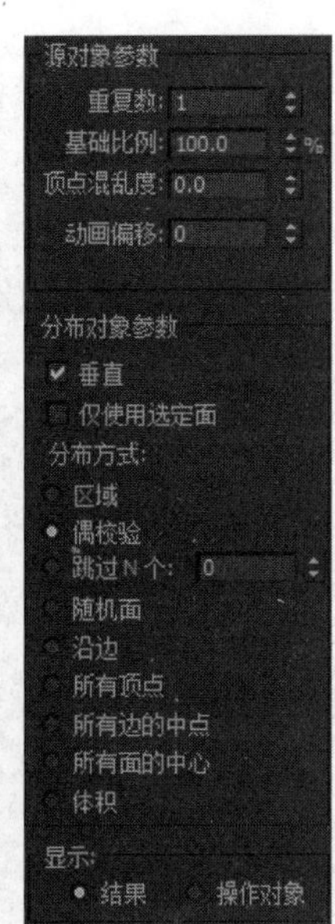

图 4-85　参数面板

1．基本参数设置

❑ 拾取分布对象

拾取分步对象。单击此按钮，然后在场景中单击一个对象，将其指定为分布对象。

❑ 参考/复制/移动/实例

用于指定将分布对象转换为散布对象的方式。它可以作为参考、副本、实例或移动的对象进行转换。

❑ 分布

【使用分布对象】可以根据分布对象的几何体来散布源对象；【仅使用变换】可以使用【变换】卷展栏上的参数来定位源对象的重复项。

❑ 重复数

重复数指定散布的源对象的重复项数目，效果对比如图 4-86 所示。默认情况下，该值设置为 1，不过，如果要设置重复项数目的动画，则可以从零开始，将该值设置为 0。

❑ 基础比例

改变源对象的比例，同样也会影响到每个重复项。该比例作用于其他任何变换之前。

❑ 顶点混乱度

对源对象的顶点应用随机扰动。

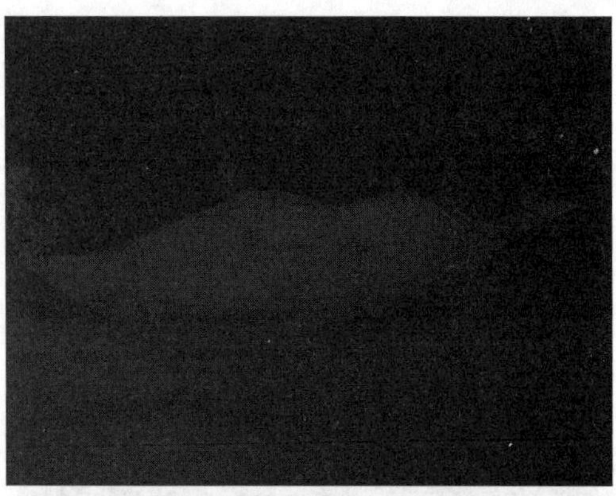

图 4-86　重复数量多少的对比

2．分布方式

该选项区域提供了几种不同的散布方式，通过选择不同的单选按钮，可以使散布源对象按照不同的方式进行排列。

❑ 区域

在分布对象的整个表面区域上均匀地分布重复对象，效果如图 4-87 所示。

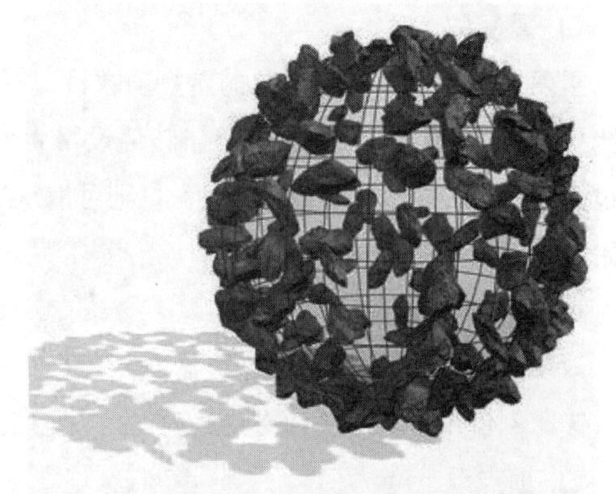

图 4-87　区域散布

❑ 偶校验

用分布对象中的面数除以重复项数目，并在放置重复项时跳过分布对象中相邻的面数。

❑ 跳过 N 个

在放置重复项时跳过 N 个面。该可编辑字段指定了在放置下一个重复项之前要跳过的面数。如果设置为 0，则不跳过任何面。如果设置为 1，则跳过相邻的面，以此类推。

❑ 随机面

在分布对象的表面随机地放置重复项。

❑ 沿边

沿着分布对象的边随机地放置重复项。

❑ 所有顶点/所有边的中点/所有面的中心

【所有顶点】在分布对象的每个顶点放置一个重复对象；【所有边的中点】可以在每个分段边的中点放置一个重复项；【所有面的中心】可以在分布对象上每个三角形面的中心放置一个重复项。

❑ 体积

遍及分布对象的体积散布对象，如图 4-88 所示。其他所有选项都将分布限制在表面。

图 4-88　体积方式

关于散布的参数很多，不同的参数设置所产生的效果也是不相同的。由于篇幅的原因，在这里就不再做过多的介绍。

4.6.2　练习：青山依旧

在游戏场景当中，有时为了能够快速建模，并且对现有的对象进行分配，就可以使用到 Scatter

复合建模。在本节当中，将在一个地形场景中将石头、树木分配布置一下，从而构建一个游戏场景。

STEP|01 打开场景文件，这是一个已经建立了山地、树木和石头造型的场景，如图 4-89 所示。

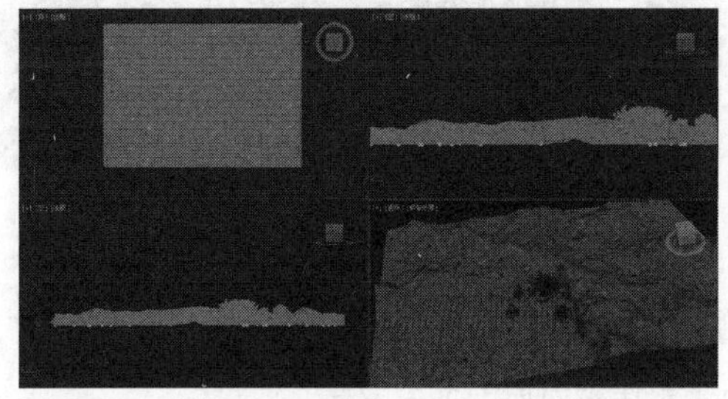

图 4-89　场景文件

STEP|02 在视图中选择一棵树，切换到【复合对象】选项卡中，单击【散布】按钮启用散布工具，如图 4-90 所示。

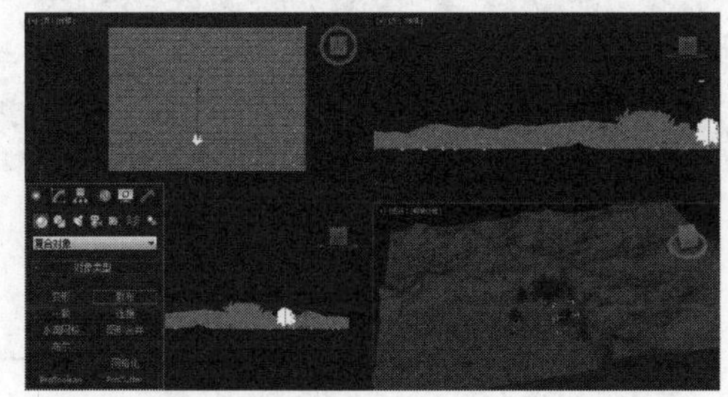

图 4-90　启用【散布】工具

STEP|03 单击【拾取分布对象】按钮，在场景中拾取山地造型，从而将其作为散布对象，观察此时的场景变化，如图 4-91 所示。

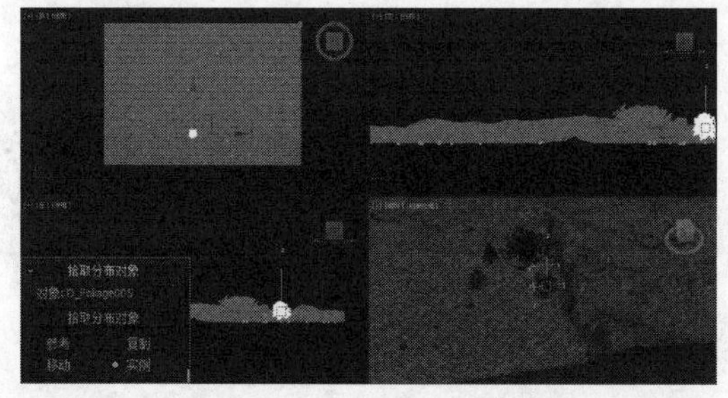

图 4-91　拾取散布对象

STEP|04 此时，场景中的树木并没有产生散布的效果。展开【散布对象】卷展栏，将【重复数】设置为 50，观察此时的场景效果，如图 4-92 所示。

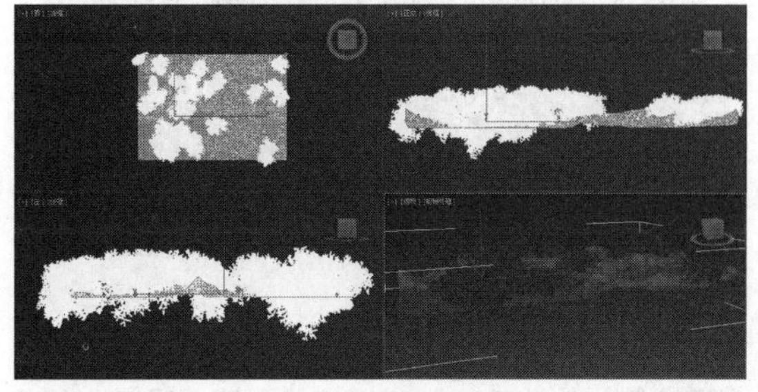

图 4-92　设置散布数量

STEP|05 然后，在【分布方式】选项区域中选中【随机面】单选按钮，观察此时的效果，如图 4-93 所示。

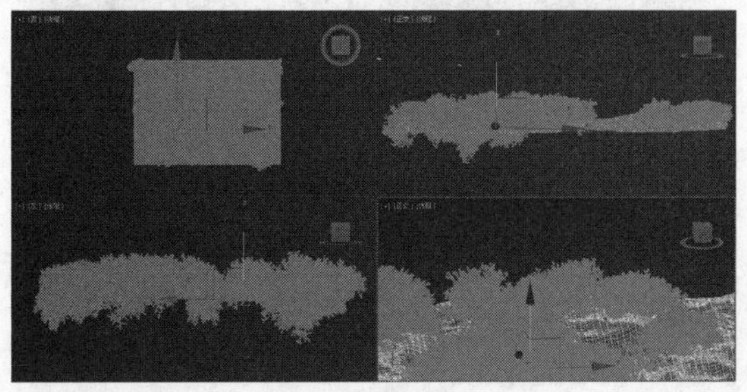

图 4-93　更改散布方式

STEP|06 快速渲染一下摄像机视图，观察一下此时的效果，如图 4-94 所示。

图 4-94　散布效果

STEP|07 在视图中选择石头物体，启用【修改】工具，单击【拾取分布对象】按钮，在视图中拾取山地，从而创建散布。

STEP|08 将【重复数】的值设置为 50，从而在场景中散布大量的石块，如图 4-95 所示。

图 4-95　设置石头散布

STEP|09 快速渲染一下摄像机视图，观察一下此时的效果，如图 4-96 所示。

图 4-96　渲染效果

STEP|10 如图 4-97 所示的是在场景中添加了一个天空环境后的效果。

图 4-97　添加环境后的效果

STEP|11 如图 4-98 所示的是经过完善场景，并为场景制作材质后的渲染效果。

图 4-98　渲染效果

4.7 破裂的酒杯

破碎，是一种常见的动画效果，主要用来模拟现实物体的破裂效果，例如，表现一个玻璃器皿落地或者被击中后的碎裂过程。在 3ds Max 2015 中，破碎可以利用一种全新的工具来实现，即 ProCutter。本节将利用该工具制作一个破碎的酒杯效果。

4.7.1 体验 ProCutter

ProCutter 也是一个新增的布尔运算工具，主要用于将现有的模型进行分割，因此又被称为“超级切割器”。ProCutter 运算的结果适合用在动画中，例如一个玻璃杯的破碎过程等。在动态模拟中，对象炸开，或由于外力或另一个对象使对象破碎，都可以利用该工具来实现。利用 ProCutter 制作的效果如图 4-99 所示。

图 4-99　破碎效果

当启用 ProCutter 工具后，即可打开其参数设置面板，下面介绍一些常用参数的功能以及使用方法。

1．拾取切割器

单击选中该按钮，在视图中拾取的物体将被作为一个切割器来使用，可以用来细分被切割的对象。

2．拾取原料对象

单击选中该按钮，在视图中拾取的对象将被作为被切割对象，也就是可以被切割器细分的对象。当我们选择了一种拾取方式后，还可以通过其下面的【参考】、【复制】、【移动】、【实例化】单选按钮来定义执行的方式。

3．自动提取网络

选择被切割对象后自动提取结果。自动提取网格没有将被切割对象保持为子对象，但对其进行了编辑，并用剪切结果替换了该对象。这样可以快速执行剪切、移动剪切器以及再次执行剪切操作。

4．按元素展开

启用该复选框后，被切割的部分将会被自动分离出来，以便于用户执行编辑操作。

5．切割器外的原料

启用该复选框后，执行结果包含所有剪切器外部的原料部分，如图 4-100 所示。

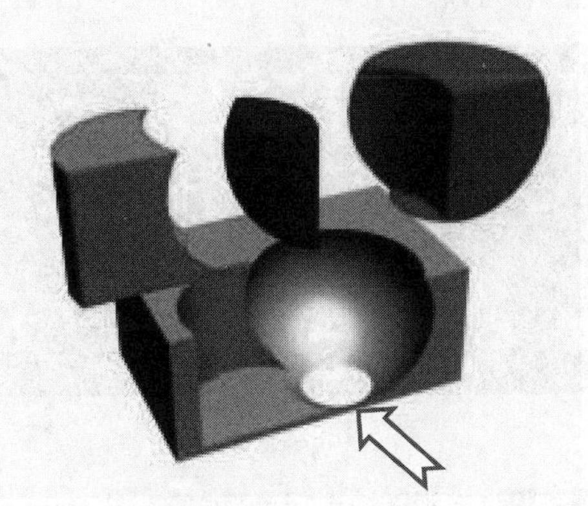

图 4-100　切割器外的原料

6．切割器内的原料

启用该复选框后，执行结果包含一个或多个剪切器内的原料部分，如图 4-101 所示。

7．原材料外的剪切器

启用该复选框后，执行结果包含不在原料内部的剪切器的部分。

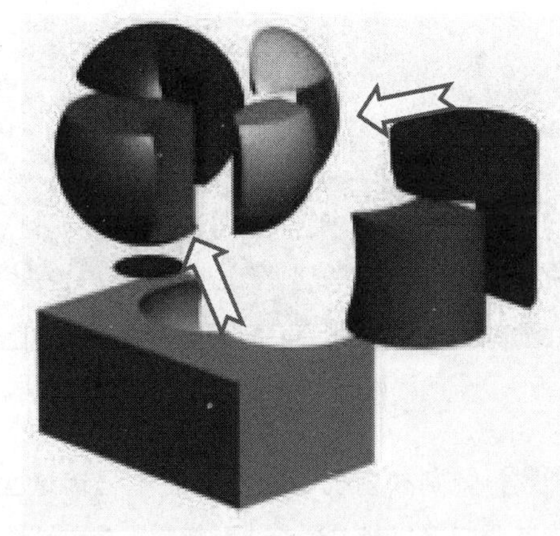

图 4-101　切割器内的原料

> **注意**
>
> 如果视图中两个剪切器也产生了相交，那么它们也会进行相互剪切。这一点尤为重要，很多切割操作错误都是由于该原因所导致

4.7.2　练习：切割玻璃杯

利用 ProCutter 工具可以将一个完整的物体切割为形状不同的碎片，但是这些碎片仍然能够保证原来的物体形状。然后，通过利用动力学将其产生碰撞，并形成破碎的动画效果。本节将介绍破碎的具体实现方法。

STEP|01 打开场景文件，这是一个利用车削修改器创建的酒杯模型，如图 4-102 所示。

图 4-102　打开光盘文件

STEP|02 利用【线】工具分别在前视图和左视图

中绘制一些线段，如图 4-103 所示。

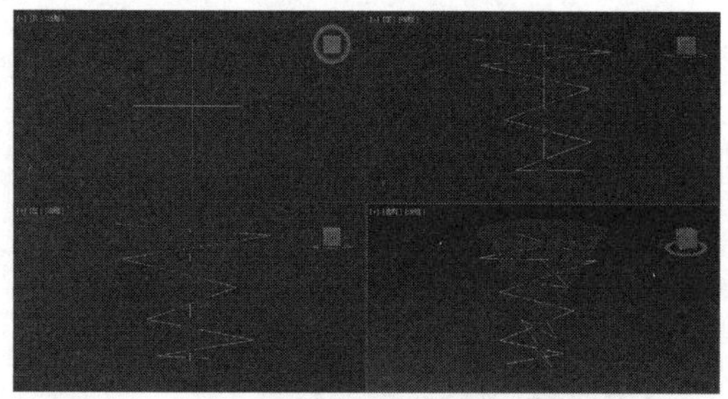

图 4-103　绘制曲线

STEP|03 分别在前视图和左视图中框选这些曲线，为其添加挤出修改器，从而将它们拉伸为三维物体，拉伸的数量以覆盖酒杯为基准，如图 4-104 所示。

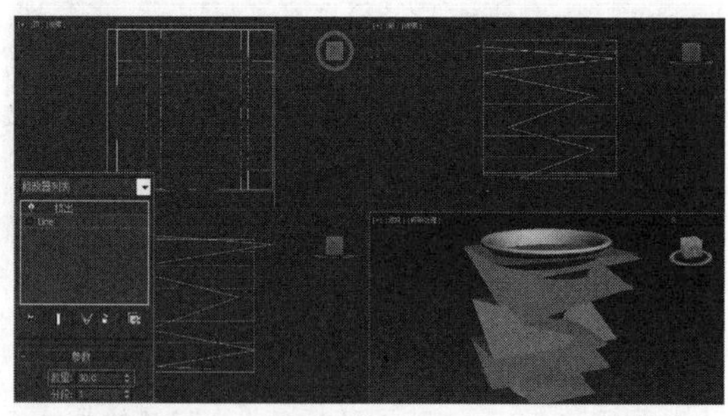

图 4-104　添加挤出

STEP|04 在视图中选择一个挤出的单面物体，切换到复合面板，单击 ProCutter 按钮，启用超级切割器，如图 4-105 所示。

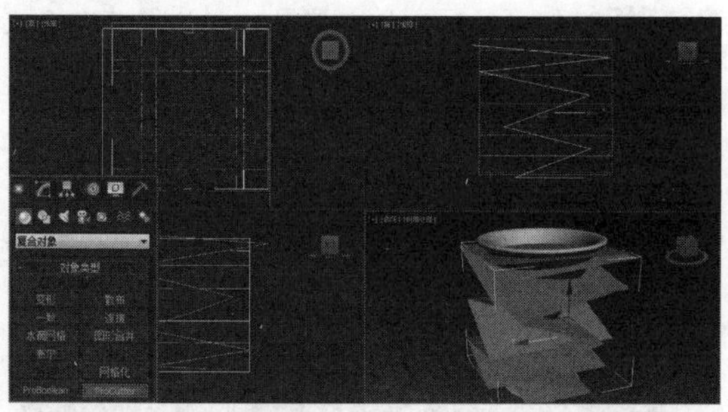

图 4-105　启用超级切割器

STEP|05 然后，在展开的【切割器拾取参数】卷展栏中，单击【拾取原料参数】按钮，再在视图中选择酒杯模型，如图 4-106 所示。

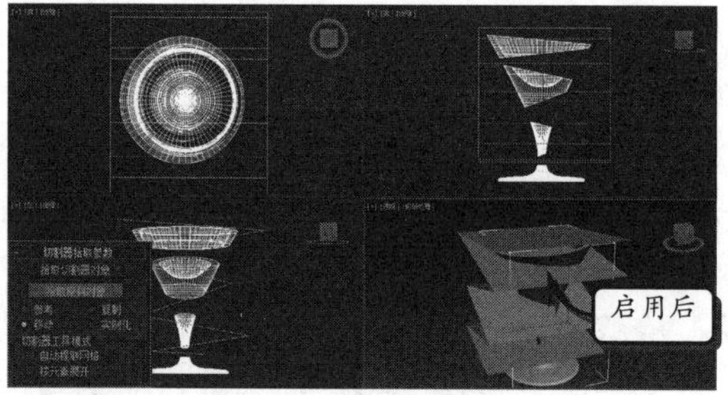

图 4-106　拾取原料对象

STEP|06 再单击【拾取切割器对象】按钮，在视图中依次选取用于作为切割器的单面物体，从而将杯子切割，如图 4-107 所示。

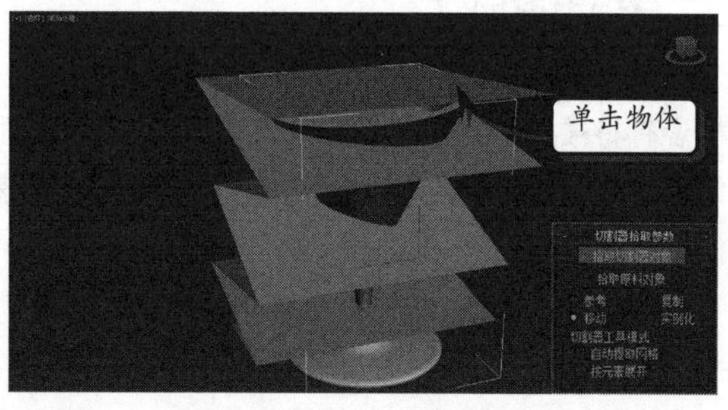

图 4-107　拾取切割器

STEP|07 切割完毕后，切换到【修改】命令面板。启用【自动提取网格】、【按元素展开】以及【切割器参数】中的所有复选框，观察此时的模型变化，如图 4-108 所示。

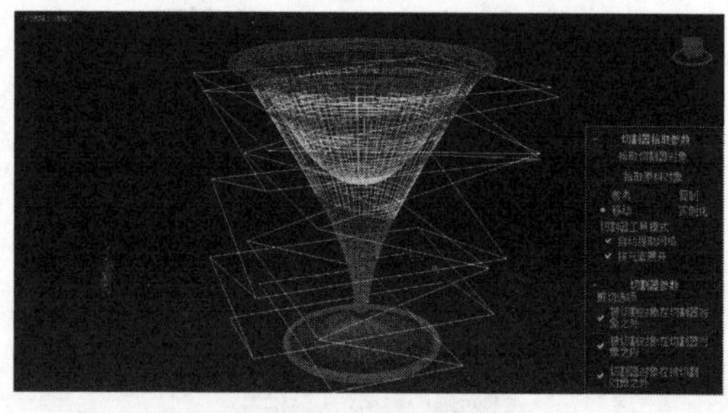

图 4-108　模型效果

STEP|08 在视图中选择单面物体，按 Delete 键将其删除，观察此时的模型效果，如图 4-109 所示。

技巧

此时，酒杯上以不同的演示显示碎片。实际上，此时的酒杯已经不是一个完整的物体，而是被切割成很多碎片。

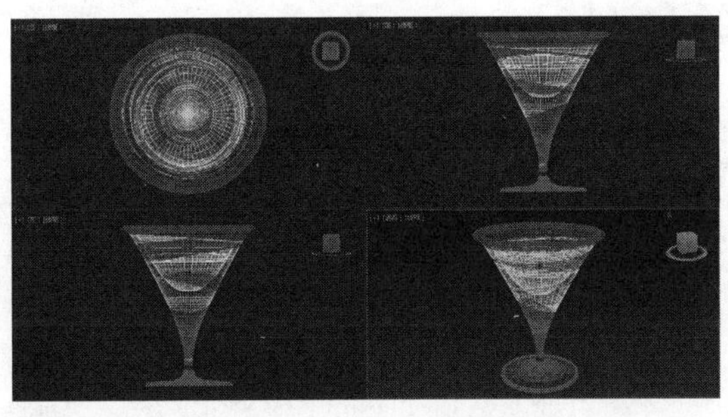

图 4-109　删除切割器

STEP|09 到这里为止，关于酒杯的切割就完成了。读者可以为其添加刚体动力学，然后使其碰撞，即可产生破碎效果，如图 4-110 所示的是破碎后的碎片效果。

图 4-110　破碎的效果

第 5 章

产品造型和多边形建模

设计是人类为了实现某种特定的目的而进行的创造性活动，它包含于一切人造物品的形成过程。产品造型设计创造性是一件好的产品设计最重要的前提，简洁是好设计的重要标志，适用性是衡量产品设计另一条重要的标准。而多边形建模是时下最便捷的建模手法，可以通过简单的物体制作出复杂的高精度模型，更为产品设计提供更多选择。

本章介绍关于产品设计的相关知识和技巧、多边形建模的方法、挤出和倒角、焊接、切角和连接等，以及如何使用 3ds Max 制作一个产品造型。

5.1 产品设计介绍

由于工业设计自产生以来始终是以产品设计为主的，因此产品设计常常被称为工业设计。

目前被广泛采用的工业设计的定义是国际工业设计协会联合会（ICSID）在 1980 年的巴黎年会上为工业设计下的修正定义："就批量生产的工业产品而言，凭借训练、技术知识、经验及视觉感受而赋予材料、结构、形态、色彩、表面加工及装饰以新的品质和资格，叫作工业设计。"

产品设计是工业设计的核心，是企业运用设计的关键环节，它实现了将原料的形态改变为更有价值的形态。工业设计师通过对人生理、心理、生活习惯等一切关于人的自然属性和社会属性的认知，进行产品的功能、性能、形式等使用环境的定位，结合材料、技术、结构、工艺、形态、色彩等因素创意设计，在企业生产管理中保证设计质量的前提下，达到顾客需求和企业效益的完美统一。

随着社会的不断发展，产品设计也在随着人们审美观的提高而进行着改变，例如，从世界上的第一辆汽车诞生到现在，由过去中规中矩的老爷车到现在丰富多样的流线型汽车，车的造型是在不断改变着的，如图 5-1 所示。不仅是汽车的造型变得更加美观，汽车的功能也更加贴近人类的生活，车载电视、车载音响还有车载空调等使人们在乘车的过程中更加舒适。

图 5-1　汽车的造型变化

工业设计不是只能在一些大的物件上看到，还有很多设计师们精心设计的小商品活跃在我们生活的周围，例如，一张纸可轻松变为两杯咖啡的包装，这样在帮同事买咖啡回办公室的路上，还可腾出另一只手来接电话或取钥匙卡或应其他不时之需，而且美观大方，如图 5-2 所示。

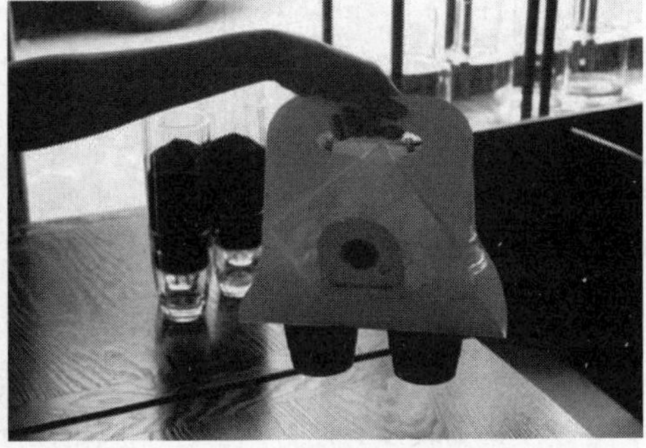

图 5-2　咖啡包装

诸如此类的设计还有很多，其中有些比较注重商品的美观，例如一个类似于小象的自动咖啡机，如图 5-3 所示；又有些非常注重商品的实用性，例如一套可自由摆放的家具，如图 5-4 所示。它们的最终目的都是吸引顾客的眼球。

产品设计中有一个至关重要的环节——表现，产品设计表现图是整个产品造型设计过程中不可缺少的重要表现形式，包括构思草图和产品效果图。构思草图一般是使用铅笔或者马克笔将设计师的作品简洁地表现出来，如图 5-5 所示。产品效果图则多使用 3ds Max 和 Pro/ENGINEER 制作，表现出产品的外形等，如图 5-6 所示。

图 5-3　自动咖啡机

图 5-4　自由摆放的家具

图 5-5　构思草图

图 5-6　产品效果图

5.2 多边形建模介绍

在工业设计中，效果图的制作是比较重要的一个方面，它可以直接向顾客展示设计师设计的商品，使用 3ds Max 2015 制作效果图时，效果图的模型创建是非常重要的，一般在创建模型的时候，经常使用 3ds Max 中的【可编辑多边形】命令，它具有非常明显的优势，3ds Max 2015 中提供了许多高效的工具，为实际创作带来很大的便利；可以对模型的网格密度进行较好的控制，使最终模型的网格分布稀疏得当，在制作后期还能对网格进行调整。

5.2.1　三种方法转换多边形

在 3ds Max 2015 中，如果要把一个存在对象转换为可编辑多边形，可以采用以下任意一种方法。

1. 使用右键菜单

右击选择的对象，从弹出的快捷菜单中选择【转换为】|【转换为可编辑多边形】命令，如图 5-7

所示。

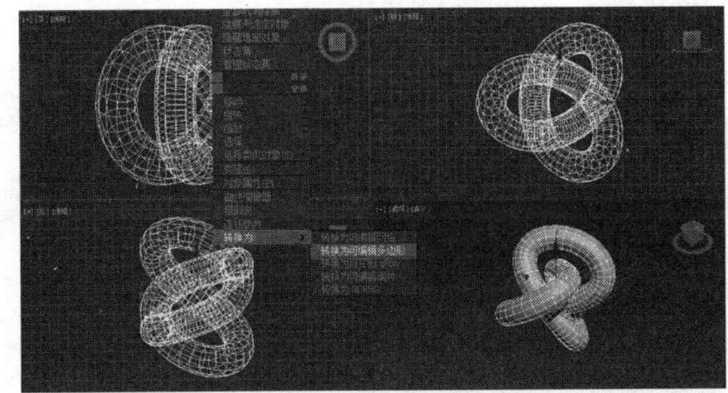

图 5-7　右键转换

2. 使用工具面板

选择物体后，切换到【工具】面板，并单击其中的【塌陷】按钮，如图 5-8 所示。

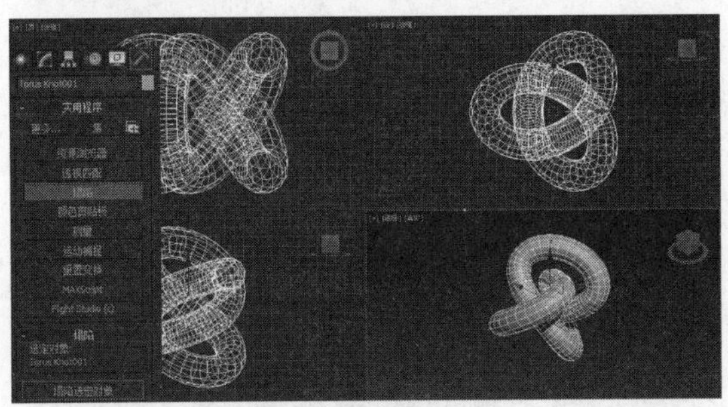

图 5-8　塌陷操作

3. 使用修改器

选择物体后，切换到修改器命令面板，选择【修改器列表】中的【多边形选择】选项，如图 5-9 所示。

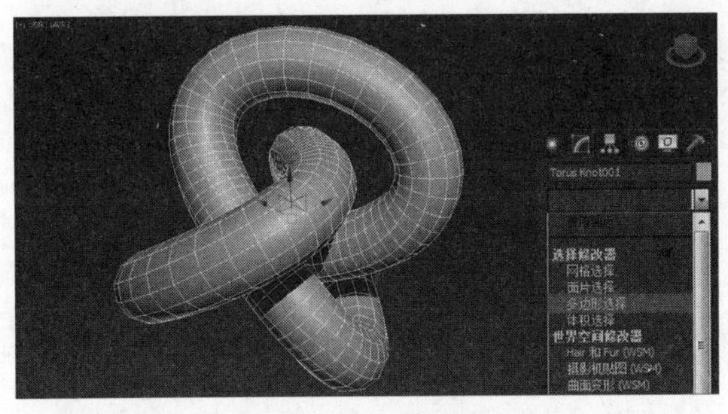

图 5-9　添加修改器

5.2.2　选择多边形

转换为可编辑多边形后，进入到【修改】面板中，打开【选择】卷展栏，这个卷展栏用于协助各种次对象的选择，从卷展栏中不难看出 5 种选择工具都以图形的形式显示出来，选择的时候可以使用鼠标键单击，也可以使用键盘中的数字键 1、2、3、4、5 依次选择对应的元素，如图 5-10 所示。

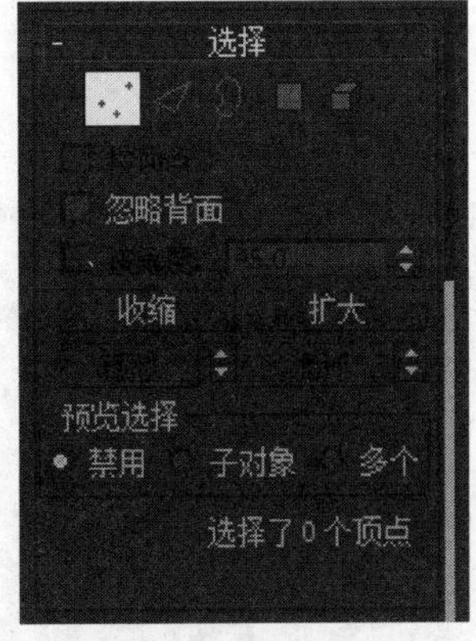

图 5-10　【选择】卷展栏

提示

单击右键将对象转化为多边形时，对象中原始创建参数可能会被清除掉。

下面介绍一些比较常用的命令。

1. 按顶点

启用该复选框后，只有通过选择模型上的顶点才能选择子对象。单击顶点时，将选中该顶点的所有子对象，如图 5-11 所示。

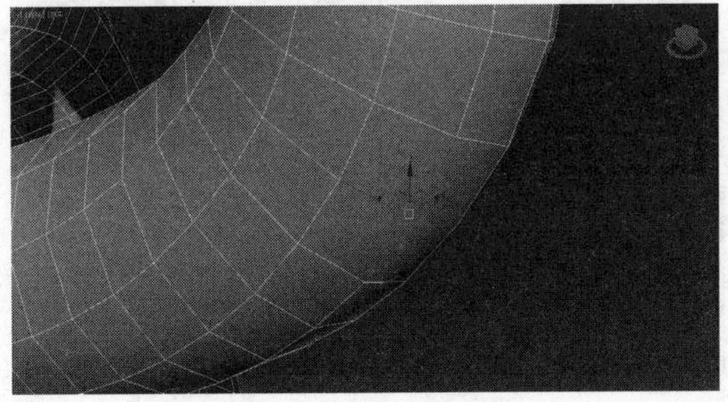

图 5-11　按顶点选择

2. 忽略背面

未启用该复选框的情况下，当选择次对象时，模型背部的次对象也会被选中。启用该复选框后，将只影响朝向用户的子对象。

3．收缩与扩大

在选择一组次对象后，单击【收缩】按钮可以取消选择最外部的次对象以减小次对象选择区域。单击【扩大】按钮可以扩大选择范围。

4．环形

选择该对象后，单击该按钮可以将所有与当前选择边平行的边选中，如图 5-12 所示。

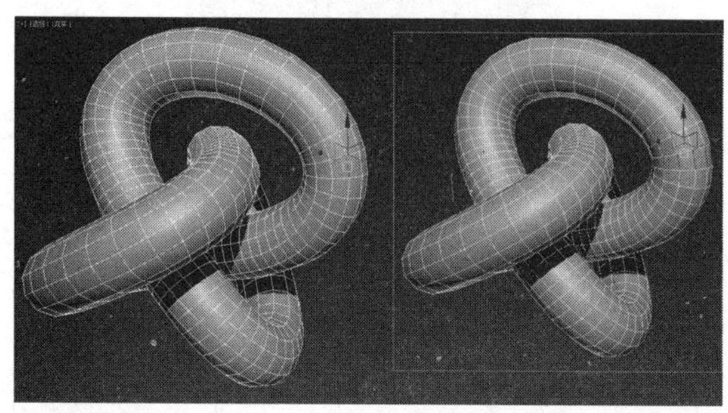

图 5-12　环形选择结果

5．循环

单击该按钮可以在与选中的边相对齐的同时，尽可能大地扩展选择，如图 5-13 所示。

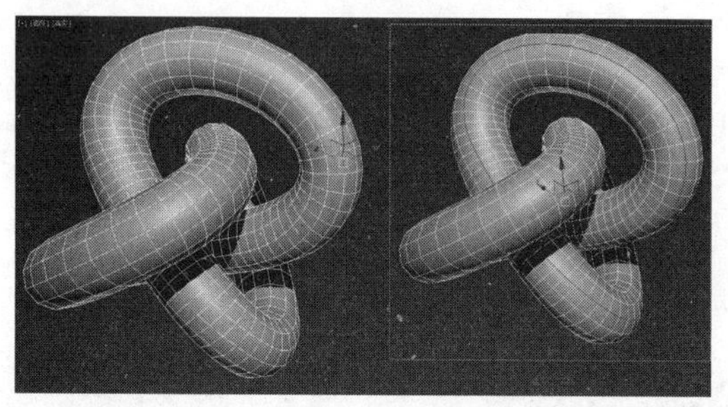

图 5-13　循环选择效果

技巧

在【环形】和【循环】按钮的右侧都有微调钮，选择一个边后，按住 Ctrl 键，单击向上或者向下的微调钮，可以逐渐增加环形选择或者循环选择。

5.2.3　挤出和倒角

在实际的制作过程中，【挤出】是经常用到的工具，它可以将所选元素进行挤出操作，挤出后会产生一个新的元素，不同的元素中挤出的效果也会有所改变，单击右侧的小方块按钮可以使用数字控制挤出量，如图 5-14 所示。

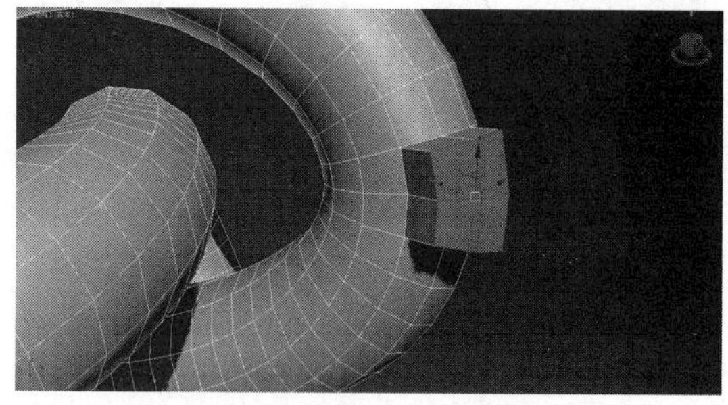

图 5-14　挤出效果

【倒角】也是经常用到的工具，它与【挤出】类似，挤出后会产生一个新的元素，同时会使挤出元素产生一个角度，如图 5-15 所示。使用右侧的方块按钮可以使用数字控制挤出高度和倒角的角度。

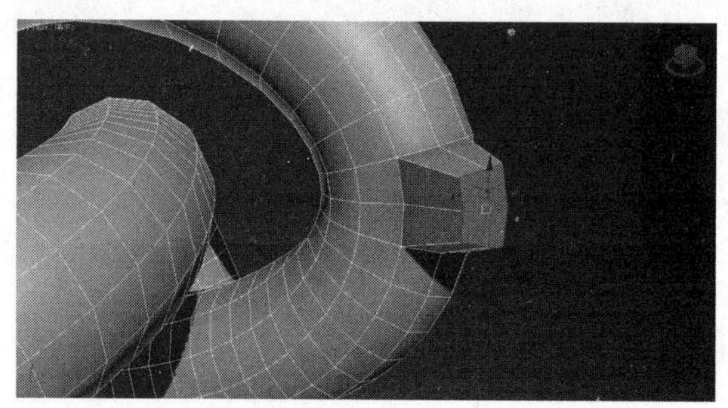

图 5-15　倒角效果

5.2.4　焊接和目标焊接

焊接和目标焊接通常被用来编辑修改多边形的点。例如位置相同的两个点，可以通过这两个命令将它们合并为一个点，它在合并左右对称模型的时候经常使用到。

【焊接】可以将选中的两个元素进行焊接，单击右侧的小方块按钮可以打开它的对话框，在这里可以控制连接的阈值，【焊接阈值】越大，连接的距离也就越远，如果该值过小将不会有效果，焊接效果如图 5-16 所示。

【目标焊接】与【焊接】类似，同样可以将两个点焊接为一个点，但不同的【目标焊接】是将选择的点附加到另一个点上，一个点的位置不变，如图 5-17 所示。

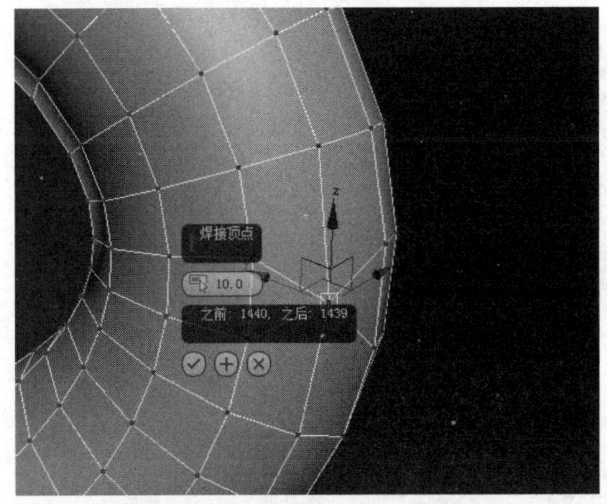

图 5-16　焊接效果

图 5-17　目标焊接

5.2.5　切角

单击【切角】按钮，然后在活动对象中拖动顶点，会对顶点产生切角效果，如图 5-18 所示。单击右侧的方块按钮，在弹出的对话框中可以设置【顶点切角量】的大小。

各个元素编辑模式不同，切角所切出的效果也不同，在工业建模中比较常用的是线编辑模式下的【切角】，如图 5-19 所示。工业模型大多数棱角都需要使用【切角】制作出倒角，否则在光滑后会出现意想不到的错误。

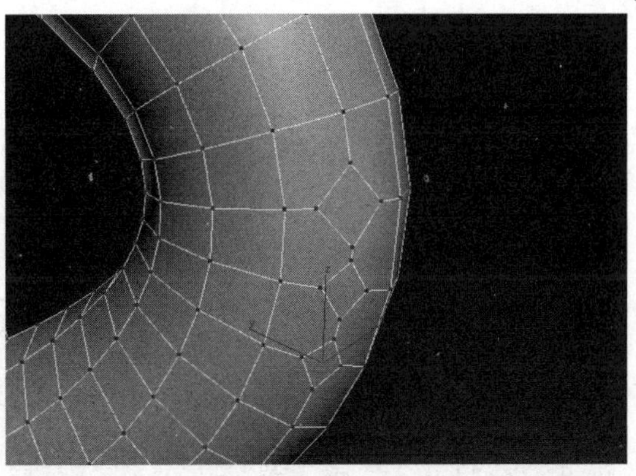

图 5-18　点切角效果

图 5-19　面切角效果

5.2.6　连接

【连接】可以在选中的两个点之间连接一条边界。但是不允许生成的边界有交叉现象出现，否则将不能生成。同【切角】命令类似，【连接】命令在各个元素之间的连接状况也不相同，图 5-20 是【连接】在点元素编辑级别和线元素编辑级别的形状。

5.2.7　创建和塌陷

【创建】可以创建新的多边形物体，创建的方法由选择的元素决定。当选择多边形层级、点层级或者顶层级的时候，单击该按钮可以从孤立顶点和边界顶点创建多边形。连续单击三个或者三个以上顶点来定义新多边形的形状，当鼠标指针变成十字叉时表示该处可以创建顶点，双击最后一个顶点结束多边形创建。如图 5-21 所示是创建的多边形。

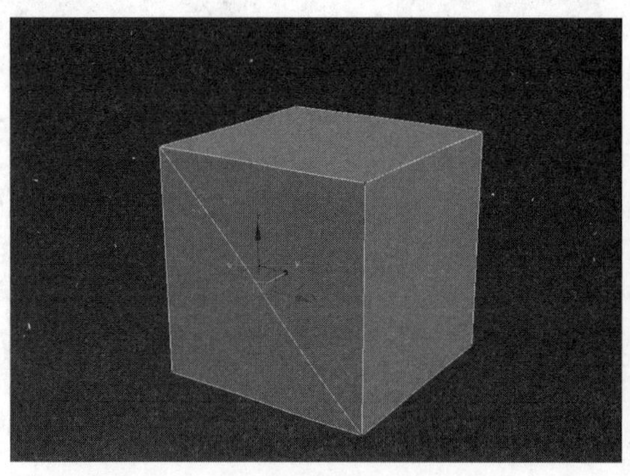
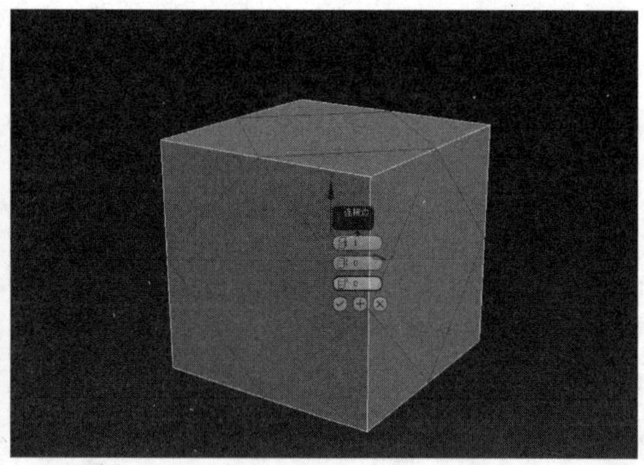

图 5-20　不同编辑模式下的效果

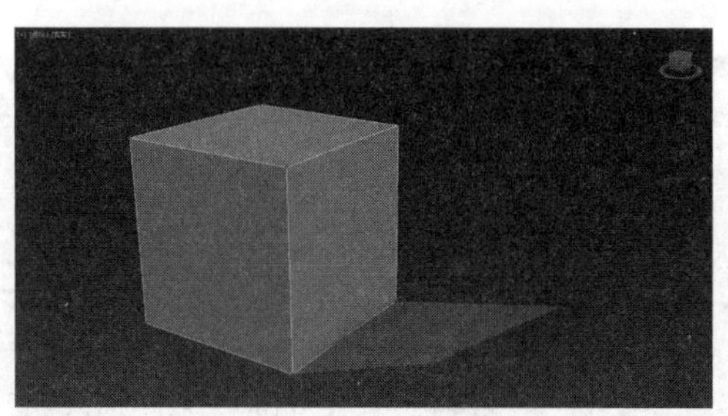

图 5-21　创建多边形

选择两个点后，单击【塌陷】按钮可以使选中的两个点合并在一起，塌陷为一个点，如图 5-22 所示。

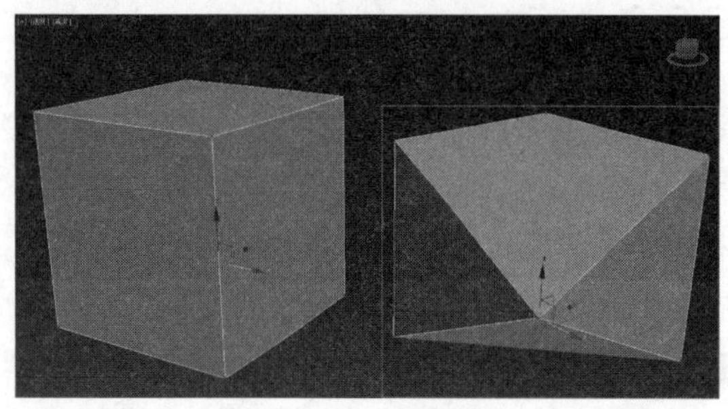

图 5-22　塌陷效果

5.2.8　其他命令

在工业建模的过程中，还有一些命令是经常用到的，它们在建模的过程中也起着至关重要的作用。其中，【切割】是通过平面切割来细分多边形的方式，例如，在两个面之间创建一条线将其切割为两个面，如图 5-23 所示。

图 5-23　切割效果

5.3　练习：手枪建模

本节讲解的是一个左手轮枪的实现过程。左手轮枪的细节比较多，光滑处理比较频繁，适合初学者使用。在本案例的实现过程中采用了分步讲解的方式，即把整个手枪拆分为多个模型分开进行制作，详细的制作流程如下。

1. 枪托模型

STEP|01 在【创建】面板的【几何体】子面板下选择【标注基本体】选项，然后单击【长方体】按

钮，在视图中创建一个长方体模型并将其命名为“枪托”，如图 5-24 所示。

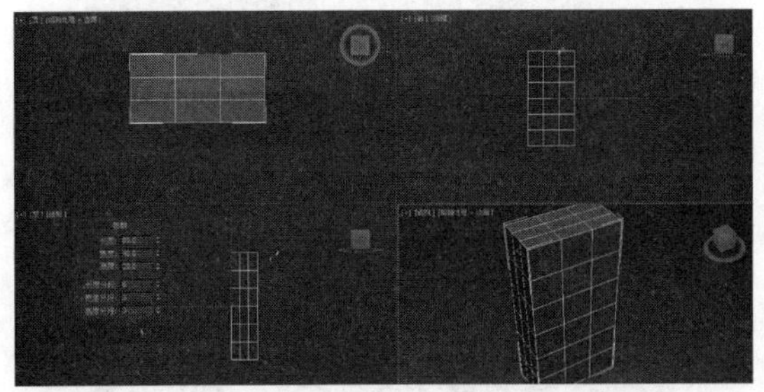

图 5-24 创建长方体

STEP|02 将枪托模型转换为【可编辑多边形】模型，然后切换到多边形顶点编辑状态，并使用移动工具编辑枪托模型的顶点，编辑结果如图 5-25 所示。

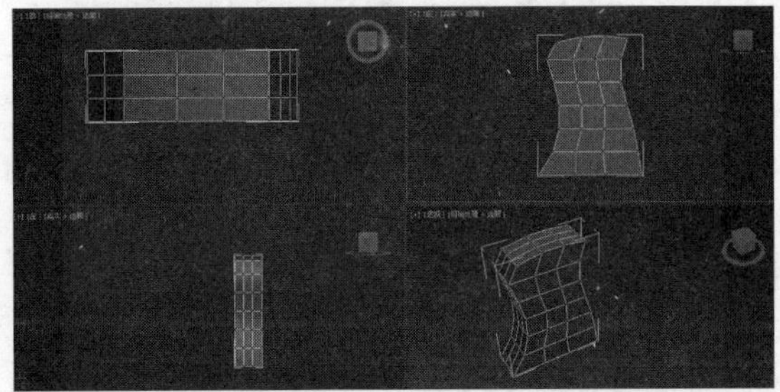

图 5-25 编辑顶点

STEP|03 选择枪托模型，切换到多边形编辑状态并在视图中选择模型上的面，然后使用【挤出】工具编辑选中的面，如图 5-26 所示。

图 5-26 挤出面

STEP|04 单击【确定】按钮，完成挤出操作。然后使用缩放工具编辑挤出的面，如图 5-27 所示。

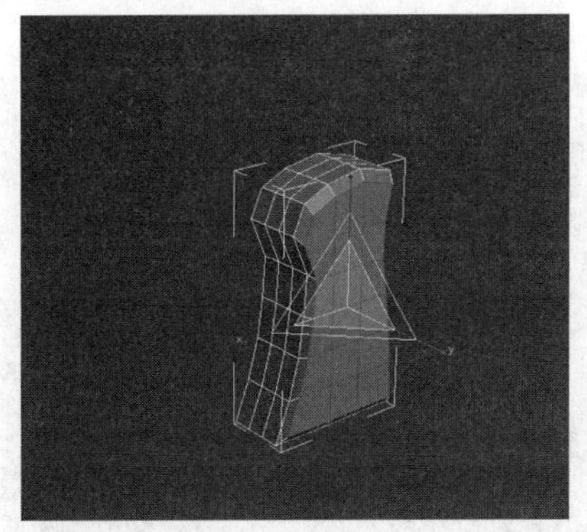

图 5-27 缩放面

STEP|05 切换到多边形的编辑状态，选择枪托模型上的一条边，然后单击【循环】按钮，如图 5-28 所示。

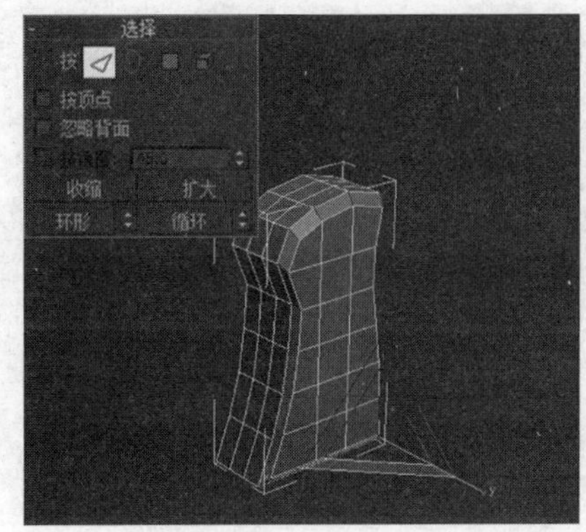

图 5-28 选择循环边

STEP|06 展开【编辑边】卷展栏，单击【链接】按钮，为模型添加循环边，如图 5-29 所示。

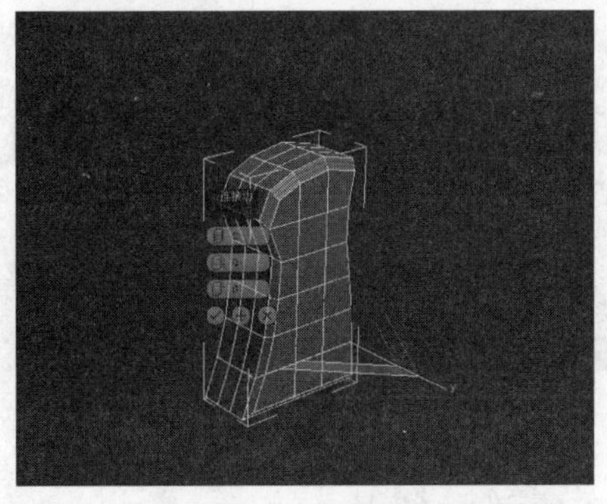

图 5-29 连接边

STEP|07 选择枪托模型上的一条边，然后单击【环形边】按钮，如图 5-30 所示。

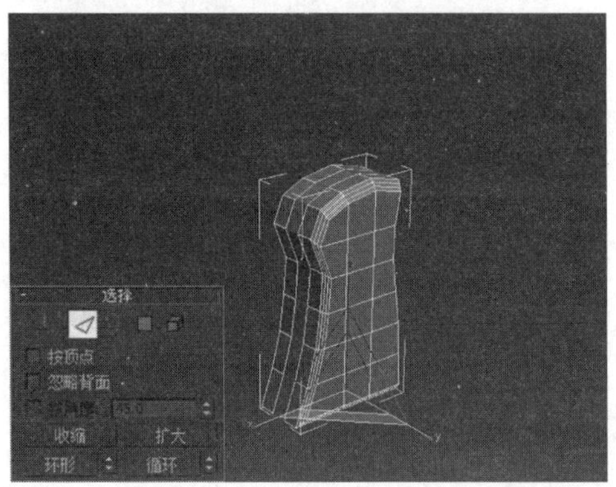

图 5-30 添加环形边

STEP|08 展开【编辑边】卷展栏，单击【连接】按钮，为模型添加环形边，如图 5-31 所示。

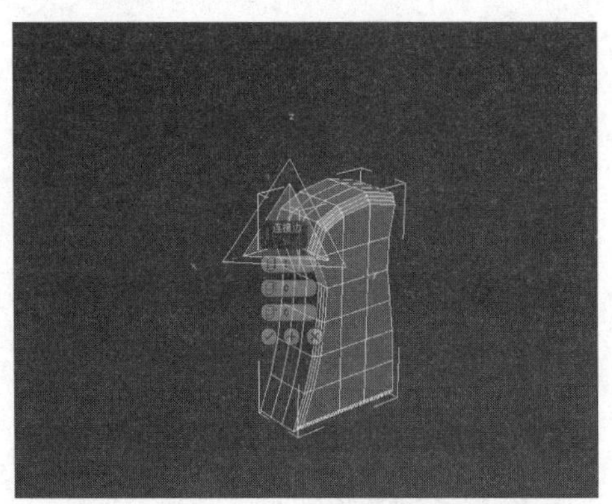

图 5-31 连接环形边

STEP|09 切换到多边形编辑状态，选择枪托模型上的面，然后按 Delete 键将其删除，如图 5-32 所示。

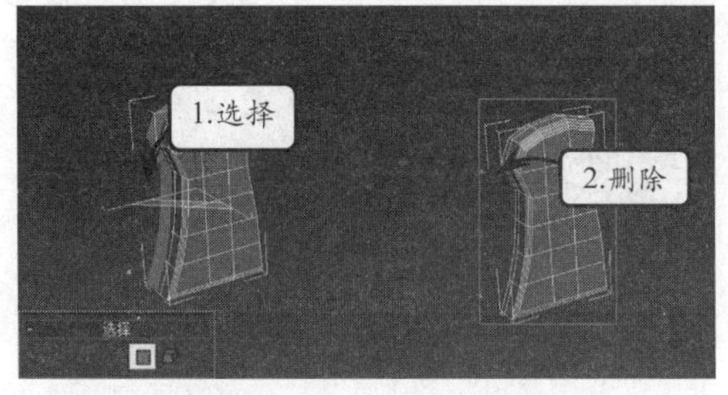

图 5-32 删除面

STEP|10 选择枪托模型，然后为其添加循环边和环形边，这里就不再阐述了，编辑结果如图 5-33 所示。

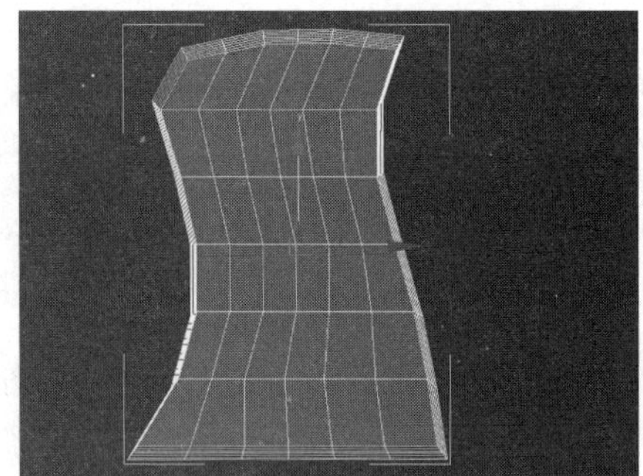

图 5-33 编辑模型

STEP|11 选择枪托模型，切换到修改器列表，选择镜面修改器。然后展开【参数】卷展栏，设置【镜像轴】为 Y，启用【复制】复选框，如图 5-34 所示。

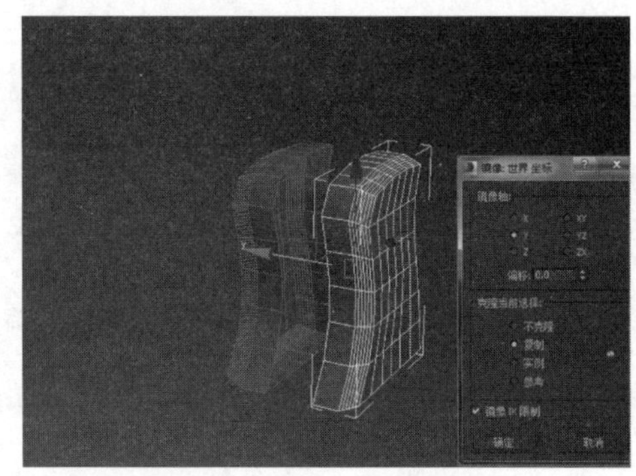

图 5-34 镜像物体

STEP|12 选择枪托模型，在工具栏中单击【层次】按钮，单击【仅影响轴】按钮，在左视图中将模型的轴心点放置到如图 5-35 所示的位置，再次单击【仅影响轴】按钮，即可退出该操作。

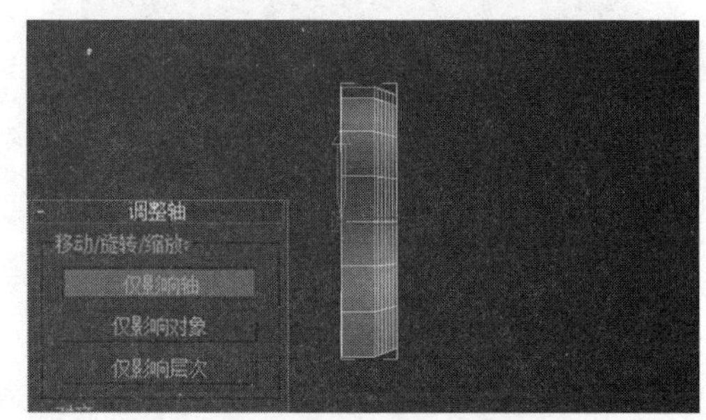

图 5-35 移动轴心点

STEP|13 选择枪托模型，再次为其添加镜像修改

器，如图 5-36 所示。

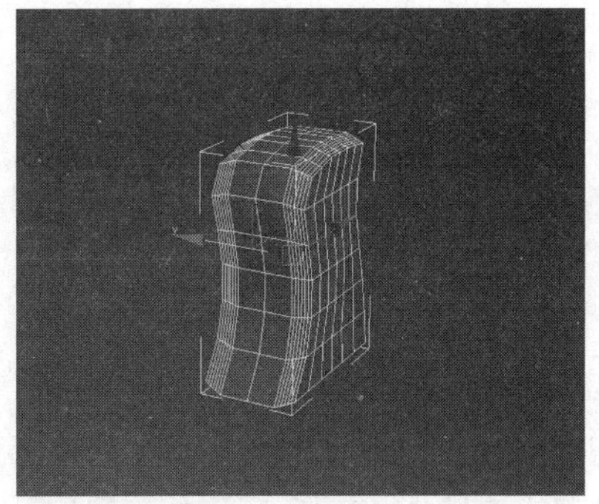

图 5-36　镜像物体

STEP|14 选择枪托模型，将其转换为【可编辑多边形】，选择模型上的顶点，然后单击【焊接】按钮，将模型上的顶点焊接在一起，如图 5-37 所示。

图 5-37　焊接顶点

STEP|15 选择枪托模型，使用【快速切片】工具为模型添加边，如图 5-38 所示。

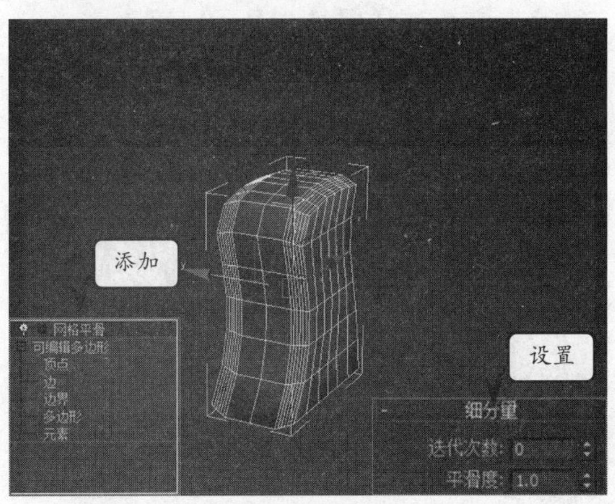

图 5-38　添加网格平滑

STEP|16 选择枪托模型上的面，然后使用【挤出】工具编辑选择的面，如图 5-39 所示。

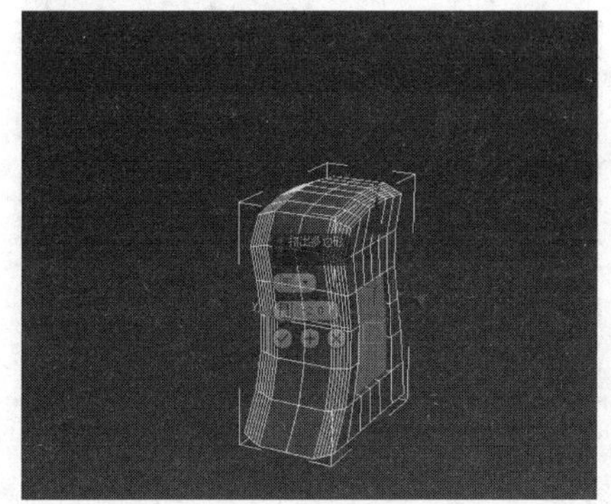

图 5-39　挤出面

STEP|17 连续单击【应用并继续】按钮⊕，挤出模型上选择的面。然后使用【缩放】工具编辑挤出的面，编辑结果如图 5-40 所示。

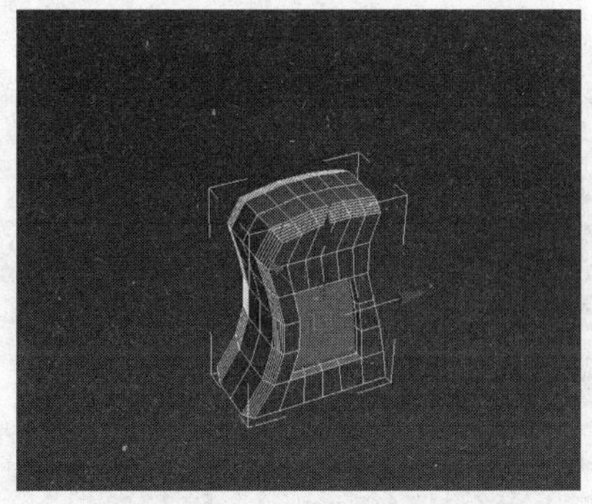

图 5-40　缩放面

STEP|18 选择模型上的边，然后使用连接工具添加环形边，并设置连接参数，如图 5-41 所示。

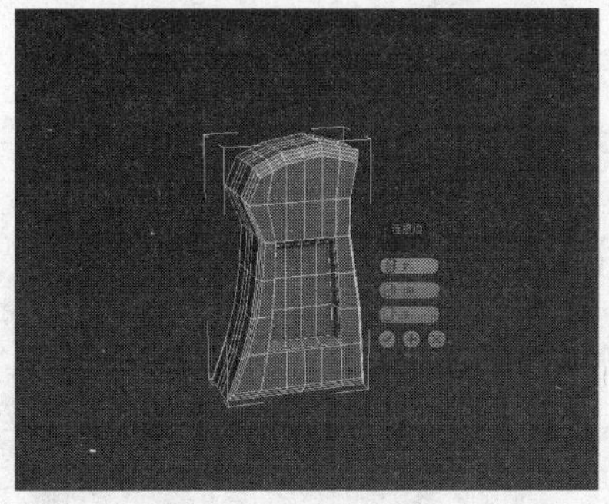

图 5-41　连接边

STEP|19 至此，枪托模型就制作完成了，枪托模型的最终编辑结果如图 5-42 所示。

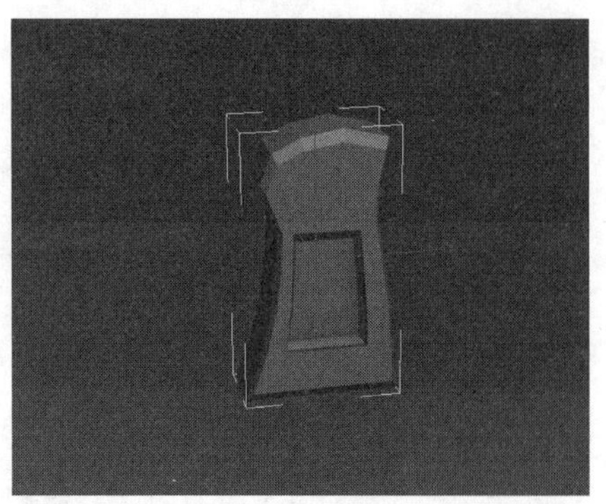

图 5-42　枪托模型

2. 枪身模型

STEP|01 选择枪托模型的面，切换到【编辑几何体】卷展栏，单击【分离】按钮，在弹出的【分离】对话框中启用【以克隆对象分离】复选框，如图 5-43 所示。

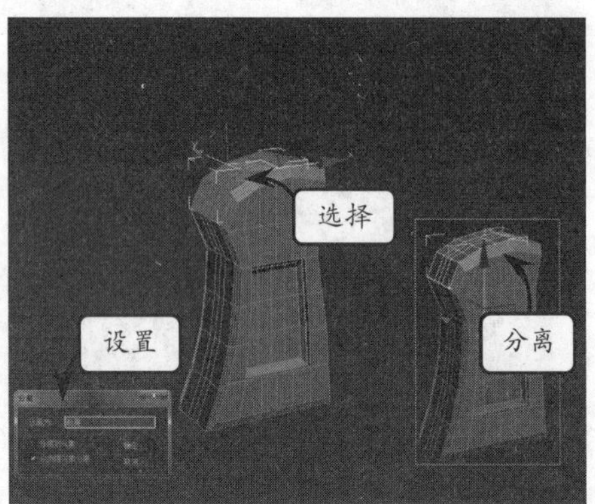

图 5-43　分离面

STEP|02 选择分离出的多边形面，将其命名为“枪身”，然后使用【挤出】工具编辑该面，如图 5-44 所示。

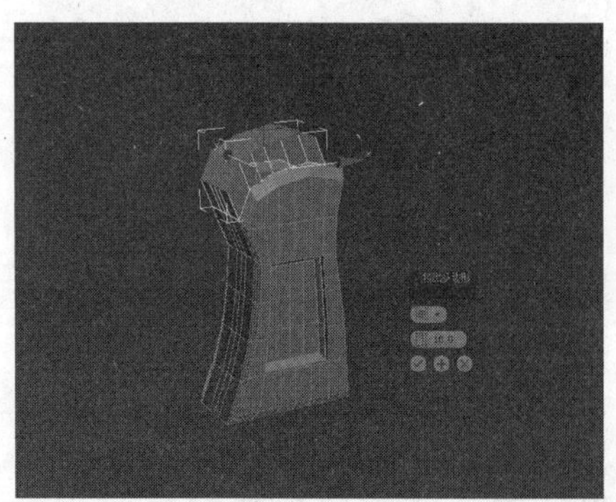

图 5-44　挤出多边形面

STEP|03 选择枪身模型，切换到多边形的顶点编辑状态，编辑模型上的点，如图 5-45 所示。

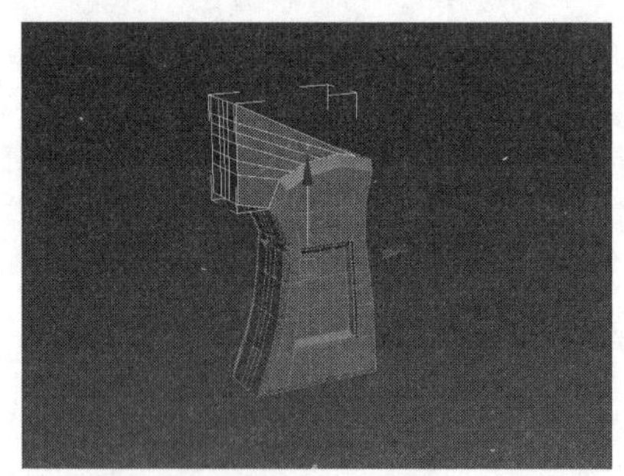

图 5-45　编辑点

STEP|04 选择枪身模型，展开【编辑几何体】卷展栏，然后单击【快速切片】按钮，使用该工具为模型添加切边，如图 5-46 所示。

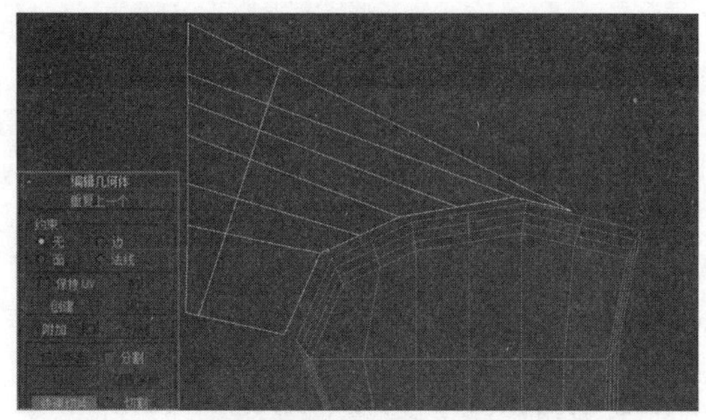

图 5-46　添加切边

STEP|05 使用同样的方法为枪身模型再添加两条切边，切换到多边形顶点编辑状态，编辑模型上的顶点，编辑结果如图 5-47 所示。

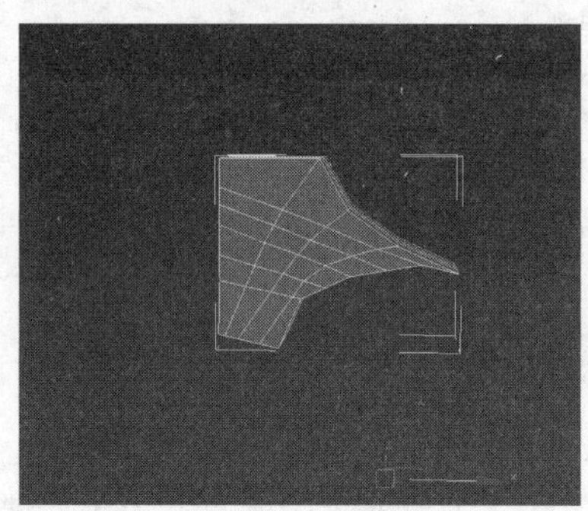

图 5-47　编辑顶点

STEP|06 选择枪身模型上的面，使用【挤出】工具挤出选中的面，然后使用【移动】工具编辑模型上的点，编辑结果如图 5-48 所示。

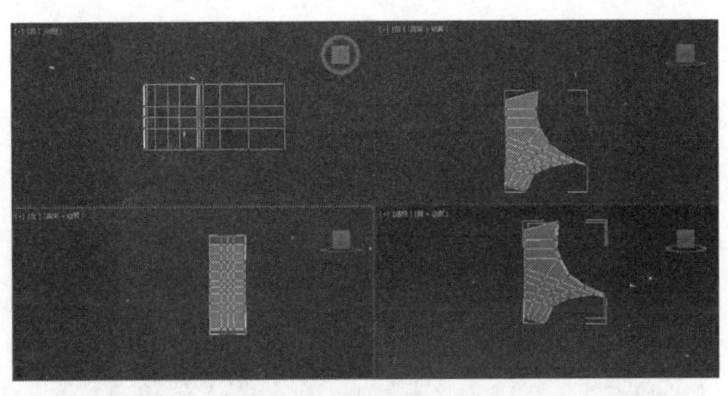

图 5-48　编辑点

STEP|07 使用【挤出】工具编辑枪身模型的侧面，然后使用【移动】工具编辑模型上的点，编辑结果如图 5-49 所示。

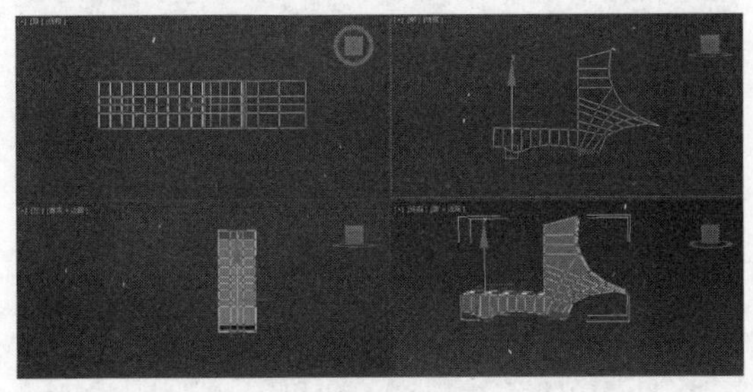

图 5-49　编辑模型

STEP|08 选择枪身模型底部的面，然后使用【挤出】和【缩放】工具进行编辑，如图 5-50 所示。

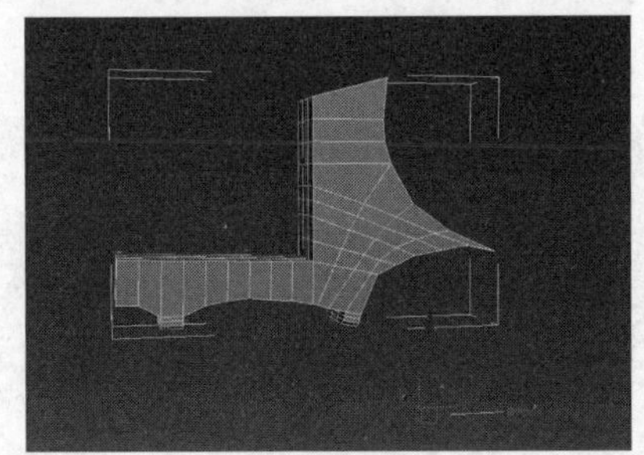

图 5-50　编辑面

STEP|09 确定面处于选中状态，切换到【编辑多边形】卷展栏，然后单击【桥】按钮，使用该工具桥接选中的面，如图 5-51 所示。

STEP|10 选中枪身模型，切换到多边形顶点编辑状态，然后使用【移动】和【缩放】工具编辑模型上的点，编辑结果如图 5-52 所示。

STEP|11 选中枪身模型顶部的面，然后使用【挤出】工具编辑选中的面，如图 5-53 所示。

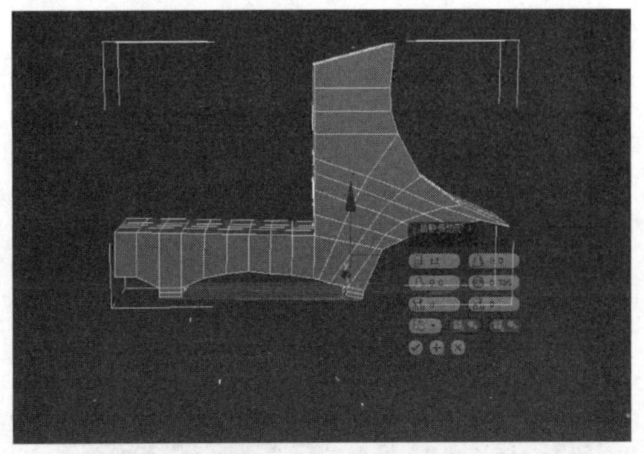

图 5-51　桥接面

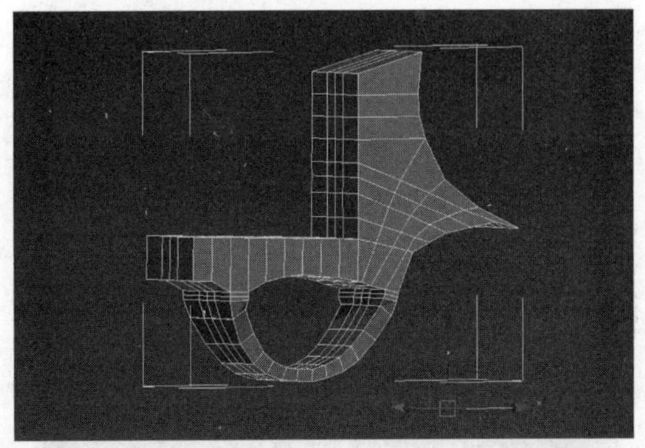

图 5-52　编辑模型

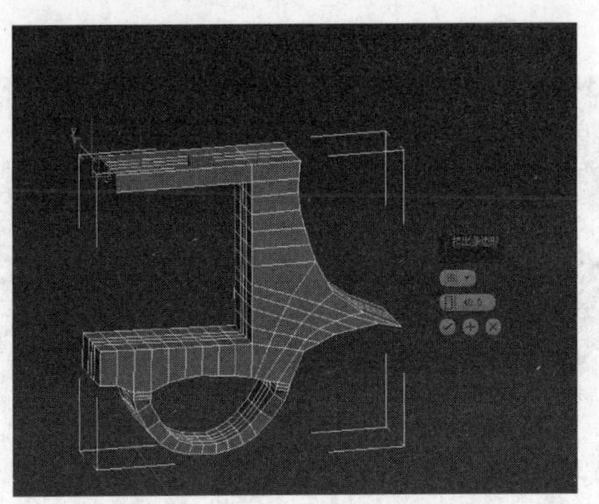

图 5-53　挤出面

STEP|12 继续使用【挤出】工具编辑枪身模型顶部的面，如图 5-54 所示。

STEP|13 然后使用【缩放】工具编辑挤出的多边形面，如图 5-55 所示。

STEP|14 确定面处于选中状态，再次单击【挤出】按钮，使用该工具挤出选中的面，如图 5-56 所示。

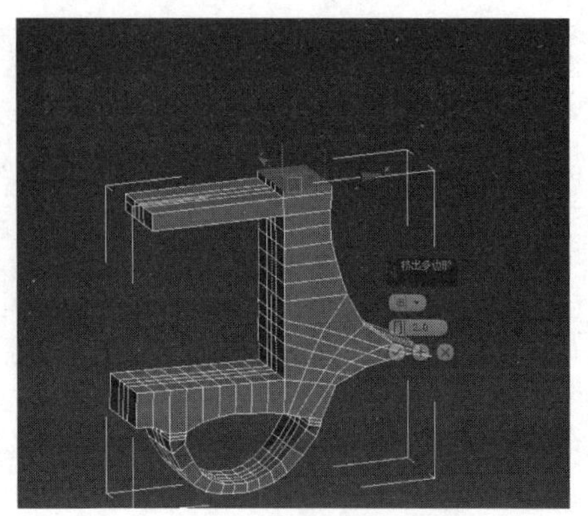
图 5-54　挤出面

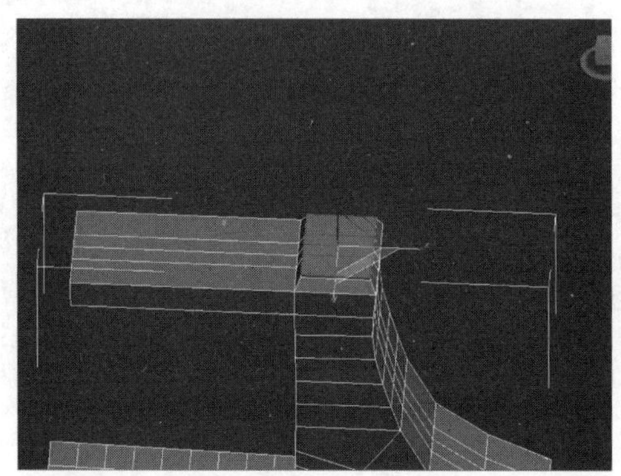
图 5-55　缩放面

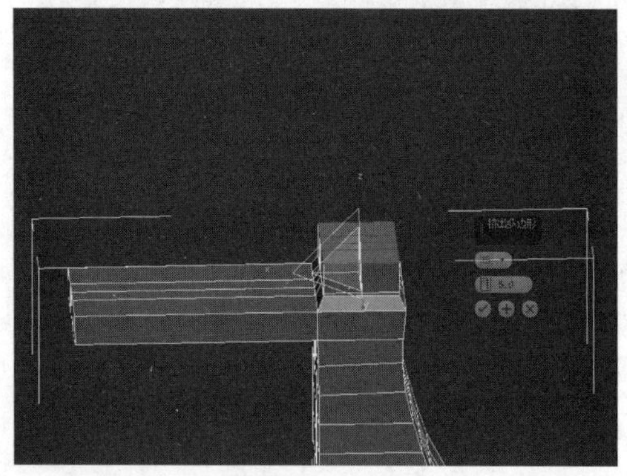
图 5-56　挤出面

STEP|15 选中枪身模型上的一条边，单击【环形】按钮，然后单击【连接】按钮，为模型添加环形边，如图 5-57 所示。

STEP|16 使用【线】工具在视图中绘制一条闭合的曲线，然后将其转换为可编辑的样条线，并使用【移动】工具编辑该曲线上的点，如图 5-58 所示。

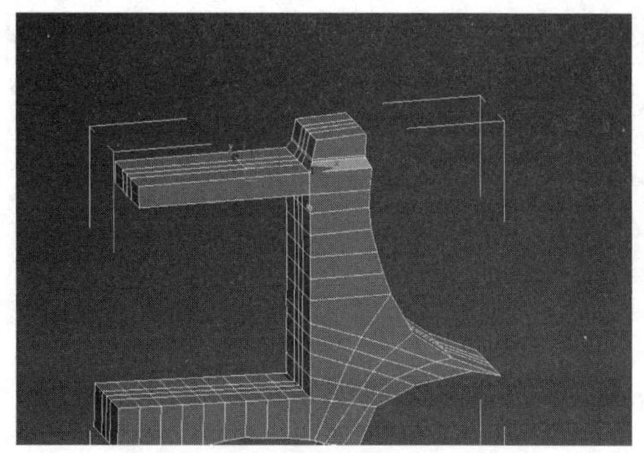
图 5-57　添加环形边

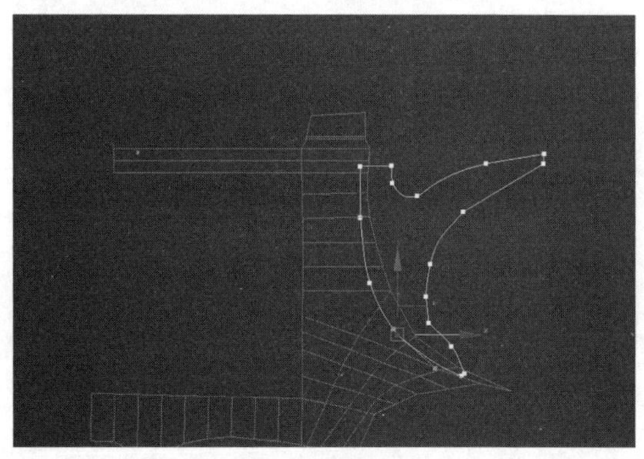
图 5-58　编辑曲线

STEP|17 选择绘制的样条曲线，为其添加倒角修改器，编辑结果如图 5-59 所示。

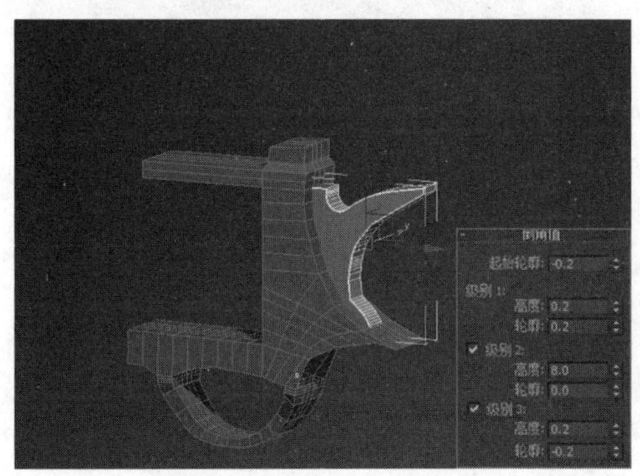
图 5-59　倒角效果

STEP|18 使用同样的方法制作手枪扳机模型，编辑结果如图 5-60 所示。

STEP|19 选择枪身模型的边，切换到【编辑边】卷展栏，然后单击【切角】按钮，如图 5-61 所示。

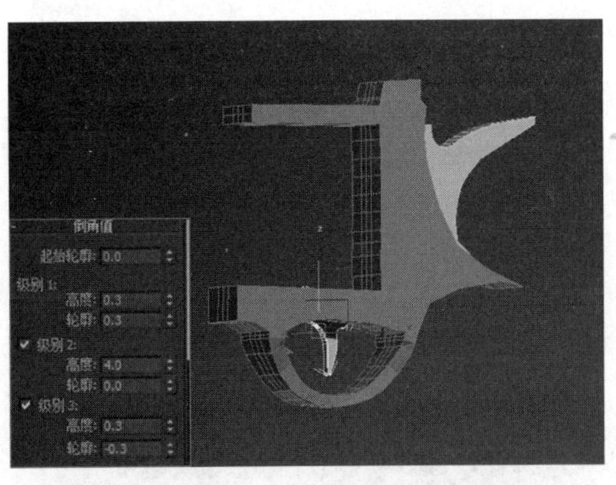

图 5-60　手枪扳机模型

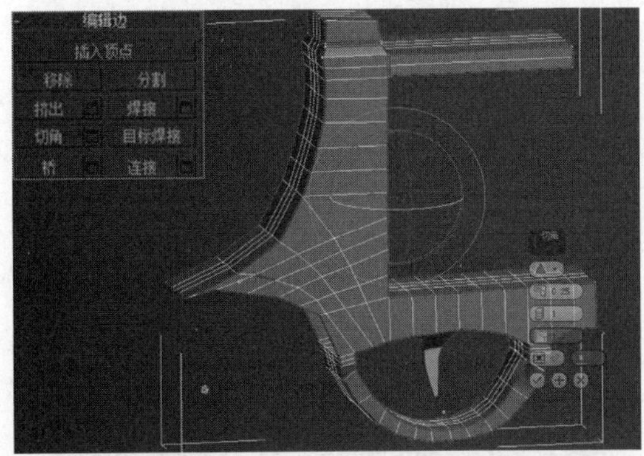

图 5-61　切角效果

STEP|20 切换到枪身模型上的点后切换到【编辑顶点】卷展栏，然后单击【切角】按钮，如图 5-62 所示。

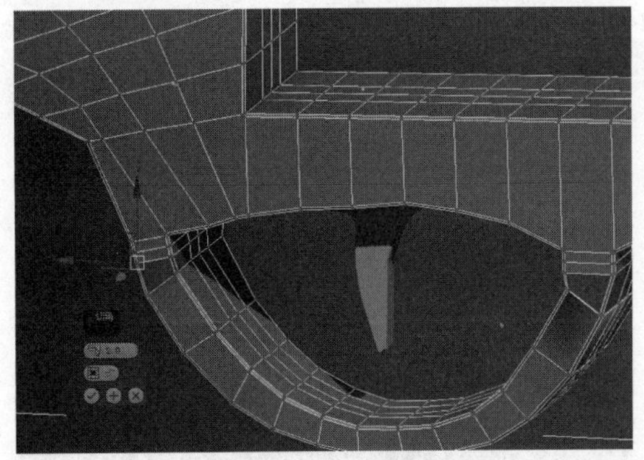

图 5-62　添加切角

STEP|21 使用同样的方法为枪身模型添加切角，然后再为模型添加连接边，编辑结果如图 5-63 所示。

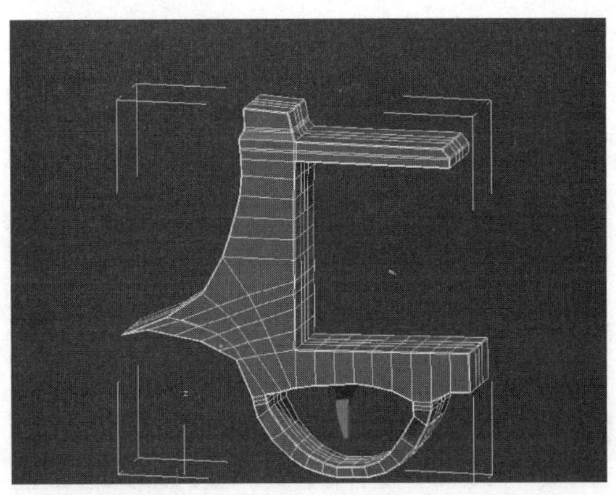

图 5-63　编辑结果

STEP|22 为枪身模型添加网格平滑修改器，光滑枪身模型，最终结果如图 5-64 所示。

图 5-64　枪身模型

3. 弹夹模型

STEP|01 在【创建】面板的【几何体】子面板下，选择【标准基本体】选项，然后单击【圆柱体】按钮，在视图中创建一个圆柱体模型并将其命名为“弹夹”，如图 5-65 所示。

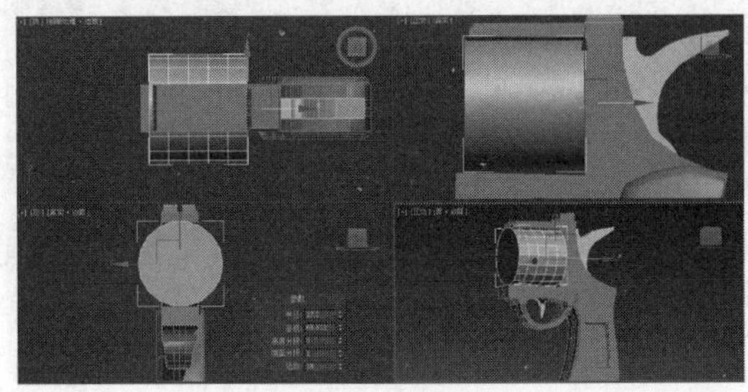

图 5-65　创建圆柱体

STEP|02 选择弹夹模型，按 Ctrl+V 快捷键复制出一个新的 cylinder2,然后使用【缩放】工具编辑模型的大小，如图 5-66 所示。

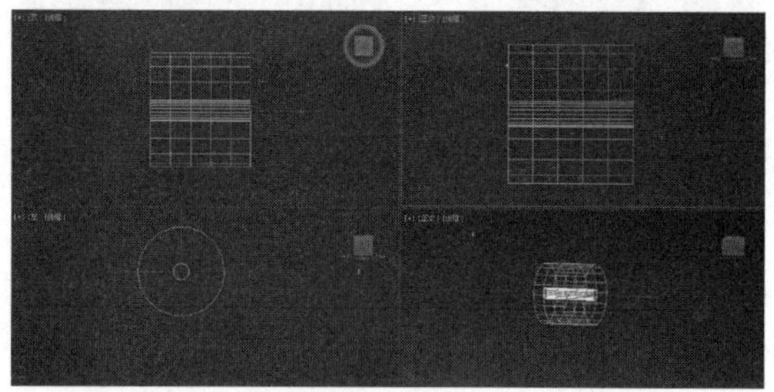

图 5-66 缩放

STEP|03 选择圆柱体模型 cylinder2，再复制出一个新的模型并将其移动到如图 5-67 所示位置。

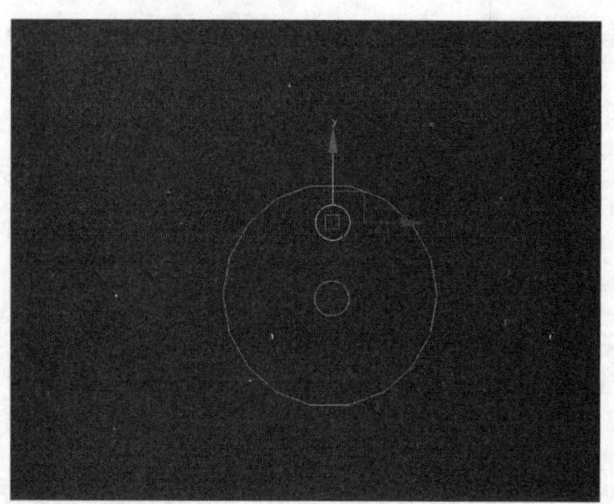

图 5-67 复制物体

STEP|04 选择圆柱体模型 cylinder3，将模型的轴心点放置到如图 5-68 所示位置。

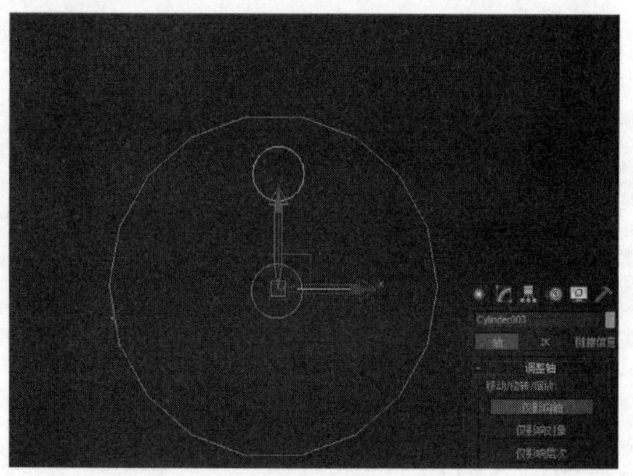

图 5-68 移动轴心点

STEP|05 选择圆柱体 cylinder3，使用旋转工具并结合 Shift 键旋转复制物体，如图 5-69 所示。

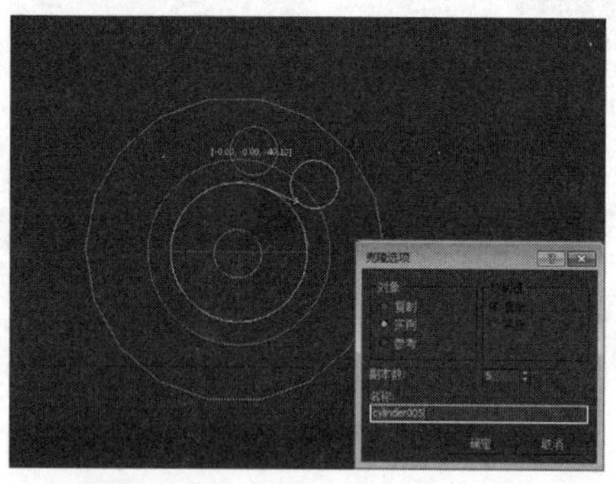

图 5-69 复制物体

STEP|06 完成克隆操作，编辑结果如图 5-70 所示。

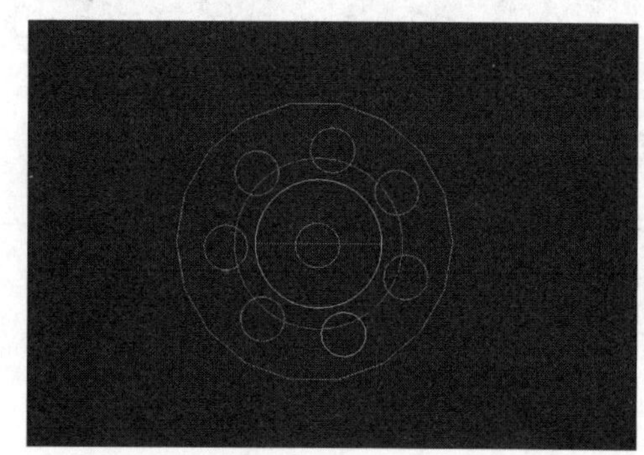

图 5-70 克隆物体

STEP|07 选择弹夹模型，切换到【复合对象】面板中，单击 ProBoolean 按钮，然后单击【开始拾取】按钮，在视图中依次选择圆柱体模型，如图 5-71 所示。

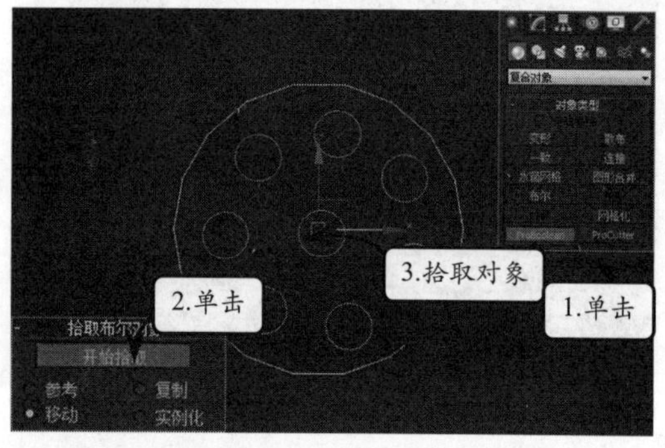

图 5-71 拾取对象

STEP|08 右击退出布尔运算操作，可以看到一个布尔物体，如图 5-72 所示。

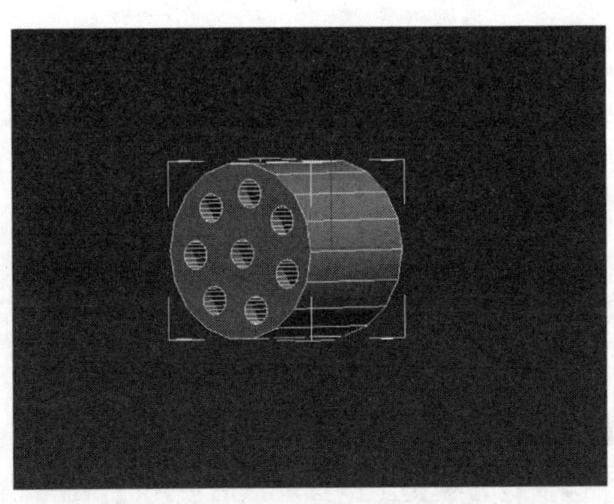

图 5-72　布尔物体

STEP|09 使用同样的方法对弹夹模型的外部执行布尔运算，这里就不再阐述了，编辑结果如图 5-73 所示。

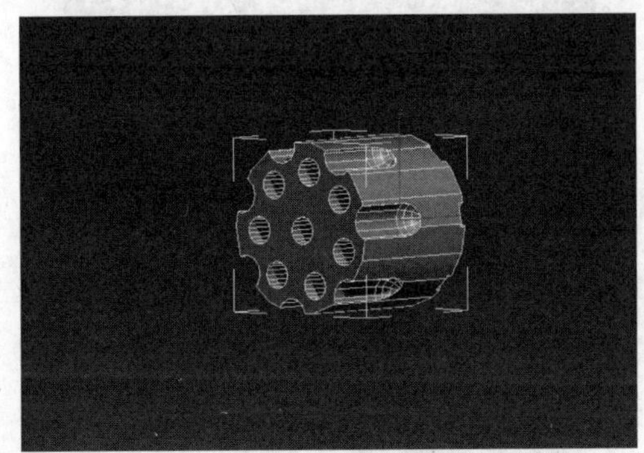

图 5-73　布尔物体

STEP|10 选择弹夹模型，切换到【编辑几何体】卷展栏中，单击【快捷切片】按钮，使用该工具为模型添加切边，如图 5-74 所示。

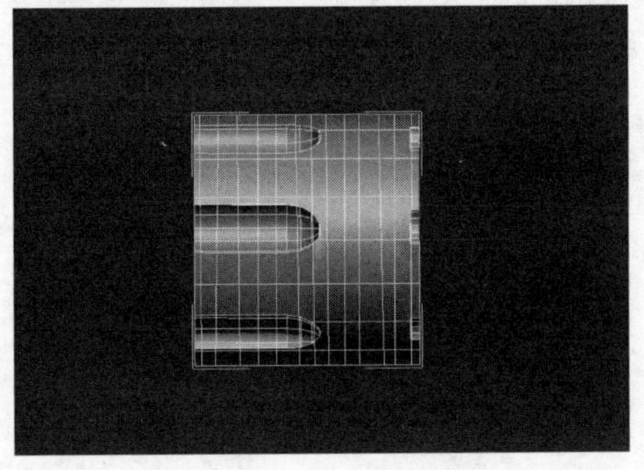

图 5-74　添加切边

STEP|11 选择模型上的面，然后使用【挤出】工具编辑选中的面，如图 5-75 所示。

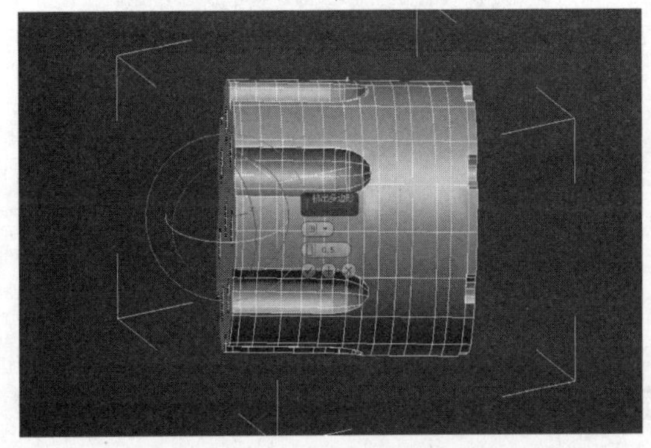

图 5-75　挤出面

STEP|12 至此，弹夹模型就制作完成了，弹夹模型的最终编辑结果如图 5-76 所示。

图 5-76　弹夹模型

4. 制作零部件

STEP|01 在视图中创建一个长方体模型，并将其命名为“挡板”，如图 5-77 所示。

图 5-77　创建长方体模型

STEP|02 将长方体模型转化为可编辑的多边形，然后编辑模型上的点，编辑结果如图 5-78 所示。

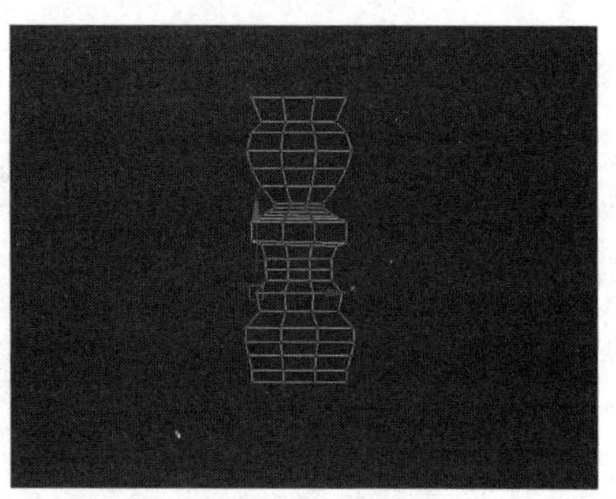

图 5-78　编辑顶点

STEP|03 选择挡板模型，使用【快捷切片】工具为模型添加切边段，如图 5-79 所示。

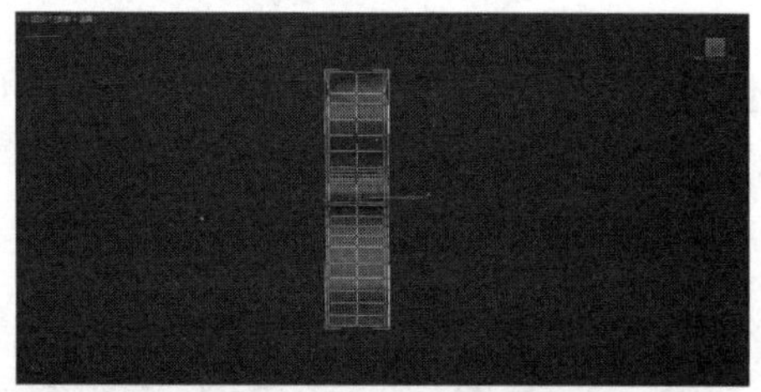

图 5-79　添加切边段

STEP|04 选择单板模型上的面，然后使用【挤出】工具编辑选中的面，如图 5-80 所示。

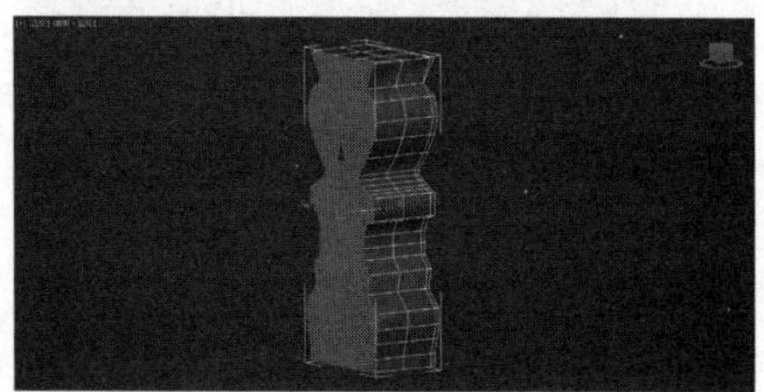

图 5-80　挤出面

STEP|05 然后为挡板模型添加网格平滑修改器，光滑挡板模型，编辑结果如图 5-81 所示。

图 5-81　网格平滑

STEP|06 在视图中创建一个管状物体作为枪管模型，然后将其放置到如图 5-82 所示位置。

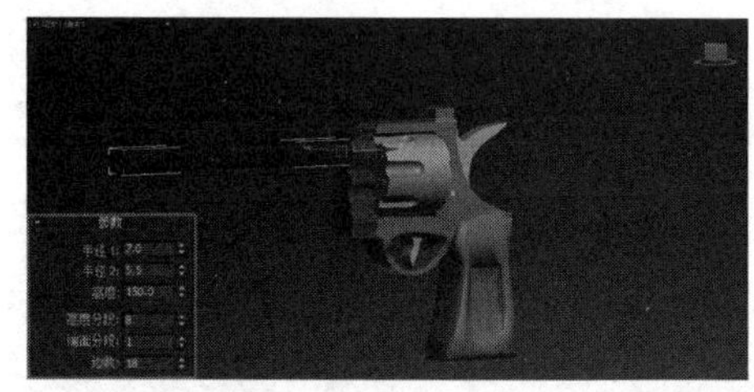

图 5-82　创建管状物体

STEP|07 选择管状模型并将其转化为可编辑多边形。选择枪管模型上的面，然后使用【挤出】工具编辑选中的面，如图 5-83 所示。

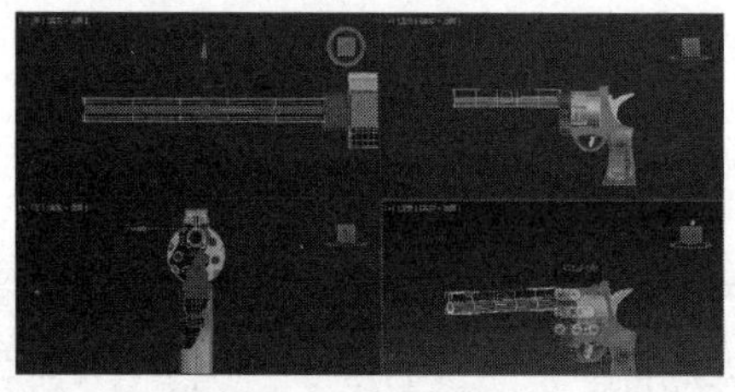

图 5-83　挤出面

STEP|08 切换到多边形的顶点编辑状态，然后使用【移动】工具编辑管状模型上的点，如图 5-84 所示。

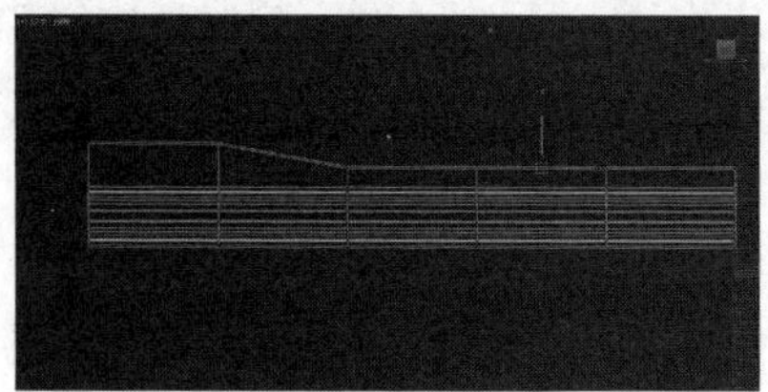

图 5-84　编辑点

STEP|09 选择枪管模型底部的面，然后使用【挤出】工具编辑选中的面，如图 5-85 所示。

图 5-85　挤出面

STEP|10 选择枪管模型上的一条边，切换到【编辑】边卷展栏，单击【环形】按钮，然后再单击【连接】按钮，为模型添加连接边，如图 5-86 所示。

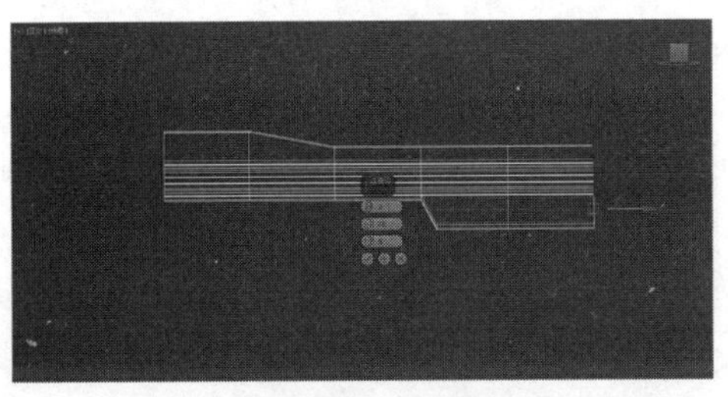

图 5-86　添加连接边

STEP|11 选择枪管模型，然后使用【快捷切片】工具添加边线，如图 5-87 所示。

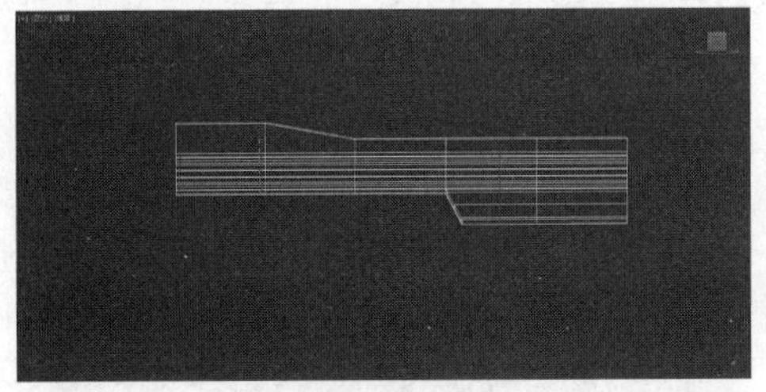

图 5-87　添加边线

STEP|12 选择枪管模型的循环边，切换到【编辑边】卷展栏，然后单击【切角】按钮，为模型添加切角效果，如图 5-88 所示。

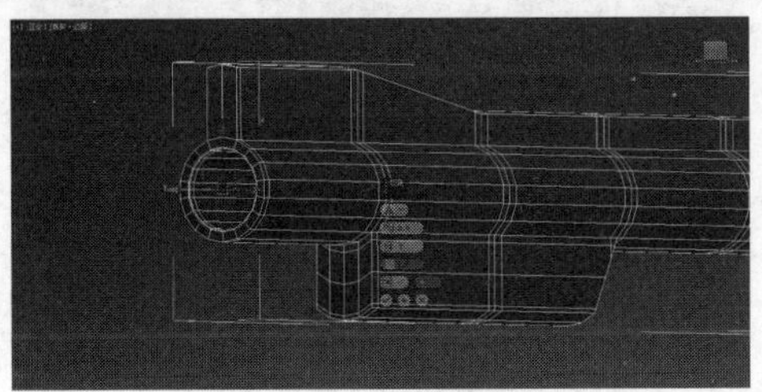

图 5-88　添加切角

STEP|13 切换到【编辑边】卷展栏，单击【切割】按钮，然后使用该工具连接边，如图 5-89 所示。

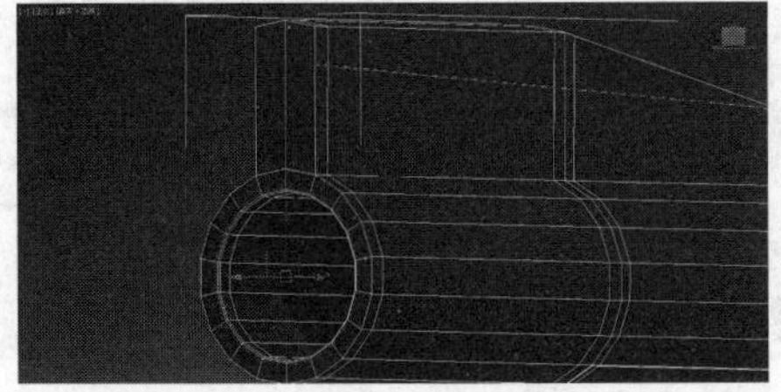

图 5-89　切割边

STEP|14 选择模型上未缝合在一起的点，然后使用【焊接】工具将它们焊接在一起，如图 5-90 所示。

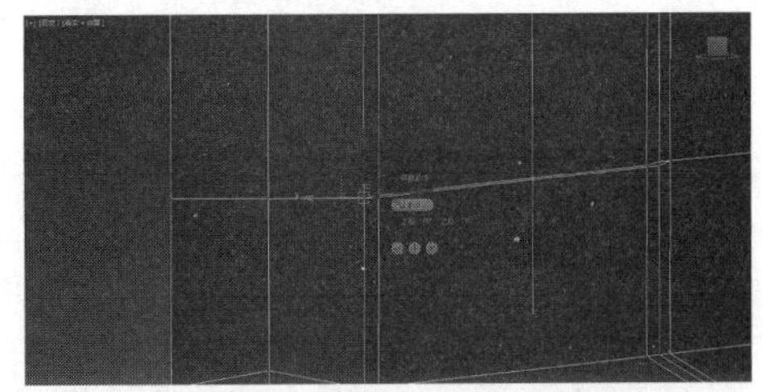

图 5-90　焊接点

STEP|15 选择枪管模型上的面，然后按 Delete 键将其删除，如图 5-91 所示。

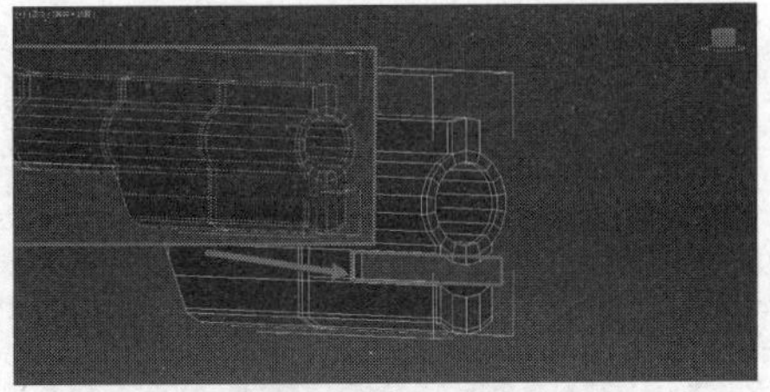

图 5-91　删除面

STEP|16 选择模型上的边，切换到【编辑边】卷展栏，单击【桥】按钮，然后使用该工具桥接边，如图 5-92 所示。

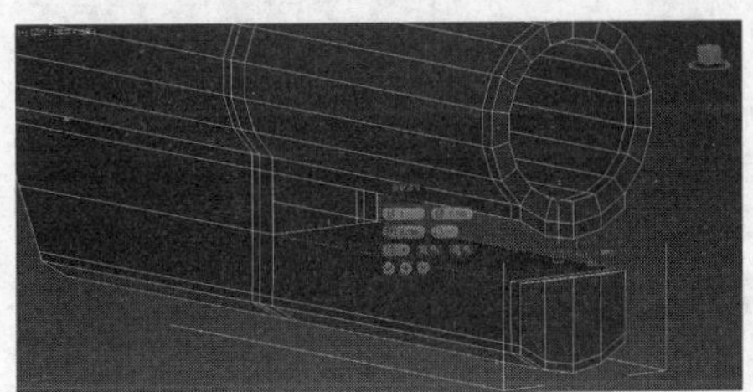

图 5-92　桥接边

STEP|17 使用同样的方法桥接其他的边，然后再使用【连接】工具为模型添加边线，编辑结果如图 5-93 所示。

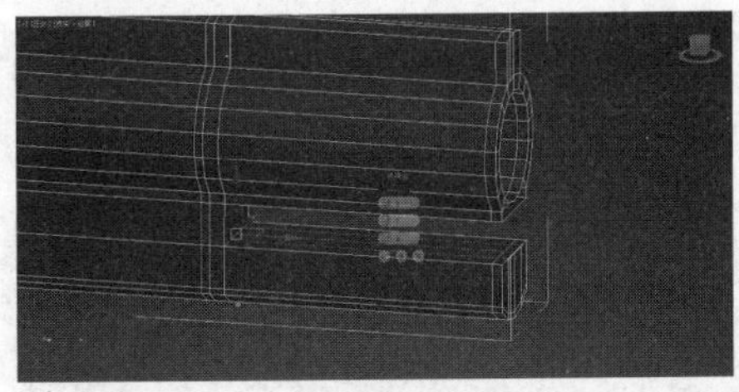

图 5-93　连接边

STEP|18 选择枪杆模型上的点，然后使用【焊接】工具将其选中的点焊接在一起，如图 5-94 所示。

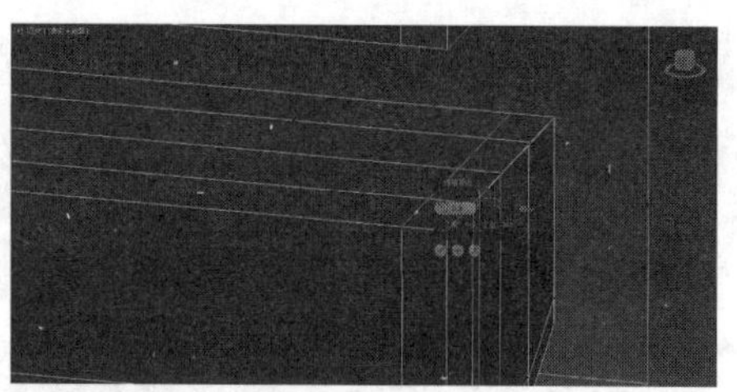

图 5-94　焊接点

STEP|19 然后为枪管模型添加网格平滑修改器，光滑枪杆模型，编辑结果如图 5-95 所示。

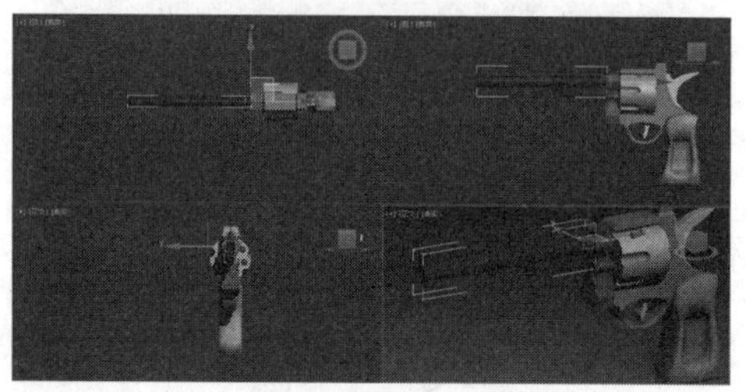

图 5-95　光滑枪杆模型

STEP|20 在视图中创建一个圆柱体模型，并将其命名为“弹壳”，如图 5-96 所示。

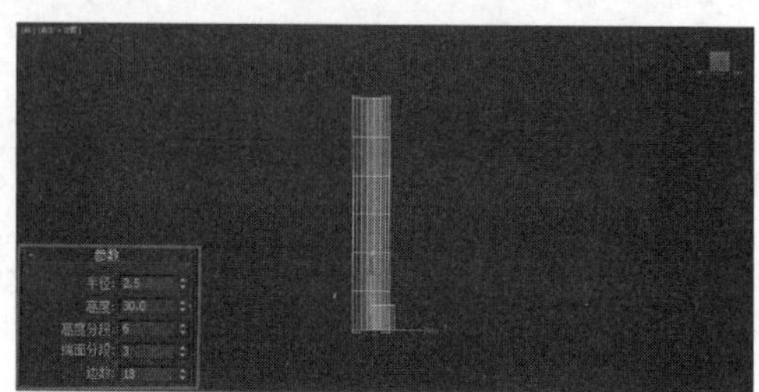

图 5-96　创建圆柱体

STEP|21 选择子弹模型底部的一条边，切换到【编辑边】卷展栏，单击【环形】按钮，为模型添加分段，如图 5-97 所示。

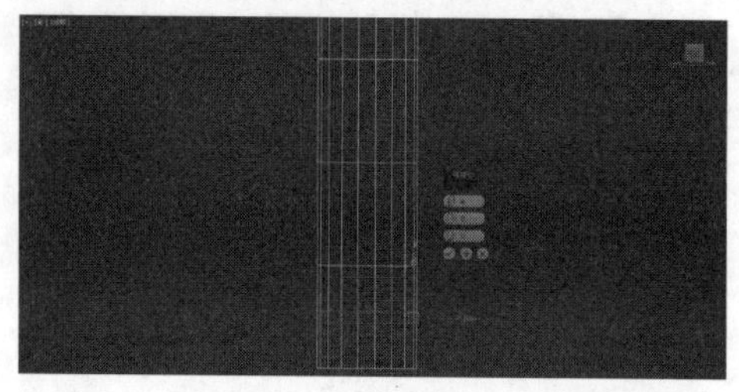

图 5-97　连接边

STEP|22 切换到多边形顶点编辑状态，编辑模型上的点，然后删除模型顶部的面，如图 5-98 所示。

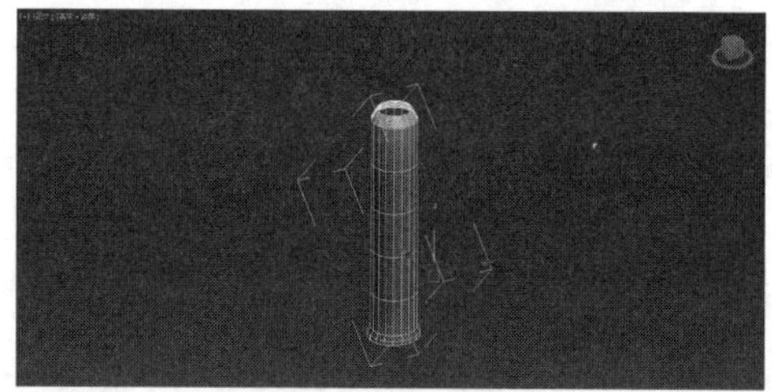

图 5-98　编辑圆柱体

STEP|23 创建一个圆球模型，将其转化为可编辑的多边形，然后删除球体的底部并用【缩放】工具编辑该模型，如图 5-99 所示。

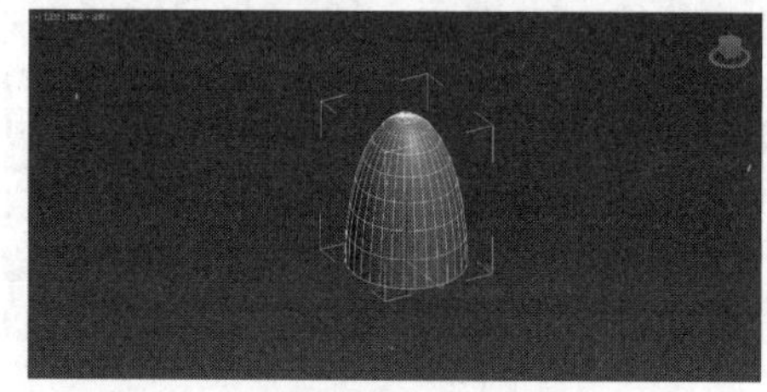

图 5-99　缩放模型

STEP|24 选择弹壳模型，单击【附加】按钮，然后在视图中拾取球体模型，如图 5-100 所示。

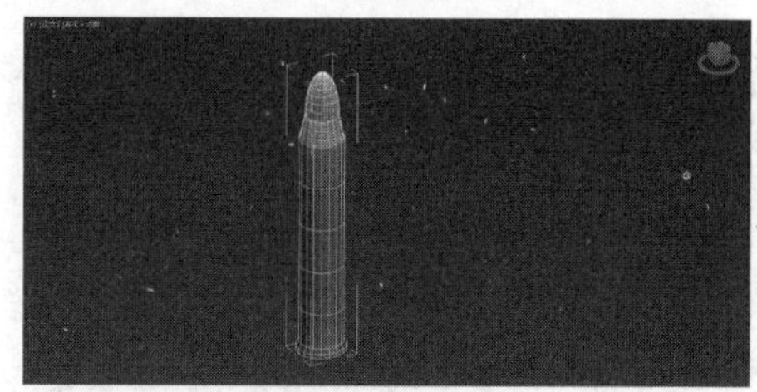

图 5-100　拾取对象

STEP|25 然后使用焊接工具将其附加在一起的模型焊接在一起，如图 5-101 所示。

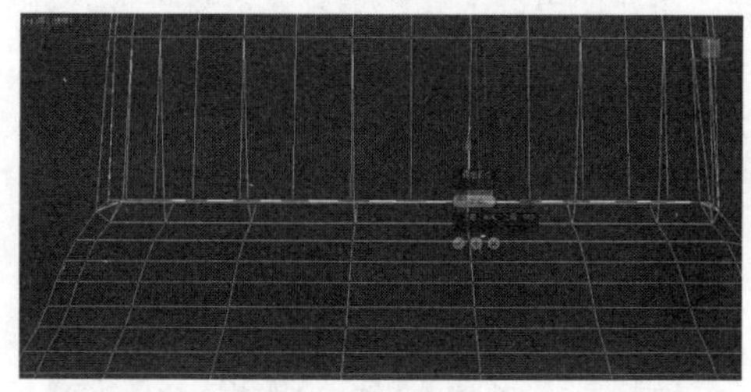

图 5-101　焊接点

STEP|26 使用连接工具为弹壳和弹头模型的焊接处添加边线，使其能够光滑过渡，编辑结果如图 5-102 所示。

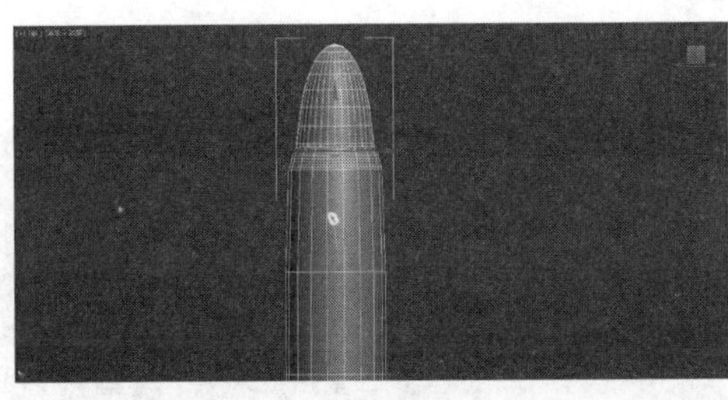

图 5-102　子弹模型

STEP|27 至此，左轮枪模型部分就制作完成了。左轮枪的组成部分如图 5-103 所示。

图 5-103　场景文件

STEP|28 为手枪模型赋予金属材质，然后渲染输出，最终的渲染效果如图 5-104 所示。

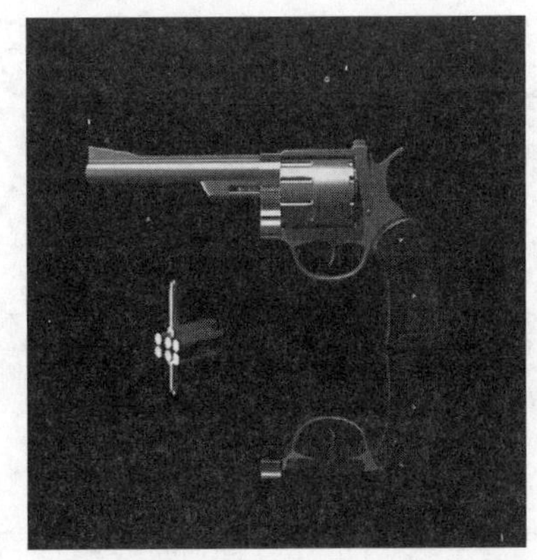

图 5-104　手枪效果

5.4 练习：别墅建模

本节讲解的是一栋别墅的实现过程。别墅的细节比较多，细节处理比较频繁，适合有一定基础的读者使用。在本案例的实现过程中采用了分步讲解的方式，即把整个别墅拆分为多个模型分开进行制作，我们会根据图纸，在一定程度上简化制作，详细的制作流程如下。

1. 墙体建模

STEP|01 打开场景文件，场景中存在一组别墅图形，如图 5-105 所示。

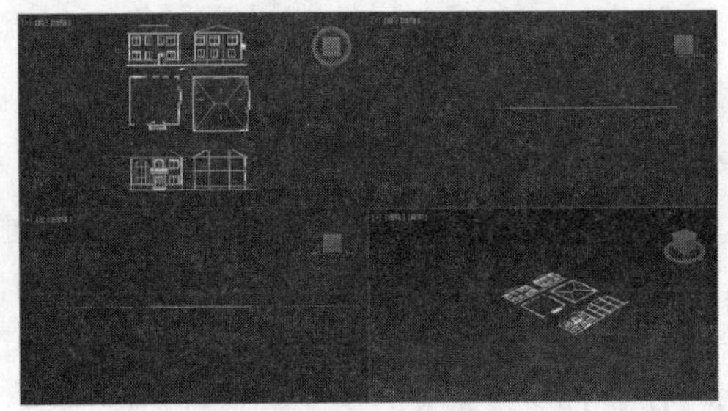

图 5-105　打开场景

STEP|02 在顶视图中将图形全选，执行【组】|【组】命令，将【组名】命名为“图形”，单击【确定】按钮，关闭对话框，如图 5-106 所示。

图 5-106　成组

STEP|03 选择图形单击右键在出现的下拉列表中选择【冻结当前选择】命令，冻结图形，如图 5-107 所示。

STEP|04 右键单击【捕捉】按钮，在出现的【栅格和捕捉设置】对话框的【捕捉】选项中勾选全部

选项，然后在【选项】选择面板中【通用】选项中勾选【捕捉到冻结对象】选项，如图 5-108 所示。

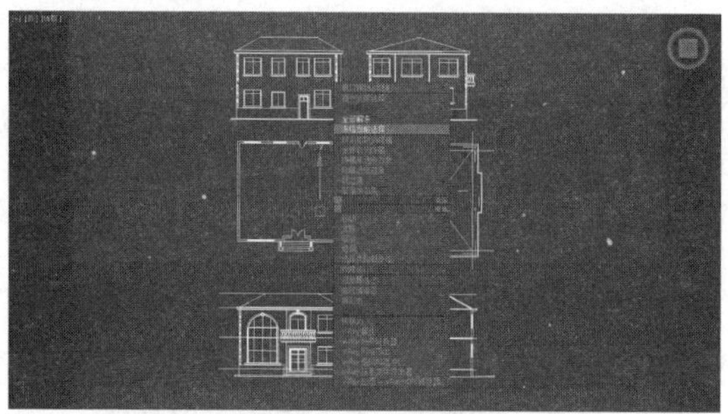

图 5-107　冻结图形

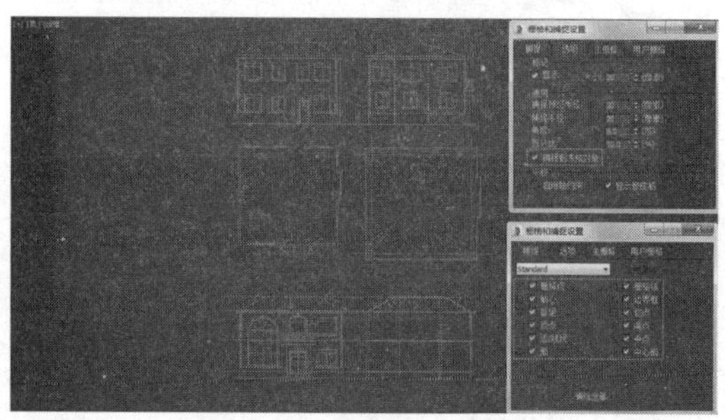

图 5-108　设置捕捉

STEP|05 制作别墅的前视墙。单击【捕捉】按钮 ，在【创建】面板的【图形】子面板下【样条线】选项，然后单击【线】按钮，在顶视图中沿前视图图形开始绘制，如图 5-109 所示。

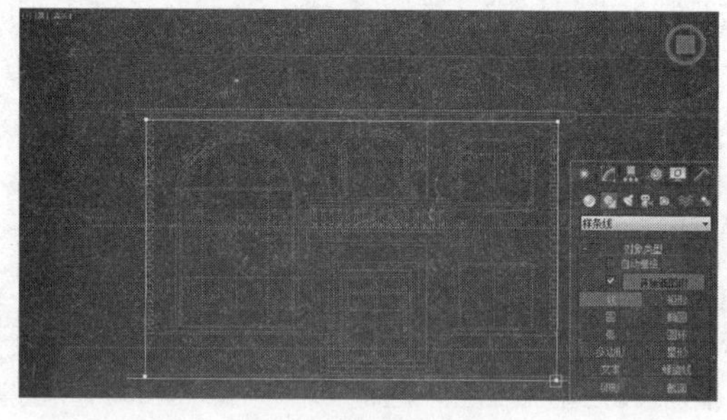

图 5-109　绘制图形

STEP|06 用【线】将前视图纸上的墙体以及窗户和门的大致外轮廓绘制出来，如图 5-110 所示。

STEP|07 调整线条，可以看到，用直线绘制弧形窗户时，只是简单勾勒，所以，我们选择窗户线，切换到【修改】面板，选择【顶点】元素，选择将要调整的点，如图 5-111 所示。

图 5-110　绘制图形

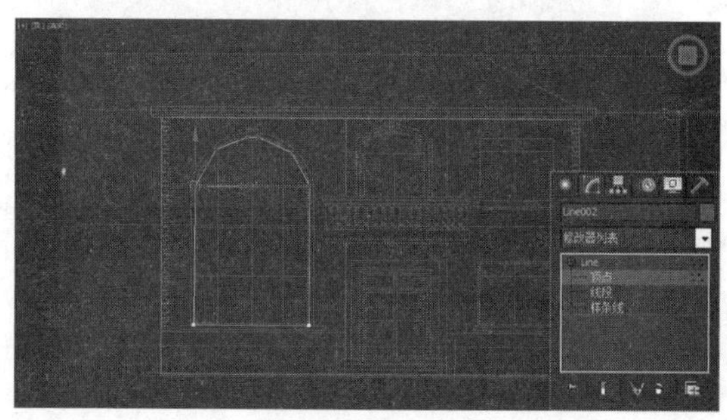

图 5-111　选择点

STEP|08 单击右键，将顶点转化为【Bezier 角点】，并选择控制轴，将线调整到合适形状，如图 5-112 所示，并依次将阳台窗户也调整到合适位置。

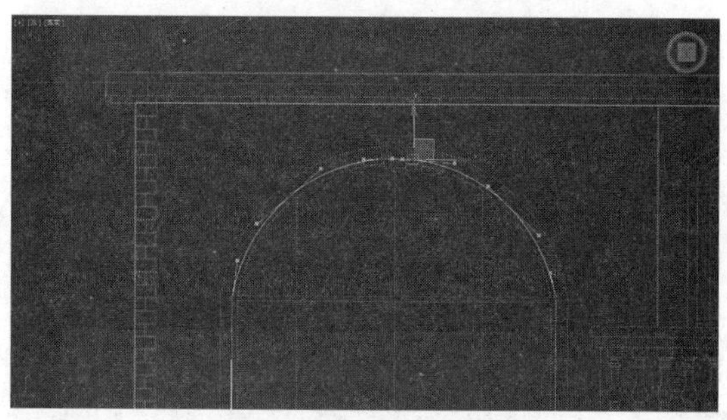

图 5-112　调整效果

STEP|09 选择前视图中的窗户及门的图形，执行【编辑】|【克隆】命令进行两次克隆，并命名第一次为“样条线”，第二次为“窗户线”，单击右键，选择【隐藏选定对象】命令，进行隐藏，如图 5-113 所示。

STEP|10 选择墙体图形，切换到【修改】面板，选择【样条线】形态，单击【修改】面板中【几何

体】卷展栏中的【附加】按钮，附加前视图纸中的窗户和门的图形，如图 5-114 所示。

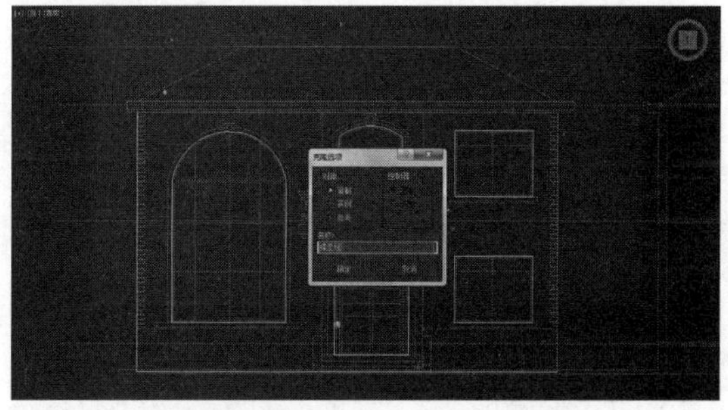

图 5-113　克隆图形并隐藏

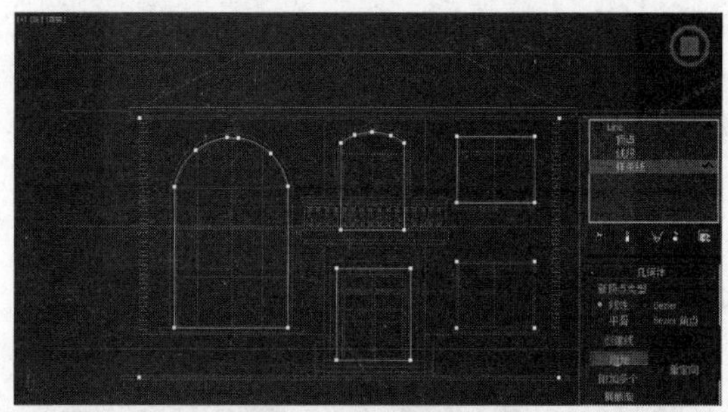

图 5-114　附加图形

STEP|11 选择图形，添加挤出修改器，设置挤出数量为 200，如图 5-115 所示。

图 5-115　挤出墙体

STEP|12 再选择图形，单击右键，转化为【可编辑多边形】，如图 5-116 所示。

STEP|13 选择墙体，切换到【修改】面板，选择【边界】显示方式，在【编辑几何体】卷展栏中选择【快速切片】将中间向后凹的墙体切出来，如图 5-117 所示。

图 5-116　转换为可编辑多边形

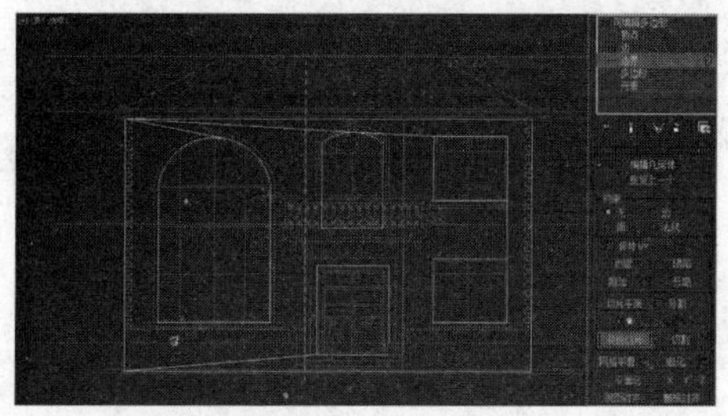

图 5-117　快速切片

STEP|14 切换到【多边形】显示方式，将中间的墙体框选出来，单击【编辑几何体】卷展栏中的【分离】按钮，分离出来，如图 5-118 所示。

图 5-118　分离模型

STEP|15 制作窗框和门框造型。单击【创建】面板中的【图形】选项，单击【矩形】按钮，绘制一个 200mm×250mm 的矩形，如图 5-119 所示。

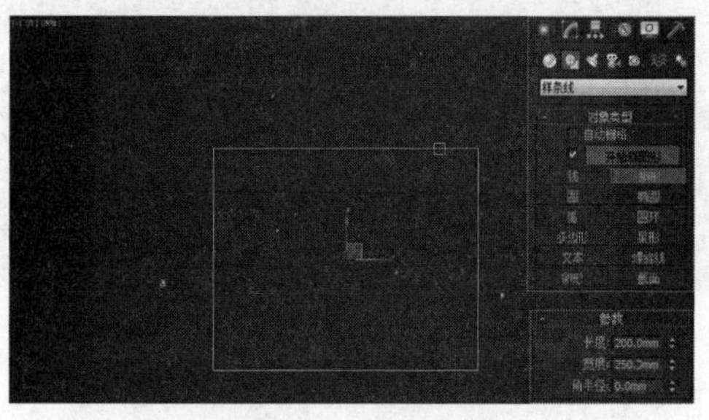

图 5-119　创建矩形

STEP|16 选择矩形，将其转换为【可编辑样条线】，选择【顶点】显示，然后单击【插入】按钮，插入顶点，如图 5-120 所示。

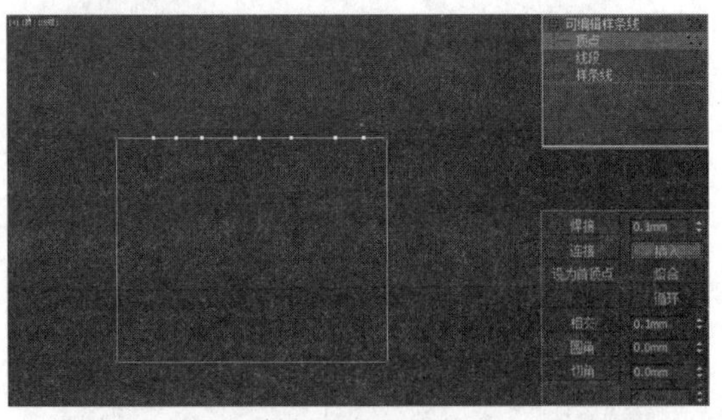

图 5-120 插入顶点

STEP|17 选择矩形顶点，右键转换为【Bezier 角点】，控制手柄工具，调整样条线形状，如图 5-121 所示。

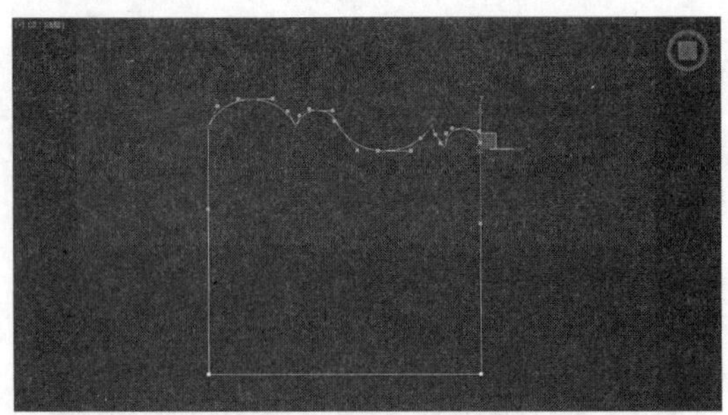

图 5-121 调整顶点

STEP|18 右键单击，选择【全部取消隐藏】命令，选择大窗户图形，添加倒角剖面修改器，在，【参数】卷展栏中单击【拾取剖面】按钮，拾取上一步制作的样条线，如图 5-122 所示。

图 5-122 倒角剖面

STEP|19 切换到透视图，旋转屏幕，观察物体，选择窗框造型，向上移动到合适位置，如图 5-123 所示。

图 5-123 移动位置

STEP|20 可以看到，现在窗框造型是向里构成的，离我们想象的向外铺设相反，可以通过对样条线的调整将造型翻转过来，选择样条线，在【修改】面板中选择【样条线】显示，单击【选择并旋转】按钮，选中黄色控制线，向右旋转 180°，结果如图 5-124 所示。

图 5-124 旋转样条线

STEP|21 依照制作大窗户窗框的过程，依次用这个样条线图形通过倒角剖面修改器将几扇窗户的窗框和门框造型制作出来，效果如图 5-125 所示。

图 5-125 造型效果

2. 窗户模型

STEP|01 找到前几步克隆出来的窗户线，选择大窗户的窗户线，右键单击转换为【可编辑多边形】，如图 5-126 所示。

图 5-126　转换为可编辑多边形

STEP|02 切换到【修改】面板，选择【边】显示，选择窗侧的两条边，右键单击，选择【连接】命令，将【分段】设置为 3，然后再选择窗户线横向的 4 条边进行连接，设置连接的【分段】为 2，如图 5-127 所示。

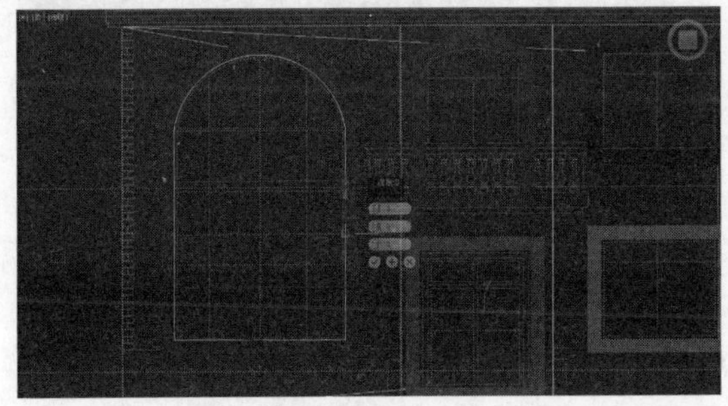

图 5-127　连接边

STEP|03 选择连接出的边，在顶视图，调整其位置，如图 5-128 所示。

图 5-128　调整位置

STEP|04 视图转到透视图，将窗户线切换到【面】显示，全选图形，右键单击，选择【插入】命令，选择【多边形】选项，设置【数量】为 40，单击【确定】按钮，如图 5-129 所示。

图 5-129　设置插入

STEP|05 选择模型，右键单击，选择【挤出】命令，设置挤出量为-40，如图 5-130 所示。

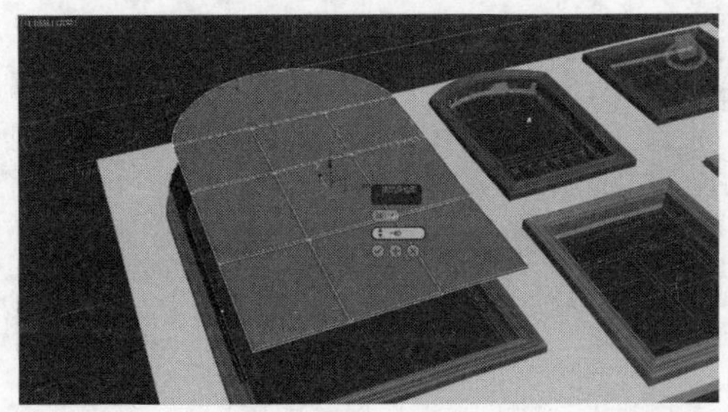

图 5-130　设置挤出

STEP|06 窗户的形状虽然出现了，但效果不是很明显，可以对模型再次设置【插入】和【挤出】命令，如图 5-131 所示。

图 5-131　再次插入和挤出

STEP|07 选择面，使用【修改】面板中的【分离】按钮分离出来，并命名为“玻璃 1”，以后的玻璃

面依次命名，为将来赋予材质做准备，结果如图 5-132 所示。

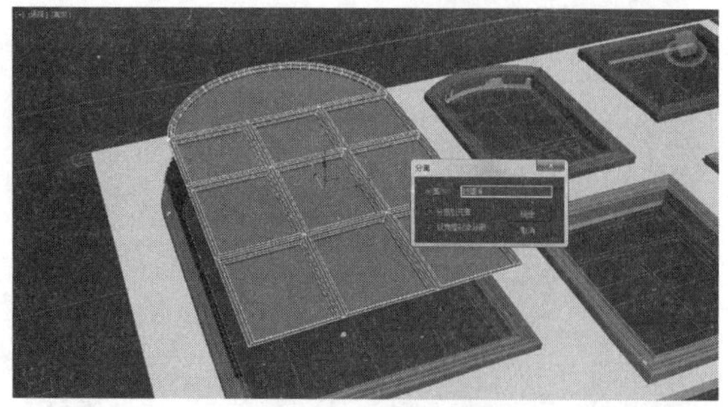

图 5-132　分离玻璃

STEP|08 将窗框和玻璃一起选中，调整到合适位置，如图 5-133 所示。

图 5-133　调整位置

STEP|09 依照大窗户的制作，依次制作出其他的窗户，效果如图 5-134 所示。

图 5-134　窗户效果

3. 门模型

STEP|01 单击门的门框，切换到【修改】面板，选择【线】显示中的【线段】，选择最下边的一条线，删去，并选择【点】显示，将门框调整到图纸中门框的最外侧向上，并将最下边的两个点选中，向下拉，如图 5-135 所示。

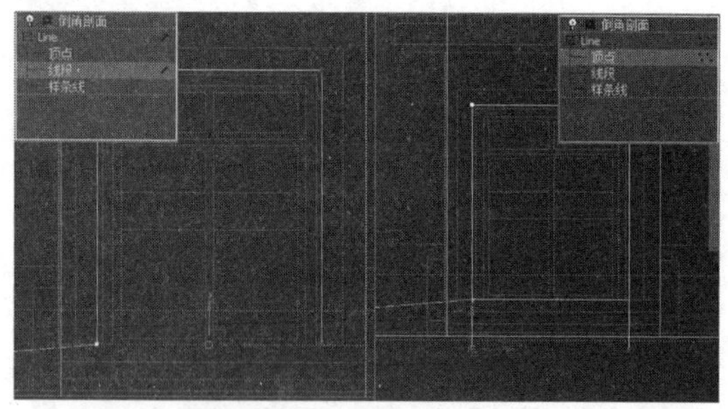

图 5-135　调整门框

STEP|02 选择门线，切换到【修改】面板，选择【线】显示中的【线段】，选择最下边的一条线，删去，再选择【样条线】显示，将线设置【轮廓】为 160，如图 5-136 所示。

图 5-136　进行轮廓

STEP|03 选择门线，添加挤出修改器，设置挤出数值为 30，如图 5-137 所示。

图 5-137　挤出

STEP|04 继续制作门，切换到【创建】面板，在【创建】面板的【几何体】子面板下【标准几何体】选项中，单击【长方体】按钮，沿上一步制作的门

组件内侧绘制长方体，设置高为 25，如图 5-138 所示。

图 5-138　创建长方体

STEP|05 选择长方体右键单击，转换为【可编辑多边形】，如图 5-139 所示。

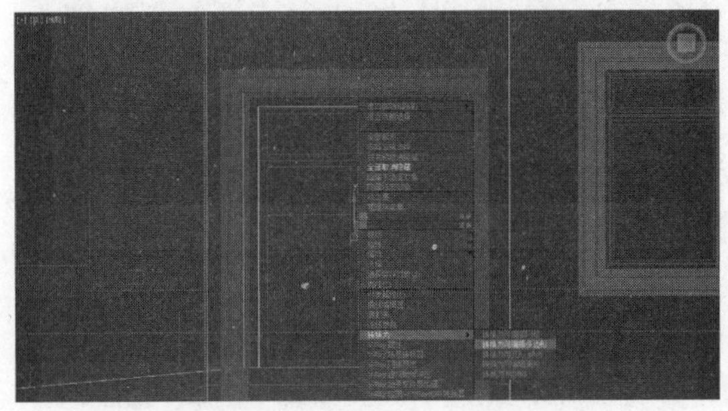

图 5-139　转换为可编辑多边形

STEP|06 为了方便制作门模型，将其他模型隐藏，选中门，切换到【修改】面板，选择【边】显示，选择如图 5-140 所示的两条边，右键单击【连接】命令，进行连接，设置连接数量为 1。

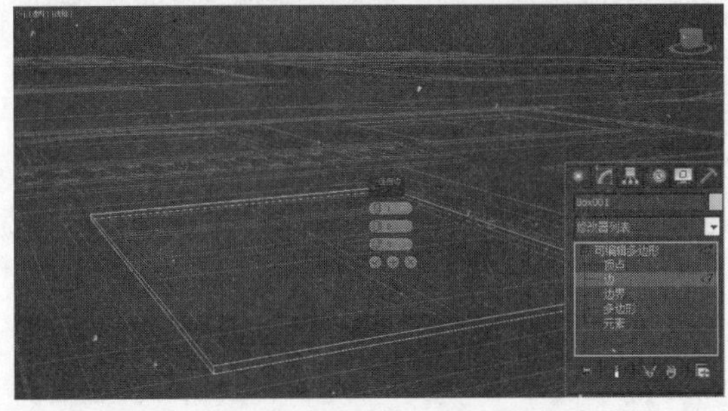

图 5-140　连接边

STEP|07 选择连接出的边，调整到如图 5-141 所示位置，并选择此面上平行的两条横线进行连接，设置连接数量为 1。

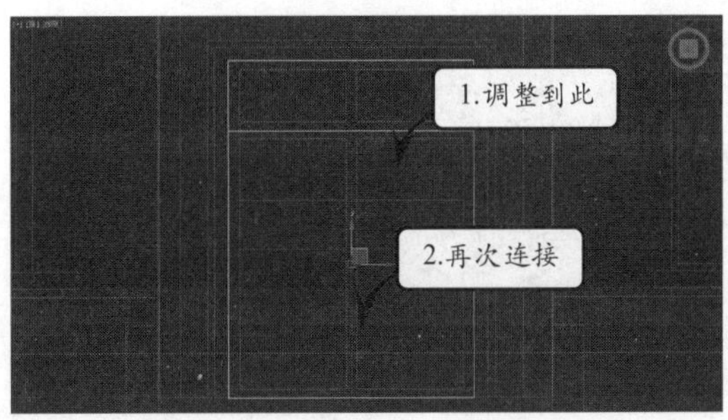

图 5-141　调整并再次连接边

STEP|08 切换到【面】显示，选择模型上面的面，右键单击【倒角】按钮，设置按【多边形】，【高度】为 5，【轮廓】为-10，如图 5-142 所示。

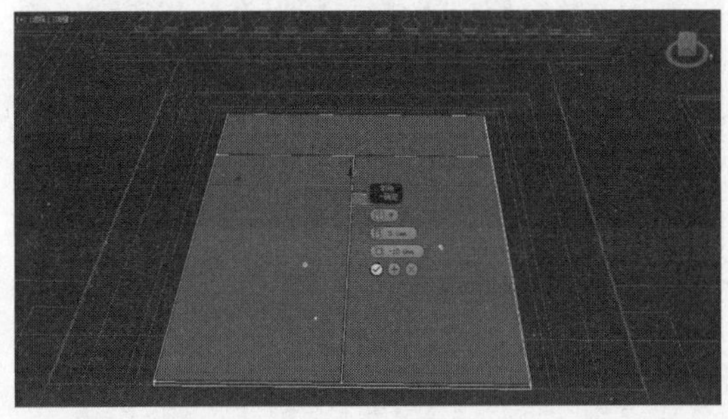

图 5-142　编辑曲线

STEP|09 使用同样的方法再次【倒角】，设置按【多边形】，【高度】为 5，【轮廓】为-50，结果如图 5-143 所示。

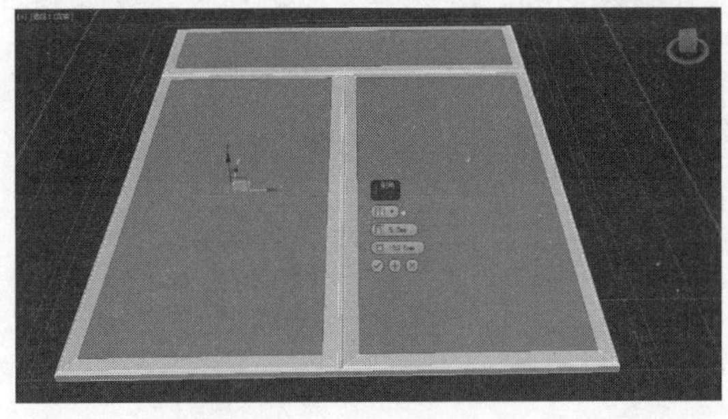

图 5-143　倒角效果

STEP|10 切换到【线】显示，选择如图 5-144 所示的线，右键单击【连接】按钮，设置连接分段数量为 2。

STEP|11 调整连接线到如图 5-145 所示的位置。

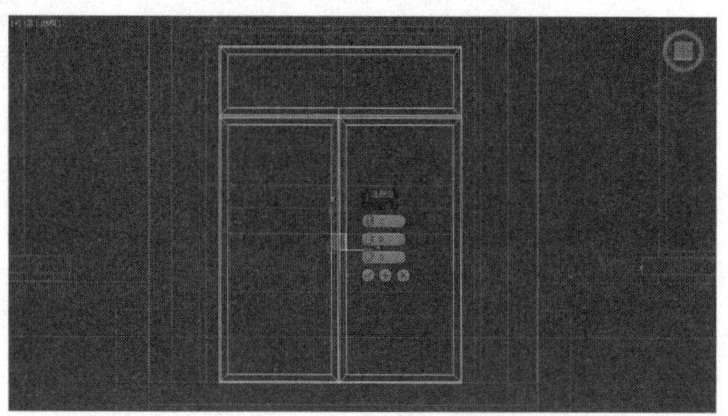

图 5-144　连接线

图 5-145　调整位置

STEP|12 切换到【面】显示，选择门中间的平面，右键单击【倒角】命令，设置按【多边形】，【高度】为 5，【轮廓】为-8，如图 5-146 所示门基本上就制作完成了。

图 5-146　添加倒角

4. 窗台

STEP|01 要制作窗台，首先要将窗框造型的下面删去，选择大窗户窗框，切换到【修改】面板，单击【样条线】子元素中的【线段】显示方式，选中最下方的线段，删去，如图 5-147 所示（也可以在制作窗框时删去）。

STEP|02 依照上一步的方式，将窗框都调整到合适状态，如图 5-148 所示。

图 5-147　删除样条线

图 5-148　编辑结果

STEP|03 切换到【创建】面板，单击【长方体】按钮，在顶视图中按图纸创建出两个长方体模型，分别设置其【高】为 200 和 180，并在左视图中调整其位于墙体之上，如图 5-149 所示。

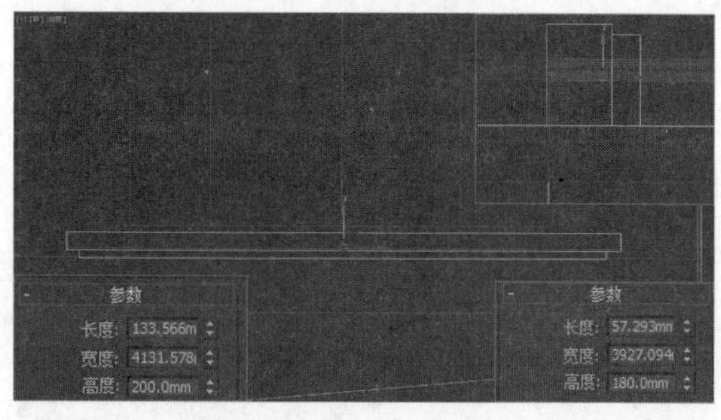

图 5-149　创建长方体

STEP|04 依照上一步，创建其他的窗台并适当调整，效果如图 5-150 所示。

5. 小阳台

STEP|01 首先制作底座，切换到【创建】面板，单击【长方体】按钮，在顶视图中按图纸创建出两

个长方体模型，分别设置其【高】为 930 和 830，并在左视图中调整其位于墙体之上，如图 5-151 所示。

图 5-150　窗台效果

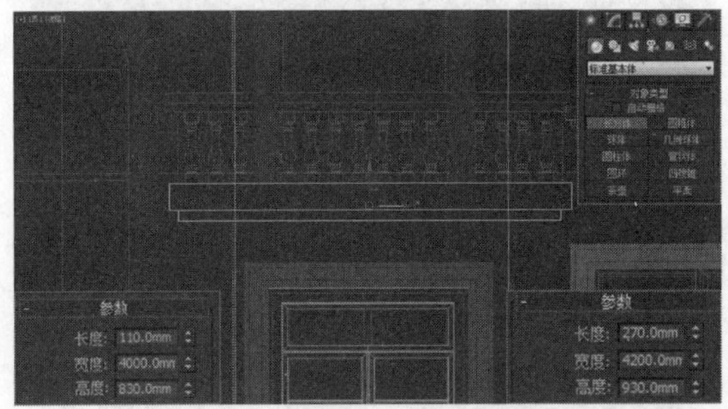

图 5-151　创建长方体

STEP|02 然后制作栏杆，切换到【创建】面板，单击【图形】按钮，在【样条线】选项中单击【线】按钮，用线勾勒出栏杆中间的大致形状，因为是对称图形，只勾勒一半就行，如图 5-152 所示。

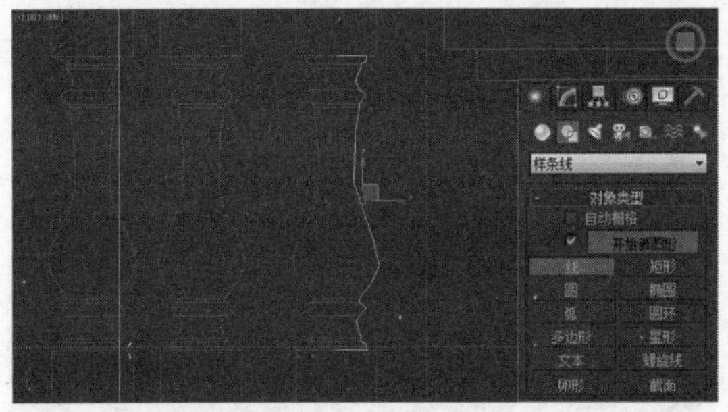

图 5-152　创建图形

STEP|03 然后切换到【修改】面板，单击【点】显示方式，全选样条线，右键单击转化为【Bezier 角点】，如图 5-153 所示。

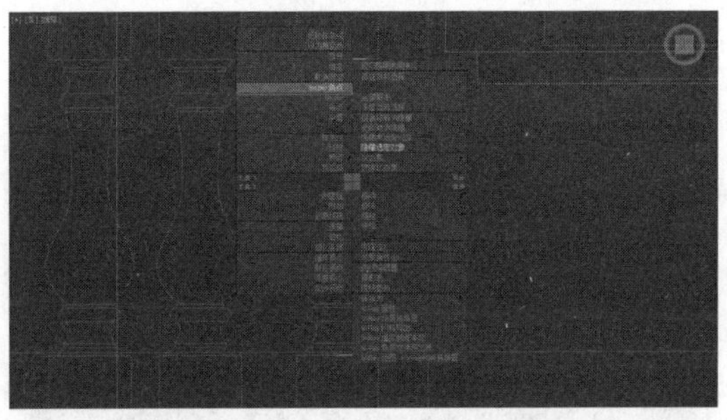

图 5-153　转化为 Bezier 角点

STEP|04 单击控制轴调整图形，使图形与图纸上的栏杆相似，如图 5-154 所示。

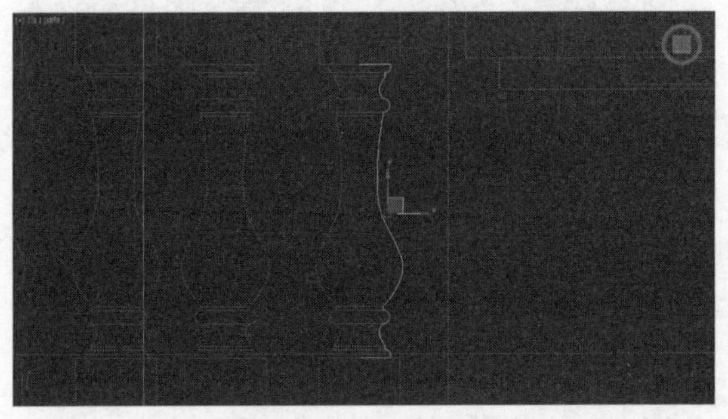

图 5-154　调整效果

STEP|05 选择上一步所绘线，切换到【修改】面板，添加车削修改器，如图 5-155 所示。

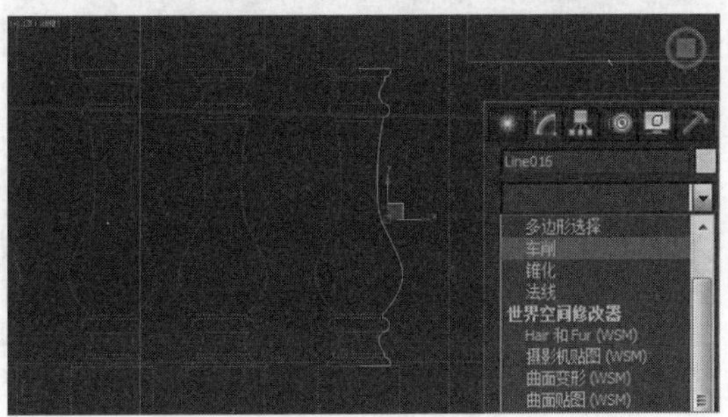

图 5-155　添加车削

STEP|06 在【修改】面板【参数】卷展栏中，勾选【焊接内核】选项，设置【分段】数值为 36，在【方向】选项中单击 Y 按钮，在【对称】选项中单击【最小】按钮，效果如图 5-156 所示。

STEP|07 切换到【创建】面板，单击【几何体】按钮，在【标准几何体】选项中单击【长方体】按钮，再绘制栏杆的支座，设置长方体的长为 100，

宽和高为 150，如图 5-157 所示。

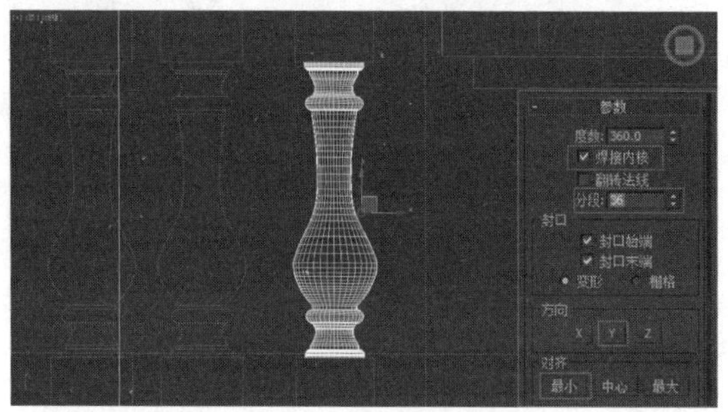

图 5-156　布尔物体

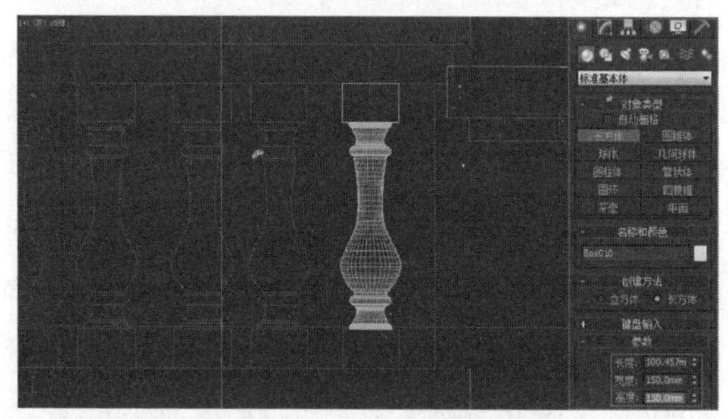

图 5-157　创建长方体

STEP|08 单击长方体模型并按住 Shift 键，克隆一个，如图 5-158 所示。

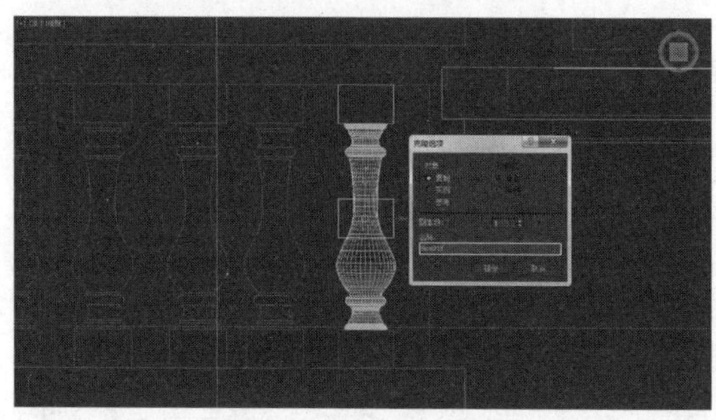

图 5-158　克隆长方体

STEP|09 调整两个长方体的位置如图 5-159 所示，并使用【组】命令，将两个长方体和栏杆柱体组合，并命名为“栏杆”。

STEP|10 选择组【栏杆】，按住 Shift 键，向左克隆 15 个，如图 5-160 所示。

STEP|11 然后切换到【创建】面板，单击【图形】按钮，在【样条线】选项中单击【线】按钮，用线勾勒出栏杆扶手的图样，如图 5-161 所示。

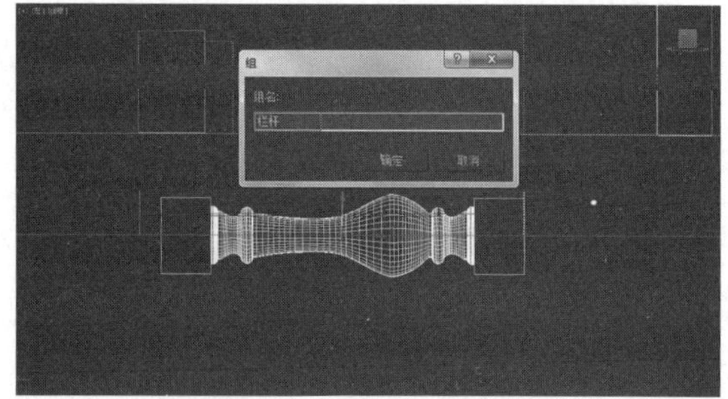

图 5-159　调整位置并成组

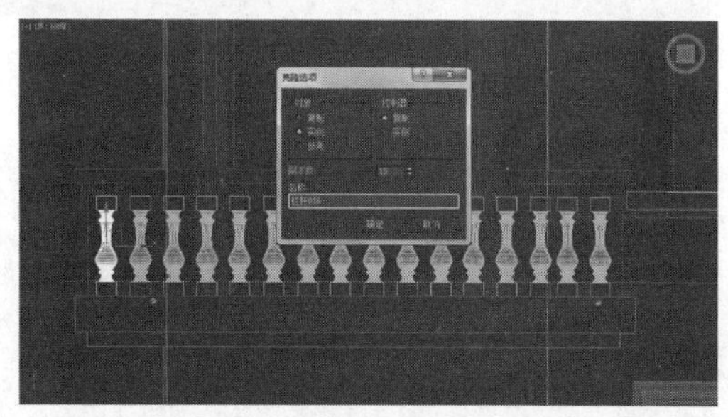

图 5-160　克隆模型

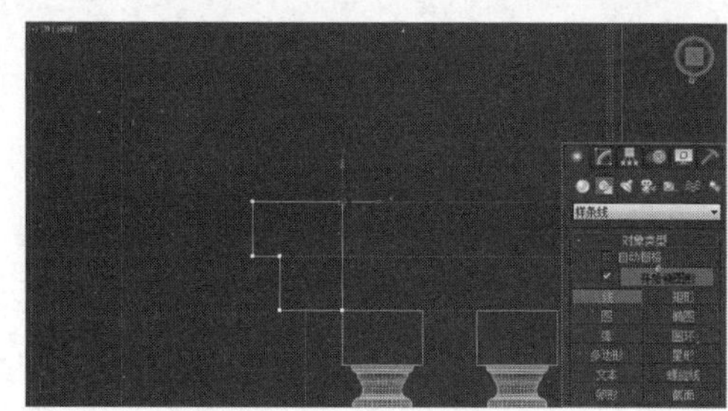

图 5-161　创建图形

STEP|12 选择上一步绘制的图形以及所有的栏杆和两个阳台底座，右键单击【隐藏未选择对象】命令将模型隔离出来，如图 5-162 所示。

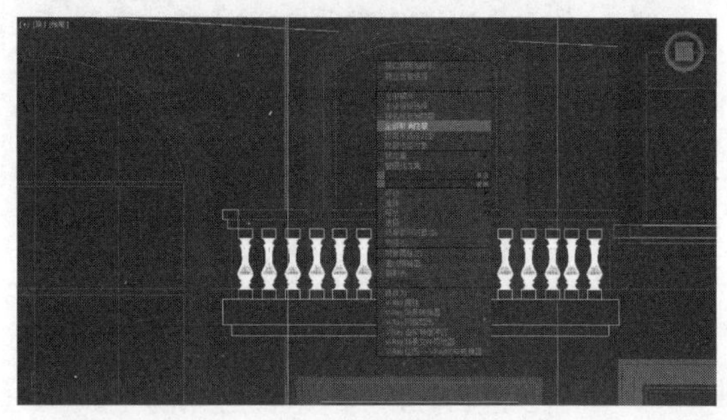

图 5-162　隔离模型

STEP|13 再次，切换到【创建】面板，单击【图形】按钮，在【样条线】选项中单击【线】按钮，在前视图中，勾勒出如图 5-163 所示的图形。

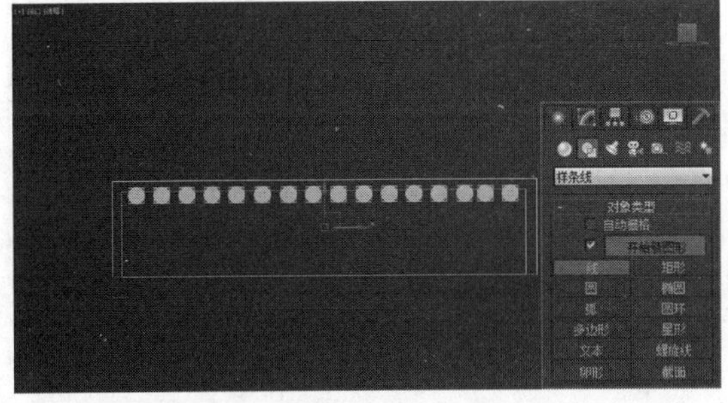

图 5-163　创建图形

STEP|14 然后切换到【创建】面板，单击【几何体】按钮，在【复合对象】选项中单击【放样】按钮，在【创建方法】卷展栏中单击【获取图形】按钮，单击栏杆扶手图样，如图 5-164 所示。

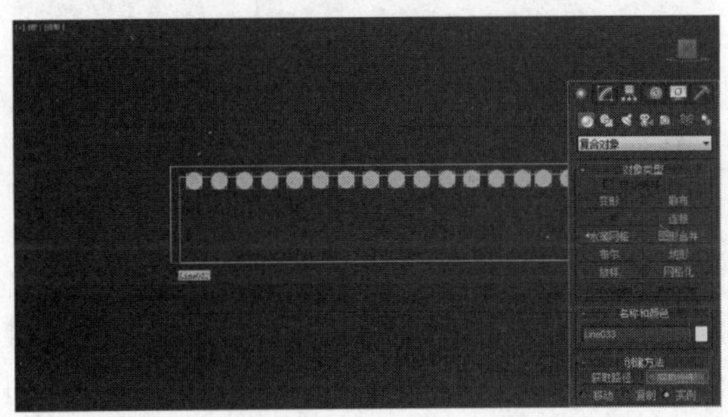

图 5-164　放样图形

STEP|15 观察模型，效果如图 5-165 所示。

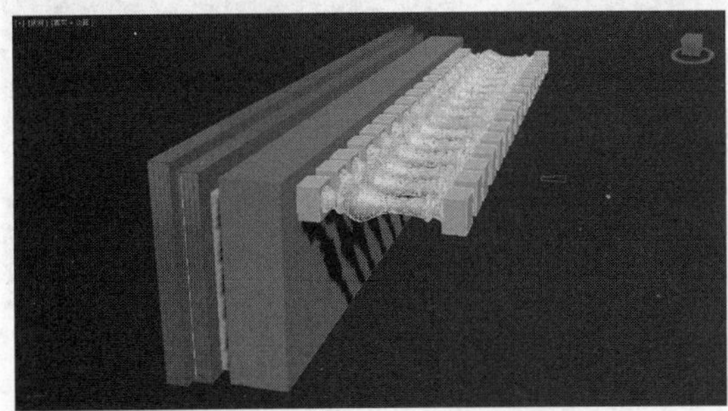

图 5-165　模型效果

STEP|16 选择栏杆扶手，单击【镜像】按钮，选择 Y 为镜像轴，进行镜像，如图 5-166 所示。

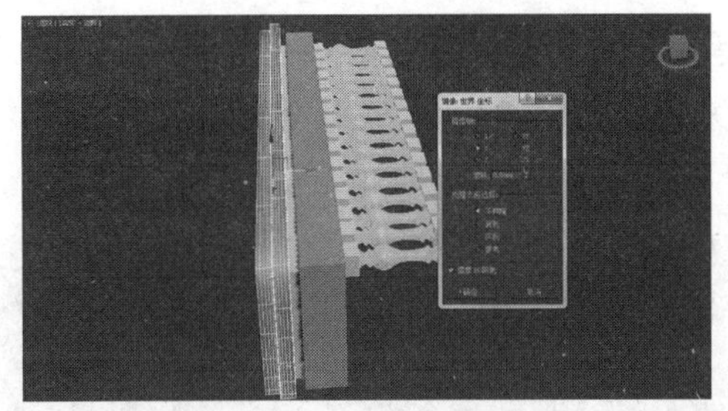

图 5-166　创建管状物体

STEP|17 单击栏杆扶手，调整其位置到如图 5-167 所示位置，并将其原图形删除。

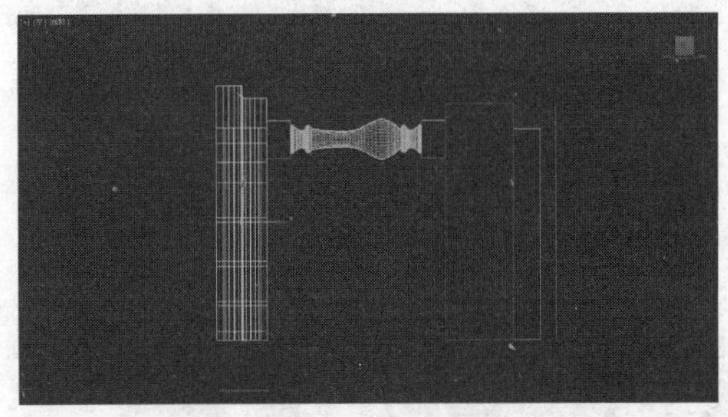

图 5-167　调整位置

STEP|18 在前视图里，选择最左边的栏杆柱，按住 Shift 键将其向下克隆两个，如图 5-168 所示。

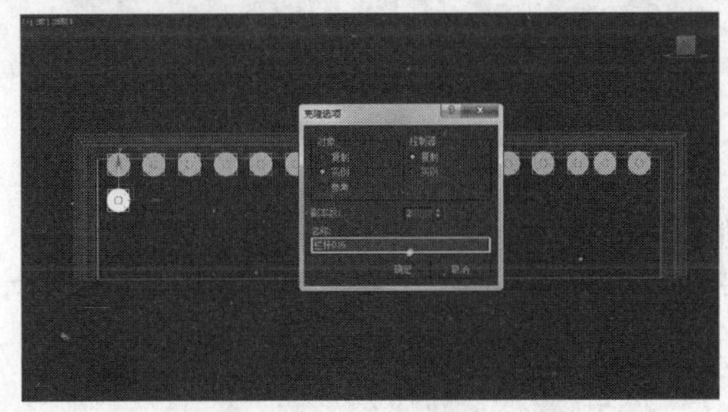

图 5-168　克隆物体

STEP|19 选择上一步所复制的两个栏杆柱，按住 Shift 键，向右克隆一个到如图 5-169 所示位置。

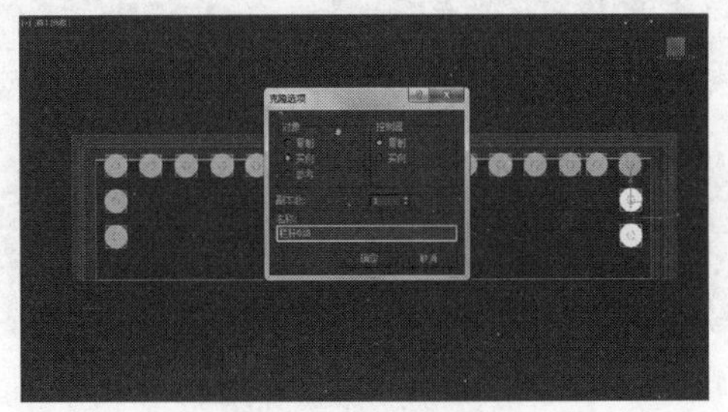

图 5-169　克隆物体

STEP|20 至此，小阳台就制作好了，将物体全选，执行【组】|【组】命令，设置【组名】为“小阳台”，如图 5-170 所示。

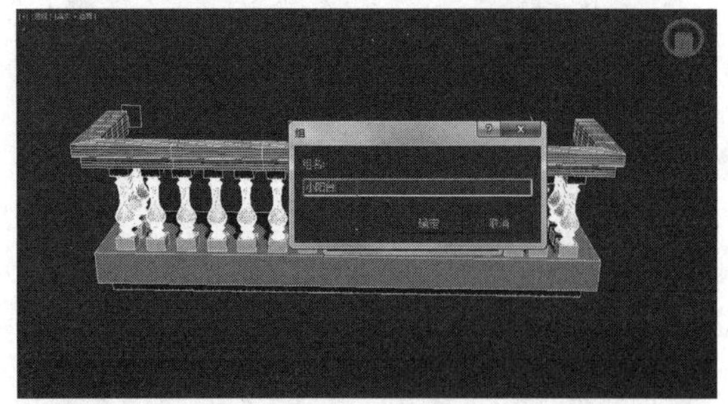

图 5-170　成组

STEP|21 右键单击选择【全部取消隐藏】命令，观察此时的效果，如图 5-171 所示。

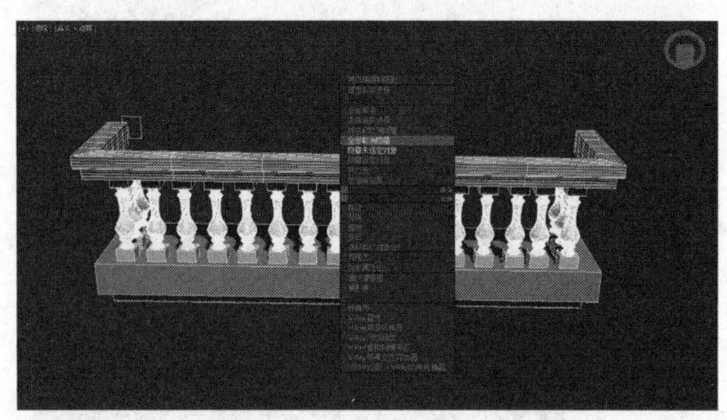

图 5-171　全部取消隐藏

6．制作台阶

STEP|01 在【创建】面板中单击【几何体】按钮，在【标准几何体】选项中单击【长方体】按钮，沿如图 5-172 所示图形进行绘制，设置长方体长为 1000，宽为 260，高为 1100。

图 5-172　添加切角

STEP|02 将上一步创建的长方体按图纸向右克隆一个，如图 5-173 所示。

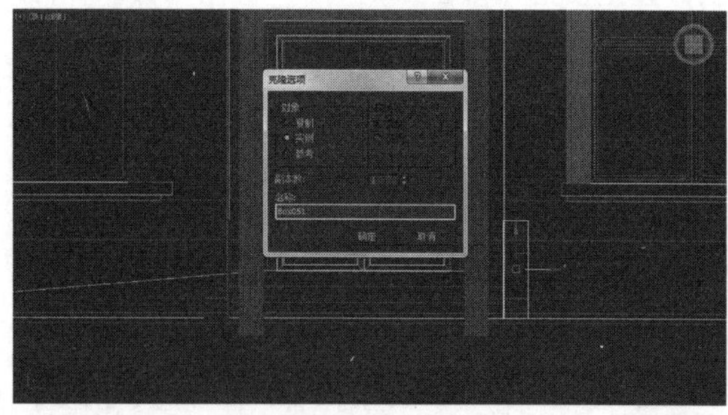

图 5-173　克隆物体

STEP|03 调整两个长方体位置，使模型位于墙体模型上合适位置，如图 5-174 所示。

图 5-174　调整位置

STEP|04 再次单击【长方体】按钮，沿图纸创建台阶模型，设置其长为 480，宽为 2863.656，高为 260，如图 5-175 所示。

图 5-175　创建长方体

STEP|05 转到左视图，选择长方体，按住 Shift 键向上克隆两个，如图 5-176 所示。

STEP|06 转到顶视图，选择上一步所克隆的长方体，修改其长度参数分别为 330 和 160，如图 5-177

所示。

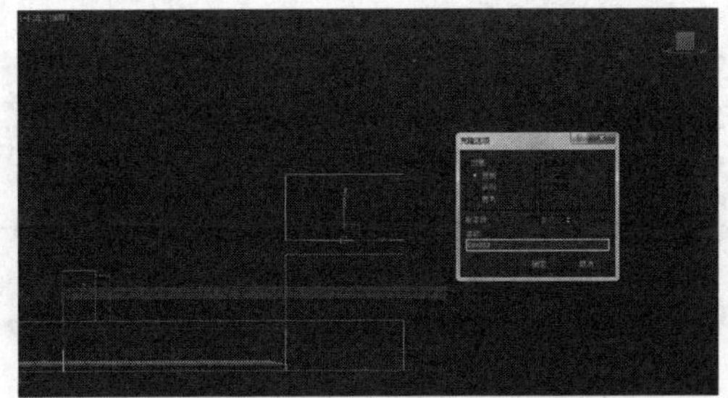

图 5-176　克隆模型

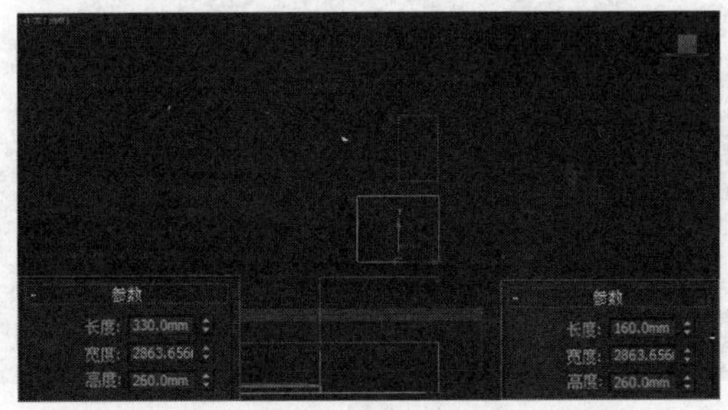

图 5-177　修改参数

STEP|07 然后调整其位置如图 5-178 所示。

图 5-178　调整位置

STEP|08 到此，前视图墙面已经制作好了，效果如图 5-179 所示。

图 5-179　模型效果

7. 制作其他三面模型

STEP|01 按照制作前视图墙体的过程，可以将剩下的三面墙体的模型也都制作出来，在此过程就不叙述了，效果如图 5-180 所示。

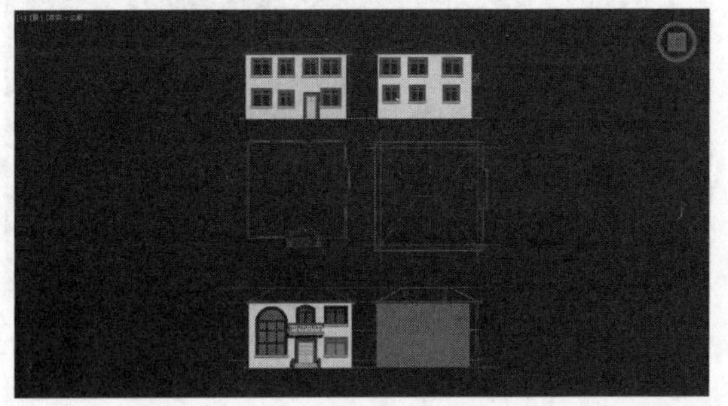

图 5-180　模型效果

STEP|02 把三面墙各自成组，选择各面墙，单击【选择并旋转】按钮，旋转 90°，并将各面墙移动到平面图上合适位置，如图 5-181 所示。

图 5-181　模型效果

8. 制作屋顶

STEP|01 切换到顶视图，在【创建】面板中单击【图形】按钮，在【样条线】选项中单击【线】按钮，在前视图中，沿屋顶的斜面勾勒样条线，如图 5-182 所示。

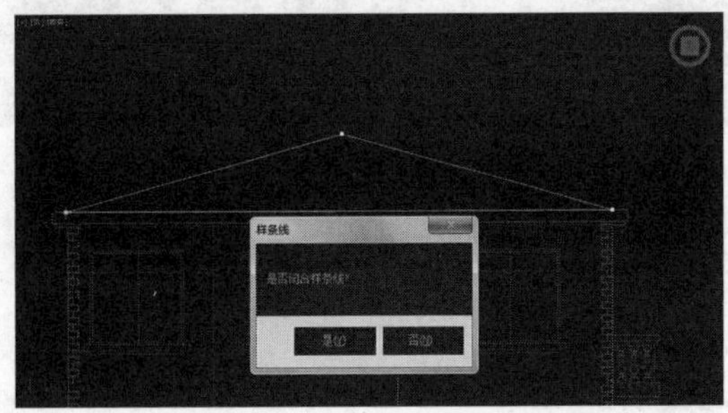

图 5-182　创建样条线

STEP|02 切换到【修改】面板，添加挤出修改器，如图 5-183 所示。

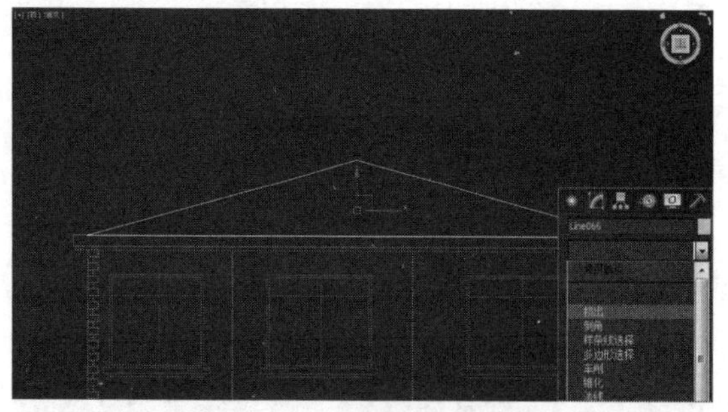

图 5-183 添加挤出修改器

STEP|03 在【修改】面板中设置【参数】卷展栏中【数量】为 11360，如图 5-184 所示。

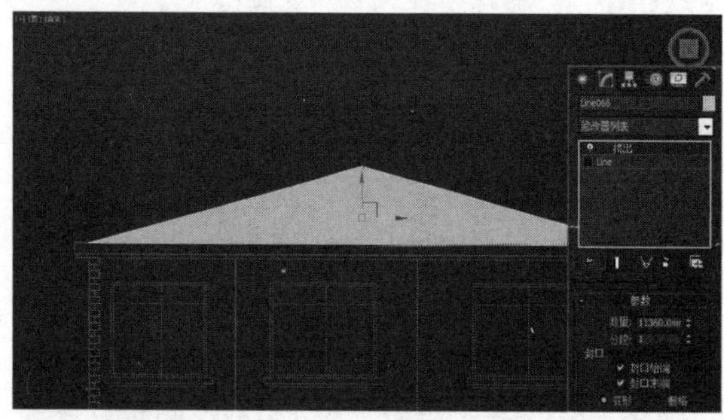

图 5-184 设置参数

STEP|04 选择屋顶模型，单击【选择并旋转】按钮，将模型旋转到如图 5-185 所示的形状。

图 5-185 旋转物体

STEP|05 利用【移动】工具调整屋顶模型的位置，将屋顶调整到屋顶顶视图的上方，如图 5-186 所示。

STEP|06 选择屋顶模型，右键单击转换为【可编辑多边形】，如图 5-187 所示。

图 5-186 移动模型

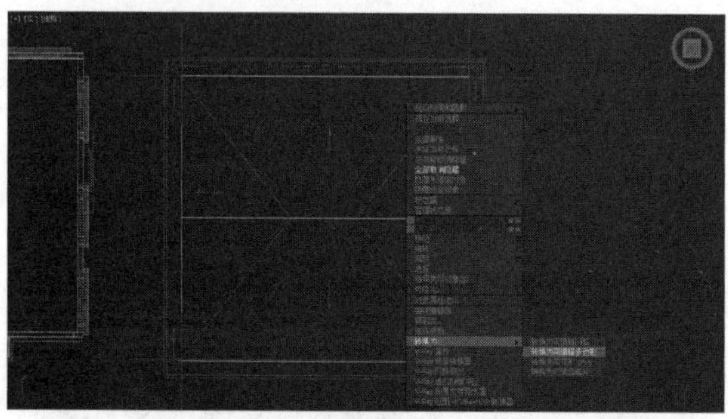

图 5-187 转换为可编辑多边形

STEP|07 切换到【修改】面板，选择【点】显示，选择中间的点，单击【选择并移动】按钮，将点移动到图纸合适位置，如图 5-188 所示。

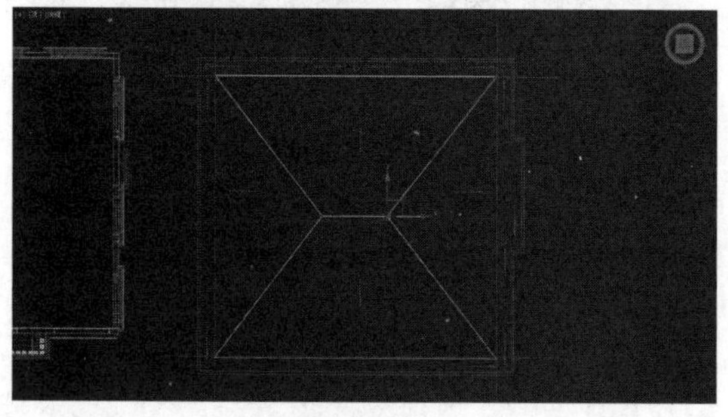

图 5-188 移动效果

STEP|08 在【创建】面板中单击【几何体】按钮，在【标准几何体】选项中单击【长方体】按钮，沿如图 5-189 所示图形进行绘制，设置长方体高为 230。

STEP|09 选择模型，右键单击转换为【可编辑多边形】，如图 5-190 所示。

STEP|10 切换到【修改】面板，选择【面】显示，右键单击，选择【倒角】命令，设置【高度】为 0，

【轮廓】为-100，如图 5-191 所示。

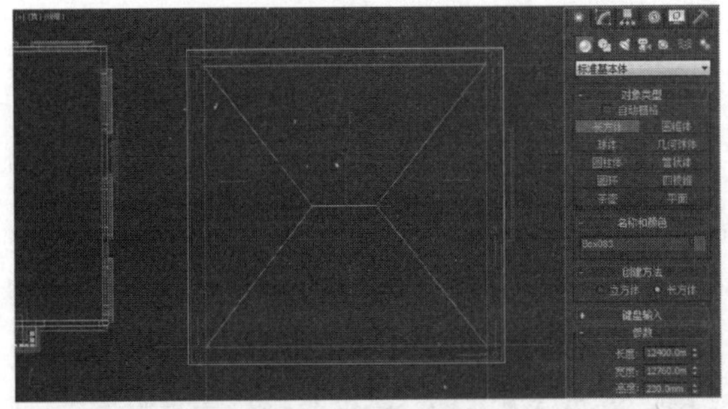

图 5-189　创建长方体

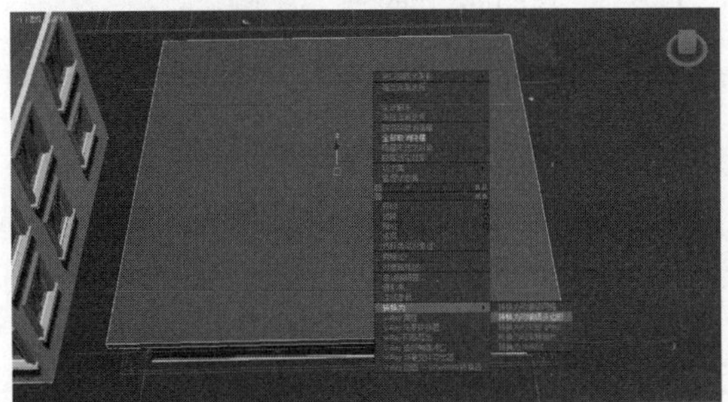

图 5-190　转换为可编辑多边形

图 5-191　添加倒角

STEP|11 再次选择面，右键单击，选择【挤出】命令，设置挤出【高度】为-100，如图 5-192 所示。

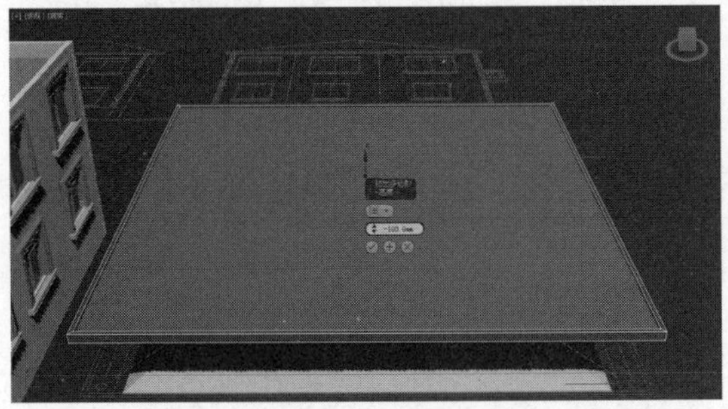

图 5-192　添加挤出

STEP|12 然后选择模型底部的面，右键单击，选择【倒角】命令，设置【高度】为 0，【轮廓】为-100，如图 5-193 所示。

图 5-193　添加倒角

STEP|13 再次选择面，右键单击，选择【挤出】命令，设置挤出【高度】为 80，如图 5-194 所示。

图 5-194　添加挤出

STEP|14 然后选择模型，利用【选择并移动】按钮将模型移动到屋顶模型之下，如图 5-195 所示。

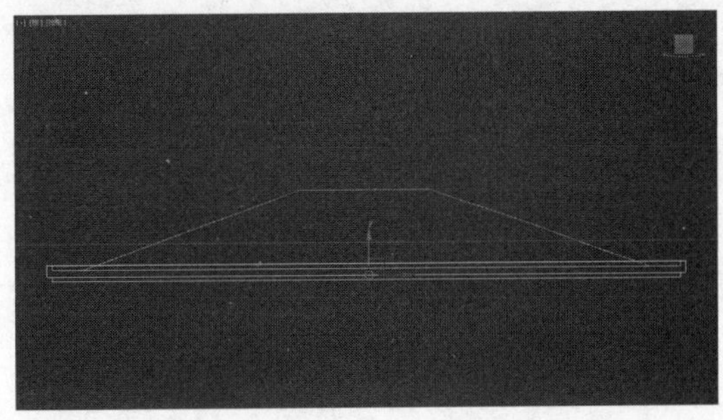

图 5-195　移动效果

STEP|15 将模型与屋顶模型一同选择，单击【组】|【成组】按钮，设置【组名】为“屋顶”，如图 5-196 所示。

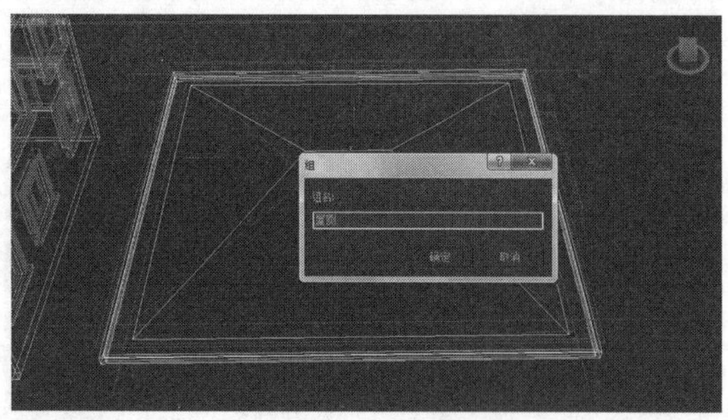

图 5-196　成组

STEP|16 然后选择屋顶，利用【选择并移动】按钮将模型移动到别墅的墙体模型之上，并与其对齐，如图 5-197 所示。

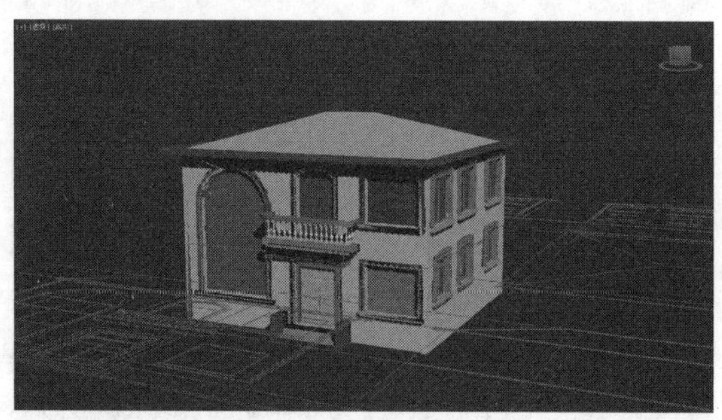

图 5-197　移动效果

STEP|17 最后创建一个长方体，作为别墅的底座，效果如图 5-198 所示。

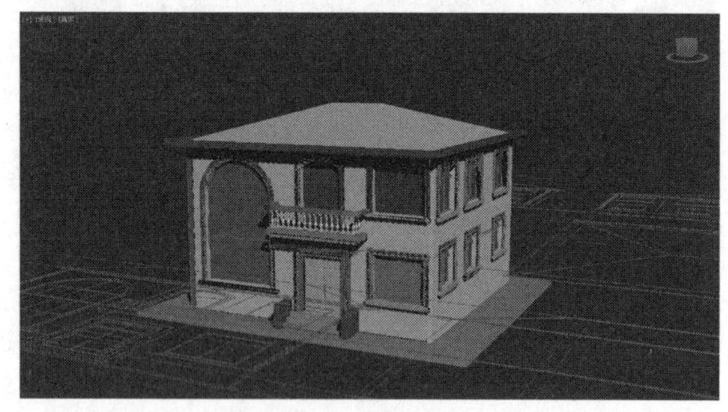

图 5-198　最后效果

第 6 章

物体的质感表现

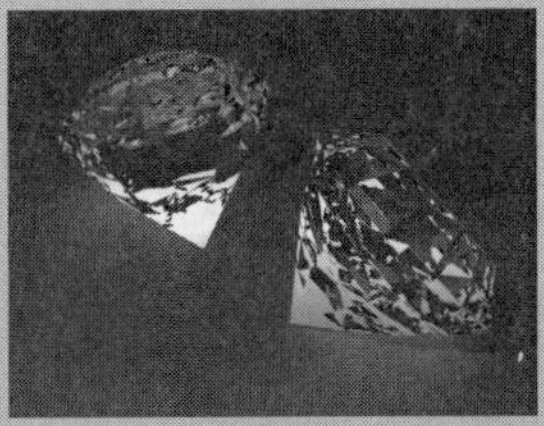

在现实生活当中，物体是由材料组成的。这些材料都有着不同的颜色、纹理、光泽度以及透明度等多种属性。在 3ds Max 2015 中，读者可以使用材质和纹理来模拟材料的外观，然后通过渲染将材质分配给物体，从而使虚拟的物体产生应有的质感。本章将介绍 3ds Max 2015 中的材质模拟方法，从多个角度去实现物体质感的真实表现。

6.1 物体质感表现概要

自然界中的质感是指视觉或触觉对不同物体状态，如固态、液态、气态的特质的感觉。在造型艺术中则把对不同物象用不同技巧所表现把握的真实感称为质感。不同的物质其表面的自然特质称为天然质感，如空气、水、岩石、竹木等；而经过人工处理的表现感觉则称为人工质感，如砖、陶瓷、玻璃、布匹、塑胶等。不同的质感给人以软硬、虚实、滑涩、韧脆、透明与浑浊等多种感觉。

3ds Max 2015 可以逼真地模拟物体的质感，在建筑作品中，使用 3ds Max 可以轻松模拟出真实的玻璃、天空、金属等质感，如图 6-1 所示。

图 6-1 建筑质感

在工业建模中，3ds Max 也能够逼真地模拟产品的质感，例如跑车的金属光泽、按键的质感等，如图 6-2 所示。

图 6-2 工业质感

而在角色的制作中，3ds Max 强大的贴图能力也能出色地完成人物皮肤的纹理，如图 6-3 所示。

图 6-3 皮肤贴图

6.1.1 材质的概念

材质是什么？简单地说就是物体看起来是什么质地。材质可以看成是材料和质感的结合。它是表面各可视属性的结合，这些可视属性是指表面的色彩、纹理、光滑度、透明度、反射率、折射率、发光度等。

大部分质感可以通过仔细观察事物来掌握其本质属性。例如，水是透明的，岩石是坚硬的，雾气是朦胧的等，如图 6-4 所示为真实世界中的水。在我们观察事物的同时也是编辑材质的开始，而有些时候还需要给现实中不存在的物体创造材质，如图 6-5 所示。

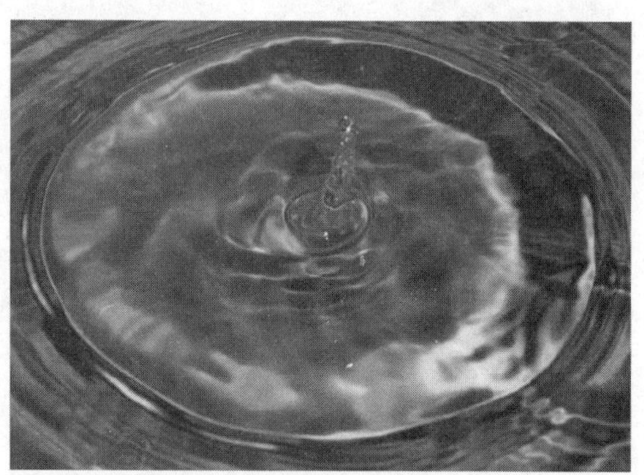

图 6-4 水材质

图 6-5　怪物

材质是对视觉效果的模拟，而视觉效果包括颜色、质感、反射等多种因素，这些视觉因素相互组合使得物体产生不同的视觉特性，材质正是对这些视觉特性的模拟，从而使场景中有些物体具有某种材料特有的特性，例如人物，如图 6-6 所示。

图 6-6　三维人物

当然，仅凭三维软件中材质的基本参数还无法使材质变得更加真实细腻，所以目前主流的三维软件中都添加了贴图来弥补基本参数单一的缺陷，纹理贴图所使用的素材分为很多类，首先是软件中自带的一些程序贴图，另外，可以直接利用照片作为纹理贴图的素材，如图 6-7 所示。

6.1.2　影响质感表达的因素

在一个虚拟的三维世界中，如何使创建的场景最大幅度地符合真实世界是学习的目标，在这个过程中，材质与贴图在其中起到了至关重要的作用，而在现实世界中，只有物体的质感相似是不够的，还要有灯光、阴影等一些外在因素的影响，所以影响质感表达的因素不能局限于材质。

图 6-7　木纹照片

1. 模型的外观

在进行材质贴图以前，对创作的物体要进行建模，在这个过程中，首先应该充分考虑好对象外观和未来将要实现的材质，接着在这个基础上制作作品，例如一个圆形的足球，如图 6-8 所示。如果建模的部分出现错误了，那么以后的模拟会很糟糕。

图 6-8　足球的外形

2. 选择合适的贴图

只靠 3ds Max 中的材质并不能表现出现实世界中的所有质感，因此很多时候需要在材质中添加一些贴图，这些贴图可以是 3ds Max 中的程序贴图，也可以是合适场景的图片，无论使用哪项，制作出真实的感觉才是最终的目的，如图 6-9 所示。

图 6-9 选择贴图

3. 照明的重要性

只有在有光线的情况下，眼睛才能看到事物，在三维世界中也是如此，而光线在空气中触碰到物体之后可以被反射或者被吸收，到达水面也会出现折射和反射现象，即使制作好了材质，如果不能完美地表现光线效果，那么制作出的材质也是不真实的。例如透明度，它会根据照明的强度不同产生不同的效果，应该考虑光线是否会透过对象，透过了对象会不会对阴影产生影响，如图 6-10 所示。

图 6-10 焦散效果

6.2 材质知识要点

在 3ds Max 中，材质是对真实世界中材料视觉效果的模拟，场景中的三维对象本身并不具备任何表面特征，自然也就不会有和真实世界相同的视觉效果，为了产生真实的视觉效果，只有通过 3ds Max 中的材质模拟真实世界中的视觉效果。

6.2.1 3ds Max 中的材质与贴图

在涉及 3ds Max 的时候会遇到"材质"和"贴图"两个词汇，它们是两个不同的含义，在制作过程中是不能够混淆的。贴图是指将图案赋予物体的表面，使物体表面出现花纹或者色彩；而材质的概念则要广泛许多，它包含纹理、反射强度、反射区域、透明度、折射率等一系列的属性。贴图只是材质的一个方面，一系列的贴图和参数才能完成一个材质，所以材质涵盖贴图。

例如一张纹理贴图，当它没有被 3ds Max 处理之前只是一张贴图，没有高光，没有置换等操作，只是一张平面的布纹贴图，而使用 3ds Max 材质编辑器中的一系列命令处理之后它就成了沙发的材质，此时它有了高光，有了置换，变成了一个比较真实的沙发材质，如图 6-11 所示。

图 6-11 布纹贴图与沙发布材质

另外，有一些贴图并不是真实的照片，它可能是一张用在透明通道中的黑白贴图，也可能是一张用在凹凸通道中的纹理贴图。例如，皮包的材质，大部分皮包都是纯色的，那就可以给皮包指定一个颜色，如图 6-12 所示。而皮包的凹凸使用颜色则表现不出来，此时就可以在凹凸通道中添加一张纹理的贴图来表现，如图 6-13 所示。

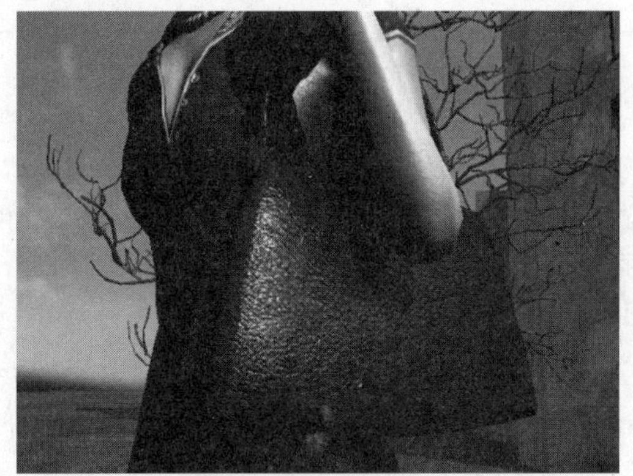

图 6-12　皮包材质

图 6-13　纹理贴图

想要创建出完美的材质，即使是对世界级的艺术大师来说，都不是一件简单的事情，需要有大量的经验，而材质的运用和设计也体现了主观的过程，那么 3ds Max 中的材质是在哪里创建的呢？6.2.2 节将介绍材质编辑器。

6.2.2　材质编辑器

材质编辑器是 3ds Max 中制作材质的地方，在这里可以使用 3ds Max 中自带的材质来模拟出需要的材质，也可以在材质的各个通道中添加需要的贴图，单击按钮可以弹出材质编辑器，材质编辑器包含以下几个部分，如图 6-14 所示。

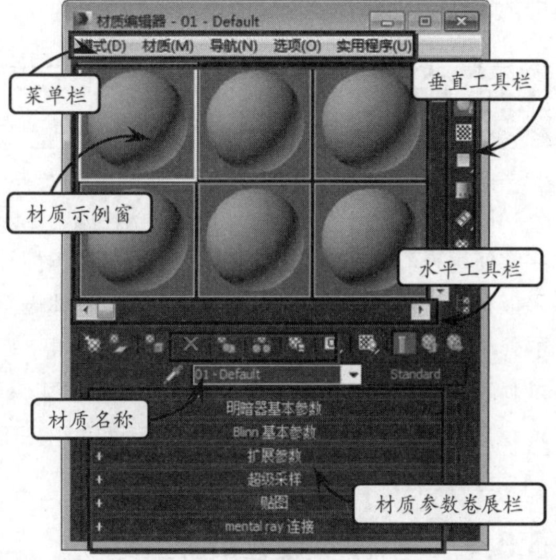

图 6-14　材质编辑器

1．材质示例窗

材质示例窗是显示材质效果的窗口，其中每一个小的方形窗口都代表一个材质，在下面的材质参数卷展栏中进行参数编辑后的效果，如材质颜色、反射程度、折射属性、透明度等都可以在示例球中显示出来。在默认情况下，材质示例窗中显示 6 个示例球，处于激活状态的示例球周围将以高亮显示。在任意一个材质示例球上单击鼠标右键，在弹出的菜单中可以切换材质的数目。

2．材质编辑工具栏

在材质编辑器中，菜单栏下面的各种命令在工具栏中基本上都能完成，而使用工具栏进行编辑控制更为直观方便。

❑ 垂直工具栏

垂直工具栏位于材质示例窗的右侧，主要控制材质示例球的显示效果。

❑ 水平工具栏

水平工具栏位于材质示例窗的下方，这些工具包括一些材质的储存和材质层级切换功能，在实际应用中十分重要。

3．材质参数卷展栏

不同的材质类型有不同的材质参数，通过在材质卷展栏中设置颜色、光泽度、贴图等参数，可得到千变万化的材质效果。

材质参数卷展栏中整合了所有用于制作材质的参数，例如，材质的明暗方式、常用材质参数、常见贴图通道以及各种扩展参数等。由于知识点比较多，将在 6.3 节中详细介绍。

6.3 标准材质

【标准】材质是 3ds Max 中的默认材质，也是平常使用频率最高的材质，任何的其他材质类型都是以标准材质为基础的。在现实生活中，物体表面的外观取决于它如何反射光线，在 3ds Max 中，标准材质模拟表面的反射属性，如果不使用贴图，标准材质会对场景提供单一的颜色，下面介绍一下【标准】材质的参数。

6.3.1 基础参数卷展栏

世界上所有事物都接受来自光源的影响，在【标准】材质中，【Blinn 基本参数】卷展栏就是用于控制材质中光源、固有色和阴影的影响，【Blinn 基本参数】卷展栏的参数如图 6-15 所示。

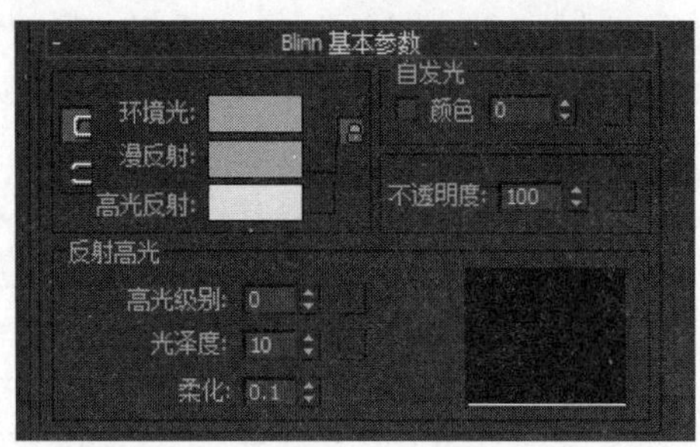

图 6-15 【Blinn 基本参数】卷展栏

现实中的物体都受光线的影响，并可以分为 3 个部分，即高光、固有色和阴影。【Blinn 基本参数】卷展栏中的参数主要对这 3 部分进行控制，在其他明暗器下的这些参数含义是一样的。

1．环境光

用于设置整个物体暗部所呈现的颜色，它主要影响物体的阴影部分。

2．漫反射

漫反射颜色是物体表面最基本的颜色，决定物体的整体色调。通常所说的物体颜色，就是指物体的漫反射颜色。

3．高光反射

直接影响物体高光点及其周围的色彩变化，一般情况下，高光色彩为对象自身色彩与光源色彩的混合。

4．自发光

在现实生活中自发光的物体具有照明效果，但这里的自发光只是一个材质效果，不是一个光源，无法照亮环境，如图 6-16 所示。

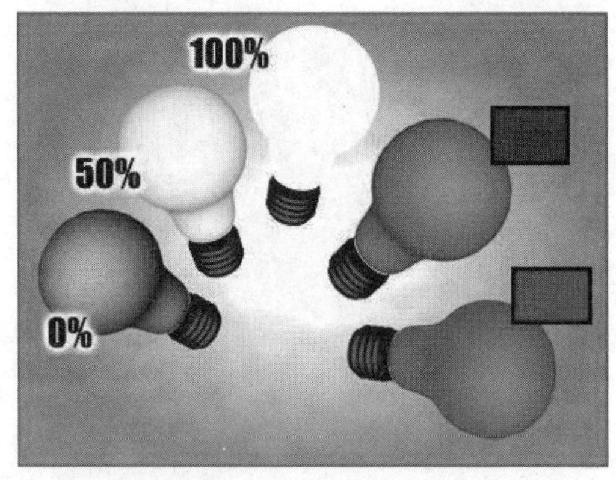

图 6-16 自发光

5．不透明度

控制材质是否透明及透明的程度。不透明度单独使用时效果很差，如果结合光线跟踪贴图则可表现各种玻璃效果，如图 6-17 所示。

6．高光级别

光线照射到物体上，会产生一个最亮的区域，这个区域亮的程度，就是由高光级别来控制，如图6-18 所示。

图 6-17　不透明度

图 6-18　高光级别

7．光泽度

光泽度控制高光区域的大小，值越大高光范围越小，相对强度就越大，物体就表现得越光滑，如图 6-19 所示。

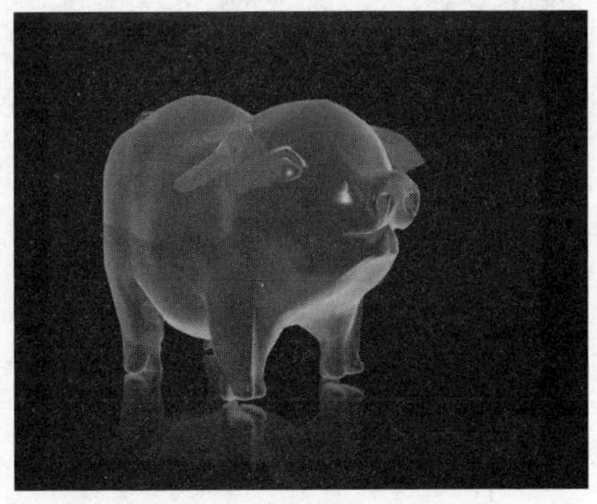

图 6-19　光泽度效果

6.3.2　贴图卷展栏

前面介绍的几个卷展栏都是对基本参数的调整，通过设置这些基本参数可以对材质颜色、表面光感等进行调整，但要制作真实的材质只靠这些基本参数是远远不够的，因为显示中材质纹理复杂，所以必须使用【贴图】卷展栏。

【贴图】卷展栏是材质基础组成部分，每个材质都预留了各种类型的通道进行调节，各个通道控制着各个部分的贴图，【贴图】卷展栏是 3ds Max 材质部分中相当重要的部分，下面介绍常用通道的作用。

1．环境光颜色和漫反射颜色

【漫反射颜色】通道主要表现材质的纹理效果。例如，如果要表现出铜器的纹理，就要选择带有铜器纹理的贴图作为漫反射贴图，如图 6-20 所示。【漫反射颜色】控制环境光的颜色，默认情况下，它们的通道锁定在一起。

图 6-20　漫反射贴图

2．高光颜色和高光级别

【高光颜色】通道能够将图像展示在物体的高光区域，如果在高光区域放一张风景图片，那么色彩在高光区就会显示出来，如图 6-21 所示。【高光级别】控制高光的形状，如图 6-22 所示。

3．自发光和不透明度

【自发光】通道对应材质中的自发光参数。它能够根据导入的图案模拟出物体表面花纹的自发光效果，如图 6-23 所示。【不透明度】可以对多图像控制物体的透明变化，如图 6-24 所示。

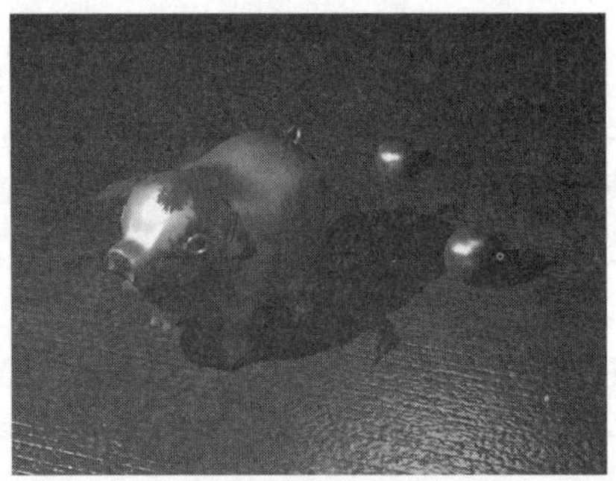

图 6-21 高光颜色

图 6-22 高光级别

图 6-23 自发光

4. 凹凸和置换

【凹凸】通道上的图像可以在物体表面产生起伏变化的效果，如图 6-25 所示。【置换】起置换效果，如图 6-26 所示。

图 6-24 不透明度

图 6-25 凹凸

图 6-26 置换

6.4 光线跟踪材质

【光线跟踪】材质是高级表面着色材质，经常用来创建玻璃、水、金属等自然界带有反射性质的物质，这也是最出效果的材质之一，如图 6-27 所示。还支持雾、颜色密度、透明度、荧光等其他特殊效果，当然渲染速度会比默认的材质要慢。【光线跟踪】材质与其他材质相比参数多。

图 6-27　【光线跟踪】材质

6.4.1　认识光线跟踪

如果要使用光线跟踪材质，可以在打开材质编辑器后，单击水平工具栏上的 Standard 按钮，在打开的窗口中双击【光线跟踪】选项。

1.【光线跟踪基本参数】卷展栏

光线跟踪的基本参数设置和标准材质的基本参数设置相似，但是光线跟踪材质的颜色设置具有自身的特点。本节将介绍光线跟踪的基本参数。另外，这里仅介绍与标准材质不同的参数，图 6-28 所示的是【光线跟踪基本参数】卷展栏。

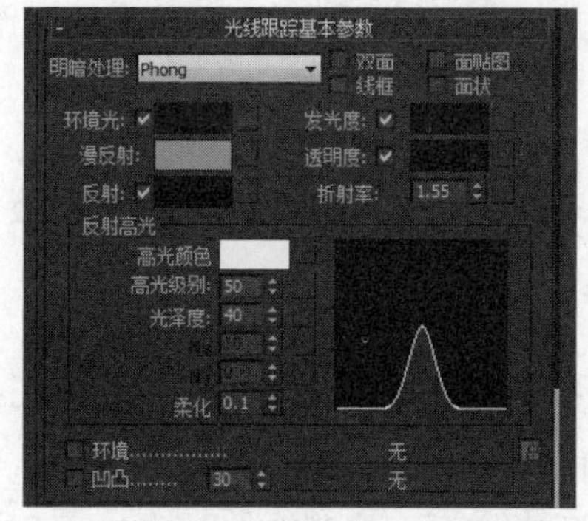

图 6-28　【光线跟踪基本参数】卷展栏

❑ 反射

【反射】可以调整对象对周围环境的反射值，如图 6-29 所示。

图 6-29　反射效果

> **注意**
>
> 当【反射】的值达到最大时，【漫反射】通道的属性将消失。当【反射】为纯白色或者当其取值为 100 时，物体将不再显示本身的颜色而完全反射周围环境的纹理或者形状。

❑ 发光度

类似于标准材质的自发光参数，所不同的是自发光利用漫反射颜色来发光，而【发光度】利用自身的颜色来发光，如图 6-30 所示。

图 6-30　发光度效果

❑ 透明度

用于调整物体的透明度，即折射的程度。它的控制方式和【反射】的控制方式相同，也具有颜色和数值两种控制方式，并且可以以同样的方法进行切换，如图 6-31 所示。

图 6-31　透明效果

❑ 折射率

用于决定事物具有多大的折射率，如图 6-32 所示。

图 6-32　折射率效果

❑ 环境

通过【环境】选项可以将指定的贴图作为覆盖全局贴图的环境贴图。

❑ 凹凸

用于设置凹凸效果，相当于【贴图】卷展栏中的凹凸贴图通道。

2.【扩展参数】卷展栏

【扩展参数】卷展栏中的参数用于在材质上提供特殊效果，例如材质的透明效果、烟雾效果、荧光等，也是光线跟踪材质经常用到的部分，如图 6-33 所示。

❑ 附加光

利用光线跟踪材质将灯光添加到对象表面。

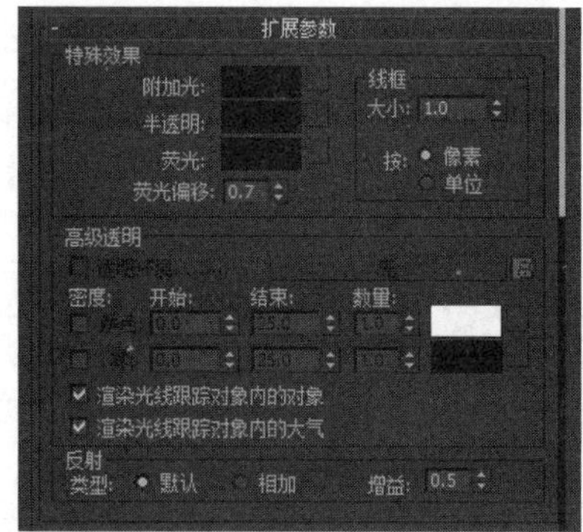

图 6-33　【扩展参数】卷展栏

❑ 荧光

创建一种在黑色灯光海报上的黑色灯光相似效果。通常情况下，荧光会影响折射的色彩，其效果如图 6-34 所示。

图 6-34　荧光色彩

❑ 雾

使用雾来填充对象内部，一般用于制作染色玻璃。

❑ 数量

用于决定雾效果的浓度，该值越大浓度越大。

6.4.2　练习：制作玻璃球

本实例介绍的是一串玻璃葡萄饰品的静物场景，在该场景中，利用【光线跟踪】材质作为基本材质展开制作。通过本节的学习，要求读者掌握光线跟踪材质中的漫反射颜色和透明度颜色的区别，掌握玻璃材质反射和折射的程度。

STEP|01 打开场景文件，这是一个已经制作好场

景和灯光的练习文件，如图 6-35 所示。

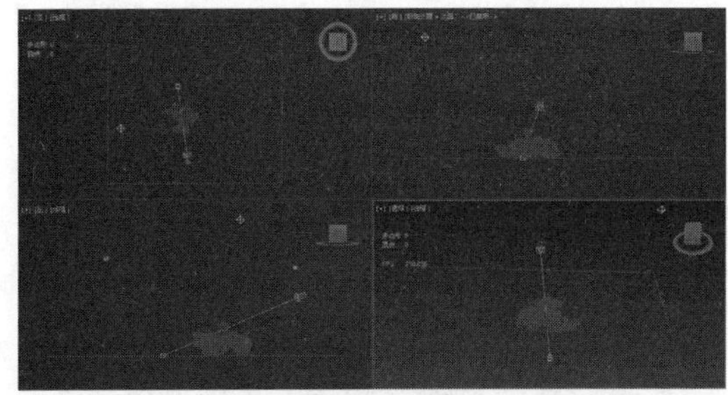

图 6-35　练习文件

STEP|02 打开材质编辑器，将一个空白的材质球赋予球体，单击水平工具栏上的 Standard 按钮，在打开的对话框中双击【光线跟踪】选项，如图 6-36 所示。

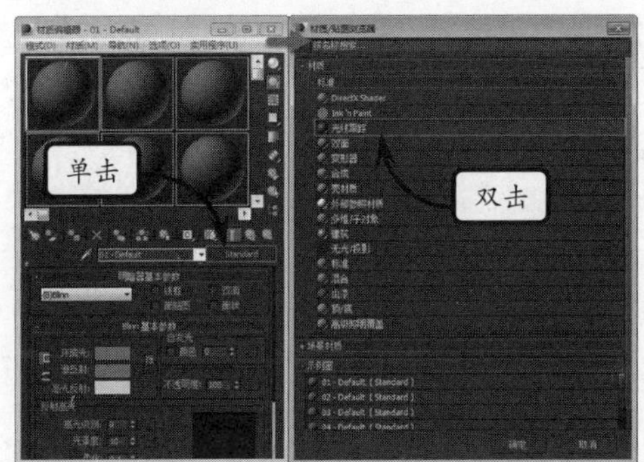

图 6-36　添加光线跟踪

STEP|03 保持默认的材质参数不变，快速渲染一下摄像机视图，观察此时的受光情况，如图 6-37 所示。

图 6-37　观察受光情况

STEP|04 在【光线跟踪基本参数】卷展栏中，将【高光级别】设置为 120，【光泽度】设置为 80，【折射率】设置为 1.7，如图 6-38 所示。

图 6-38　设置高光

STEP|05 单击【透明度】右侧的颜色块，在打开的拾色器中，将其颜色设置为白色，如图 6-39 所示。

图 6-39　玻璃球效果

STEP|06 展开【贴图】卷展栏，单击【反射】右侧的【无】按钮，在打开的对话框中，双击【衰减】贴图，保持默认参数不变，再次渲染摄像机视图，观察效果，如图 6-40 所示。

图 6-40　此时的玻璃效果

STEP|07 返回到【光线跟踪基本参数】卷展栏中，将【透明度】设置为 RGB（144，144，144），设置【漫反射】RGB 为（106，28，117），为了更好的效果，再选择【扩展参数】卷展栏中【特殊效果】选项里【半透明】设置为（202，122，216），快速渲染摄像机视图观察效果，如图 6-41 所示。

图 6-41　观察效果

STEP|08 在材质编辑器中，选择制作好的玻璃球材质，复制几个副本，并逐一修改它们的【漫反射】颜色和【半透明度】颜色，从而产生多种颜色的玻璃球，如图 6-42 所示。

图 6-42　最终的渲染效果

这样，真实的玻璃球效果就产生了。在实际应用过程中，读者可以将其应用到其他玻璃材质上，不过在应用时，应当考虑材质的光泽度以和反光度。

6.5 混合材质

【混合】材质是 3ds Max 诸多材质中使用频率极高的材质之一，它能够实现两种材质之间的无缝混合，常用于制作诸如烫金枕头、花纹玻璃等室内家居材质表现。

6.5.1 认识混合材质

【混合】材质能够在物体表面上将两种材质进行混合。混合具有可设置动画的【混合量】参数，该参数可以用来绘制材质变形功能曲线，以控制随时间混合两个材质。这种材质的最大优点在于：它可以控制在同一对象的具体位置上实现截然不同的两种质感效果。本节将介绍混合材质的特性，如图 6-43 所示的是混合材质的基本参数面板。

一般情况下，使用一种贴图或材质就可以模拟真实世界中的物体，但往往真实世界中更多的还是有瑕疵的物体，例如生锈的铜、斑驳的墙等，这些不规则的物体往往使用一种材质或贴图很难模拟出来，例如一堵掉漆的墙的材质，可以使用【混合】材质先制作墙的材质，然后再制作漆的材质，此刻就会将它们混合在一起，如图 6-44 所示。

混合好后利用 Blend 材质中的 Mask 贴图通道添加遮罩贴图将掉漆的部分显现出来，这样掉漆的墙就制作好了，如图 6-45 所示。下面介绍混合材质的参数。

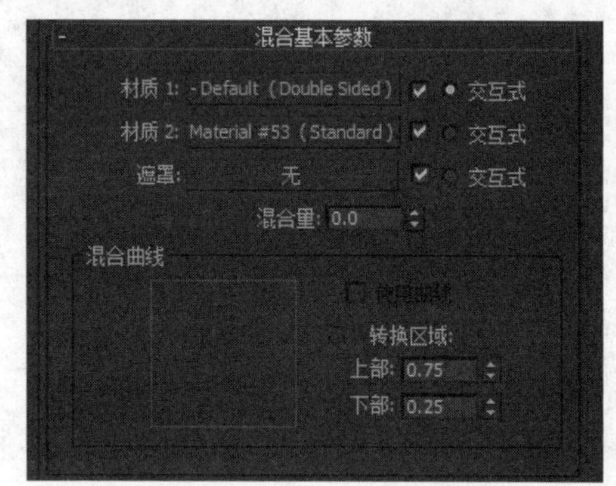

图 6-43　混合基本参数

图 6-44　混合墙体和漆

图 6-45　掉漆的墙

1．混合材质基本类型

❑ **材质 1**

该选项用于确定作为混合材质的第一个材质。

❑ **材质 2**

该选项用于选择合成材质中的第二个材质，只有在启用了每个材质旁边的复选框后才能使用相应的材质。

❑ **交互式**

该选项用于决定材质 1 和材质 2 中哪一个在视图窗口中进行交互显示。

❑ **遮罩**

该选项用于指定作为遮罩的贴图，该贴图通道将把彩色的贴图转变为灰度图，并按照灰度的级别来确定其显示效果。

提示

通常情况下，黑色的部分将变为完全透明，白色的区域变为不透明区域，灰色区域将按照其灰度显示不同的半透明状态。

❑ **混合量**

该选项只有在添加了【遮罩】贴图后才变为可用状态。通过调整该参数的值可以把材质 1 和材质 2 完全合成在一起。数值是确定混合的比例，以百分比为单位。

另外，不仅可以通过【遮罩】来合成不同的材质为对象添加质感，同时还可以制作两个材质交替的动画，此时只需要将【混合量】设置为动画即可。

2．混合曲线

【混合曲线】选项区域在激活【遮罩】后变为可用状态，通过利用该功能曲线，可以动态地调整材质 1 和材质 2 的结合程度。如图 6-46 所示的效果，就是利用两种不同的贴图通过混合而制作出来的腐蚀效果。

图 6-46　混合材质效果

6.5.2　练习：制作破旧材质

在现实生活中，有许多东西是存在缺陷的，完美的东西是不存在的，在三维动画中经常要模拟现实中的东西，本实例使用 3ds Max 中的混合材质来表现旧木桌的效果，通过本次练习，要求读者掌握混合材质的应用。

旧圆桌是生活中能够经常看到的，经过时间的洗礼，圆桌的表面通常破旧不堪，表面的漆会有一定的脱落，本节介绍混合材质的制作方法，通过本节学习要求读者掌握混合材质的使用方法。

STEP|01 打开场景文件，观察物体，如图 6-47 所示。

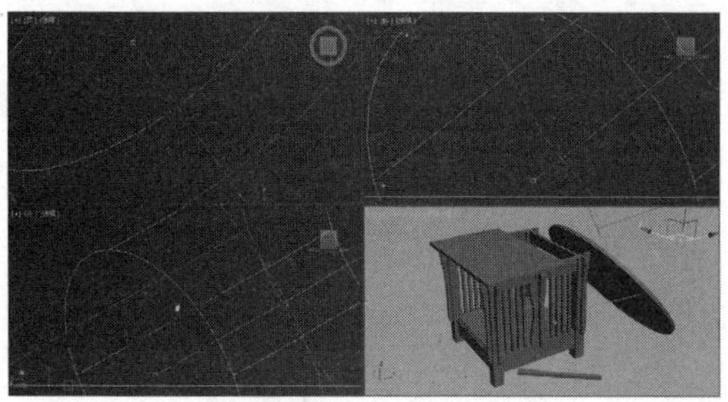

图 6-47 打开场景

STEP|02 打开材质编辑器，选择【混合】材质，如图 6-48 所示。

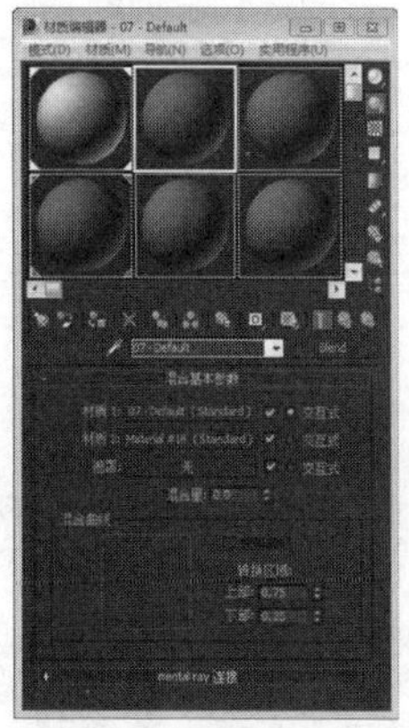

图 6-48 混合材质

STEP|03 进入到【混合】材质的材质 1 中，设置【高光级别】为 40，【光泽度】为 30，如图 6-49 所示。

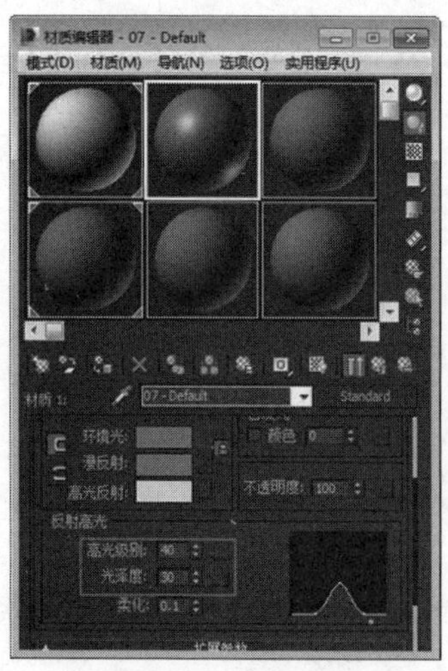

图 6-49 设置材质参数

STEP|04 展开【贴图】卷展栏，在【漫反射颜色】通道中单击【无】按钮，添加【木纹贴图】，回到上一层级，将其拖曳复制到【凹凸】通道，设置【数量】为 30，如图 6-50 所示。

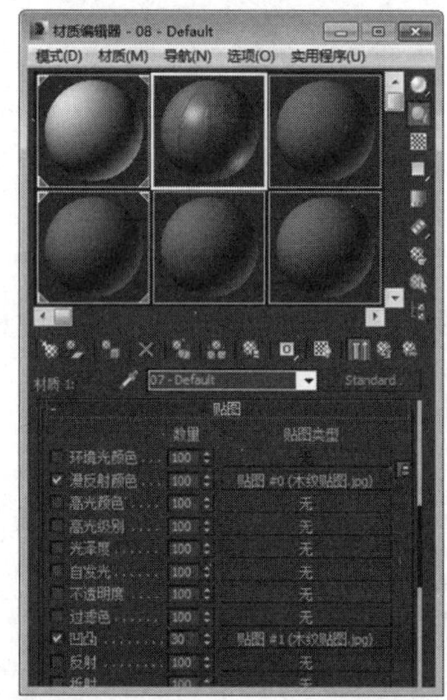

图 6-50 复制通道贴图

STEP|05 将材质赋予场景中的圆桌，渲染效果如图 6-51 所示。

图 6-51 渲染效果

STEP|06 然后回到【混合】材质的面板，进入到【材质 2】中，设置其参数如图 6-52 所示。

STEP|07 展开【贴图】卷展栏，在【漫反射颜色】通道中单击【无】按钮，添加【腐蚀贴图】，如图 6-53 所示。

STEP|08 回到最顶层级中的【混合】材质中，在【遮罩】中添加一个【位图】，然后选择【遮罩 2】

文件，如图 6-54 所示。

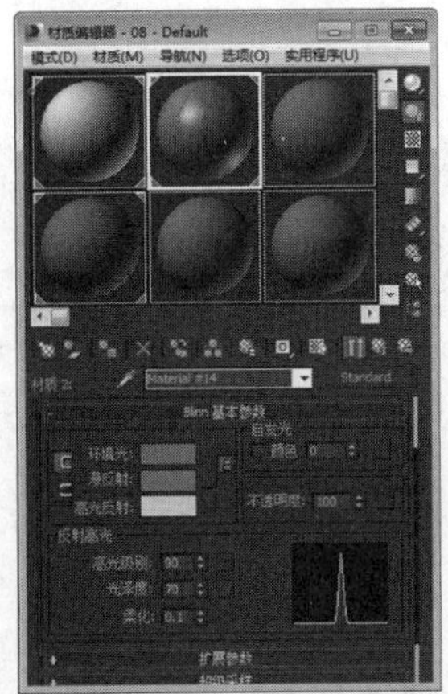

图 6-52　设置材质 2

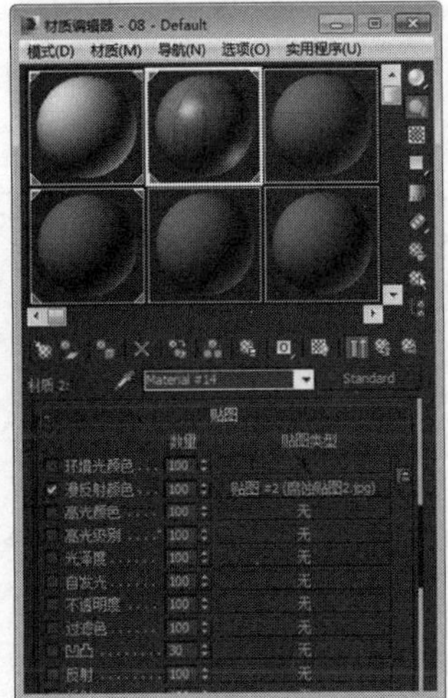

图 6-53　添加贴图

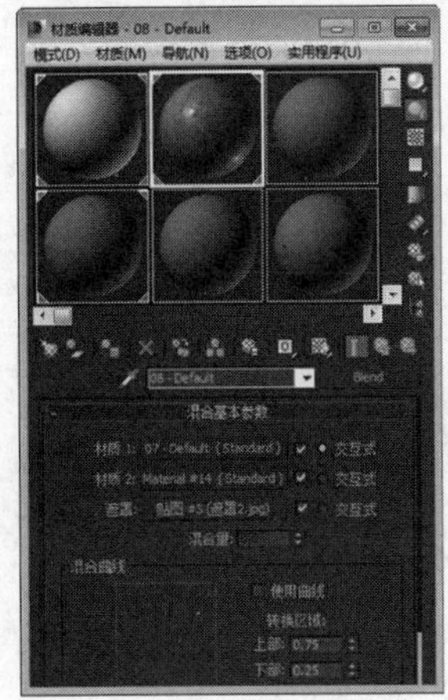

图 6-54　添加遮罩

STEP|09 渲染当前效果如图 6-55 所示。

图 6-55　渲染效果

STEP|10 给木板附材质。木板的材质与圆桌如出一辙，在赋予贴图时，材质的贴图与实际的物体会有一定的差别，例如纹理的方向不对，纹理太大或太小。这就要求我们掌握正确的贴图方法。选择一个材质球，添加【混合】材质，进入到【材质 1】中，设置【高光级别】为 90，【光泽度】为 50，在【漫反射颜色】通道中选择【无】，添加【木纹贴图 2】，返回上一级，将其拖曳复制到【凹凸】通道，设置【数量】为 30，如图 6-56 所示。

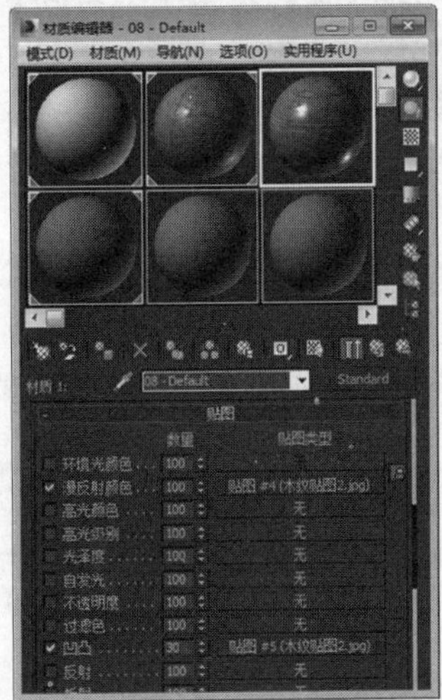

图 6-56　添加贴图

STEP|11 将材质赋予木板物体后渲染，如图 6-57 所示。

STEP|12 设置木纹贴图的参数如图 6-58 所示。

图 6-57　渲染效果

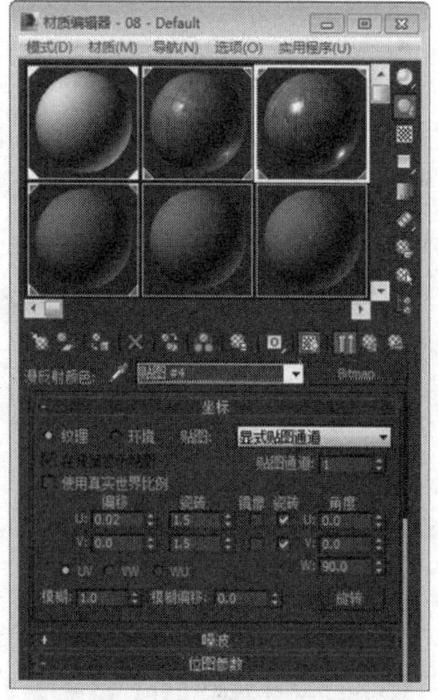

图 6-58　设置材质属性

STEP|13 更改贴图的角度和大小，渲染效果如图 6-59 所示。

图 6-59　渲染效果

STEP|14 进入到【材质 2】中，其他参数与【材质 1】相同，更换通道中的贴图，如图 6-60 所示。

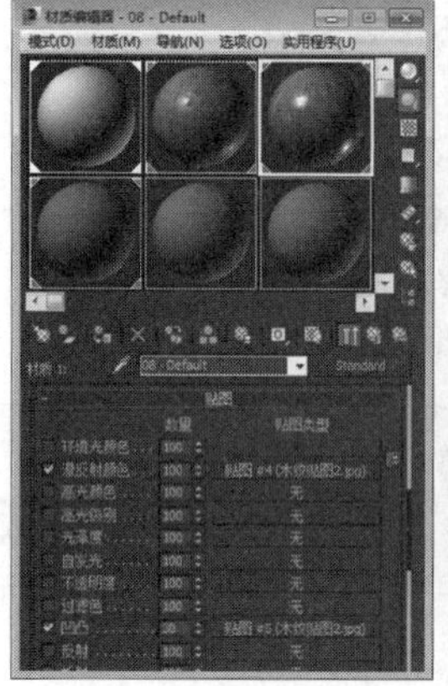

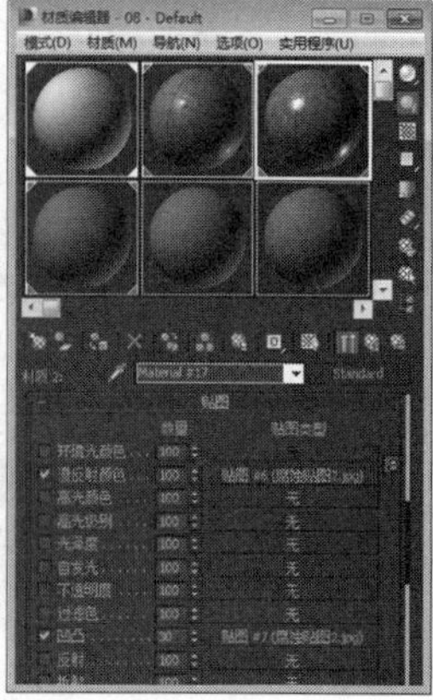

图 6-60　更换贴图

STEP|15 回到上一层级，在【遮罩】中添加【遮罩 1】，渲染效果如图 6-61 所示。

图 6-61　渲染效果

STEP|16 将木板材质复制到一个新的材质球中，赋予其他物体，如图 6-62 所示。

图 6-62　渲染效果

STEP|17 进入到刚复制的材质球中，将【位图】中的参数还原，如图 6-63 所示。

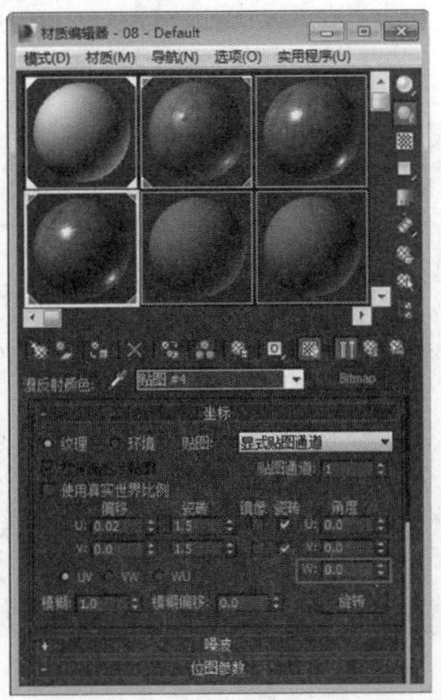

图 6-63　还原参数

STEP|18 最后为其添加一个简单的场景，渲染最终效果如图 6-64 所示。

图 6-64　最终效果

6.6 卡通材质

【卡通】材质主要创建一些与卡通相关的效果，通常利用这种材质制作一些动画片。和其他的大多数材质提供的三维真实效果不同，该材质提供带有墨水边缘的平面效果。卡通材质主要由【基本材质扩展】、【绘制控制】、【墨水控制】等卷展栏组成，如图 6-65 所示。

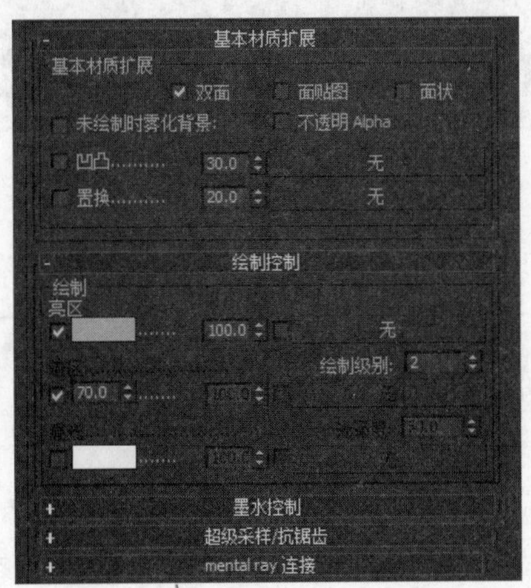

图 6-65　卡通材质参数面板

6.6.1　绘制控制卷展栏

【绘制控制】卷展栏下的参数主要控制物体表面颜色和属性，总共包含了 3 个基本选项，下面分别给予介绍。

1．亮区

【亮区】用于设置对象中亮面的填充颜色。默认设置为淡蓝色。禁用该复选框将使对象不可见，但墨水除外。默认设置为启用。

2．绘制级别

【绘制级别】用于指定对象的过渡层数，从淡到深。值越小，对象看起来越平坦。值范围为 1～255。默认值为 2。

3．暗区

【暗区】用于控制物体的暗部的颜色深度，值越小暗部颜色越深。

4．高光

【高光】用于设置反射高光的颜色。后面的【光泽度】用来调整高光区域的大小。

6.6.2 墨水控制

【墨水控制】卷展栏主要控制的是物体的描边、轮廓的粗细、颜色以及勾线的位置。【墨水控制】卷展栏如图 6-66 所示。

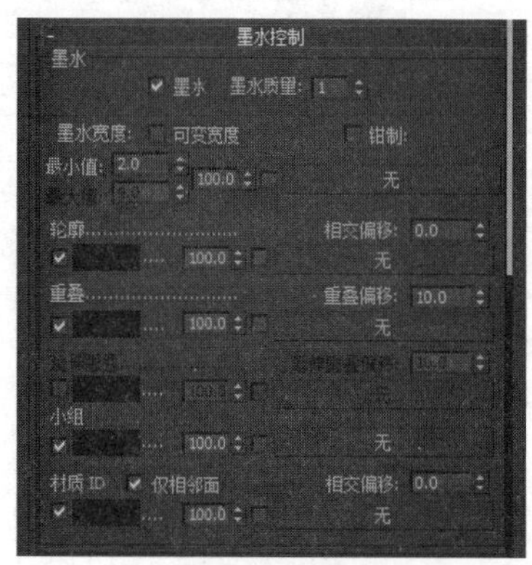

图 6-66 墨水控制卷展栏

1. 墨水

启用该复选框后物体将具有描边效果，效果对比如图 6-67 所示。

图 6-67 禁用与启用墨水效果

2. 墨水宽度

【墨水宽度】设置以像素为单位的墨水宽度。在未启用【可变宽度】复选框时，它是由微调器标记的【最小值】指定，如图 6-68 所示。

图 6-68 墨水宽度

3. 轮廓

设置物体外边缘处（相对于背景）或其他对象前面的墨水。默认设置为启用，其效果如图 6-69 所示。

图 6-69 轮廓效果

6.7 贴图知识要点

二维贴图又称为 2D 贴图，它表示的是水平贴图，通常“粘贴”在几何对象的表面，或者用作环境贴图作为场景创建背景。大多数的二维贴图是利用二维贴图程序生成的。二维贴图包含 30 多种贴图类型，本节主要介绍一些常用的二维贴图类型。

6.7.1　二维贴图介绍

二维贴图是二维图像，它们通常贴图到几何对象的表面，或用作环境贴图来为场景创建背景。在实际使用过程中，最为简单的二维贴图是位图，而其他种类的二维贴图则是由贴图程序自动生成。常见二维贴图的简介如下。

1．位图贴图

【位图】贴图使用一个或多个位图图像作为贴图文件，如静态的.bmp、.jpg 图像文件等，或者是动态的.avi 等由静态图像序列所组成的动画文件。几乎所有 3ds Max 支持的文件贴图或动画文件格式都可以作为材质的位图贴图，它有一个贴图公用卷展栏。【坐标】卷展栏下主要参数的含义如下，如图 6-70 所示。

❑ 纹理

将该贴图作为纹理贴图应用于物体表面。在 Mapping 列表中有 4 种坐标类型可供选择。

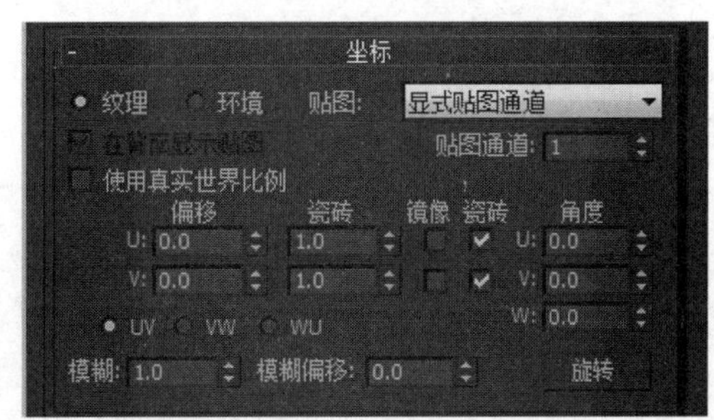

图 6-70 【坐标】卷展栏

❑ 环境

该选项是在将图片指定给环境中的背景时使用。选中【环境】单选按钮后，【贴图】卷展栏下有 4 种方式可供选择。

❑ 偏移

该选项可以移动贴图在对象上的位置。移动的位置根据 UV、VW、WU 的方向指定，如图 6-71 所示。

图 6-71　偏移效果对比

❑ 瓷砖

决定贴图沿每根轴重复的次数。

❑ **U/V/W** 角度

绕 U、V 或 W 轴旋转贴图（以°为单位）。

❑ 旋转

单击该按钮后，会弹出一个对话框，用于通过在弧形球图上拖动来旋转贴图（与用于旋转视口的弧形球相似，虽然在圆圈中拖动是绕全部 3 个轴旋转，而在其外部拖动则仅绕 W 轴旋转）。

❑ 模糊

贴图与视图的距离影响其清晰度和模糊度。贴图距离越远，就越模糊。模糊主要是用于消除锯齿，如图 6-72 所示。

❑ 模糊偏移

影响贴图的锐度或模糊度，而与贴图离视图的距离无关。模糊偏移模糊对象空间中自身的图像。如果需要对贴图的细节进行软化处理或者散焦处理以达到模糊图像的效果时，可以使用此选项。

图 6-72　模糊效果

2. 平铺贴图

使用【平铺】可以创建瓷砖或者砖的材质，通过设置 Tiles 贴图的自身参数可以调节出不同的砖瓦效果，【平铺】有很多设置好的建筑砖块图案可以使用，当然也可以自定义一些图案用于不同的需要，【平铺】贴图效果如图 6-73 所示。

图 6-73　平铺效果

3. 渐变贴图

【渐变】贴图是从一种颜色到另一种颜色进行着色。这种贴图通常用来作为其他贴图的 Alpha 通道或者过滤器。在实际操作过程中，用户只需为渐变指定两三种颜色，则该贴图将自动插补中间值，从而形成平滑的渐变颜色，如图 6-74 所示。

4. 棋盘格贴图

【棋盘格】贴图可以产生两种颜色交替的棋盘贴图效果，默认为黑白相间的棋盘，它是一种程序贴图，常用于室内建筑设计中，例如厨房、卫生间地面等，如图 6-75 所示。

图 6-74　Gradient 效果

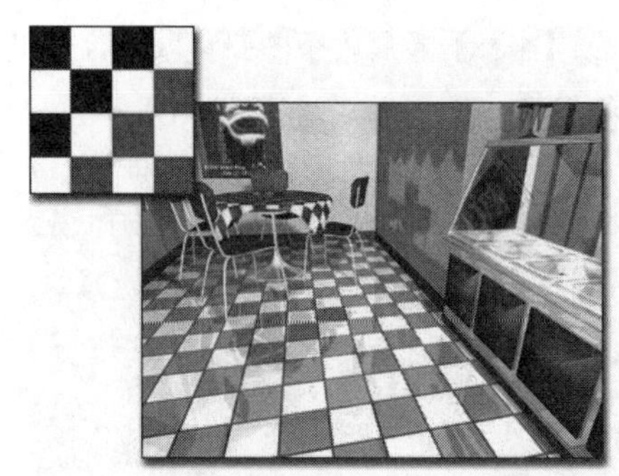

图 6-75　棋盘格贴图

5. 渐变坡度

【渐变坡度】贴图类似于渐变贴图，功能也比较相近，可以说是渐变贴图的高级形式，它提供了更多的渐变形式，而且可以为渐变指定贴图等。【渐变坡度】贴图的效果如图 6-76 所示。

图 6-76　Gradient Ramp 贴图

6．旋涡

【旋涡】贴图是依靠两个通道混合类似实现旋涡的效果，如同其他双色贴图一样，任何一种色彩都能够使用贴图代替，如图 6-77 所示。

图 6-77　漩涡贴图

6.7.2　三维贴图介绍

三维贴图是贴图程序在空间的 3 个方向上都产生的贴图，例如【细胞】贴图会在整个实体内部产生细胞斑点的贴图效果，假如用户切除模型上的某一部分，则切面部分仍然会显示相应的斑点效果。本节介绍一些三维贴图的功能与特性。

1．衰减贴图

【衰减】贴图是基于几何体曲面上面法线的角度衰减来生成从白到黑的贴图，如图 6-78 所示。它会根据用户指定角度衰减的方向产生渐变，根据用户的定义，贴图会在法线从当前视图指向外部的面上生成白色，而在法线与当前视图相平行的面上生成黑色。

图 6-78　衰减效果

2．噪波贴图

【噪波】贴图是三维贴图中较为常用的一种贴图，经常用它来创建各种凹凸或者置换效果，比如鸡蛋壳、粗糙的地面等，如图 6-79 所示。

图 6-79　噪波效果

3．泼溅贴图

【泼溅】贴图可以用来模拟颜色溅出的不规则图案，这种图案有一种特别的艺术韵味，如图 6-80 所示。

图 6-80　泼溅贴图

4．细胞贴图

【细胞】贴图是一个功能非常强大的贴图程序，它可用于表现各种视觉效果的细胞图案，包括马赛克瓷砖、鹅卵石表面甚至海洋表面。效果如图 6-81 所示。

6.7.3　反射和折射贴图

反射与折射贴图也是 3ds Max 中的重要的贴

图类型，通过使用这些通道或者贴图类型可以制作出真实的材质质感，例如，使用镜面反射制作场景中的镜子效果，利用反射贴图制作金属表面的反射纹理，利用折射贴图制作玻璃水杯的折射效果。本节将介绍反射与折射贴图的使用方法。

图 6-81 细胞效果

1. 光线跟踪贴图

该贴图一般应用在材质的【反射】或【折射】贴图通道上。光线跟踪贴图和光线跟踪材质一样，都是以光线跟踪的方式表现反射和折射的效果，效果如图 6-82 所示。

图 6-82 光线跟踪贴图

除了这些以外，用户还可以使用光线跟踪材质，该材质使用相同的光线跟踪器生成更精确的光线跟踪反射和折射。光线跟踪贴图和光线跟踪材质之间的区别如下。

- 使用光线跟踪贴图与使用其他贴图的操作一样，可以将光线跟踪反射或折射添加到各种材质中。
- 可以将光线跟踪贴图指定给材质组件，反射或折射除外。
- 光线跟踪贴图比光线跟踪材质拥有更多衰减控件。
- 一般情况下，光线跟踪贴图比光线跟踪材质渲染得更快。

2. 反射/折射贴图

【反射/折射】贴图生成反射或折射表面。要创建反射，用户只需将该贴图类型添加到材质的反射通道中即可。要创建折射，则将其添加到折射通道中。利用【反射/折射】贴图创建的效果如图 6-83 所示。

图 6-83 反射与折射

6.8 金属与翡翠

金属和翡翠都是现实生活中经常见到的，它们经常用来制作一些大型的雕塑或者小型的装饰品，通过本节的学习，要求读者掌握这些材质的制作方法。

6.8.1 制作金属烛台

金属明暗器可以提供效果逼真的金属表面以及各种有机体材质模型，并对于反射高光，金属明暗器具有不同的曲线，本节使用明暗器制作一个金属烛台模型，要求读者掌握金属材质的制作方法。

STEP|01 首先打开场景文件，将一个材质球赋予台灯物体。在【明暗器基本参数】卷展栏中将着色方式设置为【(M) 金属】，如图 6-84 所示。

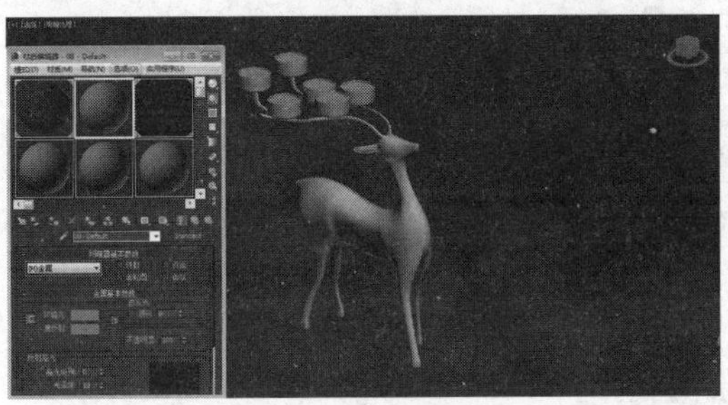

图 6-84 场景文件

STEP|02 在【金属基本参数】卷展栏中，设置【漫反射颜色】为 RGB（255，200，0），将【高光级别】设置为 80，将【光泽度】设置为 60，如图 6-85 所示。

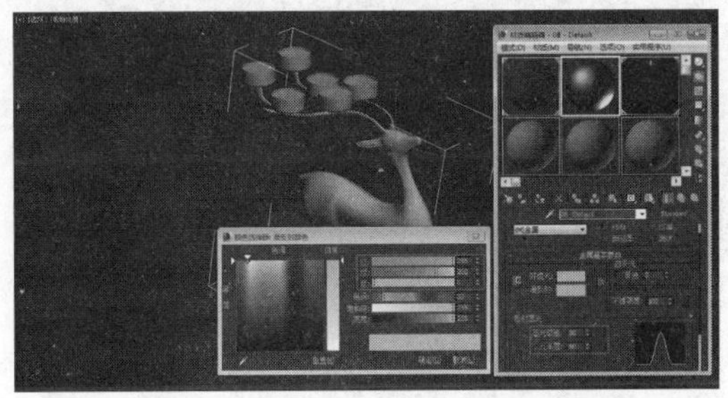

图 6-85 设置参数

STEP|03 展开【贴图】卷展栏，单击【反射】右侧的长条按钮，在打开的对话框中双击【光线跟踪】选项，添加该贴图，如图 6-86 所示。

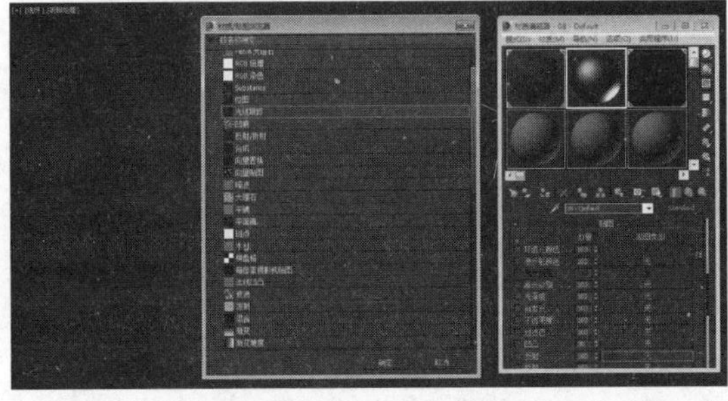

图 6-86 添加光线跟踪贴图

STEP|04 保持默认参数不变，返回【贴图】卷展栏，并将反射的【数量】设置为 80，如图 6-87 所示。

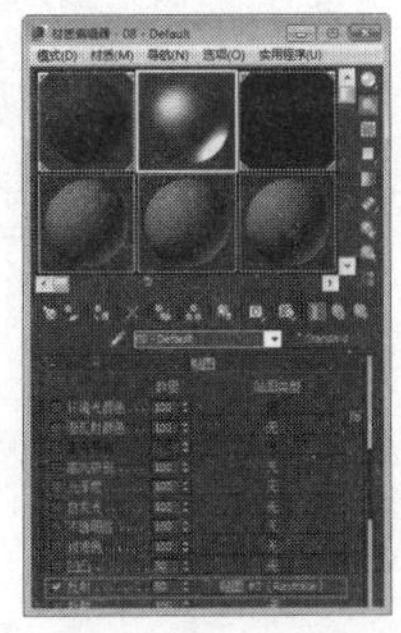

图 6-87 设置反射数量

STEP|05 单击【凹凸】通道，在打开的对话框中双击【噪波】选项，添加该贴图，如图 6-88 所示。

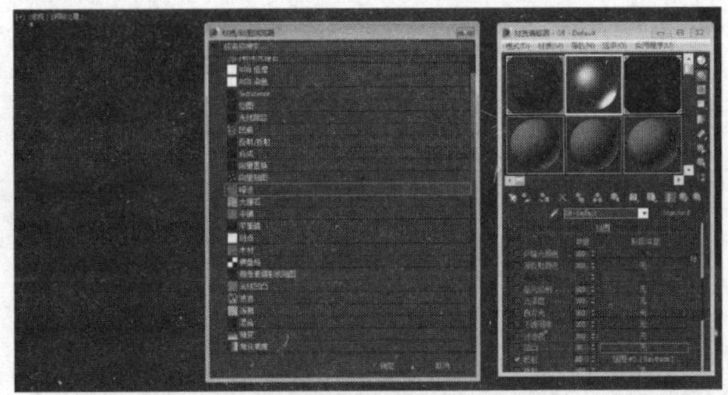

图 6-88 添加噪波

STEP|06 展开【噪波参数】卷展栏，将【大小】设置为 0.2，将【高】设置为 0.6，如图 6-89 所示。

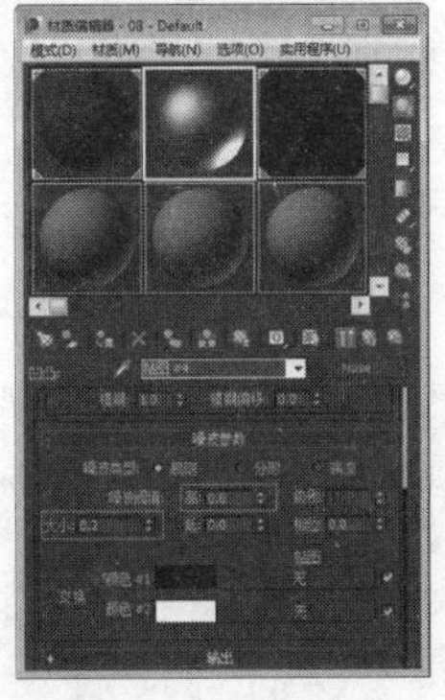

图 6-89 设置噪波参数

STEP|07 噪波参数设置完毕后，整个金属材质的制作就完成了，可以快速渲染效果如图 6-90 所示。

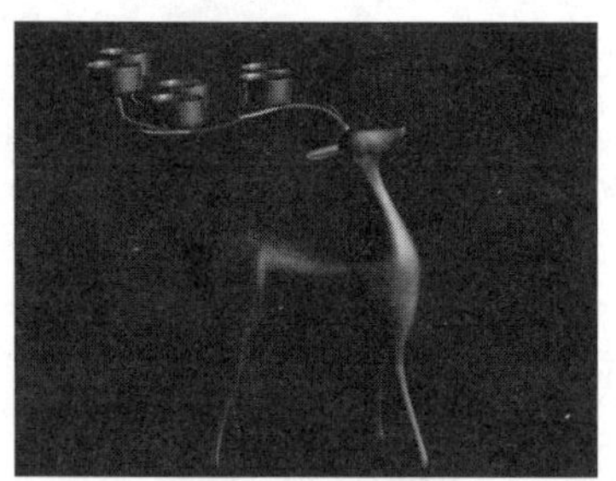

图 6-90 渲染效果

6.8.2 制作翡翠飞凤

半透明材质的应用十分广泛，半透明材质允许光线进入并穿过，在其内部使光线散射，通常可以使用半透明材质模拟被侵蚀的玻璃，本实例使用半透明材质表现翡翠的质感，要求读者掌握半透明材质的应用。

STEP|01 首先打开场景文件，将一个材质球赋予台灯物体。在【明暗器基本参数】卷展栏中将着色方式设置为【(T) 半透明明暗器】，如图 6-91 所示。

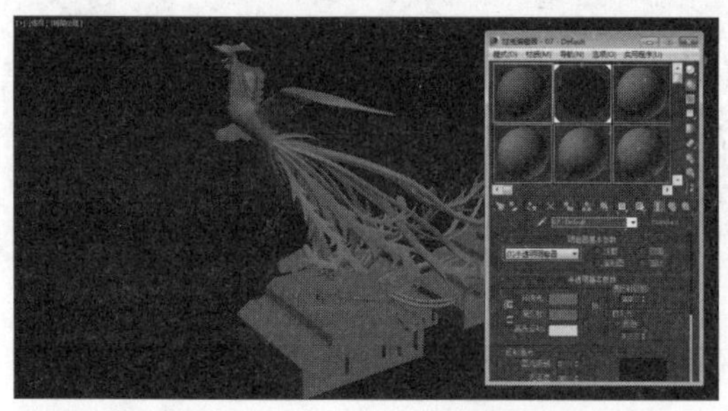

图 6-91 设置明暗器基本参数

STEP|02 将【漫反射】的颜色设置为 RGB (23, 99, 0)，【高光反射】的颜色设置为 RGB (230, 254, 242)，【高光级别】和【光泽度】的值分别为 100、60，如图 6-92 所示。

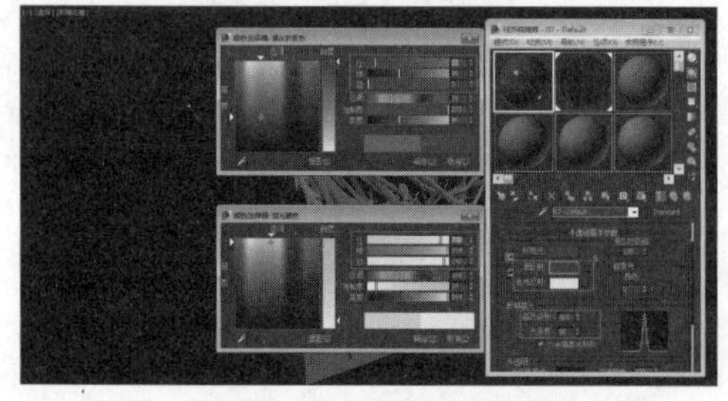

图 6-92 设置参数

STEP|03 然后，将【半透明颜色】设置为 RGB (0, 159, 37)，如图 6-93 所示。

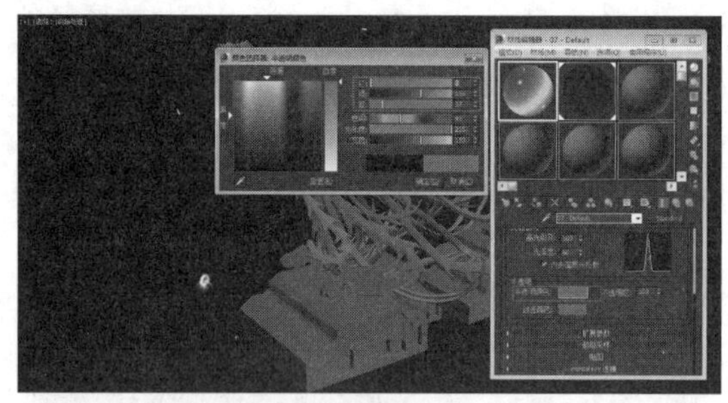

图 6-93 设置半透明颜色

STEP|04 在材质编辑器中，展开【贴图】卷展栏，先将反射值改为 35，然后单击后面的【无】按钮，在弹出的对话框中双击【光线跟踪】选项，如图 6-94 所示。

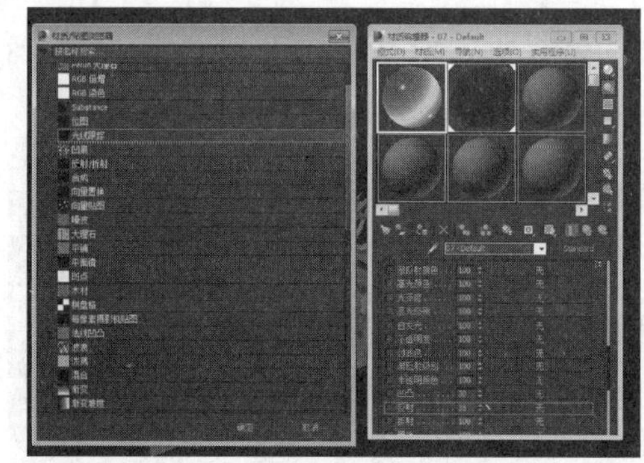

图 6-94 添加光线跟踪贴图

STEP|05 渲染当前效果，如图 6-95 所示。

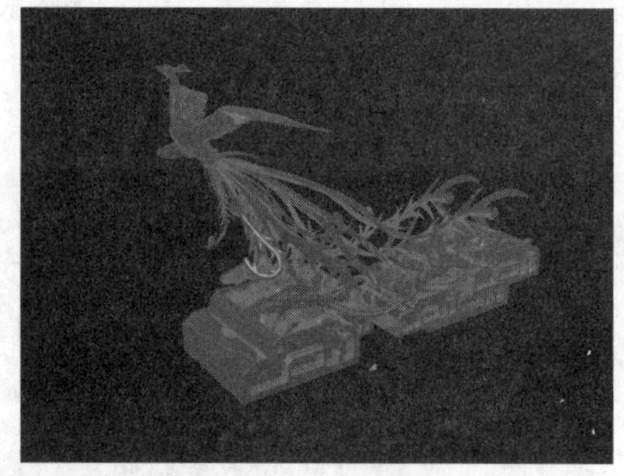

图 6-95 渲染效果

STEP|06 在【贴图】卷展栏中，单击【反射】通

道进入【光线跟踪器参数】卷展栏。然后，单击【无】按钮，在弹出的对话框中双击【衰减】选项，如图 6-96 所示。

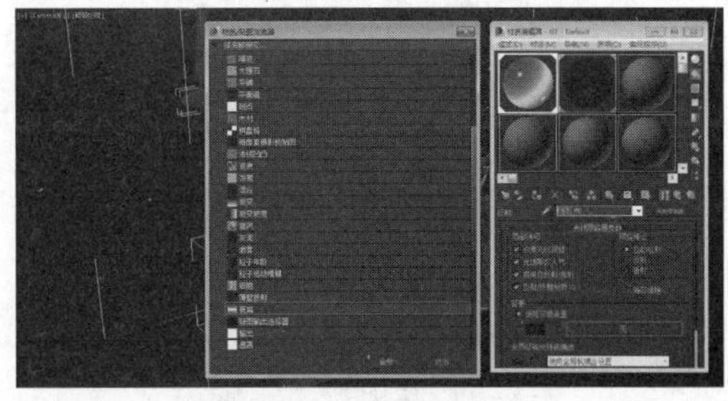

图 6-96　添加衰减

STEP|07 连续返回上一级，然后在【漫反射基本参数】卷展栏下将【漫反射级别】改为 82，如图 6-97 所示。这样材质的颜色会更重一些。

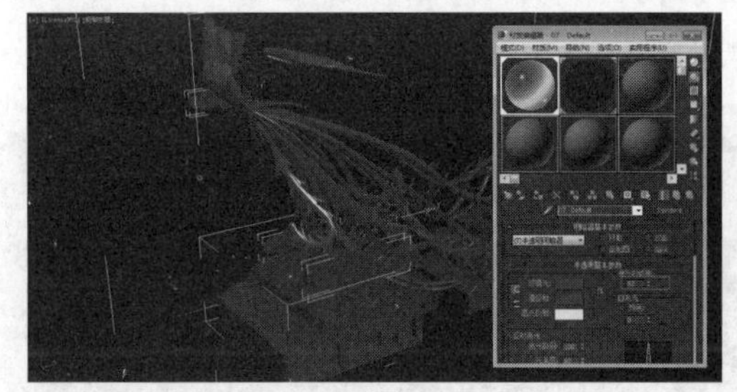

图 6-97　修改漫反射级别

STEP|08 在【贴图】卷展栏中，单击【自发光】通道，在弹出的对话框中双击【衰减】选项，然后单击【衰减参数】卷展栏下的白色颜色框，将颜色值重新设置为 RGB（58，128，49），如图 6-98 所示。

STEP|09 然后再为【半透明颜色】添加衰减贴图，设置两个颜色块的值分别为 RGB（9，132，0）和 RGB（0，188，115），如图 6-99 所示。

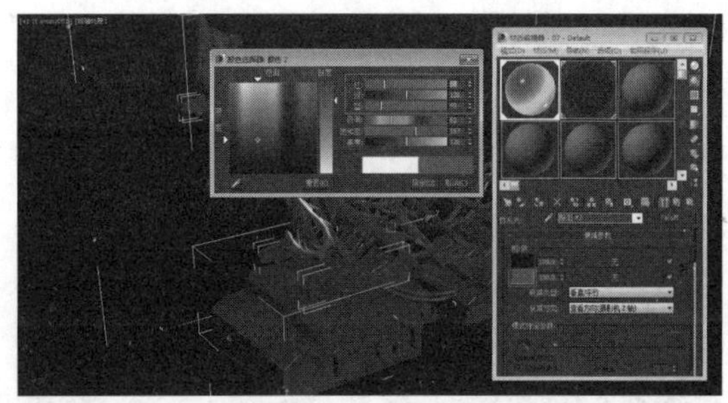

图 6-98　设置衰减

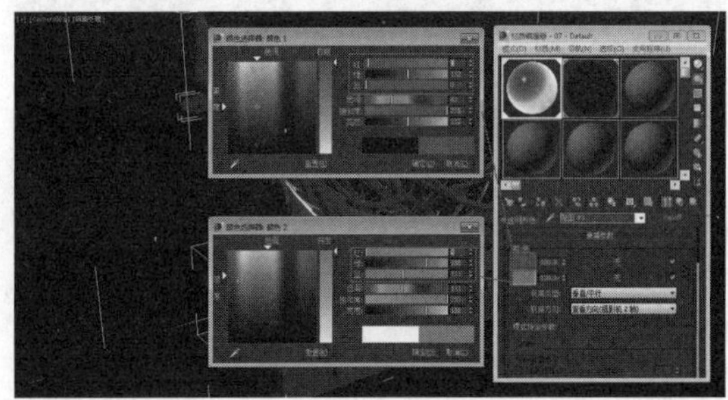

图 6-99　设置衰减

STEP|10 最后快速渲染场景，渲染效果如图 6-100 所示。

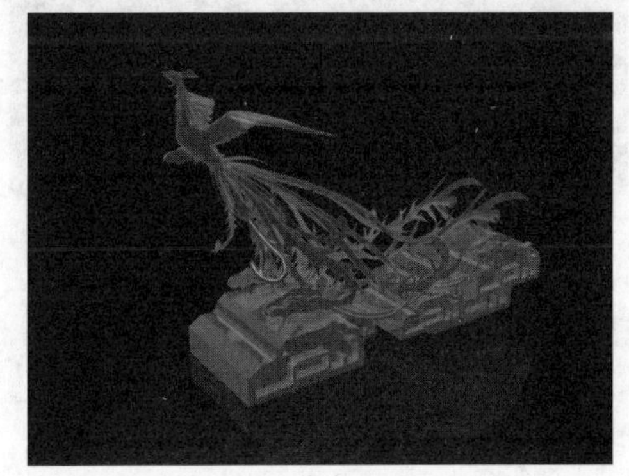

图 6-100　最终效果

6.9 瓷器材质

在本章中，曾经多次利用一个瓷瓶展示 3ds Max 中的材质参数效果。在此，介绍瓷器材质的制作方法。通过本节的学习，要求读者掌握瓷器质感的表现方法，以及如何配合灯光创建效果。如图 6-101 所示的是瓷器的效果。

6.9.1 制作罐子材质

在制作瓷器的过程中，使用了建筑材质作为瓷器的材质，它有很多的模板，并能够简单快捷地体现出需要展现的材质。瓷器罐子上的花纹使用的是渐变坡度贴图，它可以很好地模拟出罐子的纹理。

图 6-101 瓷器效果

STEP|01 打开场景文件，这是一个已经布置好场景和灯光以及摄像机的完整场景，如图 6-102 所示。

图 6-102 瓷器场景文件

STEP|02 打开材质编辑器，选择一个示例球，命名为"瓦罐"，选择【建筑】材质，将其赋予瓦罐，如图 6-103 所示。

图 6-103 材质命名

STEP|03 在【物理性质】卷展栏中，设置【反光度】为 90，【半透明】为 65，如图 6-104 所示。

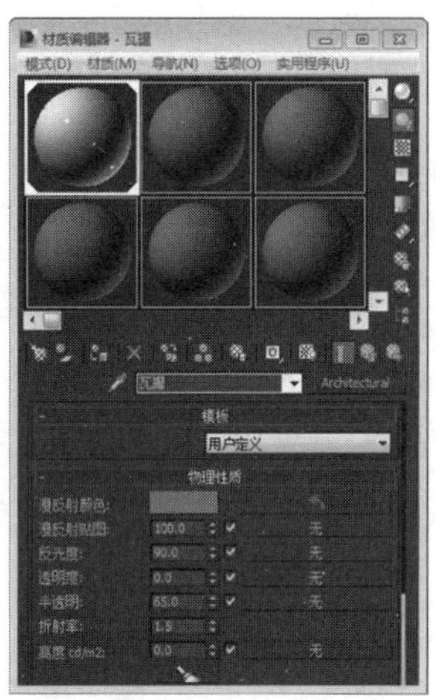

图 6-104 设置参数

STEP|04 在【漫反射贴图】通道中添加【渐变坡度】贴图，如图 6-105 所示。

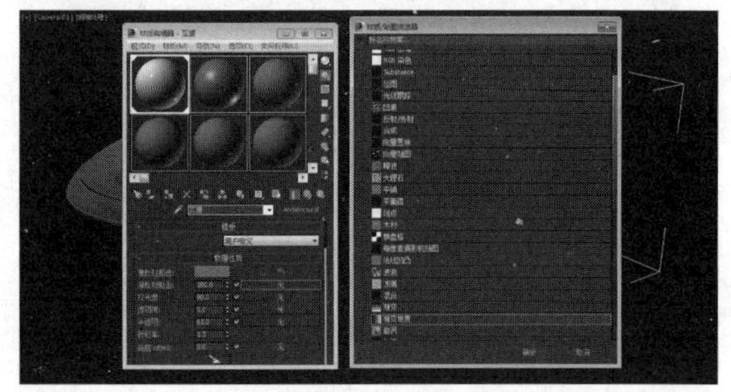

图 6-105 设置参数

技巧

与其说建筑材质是一种材质，还不如说它是一系列模板的组合。实际上，建筑材质提供了各种材料的模板，读者只需要选择一个适合要表现的材质的模板，就可以轻松表现其表面的光泽。

STEP|05 在【渐变坡度参数】卷展栏中将【插值】设置为【缓入】选项。然后，在色盘上将第一个色标的颜色设置为白色，然后将中间的色标的颜色也设置为白色，并在其右侧单击鼠标创建一个色标，将其颜色设置为 RGB（255，125，0），色标的位置和效果如图 6-106 所示。此时还看不出来渐变

效果。

图 6-106　调整颜色

STEP|06 再在上述色标的右侧创建 3 个色标，将第一个色标的颜色设置为 RGB（204，107，0），将第二个和第三个色标的颜色设置为 RGB（98、0、0），如图 6-107 所示。

图 6-107　调整颜色

STEP|07 然后，在【噪波】选项区域中将【数量】设置为 0.35，单击【湍流】按钮，从而使创建的渐变产生噪波，效果如图 6-108 所示。

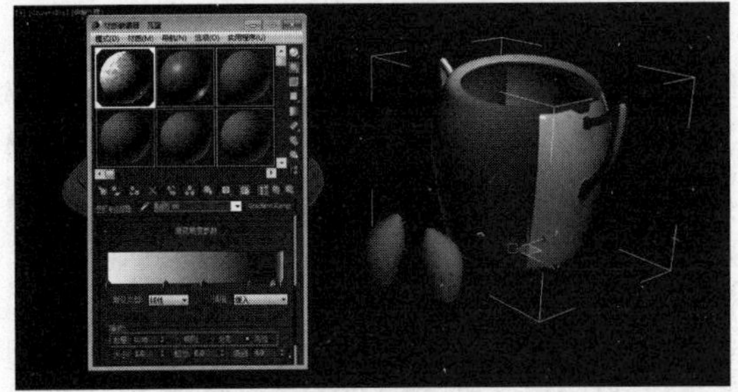

图 6-108　设置噪波

STEP|08 此时，应该产生的效果并没有产生。通常遇到这样的情况时，第一要考虑的就是是否是贴图产生错误，具体做法是在贴图上应用 UVW 贴图修改器。在这里添加了贴图修改器后，选中【柱体】单选按钮，并单击【适配】按钮调整其体积，如图 6-109 所示。

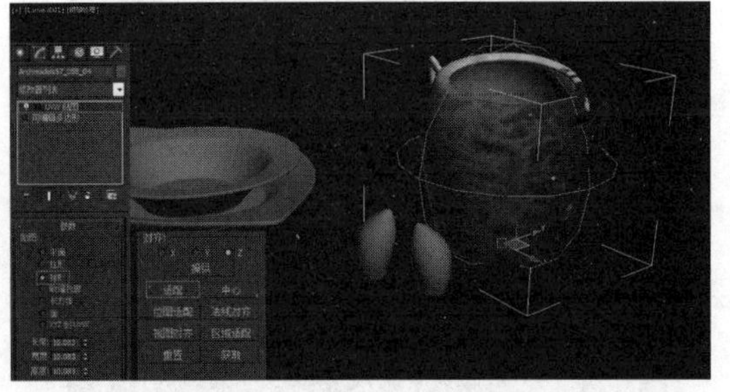

图 6-109　创建并设置 UVW 贴图

STEP|09 修改完毕后，再次渲染摄像机视图，观察效果是否已经修正过来，如图 6-110 所示。

图 6-110　渲染效果

STEP|10 现在纹理显示了，可纹理的坐标还是不正确。在材质编辑器中展开【坐标】卷展栏，启用 U 和 V 方向上的【镜像】复选框，并将 W 的值设置为 90，从而修正这一问题，再次渲染，效果如图 6-111 所示。

图 6-111　渲染效果

STEP|11 将材质复制出一个并赋予两个小件摆设物体，渲染效果如图 6-112 所示。

图 6-112　渲染效果

到这里，关于瓦罐的材质就制作完成了，读者可以将制作好的材质直接赋予瓦罐的盖子，当然为了更加突出效果，可以将制作好的材质复制一份，并再做一些细节的调整后赋予盖子物体。

注意

在添加两个小摆设的材质时，同样需要为其添加 UVW 贴图，否则材质可能会出错。

6.9.2　制作盘子的材质

盘子的材质和瓦罐的材质实现方法是不同的。这是因为碗的纹理是区域性显示的。鉴于存在这样的问题，因此将利用【多维/子对象】材质来实现（关于材质的 ID 已经分配好）。

STEP|01 在示例窗中选择一个空白的示例球，将其命名为“盘子”。单击水平工具栏上的 Standard 按钮，在打开的窗口中双击【多维/子对象】选项，进入其编辑环境，如图 6-113 所示。

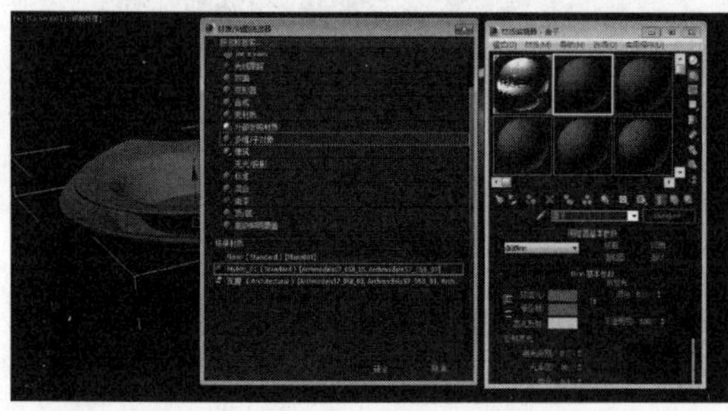

图 6-113　多维/子材质

STEP|02 单击【设置数量】按钮，在打开的对话框中将子材质的数量设置为 2，单击【确定】按钮完成设置，如图 6-114 所示。

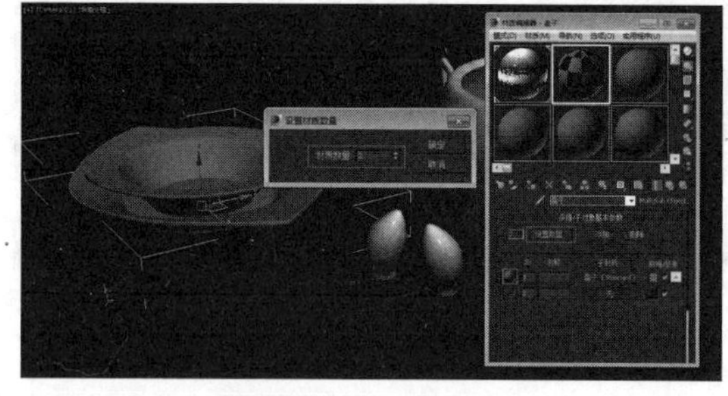

图 6-114　设置数量

STEP|03 然后进入到 1 号材质中，使用【建筑】材质，在建筑材质的设置环境中，将【漫反射颜色】设置为白色，并将材质的模板设置为【瓷砖、光滑的】选项，如图 6-115 所示。

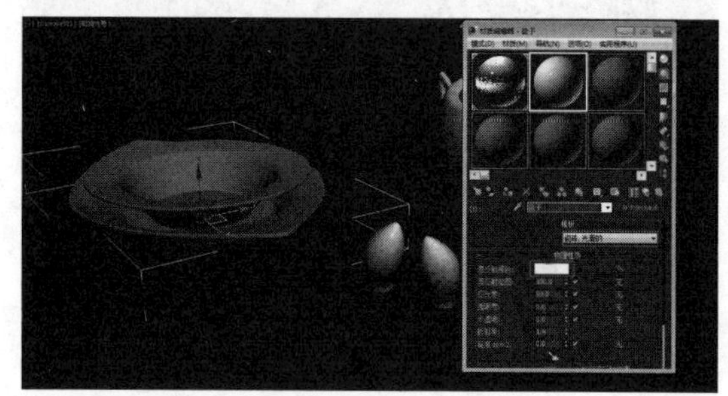

图 6-115　选择模板

STEP|04 单击【渲染】按钮渲染效果如图 6-116 所示。

图 6-116　渲染效果

STEP|05 进入到 2 号材质中，使用【建筑】材质，设置【漫反射颜色】为 RGB（220，60，0），其【反光度】为 90，并将材质的模板设置为【瓷砖、光滑的】选项，如图 6-117 所示。

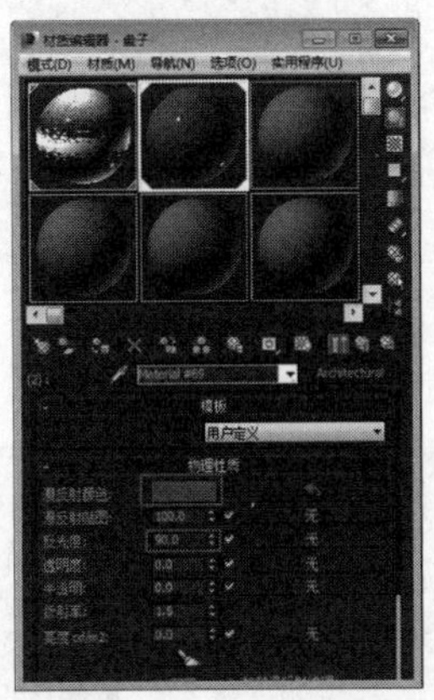

图 6-117　设置 2 号材质

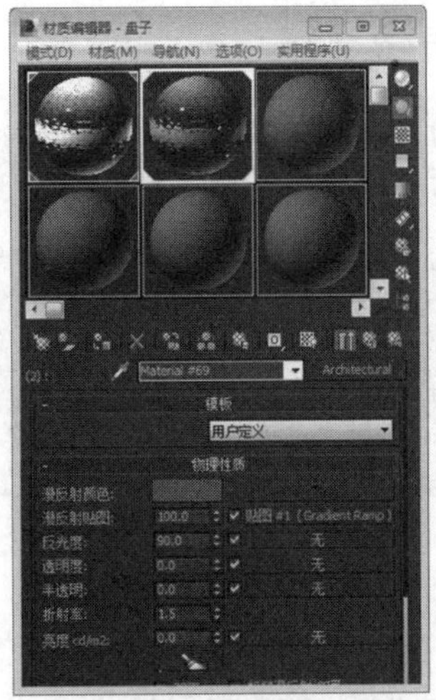

图 6-118　复制贴图

STEP|06 复制罐子材质中【漫反射贴图】的贴图到 2 号材质中的【漫反射贴图】选项中，如图 6-118 所示。

STEP|07 设置完毕后，激活摄像机视图，观察此时的效果，如图 6-119 所示，材质就制作完成了。

图 6-119　碗的效果

6.10 练习：步枪

【位图】贴图是使用最多的贴图选项，它可以用来创建多种材质，从木纹到墙面到地板皮肤等，也可以使用动画或者视频文件代替位图创建材质。一般用于影视制作，本节将通过一个小实例介绍【位图】的添加方法。

STEP|01 打开场景文件，观察此时的步枪，如图 6-120 所示。

图 6-120　打开场景

STEP|02 打开材质编辑器，选择一个材质球，展开【贴图】卷展栏，如图 6-121 所示。

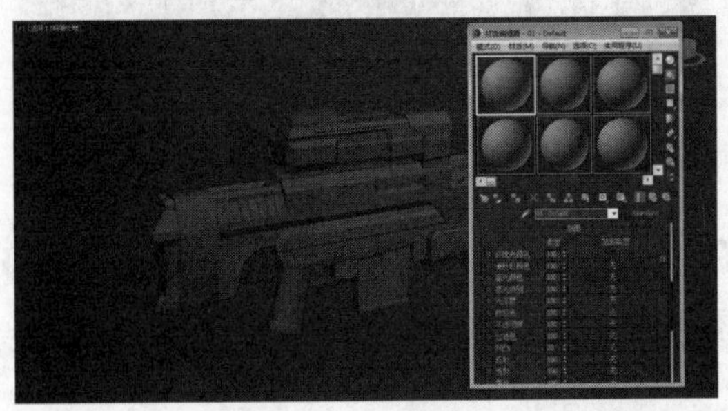

图 6-121　设置纸张颜色

STEP|03 在【贴图】卷展栏中单击【漫反射颜色】右侧的【无】按钮，在打开的对话框中选择【位图】

选项，如图 6-122 所示。

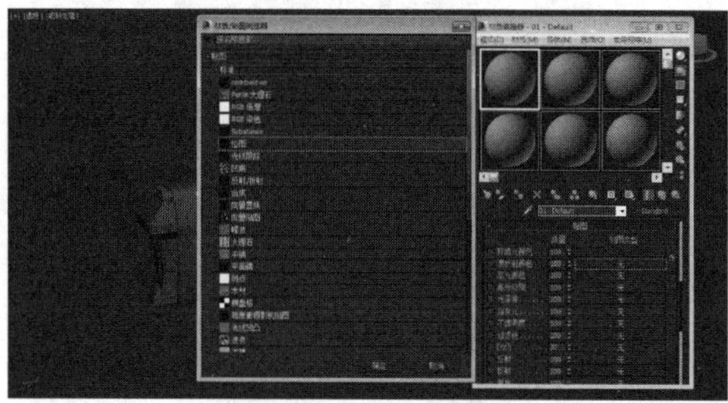

图 6-122　添加位图

STEP|04 在打开的对话框中，选择贴图，将贴图添加到该通道里，如图 6-123 所示。

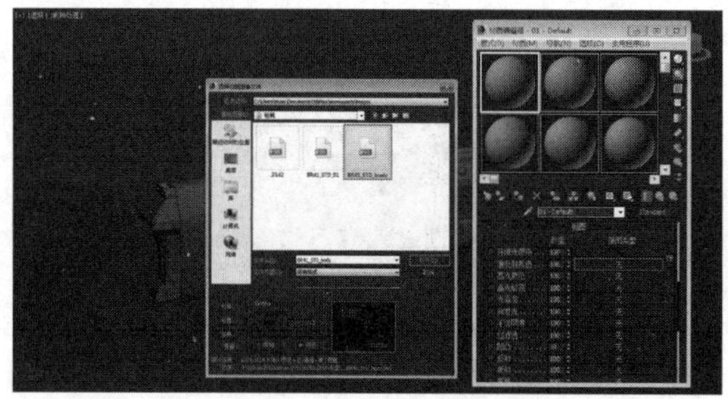

图 6-123　添加位图

STEP|05 观察此时的效果，如图 6-124 所示。

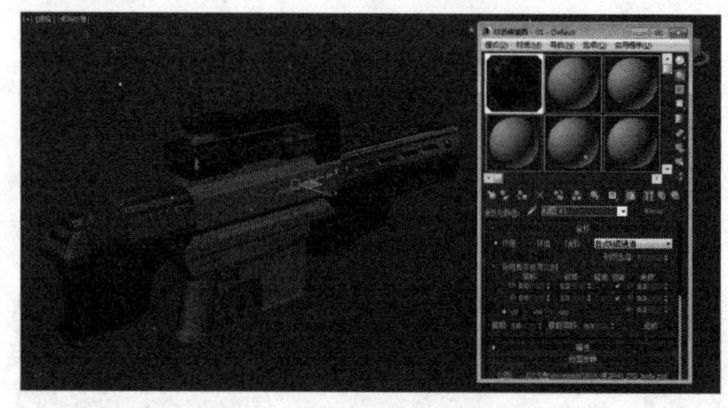

图 6-124　观察效果

STEP|06 再在【贴图】卷展栏中单击【高光级别】右侧的【无】按钮，并在打开的对话框中双击【位图】选项，如图 6-125 所示。

STEP|07 在打开的对话框中，选择贴图，将贴图添加到该通道里，如图 6-126 所示。

STEP|08 再在材质编辑器，选择一个材质球，保持默认参数不变，将光盘中的 BR41-STD-01 添加到【漫反射颜色】通道中，如图 6-127 所示。

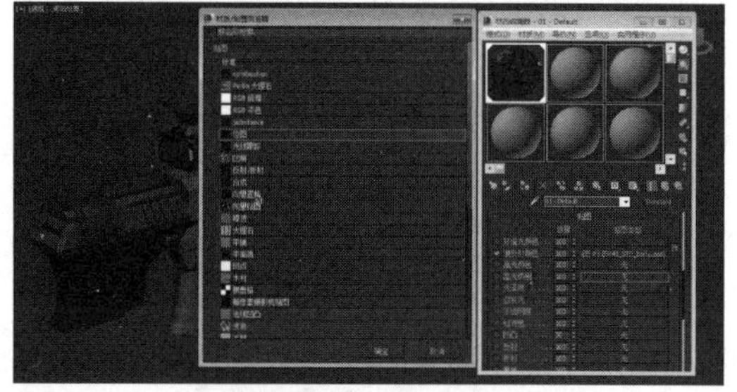

图 6-125　添加位图

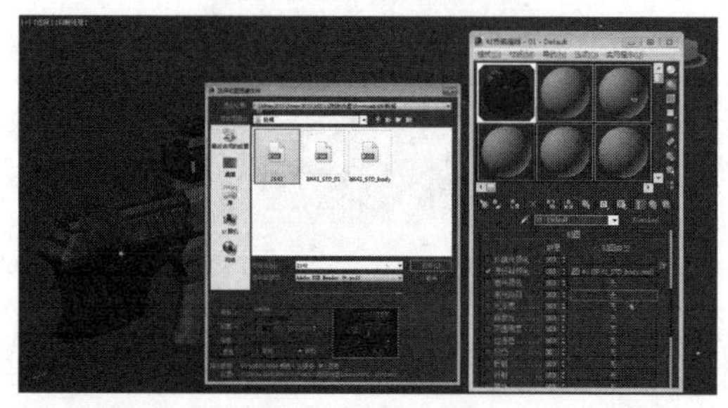

图 6-126　添加贴图

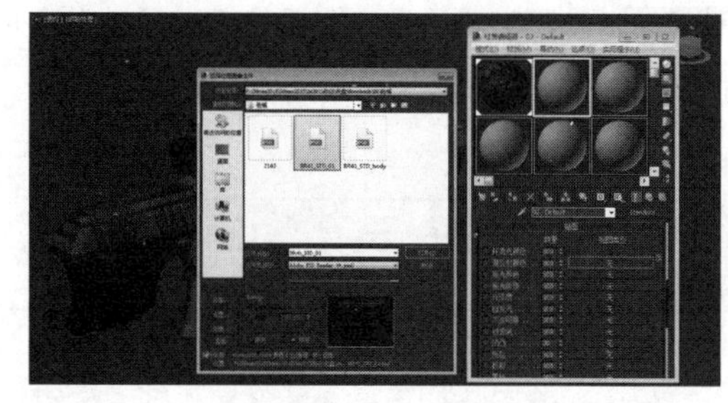

图 6-127　添加贴图

STEP|09 在视图中选择枪柄模型，将刚制作好的贴图赋予模型，观察此时的效果，如图 6-128 所示。

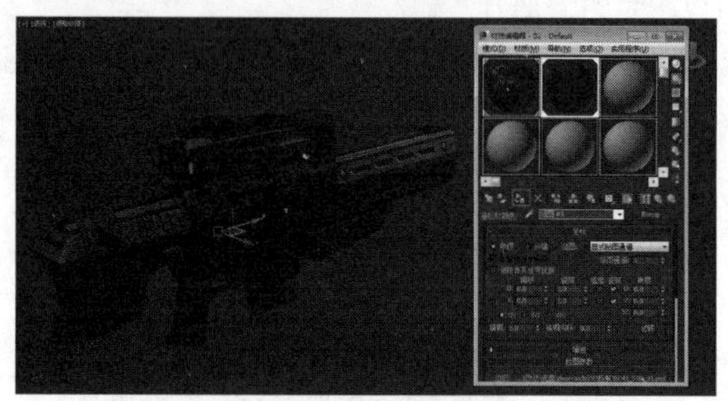

图 6-128　添加贴图

STEP|10 再按照上面的操作，在枪柄材质上添加一个【高光级别】贴图，使枪柄处也产生一些亮光效果，如图 6-129 所示。

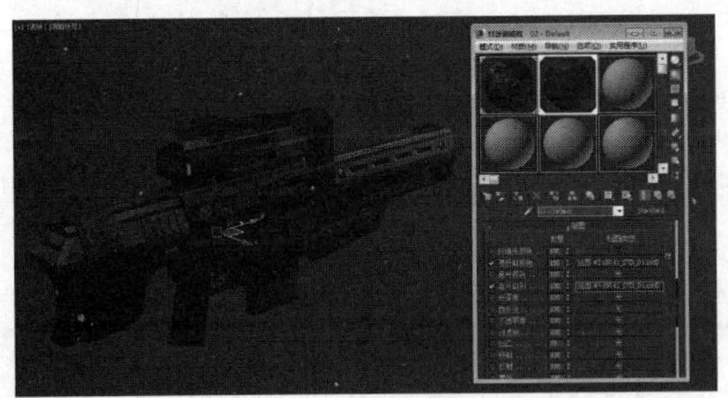

图 6-129　添加贴图

STEP|11 渲染当前场景，观察最终的效果，如图 6-130 所示。

图 6-130　渲染效果

第 7 章

灯光与摄影机

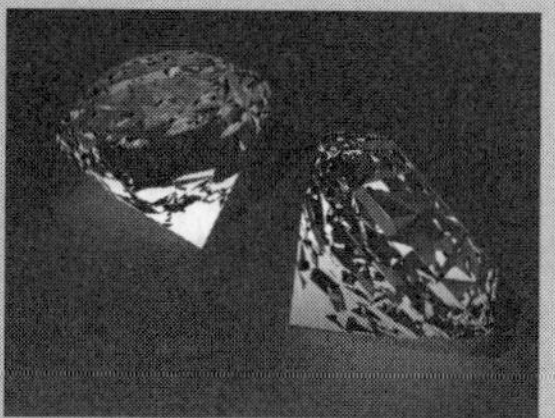

在 3ds Max 中，无论表现静帧还是创建动画，灯光应用同样起着举足轻重的作用，特别是灯光和材质的结合应用尤为重要，在不考虑灯光的情况下进行调节材质是没有任何意义的，因为任何色彩只有通过光的照射才能表现出来。对于一个场景而言，它的整体色调和气氛都是通过灯光进行表现的，除此之外，灯光还可以表现特殊的环境气氛，如雾、体积光以及火焰等。

7.1 灯光的布置与照明技巧

3ds Max 提供了很多种灯光类型，可以分为标准灯光和光度学灯光两大类，生活中的各种灯光效果使用标准灯光就完全可以模拟，本节将详细讲解标准灯光的参数含义和应用，光度学灯光是结合光能传递使用的高级灯光，在这里只做简单的介绍。

7.1.1　典型灯光布置

有的读者曾经问过这样的问题：怎样才能布置好场景的灯光呢？实际上，关于场景灯光的布置是有一定的规律的。本节提供了一份灯光的布置资料，这是一篇经典灯光设计摘录。

1．场景的环境类型

场景的类型将决定灯光的选择。场景灯光通常分为 3 种类型：自然光、人工光以及二者的结合。具有代表性的自然光是太阳光。当使用自然光时，有几个问题需要考虑：现在是一天中的什么时间；天是晴空万里还是阴云密布；还有，在环境中有多少光反射到四周？

人工光几乎可以是任何形式。电灯、炉火或者二者一起照亮的任何类型的环境都可以认为是人工的。人工光可能是 3 种类型的光源中最普通的。还需要考虑光线来自哪里，光线的质量如何。如果有几个光源，要弄清哪一个是主光源？确定是否使用彩色光线也是重要的。几乎所有的光源都有一个彩色的色彩，而不是纯白色。

最后一种灯光类型是自然光和人工光的组合。在明亮的室外拍摄电影时，摄影师和灯光师有时也使用反射镜或者辅助灯来缓和刺目的阴影。

2．灯光的目的

换句话说，场景的基调和气氛是什么？在灯光中表达出一种基调，对于整个图像的外观是至关重要的。在一些情况下，唯一的目标是清晰地看到一个或几个物体，但通常并非如此，实际目标是相当复杂的。

灯光有助于表达一种情感，或引导观众的眼睛到特定的位置。可以为场景提供更大的深度，展现丰富的层次。因此，在为场景创建灯光时，你可以自问，要表达什么基调？你所设置的灯光是否增进了故事的情节？

3．场景中的灯光特效

除了通常类型的灯光外，很多三维动画软件以白炽灯、立体光源和特殊材料属性的形式提供许多特殊效果。虽然严格说来，一些并不属于灯的类型，在场景中，它们通常在可见光效果的外观上再添加进来。一个简单的例子是可见光源的闪耀或发光。由于这些效果在 3D 中不能自动产生，需要在渲染中专门把它们包括进来，并且考虑它们的外观和长处。

4．创作来源的资料

在创作逼真的场景时，应当养成从实际照片和电影中取材的习惯。好的参考资料可以提供一些线索，让你知道特定物体和环境在一天内不同时间或者在特定条件下看起来是怎样的。

通过认真分析一张照片中高光和阴影的位置，通常可以重新构造对图像起作用的光线的基本位置和强度。通过使用现有的原始资料来重建灯光布置，也可以学到很多知识。

在考虑了上面的问题后，现在应当为一个场景创建灯光了。虽然光源的数量、类型和它们单独的属性将因场景不同而异，但是，有 3 种基本类型的光源：关键光、补充光和背景光，它们在一起协调运作。

5．方法是否最有效

场景中的灯光与真正的灯光不同，它需要在渲染时间上多花功夫，灯光设置越复杂，渲染所花费的时间越多，灯光管理也越难。应当自问，每一种灯光对正在制作的外观是否十分必要。

当增加光源时，自然会减少反射点。在一些点，增加光源不会对场景的外观有所改善，并且很难区分所增加光源的价值。可以尝试独立查看每一个光源，来衡量它对场景的相对价值。如果对它的作用有所怀疑，就删除它。

6．物体是否需要从光源中排除

从一些光源中排除一个物体，在渲染的时候，便可以节约时间。这个原则对于制作阴影也是正确的。场景中的每一个光源都用来制作阴影，这种情况是很少见的。制作阴影可能是十分昂贵的，并且有时对最终图像是有害的。

7.1.2 典型照明技巧

在 3ds Max 中，灯光的设置可以说是至关重要，它直接关系到最后作品的效果，同时也是一个难点。主灯光可以放置在场景中的任何地方，但实际应用中有几个经常放置主灯光的位置，而且每个位置都有其渲染物体的独特方式，下面分别介绍。

1．前向照明

在摄影机旁边设置主灯光会得到前向照明，实际的灯光位置可能比摄像机的位置要高一些并且偏向一些。前向照明产生的是平面型图像和扁平的阴影，由于灯光均匀照射在物体上并且离摄像机很近，所以得到的是一个二维图形，前向照明会最小化对象的纹理和体积，使用前向照明不需要进行灯光建模。其布光方式和效果如图 7-1 所示。

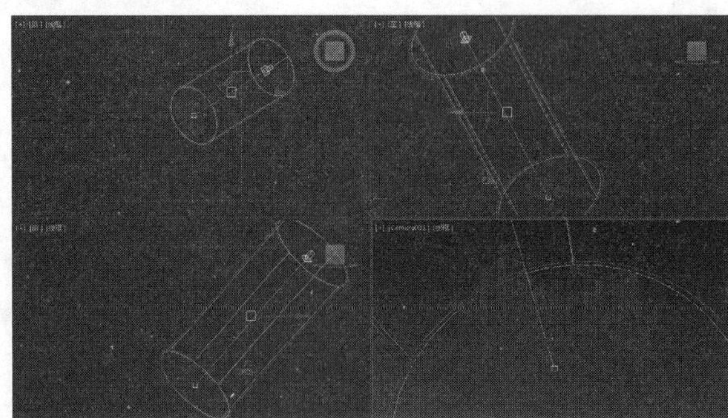

图 7-1 布光方式和渲染效果

2．后向照明

将主灯光放置在对象的后上方或正上方，强烈的高亮会勾勒出对象的轮廓，BACK 照明产生的对比度能创建出体积和深度，在视觉上将前景从背景中分离出来。同时经过背后照明的对象有一个大的、黑色的阴影区域，区域中又有一个小的、强烈的高亮，强烈的背光有时用于产生精神上的表现效果，随着发生过滤和漫射网的使用，物体周围的明亮效果更强了，这种技术因为其对形态的提取而常用来产生神秘和戏剧性的效果。如图 7-2 所示的是利用这种方式布置的光效和效果。

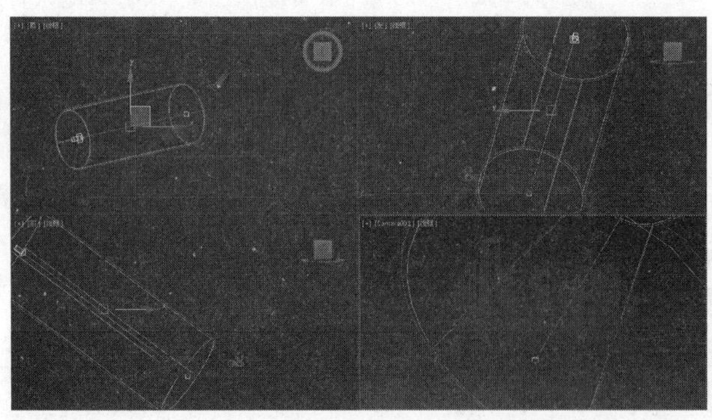

图 7-2 后向布光的方式与效果

3. 侧向照明

侧向照明是将主灯光沿对象侧面成 90° 放置，包括左侧放置和右侧放置，侧向照明强调的是对象的纹理和对象的形态，在侧向照明中，对象的某一侧被完全照射，而另一侧处于黑暗中。侧向照明属于高对比度的硬照明，最适合于宽脸或圆脸，因为光线使脸的宽度变小并不显示脸的圆形轮廓，主要用于产生内心的表现和影响，侧向照明也会导致相应变形，因为脸部不是严格对称的。如图 7-3 所示的是侧向照明及其渲染效果。

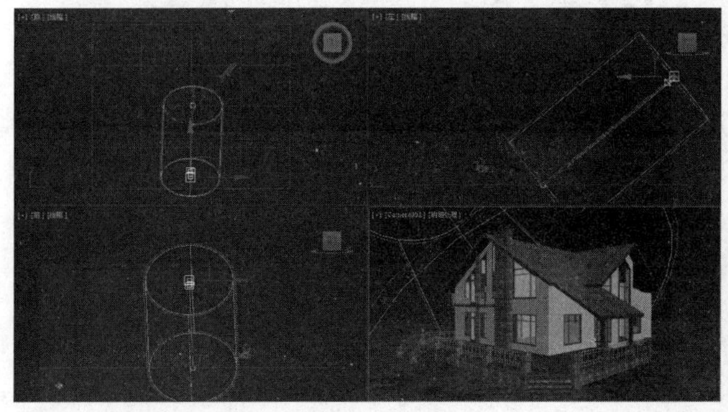

图 7-3 侧向照明与渲染效果

4. 伦布兰特照明

伦布兰特照明是将主灯光放置在摄影机的侧面，让主灯光照射物体，也叫 3/4 照明、1/4 照明或 45° 照明。在伦布兰特照明中，主灯光的位置通常位于人物的侧上方 45° 的位置，并按一定的角度对着物体，因此又叫高侧位照明，当主灯光位于侧上方时，伦布兰特照明模拟的是早上或下午后期的太阳位置，主灯光在这种位置是绘画和摄影中常用的典型位置，被照射后的物体呈三维形状并可以完全显现轮廓。如图 7-4 所示的是伦布兰特照明方式以及渲染效果。

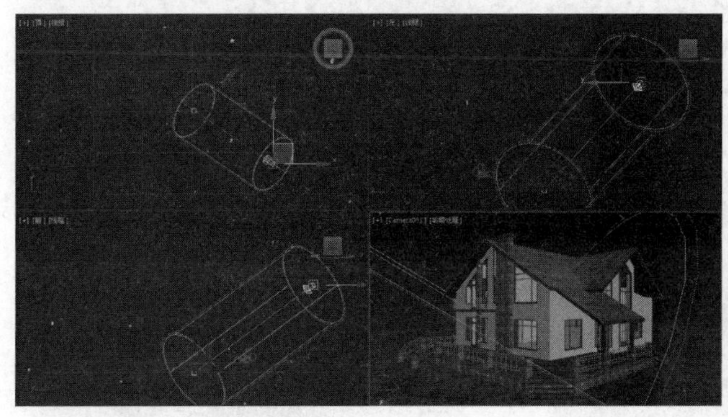

图 7-4 伦布兰特照明及效果

5. 加宽照明

加宽照明是伦布兰特照明的变体，其变化包括位置的变化和照射出比 3/4 脸部更宽的区域，主灯光以和摄影机同样的方向照射物体。

6. 短缩照明

短缩照明是与加宽照明相对的照明方法，在这种照明中主灯光的位置是从较远处照射 3/4 部区域的侧面，因为照射的是一个狭窄的区域，所以叫短缩照明，使场景看起来尖瘦，如图 7-5 所示。

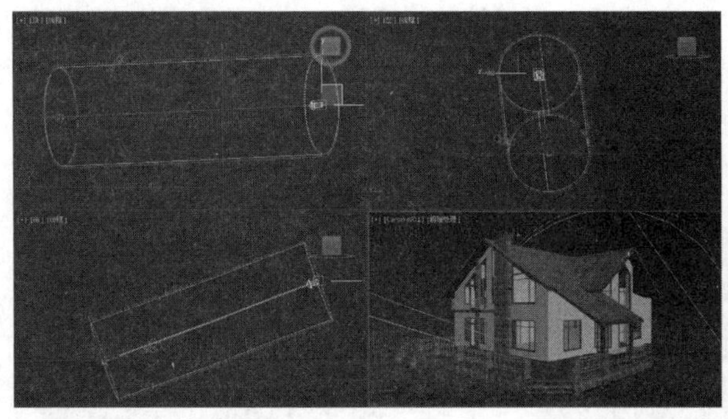

图 7-5 短缩照明及渲染效果

7. 顶部照明

在顶部照明中，主灯光位于对象的上方，也可以放置在侧上方，但是光的方向要通过顶部。顶部照明类似于中午的太阳，顶部照明会在对象上形成深度阴影，同时被照射的侧面很光滑，如图 7-6 所示。

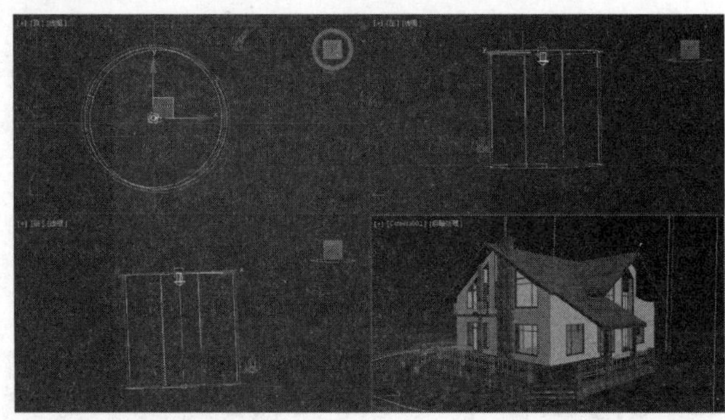

图 7-6 顶部照明及渲染效果

8. 下部照明

下部照明是将主灯光放置在对象的下方，一般向上指向物体以照明物体的下部区域，产生一种奇异的神秘的隐恶的感觉，如图 7-7 所示。

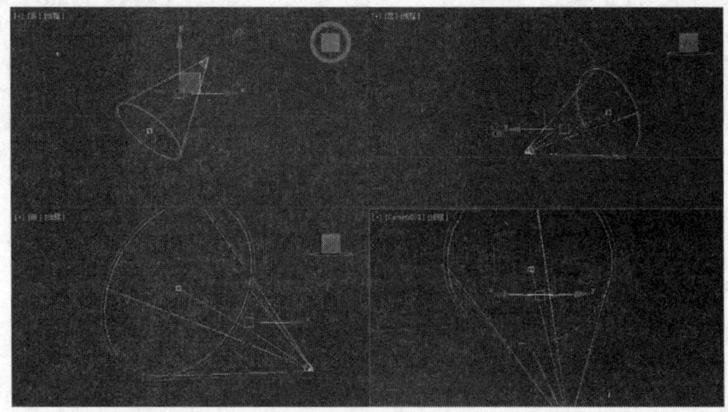

图 7-7 下部照明及渲染效果

9. KICKER 照明

KICKER 照明有两种主灯光放置位置，一种位于物体的上方，一种位于物体的后面，当这两个主灯光照到物体的侧面时，物体的正面处于阴影之中，然后该阴影区域再被反射光照亮。KICKER 照明用于创建物体的高度轮廓。

10. RIM 照明

RIM 照明设置主灯光于物体的后面并稍稍偏离物体一段距离以创建一种光线轻拂物体表面的特殊效果（如图 7-8 所示）。主灯光来自物体的后面，创建的是一个显示物体轮廓的亮边，同时相对地处于阴影之中。RIM 照明通常将灯光放置在和物体相同的高度，并且设置其具有更强的亮度。RIM 照明用于强调对象的形状和轮廓的场合。

> **注意**
>
> 在本节中，仅介绍了主光源的布置方法。在实际使用过程中，读者还需要按照不同的主光源布置方法添加辅光，这样才能使效果更加完美。

图 7-8　RIM 照明效果

7.2 运用 3ds Max 灯光

前面介绍了 3ds Max 中经常使用的几种灯光类型。但是，没有介绍到关于灯光的参数设置方面的知识，实际上大多数灯光都具有相同的参数，我们将其称为公用属性。在本节中，将介绍 3ds Max 中的灯光公用属性，它们是布置灯光的关键所在。

7.2.1　创建灯光

要创建灯光，可以在【创建】面板中单击【灯光】按钮，切换到【灯光】面板，如图 7-9 所示。

然后，在对象类型中选择相应的灯光类型，单击即可将其激活，再在视图中拖动鼠标即可创建该灯光，如图 7-10 所示。

通过上述面板可以发现，标准灯光类型包含 8 种。此外，3ds Max 还提供了另一种灯光，即光度学灯光。在【标准】下拉列表中选择【光度学】选项即可切换到该面板中。

图 7-9　切换到【灯光】面板

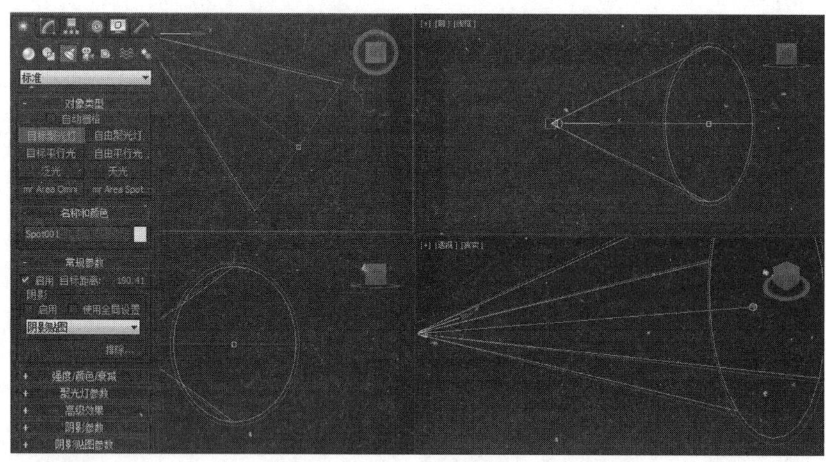

图 7-10　创建灯光

7.2.2　常规参数

该参数卷展栏是灯光的基本卷展栏，它主要用于控制灯光的使用与禁用，更改灯光类型，以及是否启用阴影等，并在场景中控制灯光的照射等功能，如图 7-11 所示是【常规参数】卷展栏。

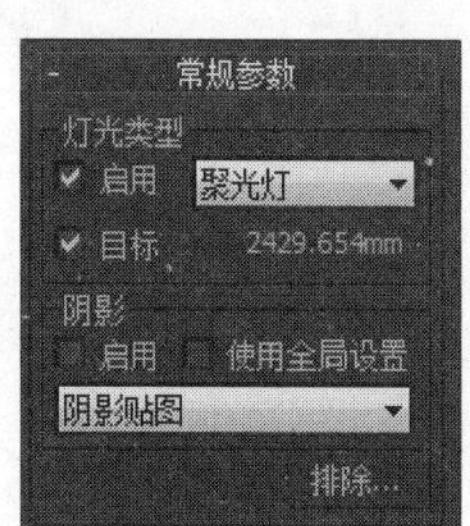

图 7-11　【常规参数】卷展栏

1. 启用

启用该复选框后，系统使用该灯光着色和渲染以照亮当前场景。当场景中没有光源时，则系统会开启默认光源照明。另外，可以在其后方的下拉菜单中选择灯光的类型。

2. 目标

启用或禁用目标点，当启用该复选框后，会自动生成目标点，用户可以移动或旋转该目标点以寻找被照亮物体。

3. 启用（阴影）

开启或关闭阴影，启用了该复选框后，则灯光照在物体上会出现阴影。

4. 使用全局设置

启用该复选框后，系统会使用该灯光投射阴影的全局设置。如果未选择【使用全局设置】复选框，则必须选择渲染器使用哪种方法来生成特定灯光的阴影。

5. 阴影贴图

该列表提供了常用的几种灯光照射阴影方法，它们的名称以及性能如表 7-1 所示。

表 7-1　贴图类型比较表

阴影类型	优　点	缺　点
阴影贴图	产生柔和阴影。如果不存在对象动画，则只处理一次。它是最快的阴影渲染类型	占用的系统资源比较大
光线跟踪阴影	支持透明度和不透明度贴图。如果不存在动画对象，则只处理一次	比阴影贴图更慢
Mental Ray 阴影贴图	使用 Mental Ray 渲染器可能比光线跟踪阴影更快	没有光线跟踪阴影精确
高级光线跟踪	支持透明度和不透明度贴图；占用的系统资源比较少，并且支持区域阴影的不同格式	比阴影贴图更慢
区域阴影	支持透明度和不透明度贴图	渲染速度较慢

6．排除

用于设置灯光是否照射某个对象，或者是否使某个对象产生阴影，被排除的模型将不会受到该光照的影响，单击【排除】按钮，会弹出一个对话框，读者可以在该对话框中设置被排除的对象。

7.2.3　强度/颜色/衰减

在【强度/颜色/衰减】卷展栏中可以定义灯光的强度、颜色和衰减，这是一个重要的参数卷展栏，几乎所有创建的灯光类型，都需要通过该卷展栏来调整灯光的属性。该卷展栏的参数如图 7-12 所示。

1．倍增

控制灯光的强度，值越大，灯光的强度就越高，被照面得到的光线就越多。当该值为负时会产生吸光的效果。单击右边的颜色块可以调整光线的颜色。

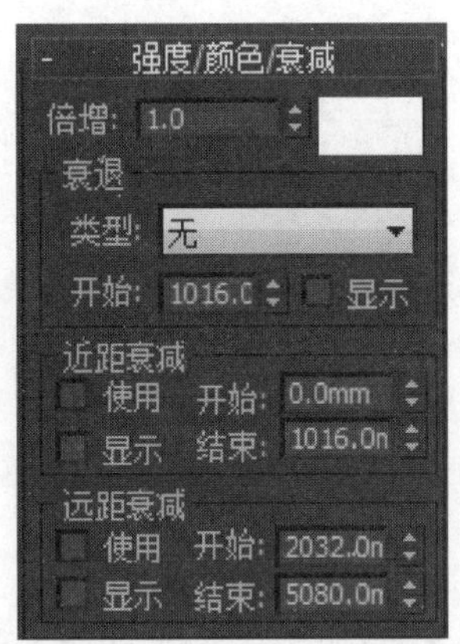

图 7-12　【强度/颜色/衰减】卷展栏

2．衰退

【衰退】是指随着距离的增加，光线逐渐减弱的一种方式。在【类型】下拉列表下有三个不同的选项：【无】、【倒数】和【平方反比】。其中，后面两个参数的效果如图 7-13 所示。

图 7-13　衰减效果对比

3．近距/远距衰减

在灯光衰减时，近距物体曲面上的灯光可能过亮，或者远距物体曲面上的灯光可能过暗。如果在渲染中有这种效果时，调整【近距衰减】和【远距衰减】这两个区域的参数有助于纠正该问题。当在衰减类型中启用【无】选项时，也可以使用这里的参数调节衰减范围。

4．开始

该参数用于设置阴影的距离，参数值越大，衰减的距离就越远，且不能设置为负数。

7.2.4　阴影参数

【阴影参数】卷展栏主要用于设置阴影的效果。当启用【阴影参数】卷展栏中的【启用】复选框时，灯光会投射出物体的阴影，此时通过设置【阴影参数】卷展栏中的参数，可以自由地控制阴影效果，如图 7-14 所示的是【阴影参数】卷展栏。

1．颜色

【颜色】用于控制阴影的颜色，默认的颜色为黑色，可以通过单击其右侧的颜色块来自定义阴影

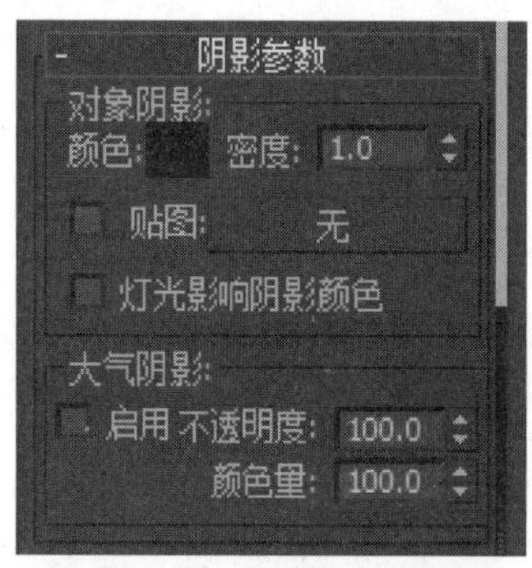

图 7-14 【阴影参数】卷展栏

的颜色，如图 7-15 所示的是两种不同的颜色所设置出来的阴影效果。

2．密度

用于控制阴影的密度。参数越大，阴影的密度就越大，但是相应的渲染时间就会增加。

3．贴图

确定是否使用贴图来表现阴影，并通过单击其右侧的按钮来选择和使用贴图，如图 7-16 所示的是添加贴图阴影前后的效果对比。

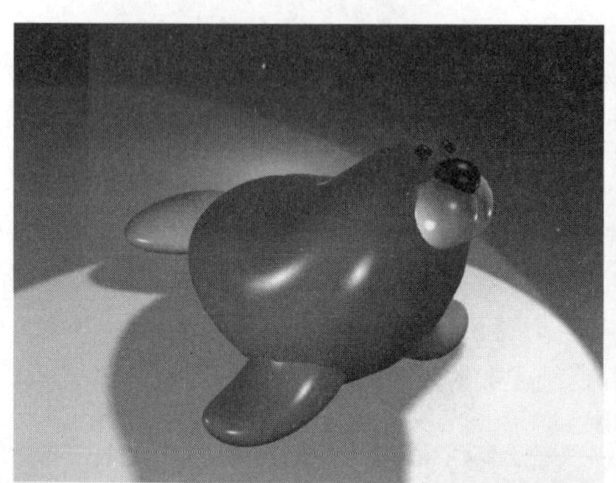

图 7-15 不同的阴影颜色

图 7-16 贴图效果对比

4．灯光影响阴影颜色

启用该选项，则阴影颜色将加入与灯光颜色混合的效果。

5．启用大气阴影

确认是否使用大气阴影功能。如果启用该选项，则将使用大气阴影效果。在该区域中，【不透明度】用于设置大气阴影的不透明度，该参数越大，不透明度就越大。【颜色量】可以调节大气颜色与阴影颜色的混合程度，默认值为 100，参数越大，混合程度就越高。

7.2.5 高级效果

【高级效果】卷展栏下的参数是对灯光的一些特殊控制，最常用的是【投影贴图】选项。如图

7-17 所示的是该参数卷展栏，主要参数含义如下。

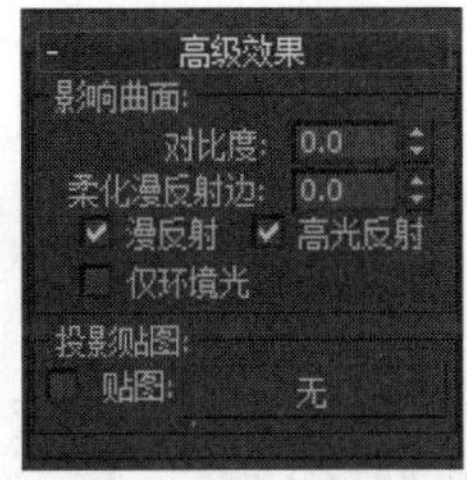

图 7-17 【高级效果】卷展栏

1. 漫反射

启用该复选框后，灯光将影响对象曲面的漫反射属性。禁用该复选框，灯光在漫反射曲面上没有效果。

2. 高光反射

启用该复选框后，灯光将影响对象曲面的高光属性。

3. 仅环境光

启用该复选框，灯光将只影响照明的环境光部分，它有助于对环境光更细致的控制。

如图 7-18 所示的是分别启用【漫反射】、【高光反射】和【仅环境光】选项所产生的不同灯光效果。

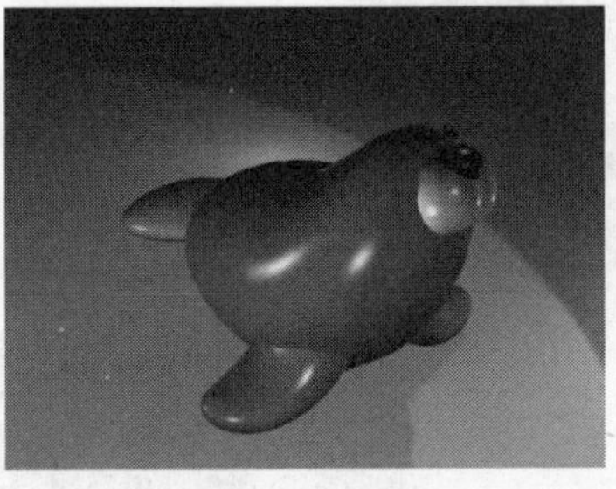

图 7-18 三种不同的效果

4. 投影贴图

启用【投影贴图】复选框后，单击后面的【无】按钮，可以添加静止的图像，也可以添加动画，效果则可以反映到场景当中，如图 7-19 所示。

图 7-19 投影贴图效果

7.2.6 练习：三点照明

三点照明是一种常用的照明手段，通常包括主光、辅光和背光。本节的练习不需要读者了解灯光参数的功能，在这里需要了解的是灯光的创建方法和三点布光的思路。

STEP|01 打开场景文件，这是一个默认的场景，此时场景中的照明是 3ds Max 提供的默认照明，如图 7-20 所示。

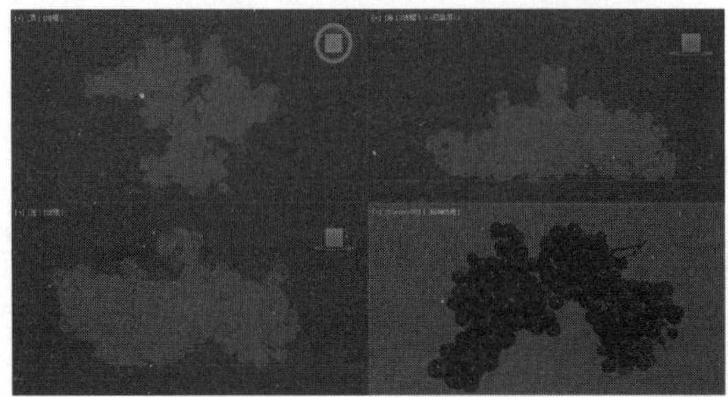

图 7-20 打开场景

STEP|02 为了能够和后面的布光效果产生对比，建议读者先渲染一下此时的默认效果，如图 7-21 所示。

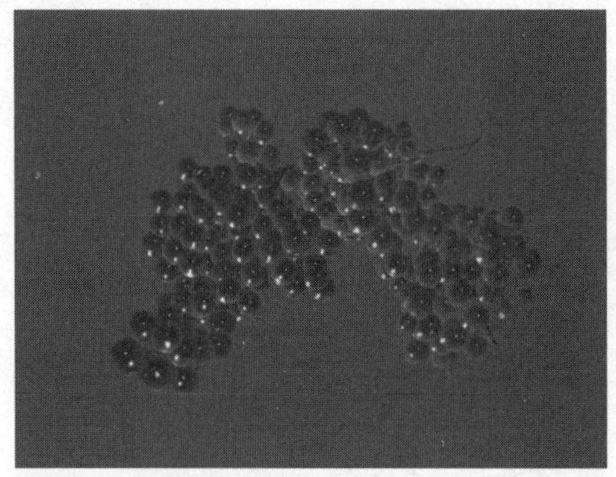

图 7-21 默认照明效果

> **注意**
>
> 此时的效果看起来有点失真，显得苍白了一些。失真的主要原因是因为场景的明暗不太明显，整个场景的灯光太均匀导致的。另外，物体的阴影效果也没有表现出来，这也是影响效果的一个关键因素。

STEP|03 切换到【创建】面板上单击【泛光灯】按钮。然后，在视图中单击创建泛光灯，如图 7-22 所示。

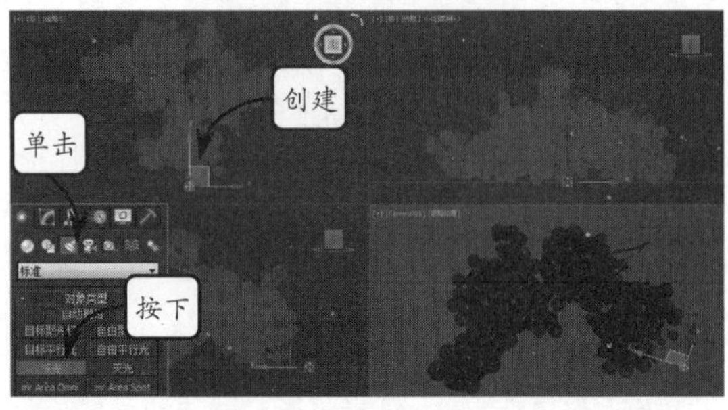

图 7-22 创建目标聚光灯

STEP|04 分别在顶视图和前视图中调整一下泛光灯的位置，使其为场景提供照明，如图 7-23 所示。

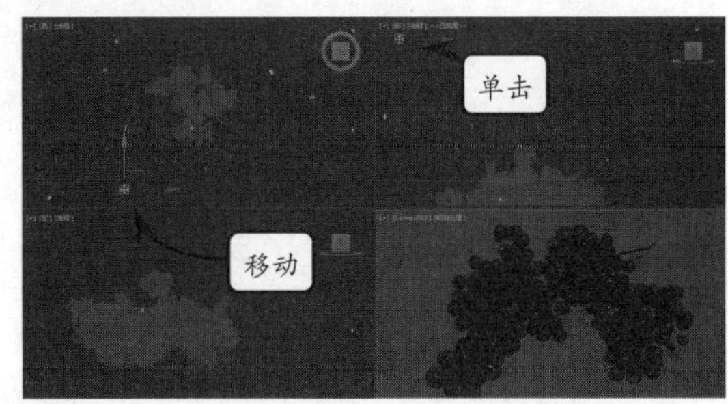

图 7-23 移动灯光

STEP|05 调整完成后，快速渲染摄像机视图观察渲染效果，如图 7-24 所示。

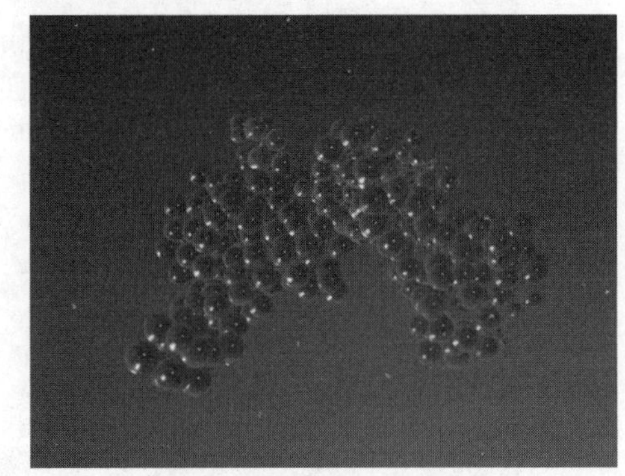

图 7-24 渲染效果

STEP|06 在视图中选择泛光灯，切换到【修改】

面板。在阴影选项区域中启用【启用】复选框，并将灯光的强度设置为 0.3，如图 7-25 所示。

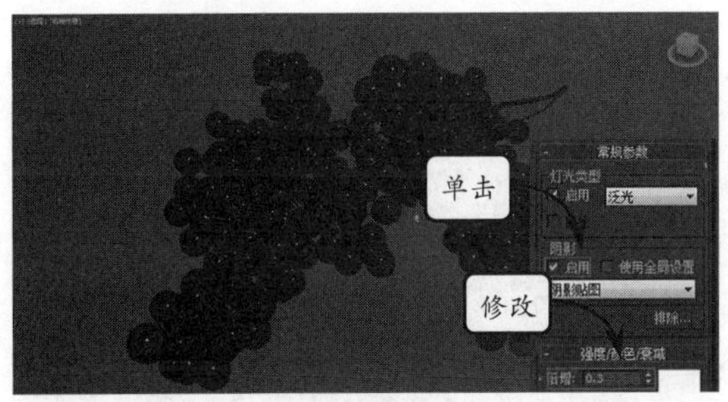

图 7-25　修改灯光参数

STEP|07 快速渲染摄影机视图，观察此时的灯光效果，如图 7-26 所示。此时，整体物体的背面已经照亮。

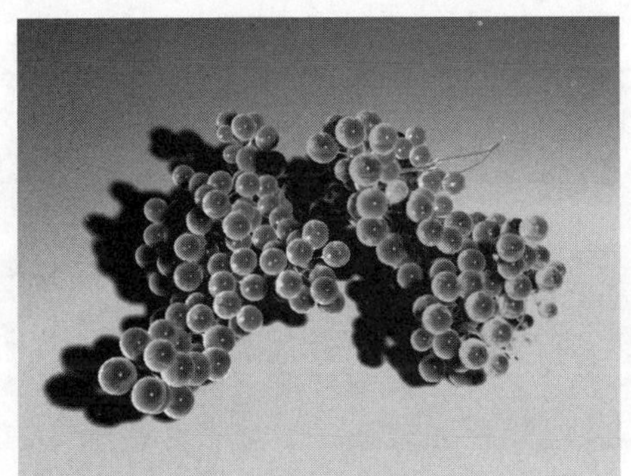

图 7-26　照明效果

STEP|08 在【修改】面板中展开【阴影参数】卷展栏，将阴影颜色设置为 RGB（65，62，62），如图 7-27 所示。

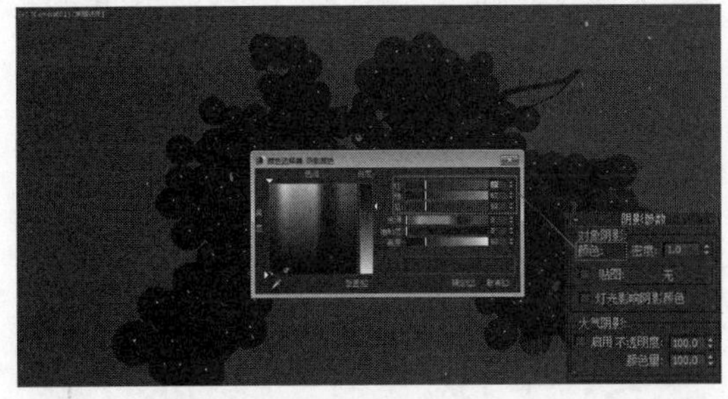

图 7-27　修改阴影效果

STEP|09 快速渲染摄影机视图，观察此时的灯光效果，效果如图 7-28 所示。

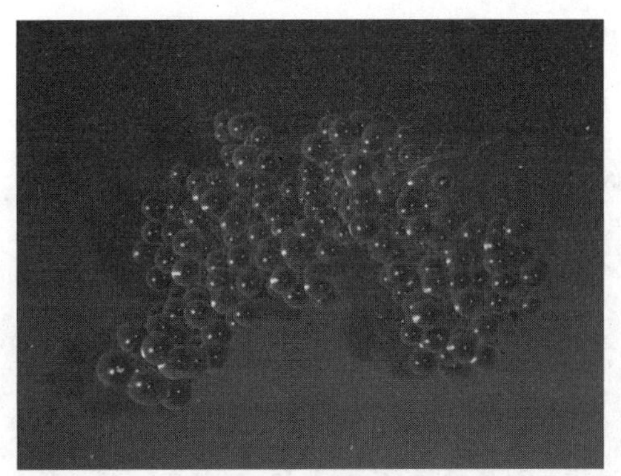

图 7-28　渲染效果

STEP|10 此时，场景中有了一些细节，但是最好能在如图 7-29 所示的位置放置一盏泛光灯作为辅光源。

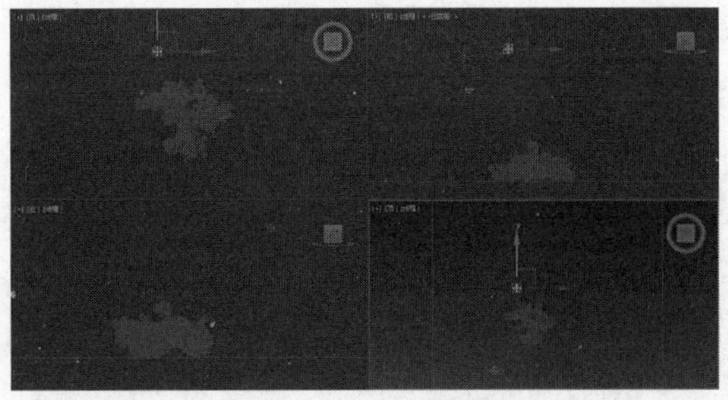

图 7-29　创建辅光

提示

在布置灯光时，要考虑整体场景的效果，适当调整场景中灯光的高度和灯光的照射角度。

STEP|11 切换到【修改】面板。在阴影选项区域中启用【启用】复选框，并将灯光的强度设置为 0.08，如图 7-30 所示。

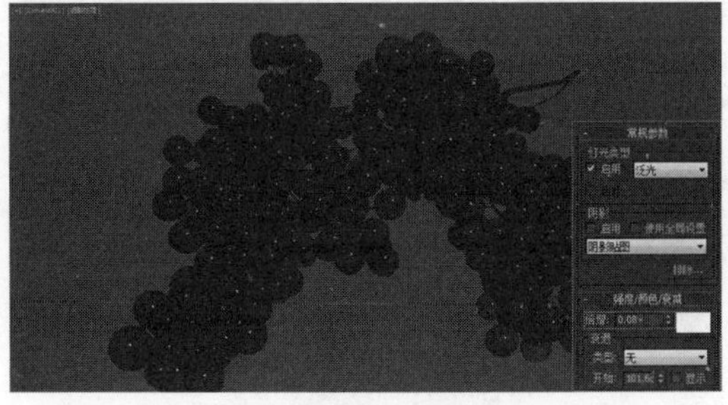

图 7-30　调整辅光源的强度

STEP|12 快速渲染摄影机视图，观察此时的灯光效果，如图 7-31 所示。

图 7-31 渲染效果

STEP|13 可以看出，正对着摄像机的葡萄比较暗，可以适当调整一下辅光的位置，如图 7-32 所示。

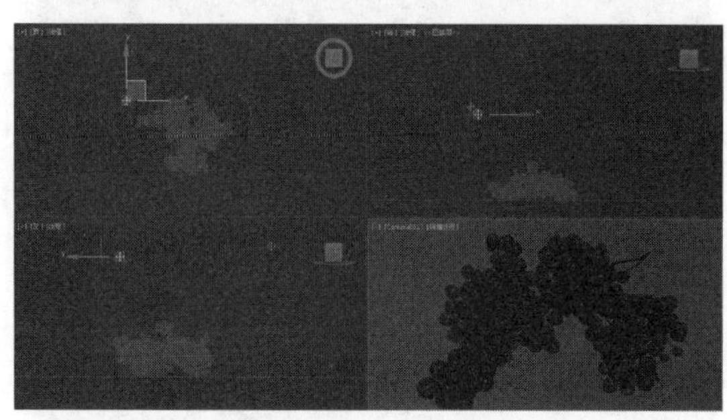

图 7-32 渲染效果

STEP|14 再次渲染摄影机视图，观察此时的灯光效果，如图 7-33 所示。

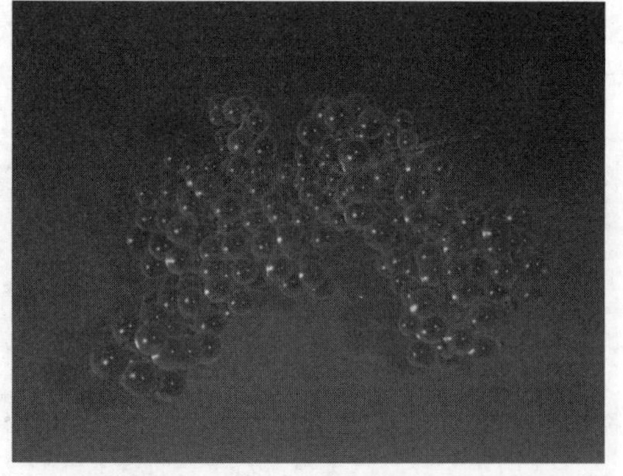

图 7-33 渲染效果

STEP|15 使用泛光灯工具在如图 7-34 所示的位置创建一盏泛光灯，作为背光。

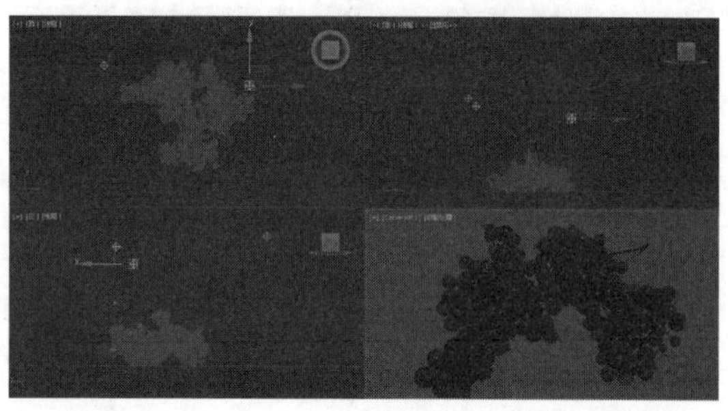

图 7-34 创建背光

STEP|16 切换到【修改】面板。在阴影选项区域中启用【启用】复选框，并将灯光的强度设置为 0.05，如图 7-35 所示。

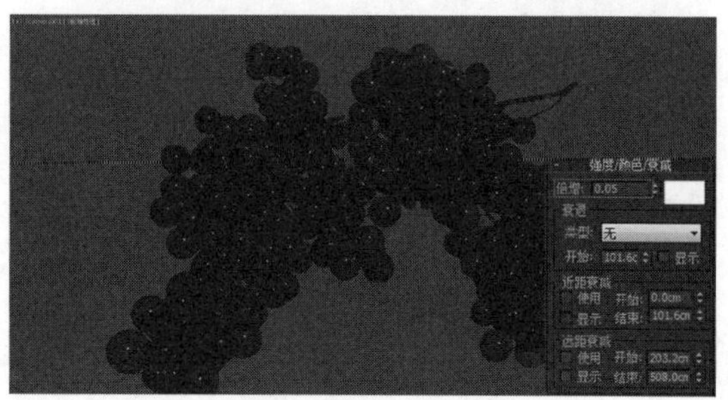

图 7-35 设置参数

STEP|17 快速渲染摄影机视图，观察此时的灯光效果，如图 7-36 所示。

图 7-36 渲染效果

7.3 聚光灯

聚光灯 Spot 是一种像舞台上的追光灯一样聚集光束的灯光类型。聚光灯经常用作主光源，照亮特定的对象。3ds Max 中提供了两种聚光灯类型：Target Spot 和 Free Spot。

7.3.1　聚光灯特性

聚光灯一般用作主灯使用，可以发出像手电筒一样聚集的光束，用来照亮指定对象。在 3ds Max 2015 中聚光灯分为两种类型，一种是【目标聚光灯】，一种是【自由聚光灯】。照明效果如图 7-37 所示。

【目标聚光灯】是以目标点为基准来聚集光束，目标点可以被自由移动去寻找被照射的目标对象；【自由聚光灯】具有目标聚光灯的所有性能，只是它没有目标点，只能通过旋转整体来对准被照射对象，如图 7-38 所示。

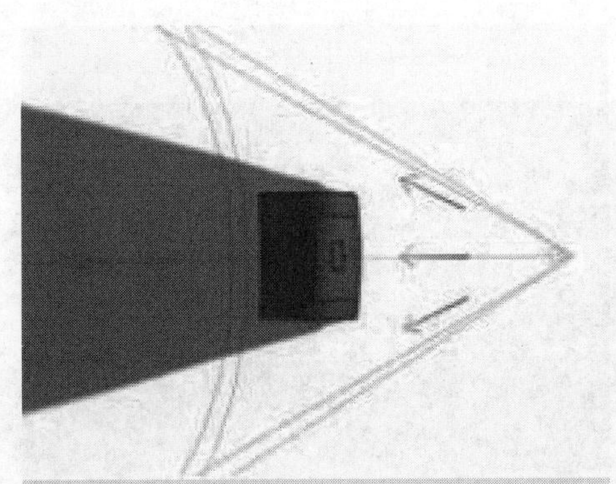
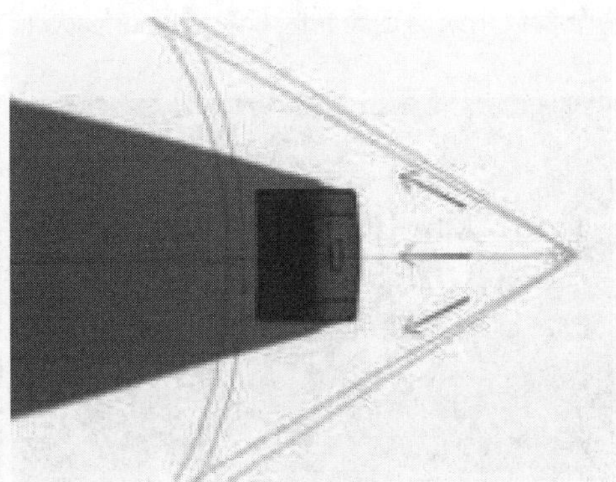

图 7-37　目标聚光灯和自由聚光灯

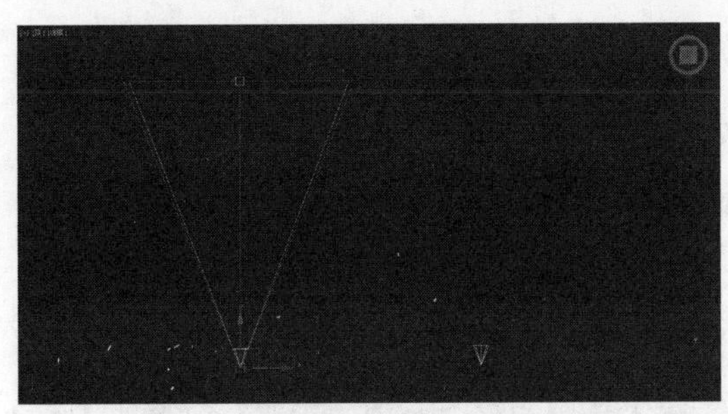

图 7-38　目标聚光灯和自由聚光灯

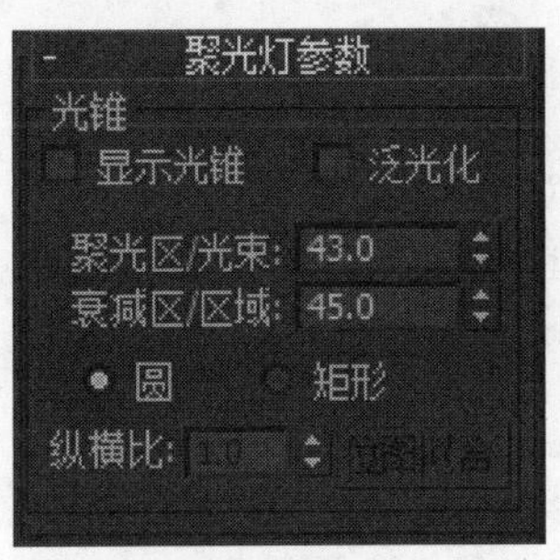

图 7-39　【聚光灯参数】卷展栏

7.3.2　聚光灯参数

聚光灯的参数设置相对较多，除了公用参数卷展栏为，它还有自身的【聚光灯参数】卷展栏，如图 7-39 所示。

下面介绍该卷展栏中各项参数的含义。

1．显示光锥

启用【显示光锥】复选框，则聚光灯不被选择时也显示圆锥体。如果禁用了该选项，则不选择聚光灯时，不会显示灯光的光锥。

2．泛光化

选中该复选框之后，聚光灯会像泛光灯一样向周围投射光线，但物体的阴影只发生在其衰减圆锥体内。

3．聚光区/光束

【聚光区/光束】用于调整聚光灯圆锥体的角度，聚光区的值以度为单位进行测量，该参数用于定义整个照明中亮部的区域。

4．衰减区/区域

【衰减区/区域】选项用于调整灯光衰减区的角度，也就是说在这个区域中的灯光会产生衰减效果，该数值越大衰减区域就越大。不同参数对比如图 7-40 所示。

5．圆和矩形

这两个参数用来确定聚光区和衰减区的形状，默认是圆形，如果想要一个矩形的光束，应选中【矩形】单选按钮，它们的效果对比如图 7-41 所示。

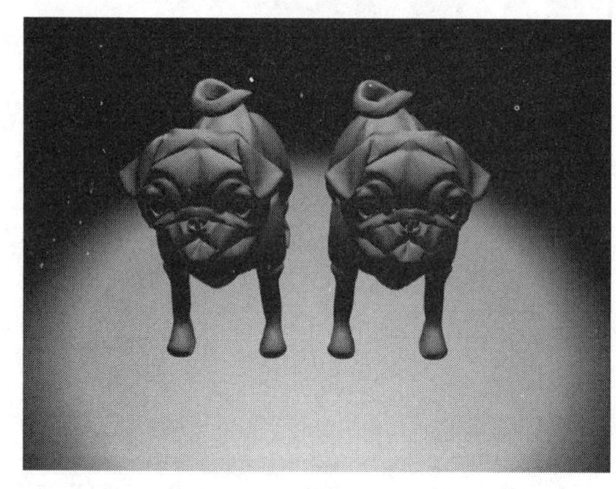

图 7-40　衰减效果对比

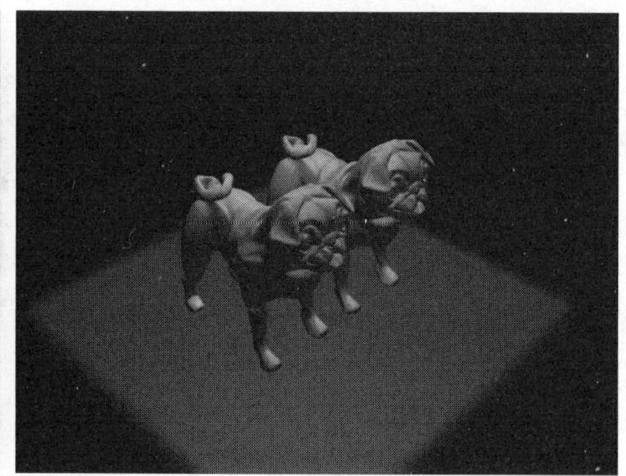

图 7-41　灯光的照射形状

6．纵横比

当选择【纵横比】后，则该选项起作用。它决定聚光灯矩形框的长度和宽度的比例关系，默认值是 1，则表示矩形的形状为正方形。

7．位图拟合

如果灯光的投影纵横比为矩形，单击此按钮打开位图，则矩形的纵横比将和位图的长宽比相对应。当灯光用作投影灯时，该选项非常有用。

7.3.3　练习：花瓶

本书介绍一个关于成品展示的实例，在这个实例中，为了突出花瓶的光泽和其真实性，抛弃了利用默认灯光渲染的想法，而利用目标聚光灯作为整个场景中的光源，重新布置了灯光。

STEP|01 打开场景文件，这是一个默认的场景，此时场景中的照明是 3ds Max 提供的默认照明，如图 7-42 所示。

图 7-42　打开场景

STEP|02 为了能够和后面的布光效果产生对比，建议先渲染一下此时的默认效果，如图 7-43 所示。

图 7-43　默认照明效果

注意

此时的效果看起来有点失真，显得苍白了一些。失真的主要原因是场景的明暗不太明显，整个场景的灯光太均匀导致的。另外，物体的阴影效果也没有表现出来，这也是影响效果的一个关键因素。

STEP|03 单击【创建】面板上的按钮，单击【对象类型】卷展栏上的【聚光灯】按钮，在【前视图】中拖动鼠标，创建一个目标聚光灯，如图 7-44 所示。

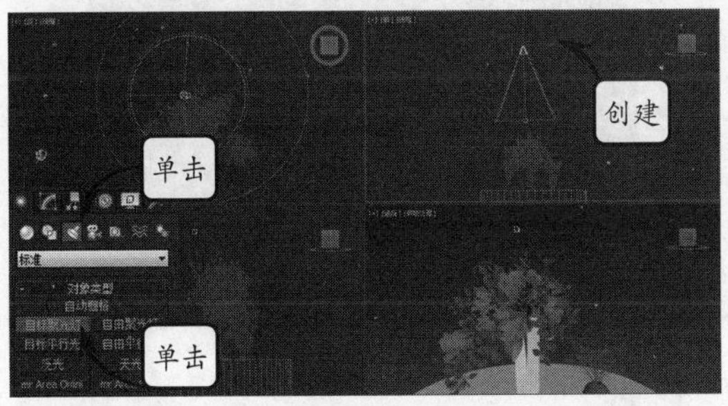

图 7-44　创建目标聚光灯

STEP|04 选择整个灯光，在顶视图中调整一下它的位置，如图 7-45 所示。

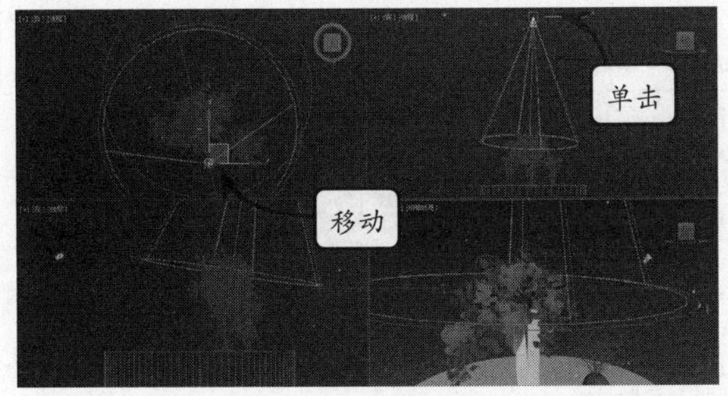

图 7-45　移动灯光

STEP|05 选择灯光的投射点，再次移动它的位置，如图 7-46 所示。

图 7-46　调整光源的照射角度

STEP|06 切换到【修改】面板，展开【强度/颜色/衰减】卷展栏，将【倍增】设置为 1.2，从而减弱灯光的强度，并设置倍增颜色为 RGB（250，223，196），如图 7-47 所示。

图 7-47　设置灯光强度

STEP|07 快速渲染摄影机视图，观察此时的灯光效果，如图 7-48 所示。此时，整体物体的背面已经照亮，因此通常将这类灯光称为背光。

图 7-48　照明效果

STEP|08 现在可以看到，渲染的光照效果有了，但是没有阴影，整个画面显得不真实，在【常规参数】卷展栏【阴影】选项中单击【启用】按钮，如图 7-49 所示。

图 7-49 启用阴影

STEP|09 快速渲染摄影机视图，观察此时的灯光效果，如图 7-50 所示。

图 7-50 渲染效果

STEP|10 可以观察到，现在的阴影过于浓重，可以切换到【修改】面板，设置【阴影参数】卷展栏中【密度】为 0.8，如图 7-51 所示。

图 7-51 设置阴影密度

提示

在布置灯光时，要考虑整体场景的效果，适当调整场景中灯光的高度和照射角度。

STEP|11 快速渲染摄影机视图，观察此时的灯光效果，渲染的效果如图 7-52 所示。

图 7-52 渲染效果

7.4 泛光灯

在 3ds Max 中，泛光灯属于一种方向性灯光，它可以按照指定的方向进行照明。但是，在实际应用过程中，有时需要的是一种类似于太阳的照射光线，即可以从某一点照向四面八方，这种灯光类型就是泛光灯。

7.4.1 泛光灯特性简介

泛光灯是一个向所有方向发射光线的点光源，它将照亮朝向它的所有面，如图 7-53 所示。当场景中没有灯光存在时，有两个默认的泛光灯被打开以提供场景中的整体照明，并且这两个泛光灯是不可见的，一旦创建了自己的灯光，这两个默认的灯光将被关闭。

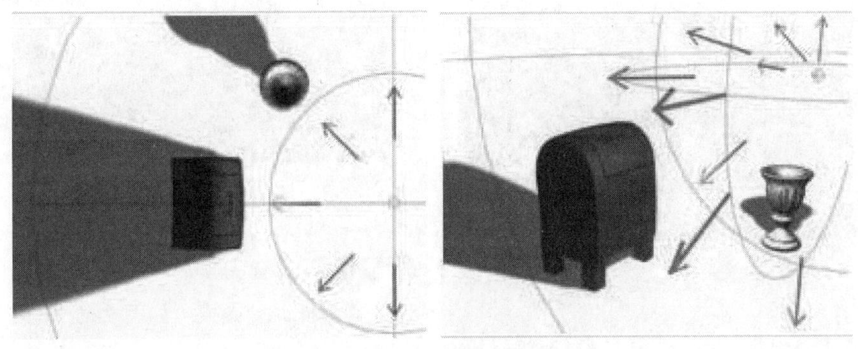

图 7-53　泛光灯光源的照射原理

在场景中，泛光灯通常的作用是作为辅光。在远距离内使用不同颜色的低亮度的泛光灯是常用的手段，这种灯光类型可以将阴暗效果投射并混合在模型上。

实际上，泛光灯是一种比较简单的灯光类型，除了具有与其他标准灯光一样的参数外，并没有自己独立的属性（公共属性将在后面介绍）。

7.4.2　练习：真实灯光

我们知道泛光灯是一个点光源，可以照射周围的物体，没有特定的照射方向，只要不是被排除的物体都会被照亮。在三维场景中泛光灯多作为补光，用来填充场景中的照明，下面就来模拟一下泛光灯的照明。

STEP|01 打开场景文件，这是一个简单的封闭场景，在默认的灯光下，其效果如图 7-54 所示。

图 7-54　默认的场景照明

STEP|02 在【创建】面板上单击【灯光】按钮，单击【对象类型】卷展栏中的【泛光灯】按钮，在顶视图中创建三个泛光灯物体，位置如图 7-55 所示。

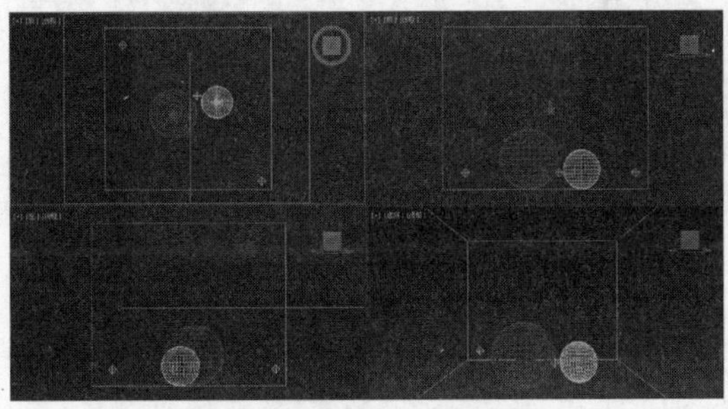

图 7-55　布置灯光

STEP|03 然后，分别选择不同位置的灯光，在【前】视图中调整它们的位置，如图 7-56 所示（其中小图表示的是【顶】视图）。

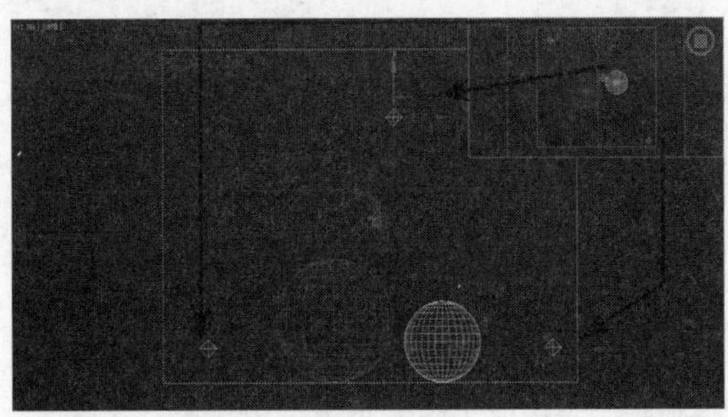

图 7-56　调整灯光位置

STEP|04 在【顶】视图中选择中间的灯光，切换到【修改】面板，并展开【强度/颜色/衰减】卷展

栏，将【倍增】设置为 0.8，如图 7-57 所示。

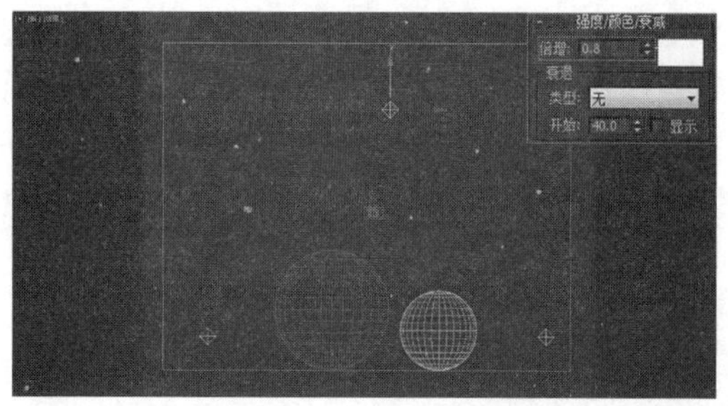

图 7-57　设置强度

STEP|05 单击【倍增】参数后面的色块，在打开的拾色器中将其颜色设置为 RGB（255，0，0），如图 7-58 所示。

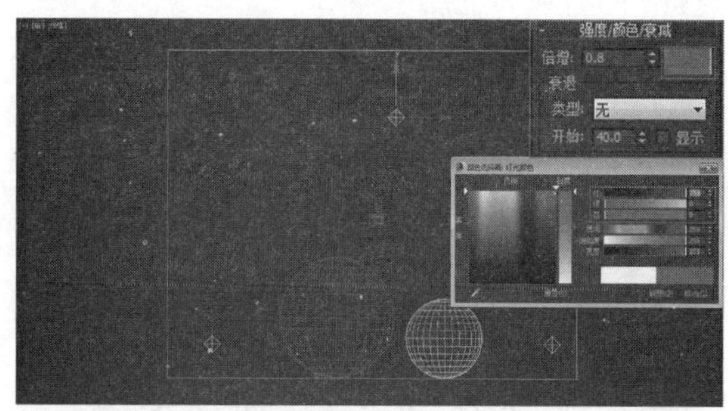

图 7-58　设置灯光颜色

STEP|06 在【常规参数】卷展栏中，启用【阴影】选项区域中的【启用】复选框，启用阴影照射功能，此时的效果如图 7-59 所示。

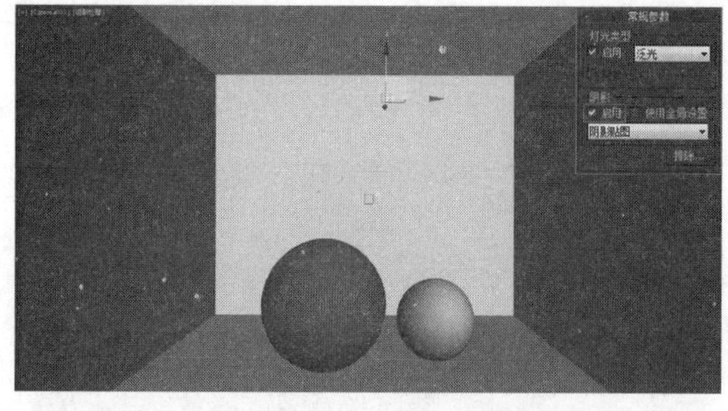

图 7-59　启用阴影

STEP|07 选择位于摄影机附近的灯光，在【强度/颜色/衰减】卷展栏中将【倍增】设置为 0.5，将其颜色设置为 RGB（181，89，224），如图 7-60 所示。

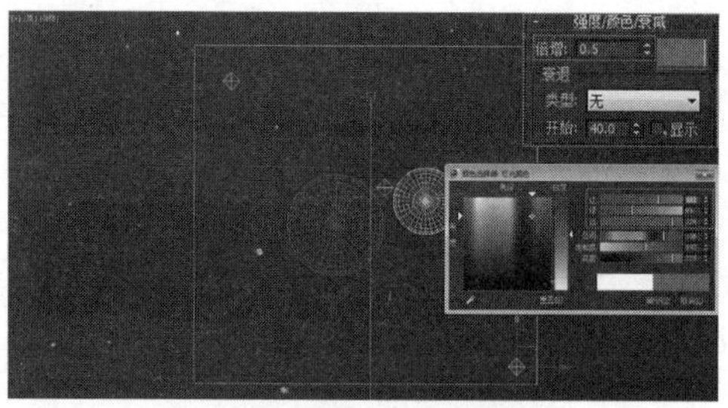

图 7-60　设置强度与颜色

STEP|08 设置完毕后，快速渲染一下摄影机视图，观察此时的效果，如图 7-61 所示。

图 7-61　渲染效果

STEP|09 此时，第二个灯光将照射整个场景，为了使灯光照射区域化，需要调整一下灯光的照射范围。启用【强度/颜色/衰减】卷展栏中的【近距衰减】和【远距衰减】选项区域中的【使用】和【显示】复选框，如图 7-62 所示。

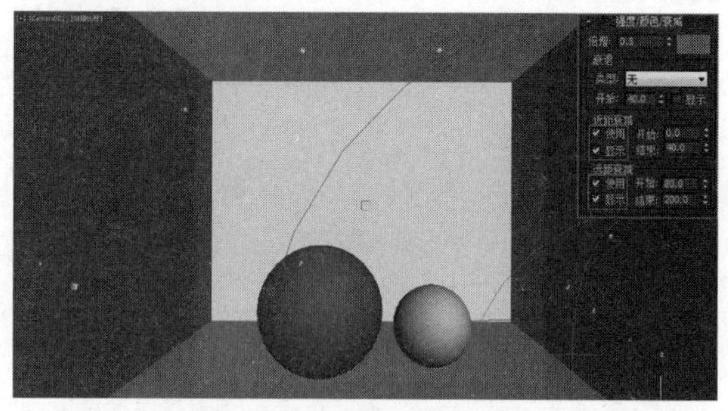

图 7-62　启用衰减

STEP|10 分别调整各个参数的大小，从而自定义灯光的照射范围，如图 7-63 所示。

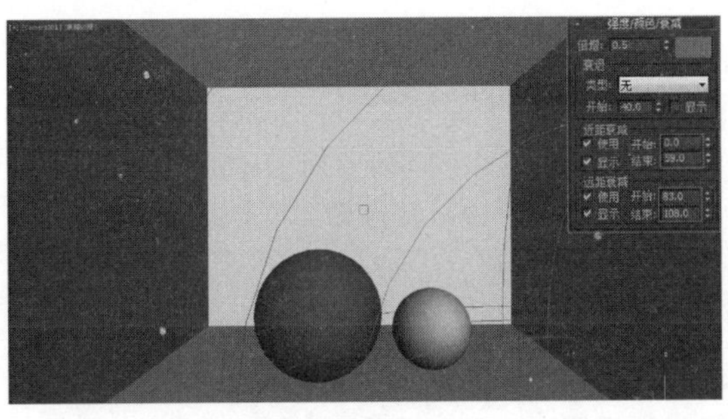

图 7-63　调整大小

STEP|11 设置完毕后，可以快速渲染一下摄影机视图，观察此时场景中的颜色变化，如图 7-64 所示。

图 7-64　渲染效果

STEP|12 选择位于摄影机最远的灯光，在【强度/颜色/衰减】卷展栏中将【倍增】设置为 0.3，如图 7-65 所示。

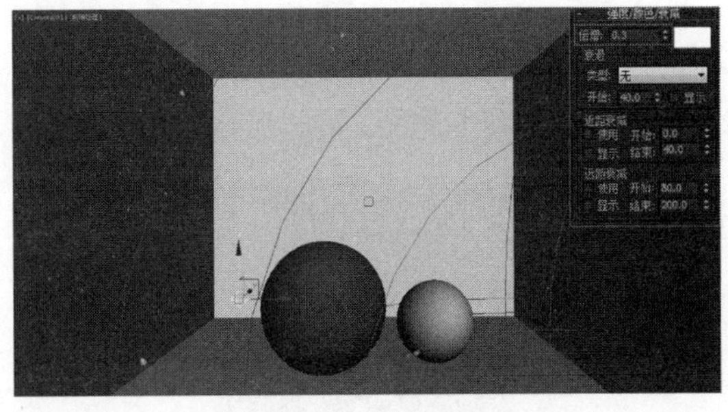

图 7-65　更改衰减参数

STEP|13 为了能够更加方便地观察效果，可以更改灯光的颜色，再查看渲染结果，如图 7-66 所示。

图 7-66　渲染效果

7.5 天光系统

天光是 3ds Max 中一种比较先进的灯光类型，它可以用来模拟整体场景的环境日光效果。本节将介绍关于天光的使用方法，以及一些常用参数的功能。

7.5.1 认识天光

天光主要用于模拟真实世界中的场景环境日光效果，在场景中添加一盏天光，不论天光在什么位置，它总是可以将视图笼罩在天光之中，如图 7-67 所示。同时也可以为其设置颜色和贴图来丰富天光的效果。

图 7-67　天光效果

3ds Max 2015 中文版从新手到高手

在场景中创建天光后，进入其修改面板，可以发现天光和聚光灯以及平行光一样，有可以控制自身属性的【天光参数】面板，但是天光并没有和其他灯光同样的属性参数，如图 7-68 所示。下面介绍天光的参数面板。

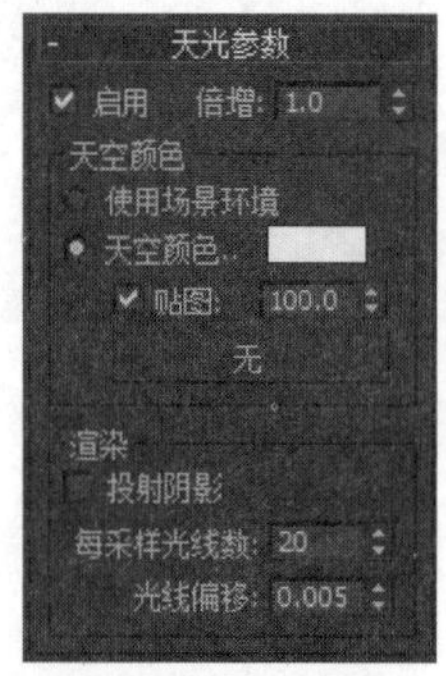

图 7-68 【天光参数】面板

1. 启用

启用和禁用灯光。当该复选框处于启用状态时，使用灯光着色和渲染以照亮场景。当该选项处于禁用状态时，进行着色或渲染时不使用该灯光。默认设置为启用。

2. 倍增

设置灯光的强度。例如，如果将倍增设置为 2，灯光将亮两倍。默认设置为 1.0。使用该参数增加强度可以使颜色看起来有“曝光”的效果，如图 7-69 所示。

3. 天空颜色

该选项区域用来控制天光的颜色，可以利用拾色器定义一种天空的颜色，如果启用其中的【贴图】选项，则可以单击【无】按钮选择一幅贴图作为天空颜色。

图 7-69 倍增效果对比

4. 投射阴影

启用该复选框后，场景中会出现阴影效果，关闭该复选框时，场景中将不会出现阴影效果，效果对比如图 7-70 所示。

图 7-70 投射阴影效果对比

5．每采样光线数

该选项用于计算落在场景中指定点上天光的光线数。对于动画，应将该选项设置为较高的值以消除闪烁。

6．光线偏移

可以在场景中指定点上投射阴影的最短距离。将该值设置为 0 可以使该点在自身上投射阴影，将该值设置为大的值可以防止点附近的对象在该点上投射阴影，效果对比如图 7-71 所示。

图 7-71　不同的阴影效果

7.5.2　练习：坦克战车

天光是用来模拟全局照明的一种光源，能够表现比较柔和自然的照明效果。使用天光必须配合 Raytracer 一起使用才能达到最佳效果，它的计算速度也相对较慢。天光只有一个卷展栏，参数设置比较简单。下面在实际操作中学习它的用法。

STEP|01 打开场景文件，这是一个简单的场景，由一个坦克模型和一个地板组成，如图 7-72 所示。

图 7-72　打开场景

STEP|02 选择【渲染】｜【渲染设置】，在弹出的【渲染设置：默认扫描线渲染器】对话框中，选择【高级照明】选项卡，在【选择高级照明】下拉列表中单击【光线跟踪】命令。确保【活动】复选框被启用，如图 7-73 所示。

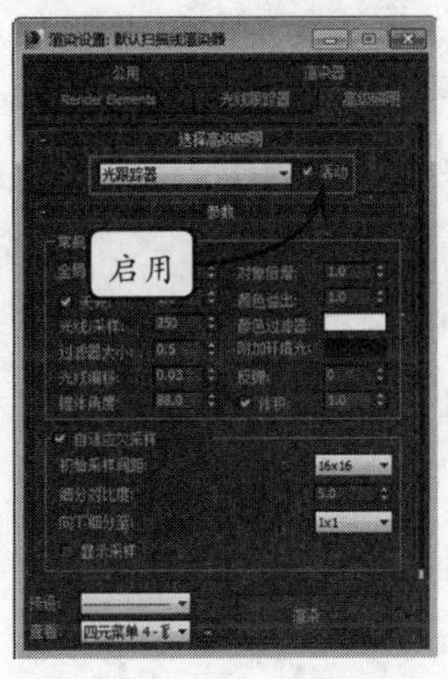

图 7-73　启用光线跟踪

STEP|03 在【创建】面板中单击按钮，单击【光度学】下拉按钮，选择【标准】命令，在出现的【对象类型】卷展栏中单击【天光】按钮，在视图中的任意位置创建一盏天光，如图 7-74 所示。

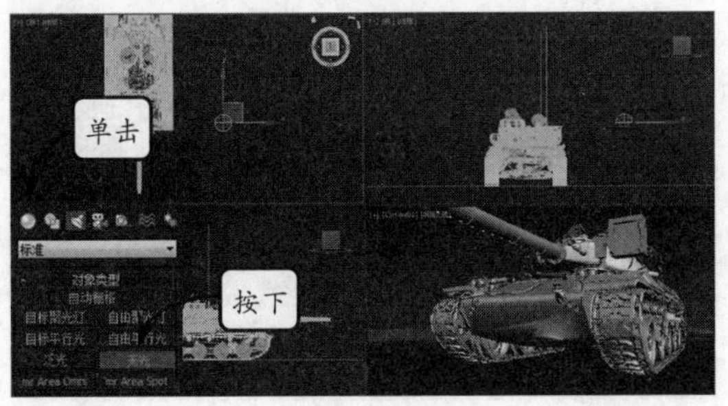

图 7-74　创建天光

STEP|04 切换到【修改】面板，在【天光参数】卷展栏中将【倍增】设置为 1.5，快速渲染摄影机视图，观察此时的效果，如图 7-75 所示。

图 7-75　渲染效果

STEP|05 在【天光参数】卷展栏中启用【使用场景颜色】单选按钮，选中该单选按钮表示天光的颜色将与环境光的颜色相匹配，如图 7-76 所示。

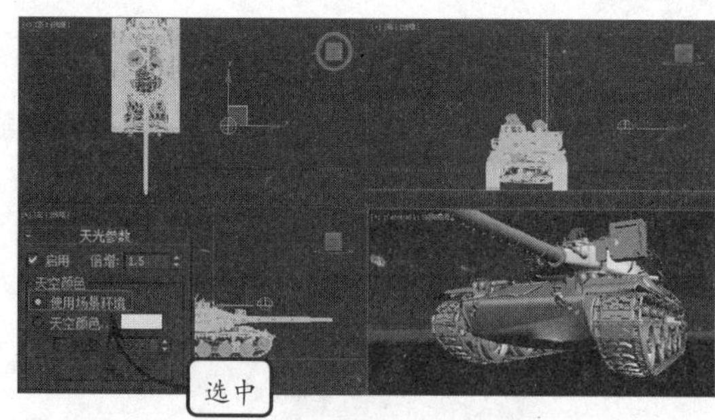

图 7-76　使用场景环境

STEP|06 按数字键 8 打开【环境和效果】设置面板。单击【环境贴图】下面的【无】按钮，在打开的对话框中选择【位图】选项，将图片文件导入进来作为整个场景的环境，将环境图片拖曳到材质编辑器中的一个空白材质球中，在【坐标】卷展栏中【贴图】选项的下拉列表中单击【屏幕】选项，如图 7-77 所示。

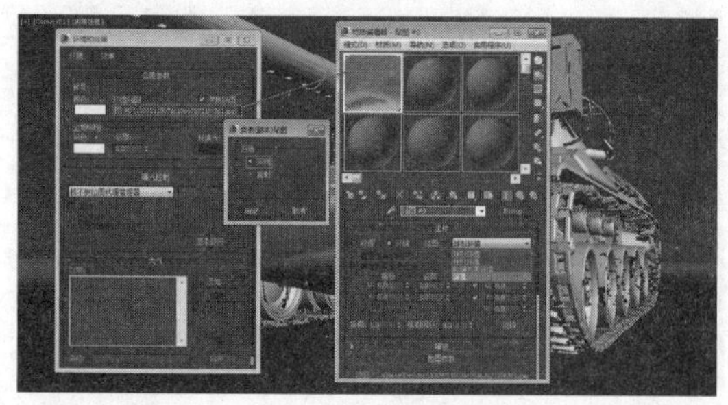

图 7-77　环境效果

STEP|07 再次快速渲染摄影机视图，观察此时的效果，如图 7-78 所示。

图 7-78　渲染效果

STEP|08 在图 7-78 中看到，场景中已经使用了天空的颜色，紫色的地面也成了天空的颜色。接下来在【修改】面板中选中【天空颜色】单选按钮，并设置颜色为 RGB（208，232，255），如图 7-79 所示。

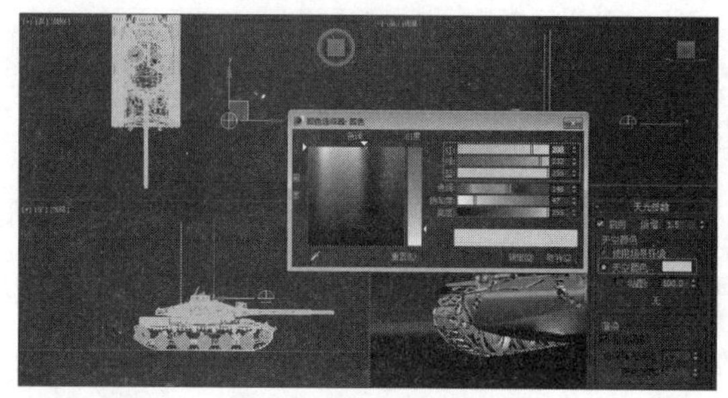

图 7-79　设置天空颜色

STEP|09 再次渲染摄影机视图观看效果，如图 7-80 所示。此时，物体上将被淡蓝色的光所照亮。

图 7-80　渲染效果

技巧

此时，场景虽然已经被照亮，但是天空环境和场景环境的颜色产生了很大的差别，这样容易造成失真，为此在实际制作过程中应当注意天空光和环境光颜色一致或者相近。

STEP|10 在【天光参数】卷展栏中，在【天光颜色】中将颜色设置为 RGB（255，241，223），快速渲染摄影机视图观察此时的效果，如图 7-81 所示。

图 7-81　更改颜色后的效果

7.6 摄影机与场景

在 3ds Max 2015 中，摄影机与现实世界中的摄像机非常相似，主要用于帮助用户选取合适的视角、录制动画等工作。此外，摄影机的可修改性很强，用户可以随意地修改其位置与角度，这样就大大提高了在三维场景中调整视角和创建动画的效率。本节将介绍摄影机的创建方法以及它的原理等内容。

7.6.1　摄影机的特性

在真实世界中，摄影机使用镜头将场景反射的灯光聚焦到具有灯光敏感性曲面的焦点平面，形成影像，图 7-82 展示了在成像过程中的两个参数，下面将介绍它们的具体含义。

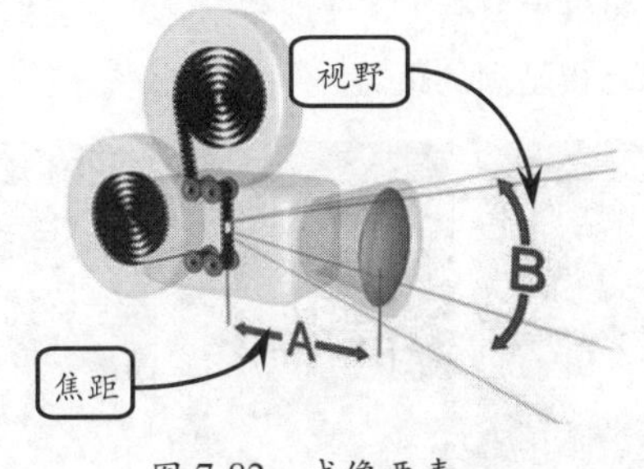

图 7-82　成像要素

1．焦距

焦距是指焦平面与镜头之间的距离，它主要用于影响出现在画面中的区域大小。一般情况下，焦距越小，画面中包含的场景越多；焦距越大，画面中包含的场景越少，但被包含的物体的细节会越清晰。

在现实世界中，焦距通常是以 mm 来衡量的，标注摄像机镜头的焦距为 50mm。如果焦距大于该值，则称为长焦或远焦镜头；如果小于该数值，则称为短焦或广角镜头。

2．视野

视野（Fov）用于控制可见场景的数量。它以水平线度数进行测量，并且与镜头的焦距直接相关。例如，50mm 的镜头显示水平线为 46°。

3．透视与 Fov 的关系

短焦距强调透视的扭曲，使对象朝向观察者看起来更深、更模糊。长焦距减少了透视扭曲，使对象压平或与观察者平行。如图 7-83 所示的效果展示了它们的关系。

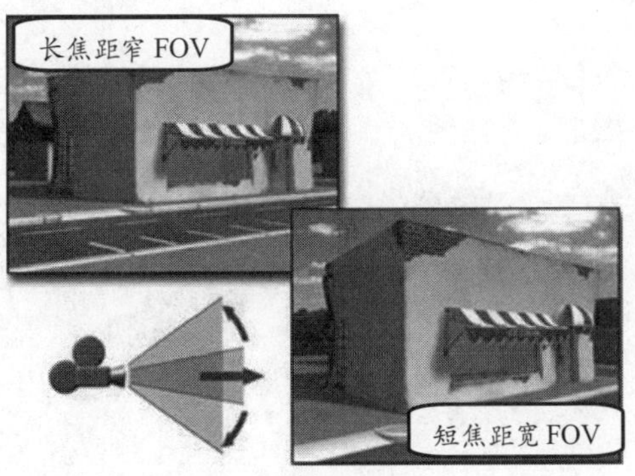

图 7-83　透视与 Fov 的关系

7.6.2 摄影机类型简介

在 3ds Max 2015 中，摄影机可以分为两种，一种是目标摄影机，另一种是自由摄影机。其中，目标摄影机带有目标点，是常用的一种类型；自由摄影机没有目标点，常用于制作动画。本节主要介绍这两种摄影机的创建方法。

1. 目标摄影机

目标摄影机可以围绕摄影机的目标物体观察场景，在摄影机目标始终不动时最适合使用目标摄影机，例如一些静态的画面等。不过，它可以用于创建动画，例如让摄影机以及它的目标物体沿着一条路径运动等，如图 7-84 所示的是该摄影机的形状。

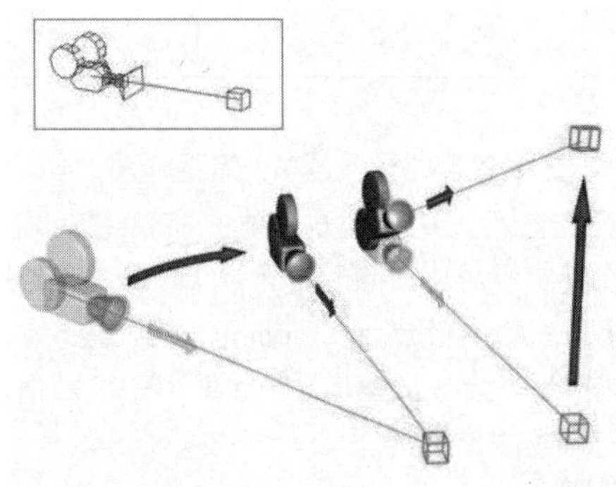

图 7-84 目标摄影机

2. 自由摄影机

自由摄影机可以直接观看摄影机所瞄准的方向，与目标摄影机不同的是，它没有基于目标的物体，场景中自由摄影机只显示为一个单独的图标，这对于制作摄影机动画非常方便，如图 7-85 所示的是自由摄影机的图标。

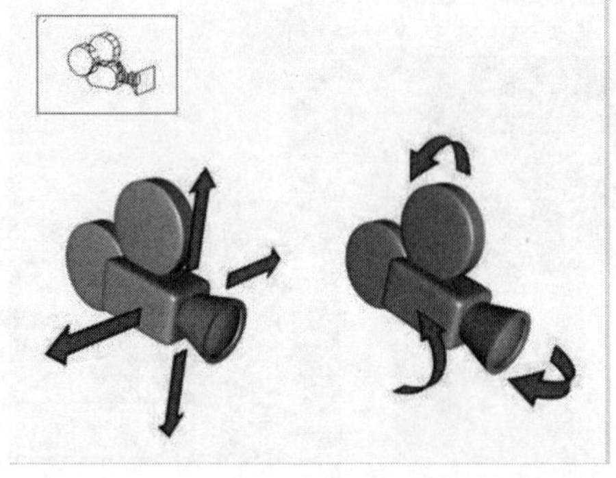

图 7-85 自由摄影机图标

自由摄影机的创建方法比较简单，用户只需在视图中选择一个合适的角度，单击鼠标左键即可放置一个摄影机。然后，再按照调整目标摄影机的方法设置其参数，即可完成操作。

7.6.3 摄影机基本参数设置

在 3ds Max 2015 中，目标摄影机与自由摄影机的参数设置面板相同，如图 7-86 所示。创建摄影机的方法是：在【创建】命令面板中单击【摄影机】按钮，打开【对象类型】卷展栏，然后选择适当的摄影机类型，并在场景中创建摄影机。本节以目标摄影机的参数面板为例，介绍这些参数的具体含义。

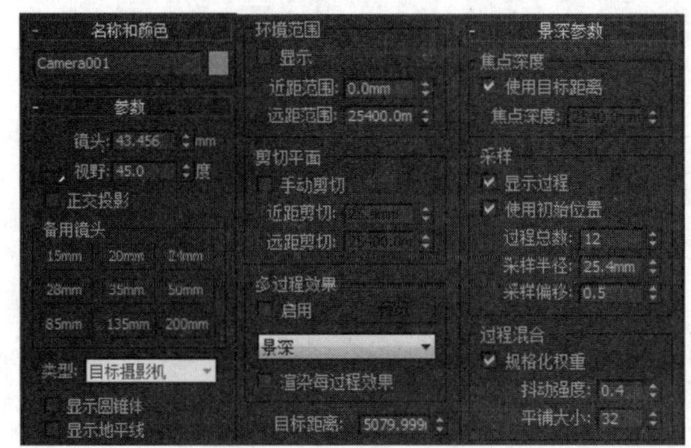

图 7-86 参数设置面板

1. 镜头

摄影机镜头口径的大小，相当于摄影机的焦距，调节它时【视野】也同时发生变化，【镜头】微调框的值越大【视野】值越小，如图 7-87 所示。另外，如果用户启用了【正交投影】复选框，摄影机将忽略模型间的距离而不产生透视。

图 7-87 摄影机焦距的变化

2. 类型

用于设置摄影机的类型。在该下拉列表中，用户可以在两种摄影机之间任意切换。

3. 显示地平线

启用【显示地平线】复选框后，在摄影机视图中将出现一条水平黑线，用来代表地平线，利用它可以辅助定位摄影机的位置，在一些大型场景的制作中经常用到，如图 7-88 所示。

图 7-88 显示地平线

> **提示**
>
> 当用户启用了【显示地平线】复选框后，不是从每一个视图中都能看到地平线的。它只有在摄影机视图中才能显示出来。

4. 环境范围

【环境范围】选项用于显示摄影机的取景范围，以便更好地调整摄影机的角度。

5. 剪切平面

在摄影机的取景范围内设置两个假想的平面，在这两个平面之间的物体会被摄影机拍摄到，当物体刚好被这两个平面穿过时，在摄影机视图内就会出现物体被切割的现象，如图 7-89 所示。

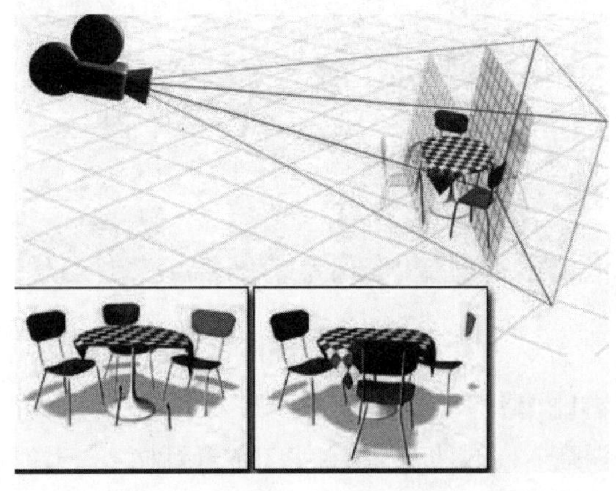

图 7-89 剪切效果

6. 景深参数

如果用户启用了【多过程效果】选项区域下的【启用】复选框，则可以在其下面的下拉列表框中选择【景深】选项。选择该选项后，就可以在摄影机视图中预览景深或运动模糊的效果。

在这里只介绍了摄影机中的常用参数。读者可以上网查阅资料，了解其他卷展栏中的参数含义。

7.7 练习：穿越迷宫

漫游动画是一种经典的动画类型，一般的三维游戏场景中都利用这种方法来展开故事情节。此外，漫游动画还经常应用在建筑效果当中。作为一个动画设计人员，掌握漫游动画的制作方法是非常有必要的。本实例将介绍一个迷宫的制作方法。通过本练习的学习，主要帮助读者了解利用摄影机制作漫游动画的一般方法。

STEP|01 打开场景文件，这是一个典型的迷宫场景，如图 7-90 所示。

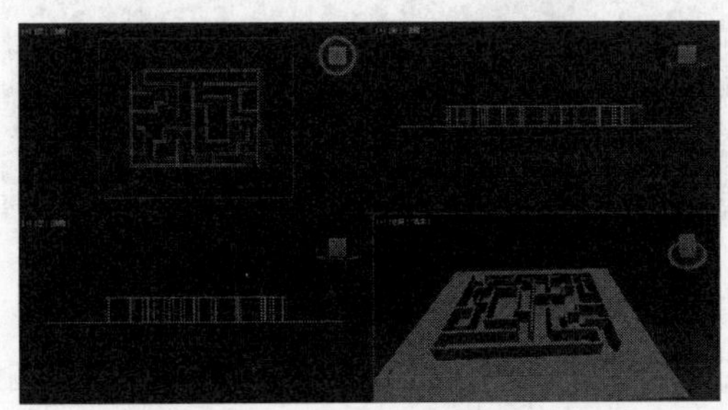

图 7-90 场景文件

STEP|02 切换到【摄影机】面板，单击对象类型

卷展栏中的【自由】按钮，在前视图中创建自由摄影机，如图 7-91 所示。

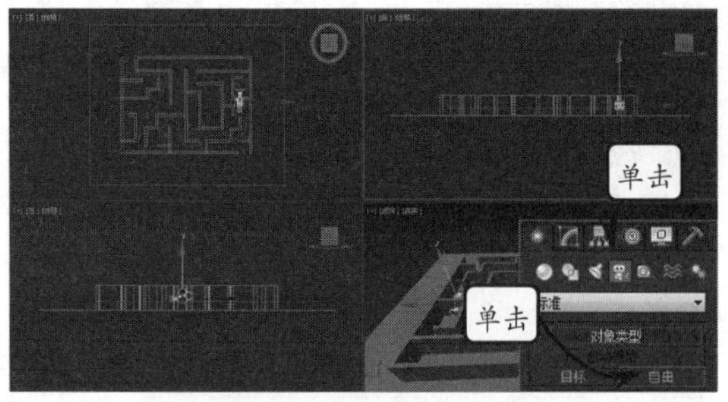

图 7-91　创建摄影机

STEP|03 确认摄影机处于选中状态，在顶视图中调整一下摄影机的位置，使其放置到曲线的一端，这样可以定义漫游的起始位置，如图 7-92 所示。

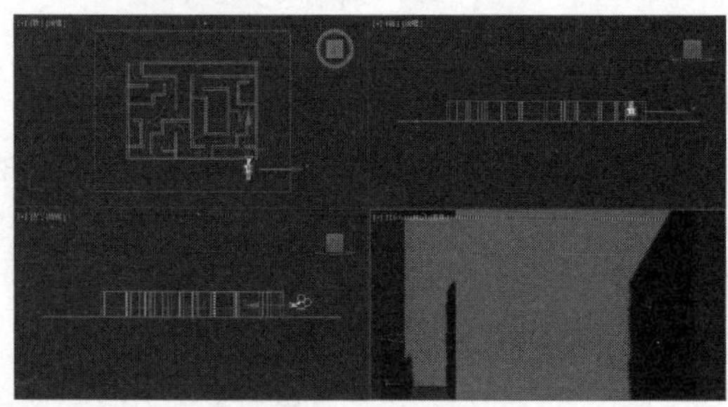

图 7-92　调整位置

STEP|04 切换到【修改】面板，在【参数】卷展栏中调整摄影机的视口参数，如图 7-93 所示。

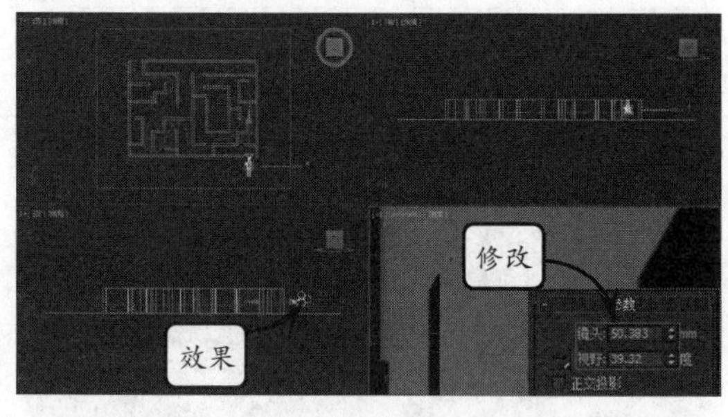

图 7-93　修改视口

STEP|05 在视图中选择摄影机，依次选择【动画】|【约束】|【路径约束】命令，在视图中选择样条线，将它们绑定到一起。此时摄影机已经自动移动到了曲线的开始端，如图 7-94 所示。

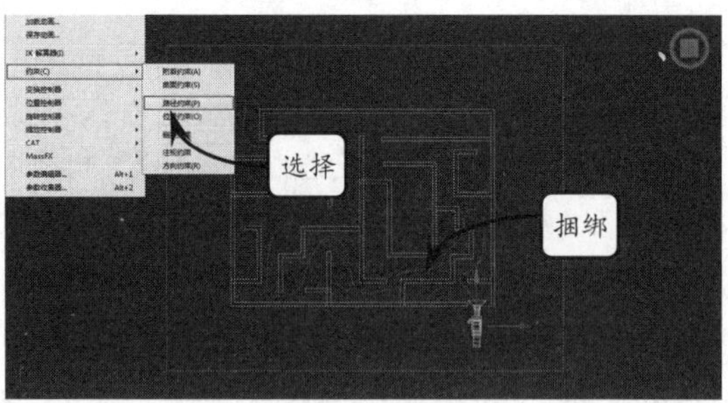

图 7-94　添加路径

STEP|06 切换到【修改】面板，展开【路径参数】卷展栏，启用【跟随】复选框，在【轴】选项区域中选择 Y 轴，使其沿着指定路径前进，如图 7-95 所示。

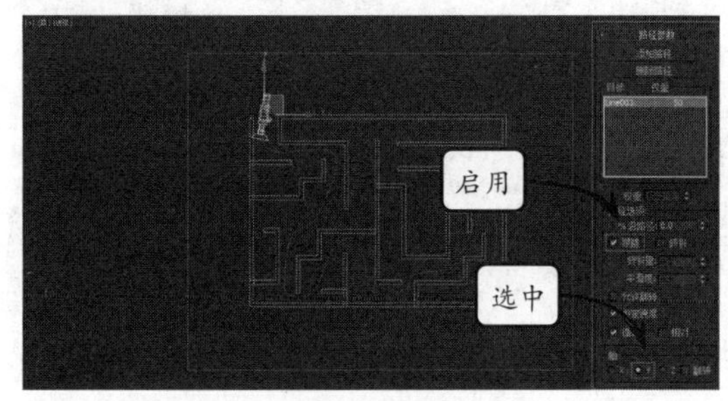

图 7-95　设置运动参数

STEP|07 接下来需要做的是调整路径的位置。因为当路径不正确时可能会导致摄影机“撞墙”，如图 7-96 所示。

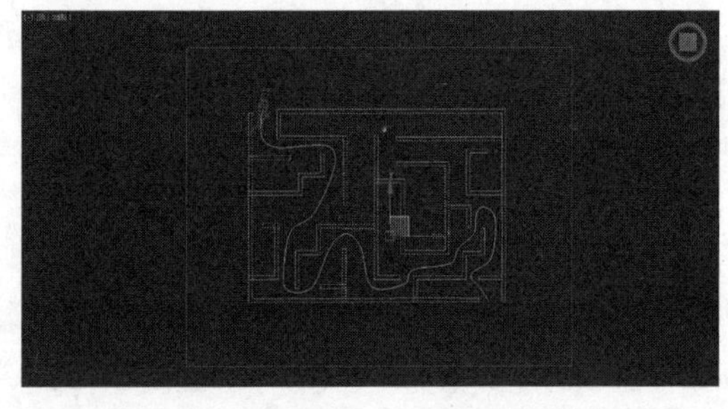

图 7-96　修改路径

STEP|08 切换到摄影机视图，按 Shift+Q 键快速渲染一下，观察此时的效果，如图 7-97 所示。

STEP|09 此时的场景看起来有点暗，这是采用默认灯光所渲染的效果，为此需要适当布置灯光。按 F10 快捷键打开【渲染设置：默认扫描线渲染器】

窗口，切换到【高级照明】选项卡，在【选择高级照明】下拉列表中选择【光跟踪器】选项，从而启用光线跟踪，如图 7-98 所示。

图 7-97　渲染效果

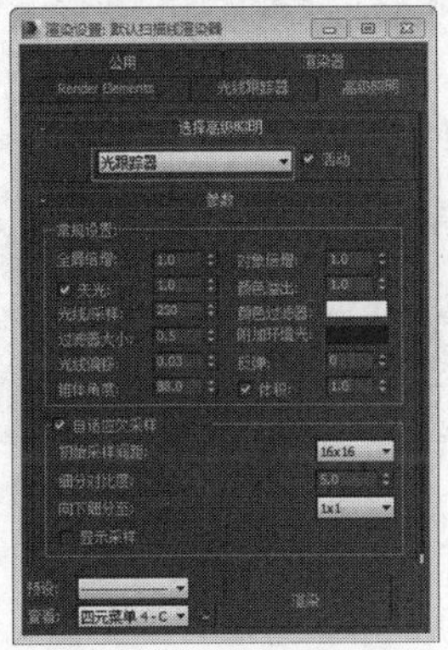

图 7-98　启用光线跟踪

STEP|10 关闭上述窗口。切换到【创建】面板，选择【灯光】选项中的【标准】，单击【对象类型】卷展栏中的【天光】按钮，在场景的任意视图中创建一盏天光，如图 7-99 所示。

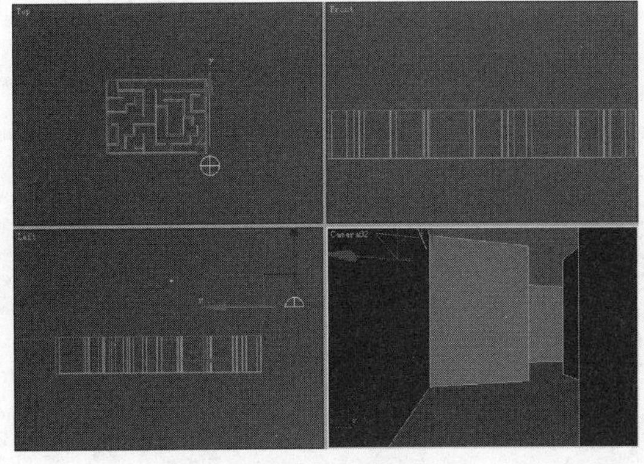

图 7-99　创建天光

STEP|11 快速渲染摄影机视图，观察此时的效果，如图 7-100 所示。

图 7-100　渲染效果

STEP|12 此时的场景虽然已经照亮，但是光线看起来过于均匀，为此需要添加一盏主光源来增加效果。

STEP|13 在【灯光】选项中单击【目标聚光灯】按钮，在顶视图中拖动鼠标创建一盏目标聚光灯，如图 7-101 所示。

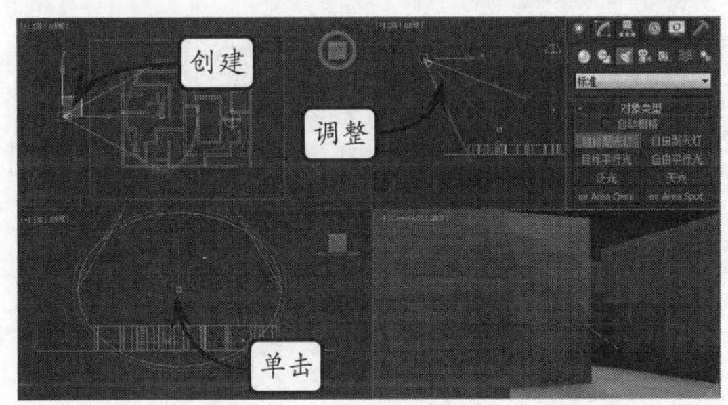

图 7-101　创建目标聚光灯

STEP|14 快速渲染摄影机视图，观察此时的场景效果，如图 7-102 所示。

图 7-102　照明效果

STEP|15 切换到【修改】面板，启用【常规参数】卷展栏中的【阴影】选项，单击【启用】复选框，使灯光产生阴影效果，如图 7-103 所示。

图 7-103 产生阴影

STEP|16 展开【阴影参数】卷展栏，单击【颜色】右侧的颜色块，将颜色修改为 RGB（80，80，80），渲染效果如图 7-104 所示。

STEP|17 到这里，关于摄影机漫游的动画就完成了，读者可以拖动时间滑块观察一下此时的效果。如图 7-105 所示的是拖动时间滑块观察渲染的效果。

图 7-104 修改后的阴影颜色

图 7-105 效果

第 8 章

粒子动画

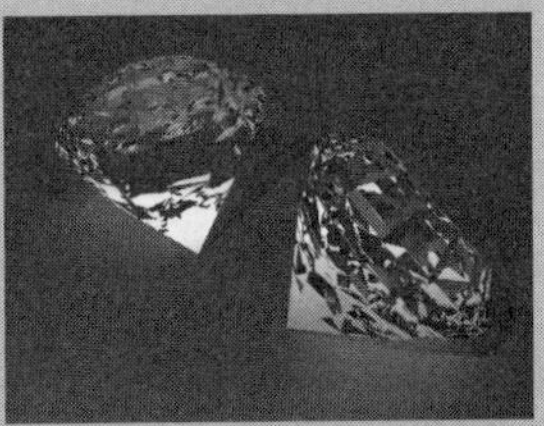

3ds Max 粒子系统是一种粒子的集合，它通过指定发射源在发射粒子流的同时创建各种动画效果。其功能众多，可以制作数不胜数的粒子特效，是特技制作必不可少的工具，在影视片头动画、广告，以及影视特技中均得到了大量的应用。

本章主要介绍了粒子的应用和喷射、超级喷射、雪、粒子阵列、粒子流等，以及几种常用的粒子动画，用来提高读者对于粒子的驾驭能力，本章中的所有练习都将针对不同的粒子对象而展开讲解。通过本章的实际操作，读者能够对粒子有一个全新的认识，同时还能够学习一些特效制作的思路。

8.1 粒子应用

合理地使用粒子特效，可以使场景更加绚丽、宏大，能够很好地“抓住”观众的眼球，达到信息传递的目的。使得粒子动画在影视、游戏、栏目包装等领域中占有举足轻重的地位。本节介绍粒子的主要应用领域。

1. 电影

在一些电影、电视的场景中，由于某些片断的制作耗资很大，并且实现的难度较大，此时就可以利用粒子来模拟真实的环境，例如，《龙帝之墓》、《功夫熊猫》等都使用到这种手法。通过在场景中使用粒子，可以表现出很多情节，例如，如梦如幻的花雨可以表现两个人爱情的纯真、宏大的爆炸场景可以使争斗显得更加激烈、密集的箭雨或者蓬蓬的大雪可以表现出主人公的处境等。图 8-1 所表现的是电影《冰雪奇缘》中的粒子阵列效果。

图 8-1　电影场景

2. 游戏场景

在一些大型游戏中，尤其是三维游戏中，粒子是少不了的，例如魔兽世界、星际争霸等场景中，就大量地利用了粒子，在游戏当中它主要用来模拟天气、人物技能、环境等因素。如图 8-2 所示的是《自由空间 2》中的一个粒子特效，在这个画面中可以观察到雪花飘落的效果。

3. 影视栏目包装

在快节奏的现代生活中，影视栏目包装也成为影视发展的先锋部队，它直接影响着电视的收视率以及人们对栏目的关注程度，如图 8-3 所示。

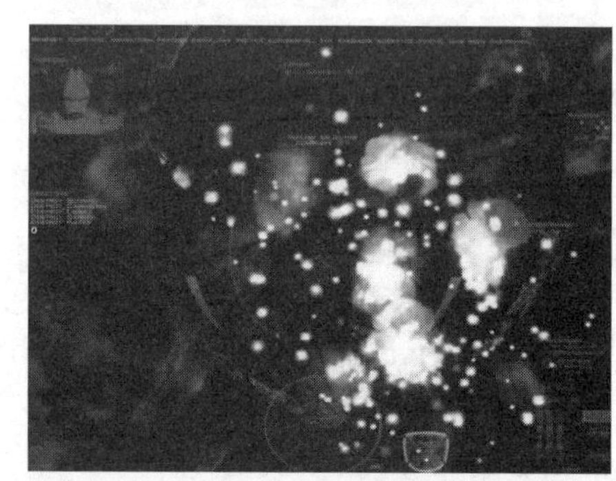

图 8-2　游戏场景中的粒子

图 8-3　影视中的粒子

4. 片头广告

片头广告也是粒子系统的一个重要应用领域，在电视上可以随处可见，例如，沿路径流动的水、挥舞的星星、美丽的夜空等。如图 8-4 所示的就是利用粒子模拟的文字破碎的效果。

图 8-4　文字破碎效果

5．注意事项

在使用粒子系统制作特效时，需要读者注意以下几点内容。

第一，制作前必须充分考虑好粒子所出现的时间、形状、所表达的含义等。这一点是非常重要的，它将直接影响影片最后的效果。

第二，粒子必须与环境符合，例如粒子的材质、特效的使用等。

第三，如果要创建出真实的粒子特效，必须与 3ds Max 的其他物体相结合，例如空间扭曲物体等。

第四，要有选择地使用粒子物体。不同的粒子的应用领域产生一定的差异，读者需要根据自己所要设置的特效挑选合适的粒子系统。

第五，在制作粒子时需要考虑计算机的承受能力，避免因为粒子太多而导致系统崩溃或死机。

8.2 喷射

喷射是 3ds Max 中的两种基本粒子系统之一，是非事件驱动粒子，主要用来发射垂直的粒子流，粒子可以是四面体尖锥，也可以是四方形面片，用来表现一些类似于喷射的效果。比如，下雨、喷泉等，可以创模拟真实场景，增添质感。

8.2.1　认识喷射

喷射是比较简单的粒子类型，可以模拟简单的水滴下落效果，如下雨、喷泉等。它的创建方法也比较简单，读者只需在【创建】面板中单击【几何体】按钮，并在【标准几何体】下拉列表中选择【粒子系统】选项，如图 8-5 所示。

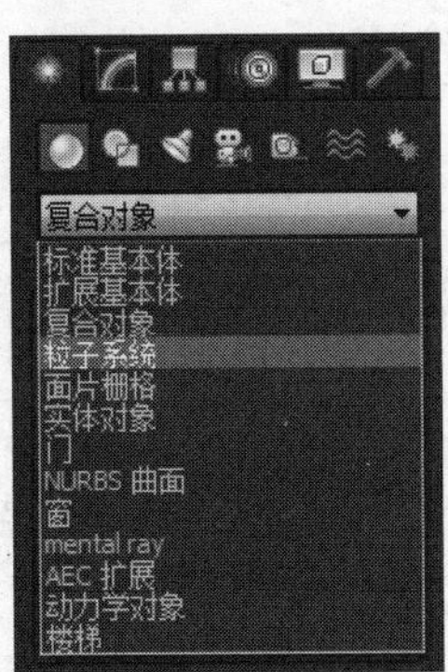

图 8-5　激活粒子系统

然后单击【对象类型】卷展栏中的【喷射】按钮，在视图中拖动鼠标即可创建粒子发射器，此时关于该粒子的参数设置也将显示出来，如图 8-6 所示。

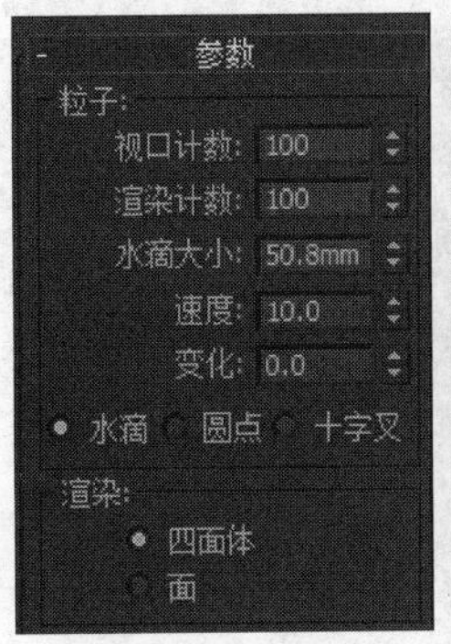

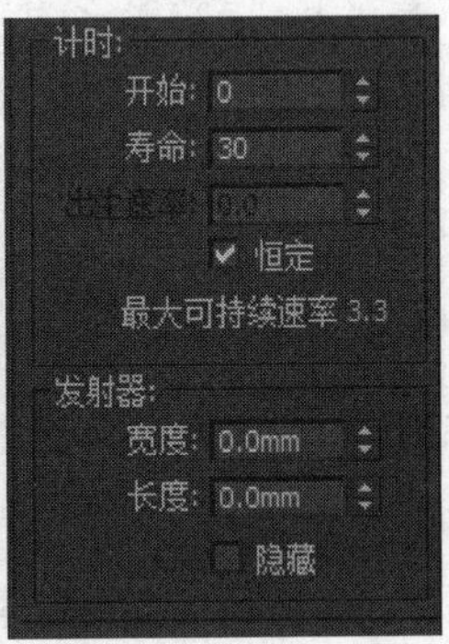

图 8-6　喷射参数面板

- ❑ **视口计数**　设置粒子在视图中的显示数量。
- ❑ **渲染计数**　设置最终渲染粒子的数量，通常将 Viewport Count 的值设置小一些以加快显示速度。
- ❑ **水滴大小**　该选项用来设置粒子的大小，数值越大，则粒子就越大。
- ❑ **速度/变化**　【速度】用于设置发射器发射粒子的快慢，【变化】设置粒子发射出来时的混乱程度。
- ❑ **水滴、圆点和十字叉**　这三个单选按钮用于设置粒子在视图中的显示方式，如图 8-7 所示，和最终的渲染没有关系。
- ❑ **四面体/面**　控制粒子的渲染形状。【四面体】提供水滴的基本模拟效果；【面】渲染效果为正方形面，如图 8-8 所示。

图 8-7　粒子不同的显示方式

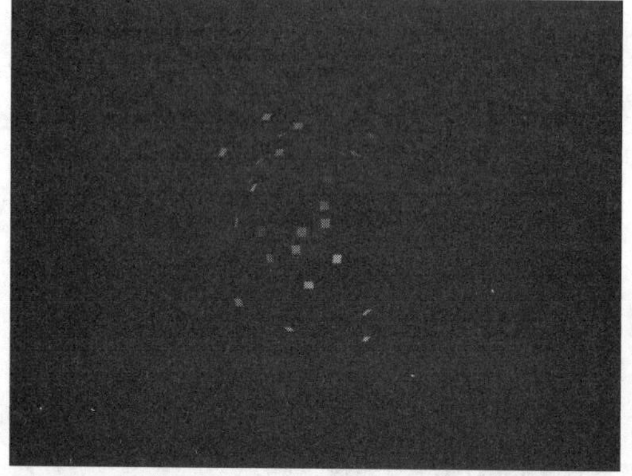

图 8-8　渲染形状

- **开始**　用来设置开始产生粒子的时间帧。
- **寿命**　定义粒子存活的时间，以帧为单位进行计算。
- **出生速率**　指发射器每一帧发射粒子的数量，如果此值大于最大速率，粒子系统将生成突发的粒子，如图 8-9 所示。

图 8-9　突发粒子

- **恒定**　启用该复选框，发射器将以恒定的速率发射粒子，产生均匀的粒子流。
- **宽度和长度**　发射器是不可渲染对象，使用这两个值可以设置发射器的长度和宽度。

8.2.2　练习：满城风雨

在满城风雨的制作过程中，主要使用了粒子系统中的喷射粒子来模拟下雨的效果。通过本节的学习帮助读者理解并熟练掌握使用喷射粒子制作雨滴和喷泉喷出的水滴效果的方法。

STEP|01 打开场景文件，作为被编辑的对象，如图 8-10 所示。

图 8-10　场景文件

STEP|02 切换到【创建】面板中的【粒子系统】子面板，然后单击【喷射】按钮，在视图中创建一个粒子喷射器，并调整其位置，如图 8-11 所示。

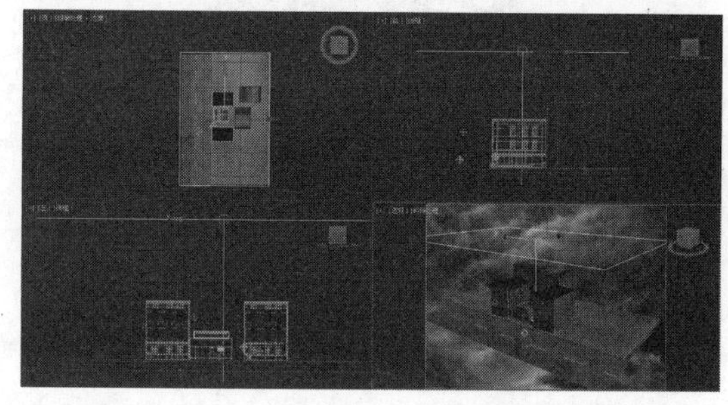

图 8-11　创建粒子喷射

STEP|03 切换到【粒子喷射】卷展栏，设置【视口计数】为 6000，【渲染计数】为 8000，【水滴大

小】为 1.5，【速度】为 400，【变化】为 10，如图 8-12 所示。

图 8-12　设置粒子属性

STEP|04 在计时区域内设置【开始】为-50，【寿命】为 100，然后调整发射器的大小，启用【隐藏】复选框，使发射器不可见，如图 8-13 所示。

图 8-13 调整发射器

STEP|05 选择粒子物体，单击右键，选择【对象属性】选项，打开【对象属性】对话框，在【运动模糊】选项区域中激活【图像】单选按钮，如图 8-14 所示。

图 8-14　启用运动模糊

STEP|06 在材质编辑器中选择一个空白材质球并将其命名为“雨滴”，设置【高光反射】为白色，【自发光】为 60。然后展开【扩展参数】卷展栏，在高级透明区域中启用【外】单选按钮，设置【数量】为 100，启用【相加】单选按钮，如图 8-15 所示。

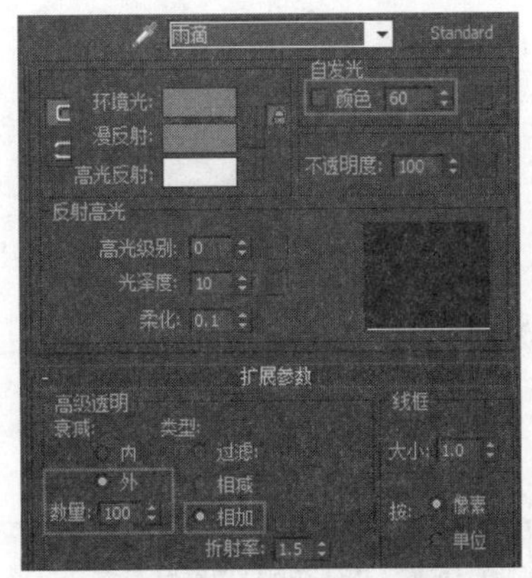

图 8-15　设置粒子属性

STEP|07 按 Shift+Q 键渲染场景文件，观察雨滴的渲染效果，如图 8-16 所示。

图 8-16　渲染效果

STEP|08 选择雨滴材质，为其【不透明】通道添加一个【渐变】贴图，渲染效果如图 8-17 所示。

图 8-17　渲染效果

STEP|09 然后为其【反射】通道添加一个【光线跟踪】贴图，渲染效果如图 8-18 所示。

图 8-18　渲染效果

8.3 超级喷射

【超级喷射】发射受控制的粒子喷射。此粒子系统与简单的喷射粒子系统类似，只是功能更为复杂，增加了所有新型粒子系统提供的功能。它主要用来从一个点向外发射粒子流，以产生线形或锥形粒子群形态。

8.3.1　认识超级喷射

可以将超级喷射粒子系统看作是增强的喷射粒子系统，它发射的可控制粒子流可以用来创建喷泉、烟花等。如图 8-19 所示的就是利用超级喷射粒子系统所创建出来的作品。

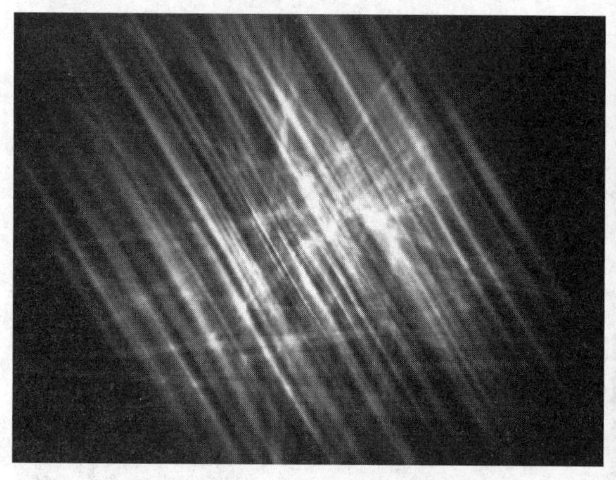

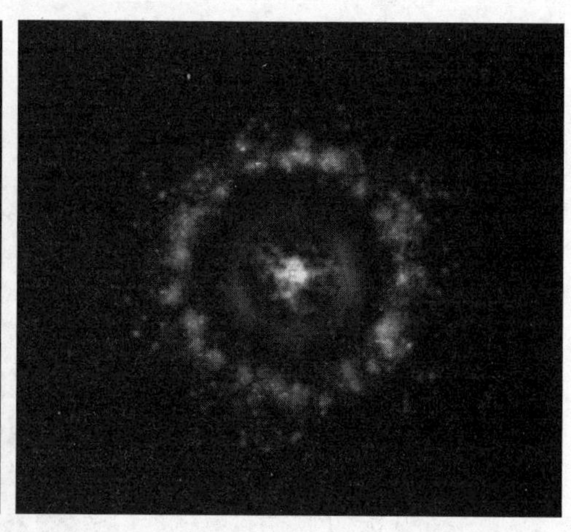

图 8-19　超级喷射粒子效果

关于超级喷射粒子的创建方法与喷射粒子的创建方法相同，这里不再赘述。下面主要介绍一下各个卷展栏的作用。

1.【基本参数】卷展栏

【基本参数】卷展栏主要用于设置粒子的基本参数，包括粒子的数量、大小、速度等。

2.【粒子类型】卷展栏

【粒子类型】卷展栏用于设置粒子的显示方式，在该卷展栏中，还可以使用一个具体物体的碎片来定义粒子。如图 8-20 所示的是系统允许定义的几种粒子系统。

图 8-20 粒子类型

3.【旋转和碰撞】卷展栏

粒子在高速运动的过程中，产生旋转和碰撞是不可避免的。为了能够使粒子的运动更加逼真，需要为粒子添加运动模糊以增强其动感。此外，现实世界的粒子通常边移动边旋转，并且互相碰撞。该卷展栏主要用于设置这些参数，如图 8-21 所示的是粒子在运动过程中形成的特殊运动形状。

4.【对象运动继承】卷展栏

每个粒子移动的位置和方向由粒子创建时发射器的位置和方向确定。如果发射器穿过场景，粒子将沿着发射器的路径散开。使用该卷展栏中的选项可以通过发射器的运动影响粒子的运动。

图 8-21 粒子碰撞效果

5.【气泡运动】卷展栏

【气泡运动】卷展栏提供了在水下气泡上升时所看到的摇摆效果。通常，将粒子设置为在较窄的粒子流中上升时，会使用该效果。气泡运动与波形类似，气泡运动参数可以调整气泡波的振幅、周期和相位。

这里仅简单介绍了一下超级喷射的参数行为，有关详细的设置不再一一介绍，读者可以通过互联网查阅相关资料。

8.3.2 练习：礼花绽放

在实例制作前，需要声明一下：粒子特效往往与动画、渲染、材质等多个模块是分不开的，只有合理地调整动画、材质效果才能使效果看起来更加真实，在本章所介绍的实例当中，仅介绍粒子的调整部分，而动画、材质等内容将被放置在随书光盘中。本节所介绍的是一个粒子的爆炸效果，它是由【超级喷射】来完成的，具体的设置方法如下。

STEP|01 打开 3ds Max 2015，在【创建】面板下选择【粒子系统】选项，单击【超级喷射】按钮，在视图中创建超级喷射发射器，如图 8-22 所示。

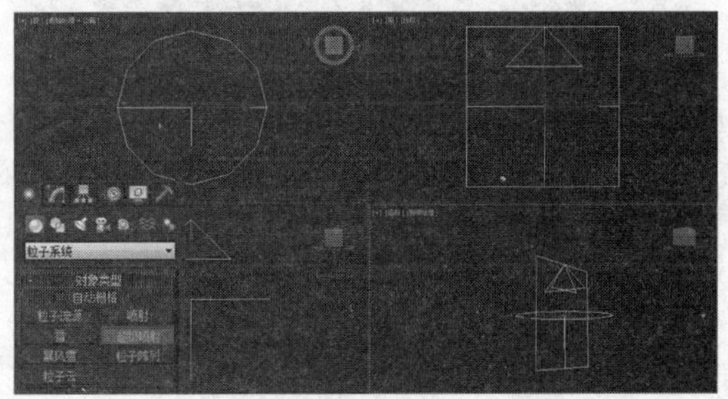

图 8-22 创建【超级喷射】发射器

STEP|02 切换到【修改】面板，在【基本参数】卷展栏下，将两个【扩散】都设置为 180，【图标大小】设置为 20，【粒子数百分比】设置为 100，这样粒子向四周发射，如图 8-23 所示。

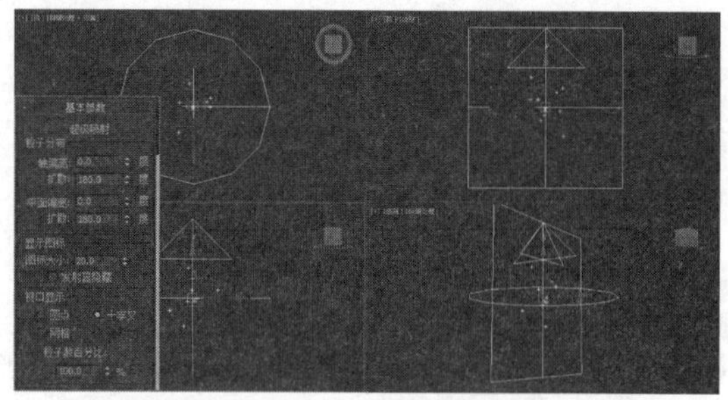

图 8-23　设置基本参数

STEP|03 展开【粒子生成】卷展栏，选中【使用速率】单选按钮，将其数量设置为 10，将【速度】设置为 200，观察此时的粒子喷射情况，如图 8-24 所示。

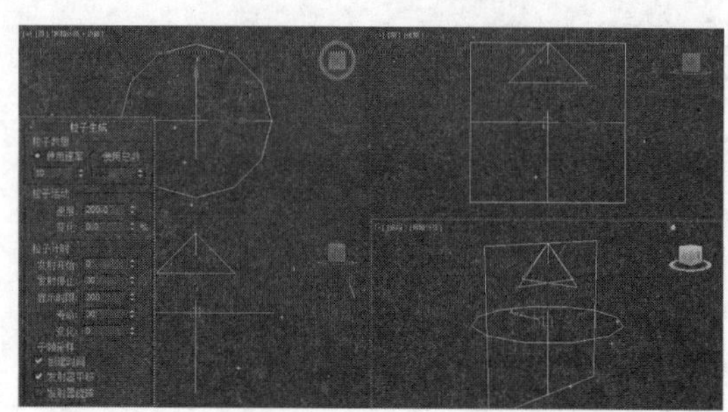

图 8-24　设置粒子数量

STEP|04 在【粒子大小】选项区域中将【大小】设置为 8，在【粒子类型】卷展栏下选中【立方体】单选按钮，渲染透视图观察此时的粒子，如图 8-25 所示。

图 8-25　设置粒子大小

STEP|05 然后展开【粒子繁育】卷展栏，选中【消亡后繁育】单选按钮，将【影响】和【倍增】值分别为 100、200，将【混乱度】设置为 100，如图 8-26 所示。

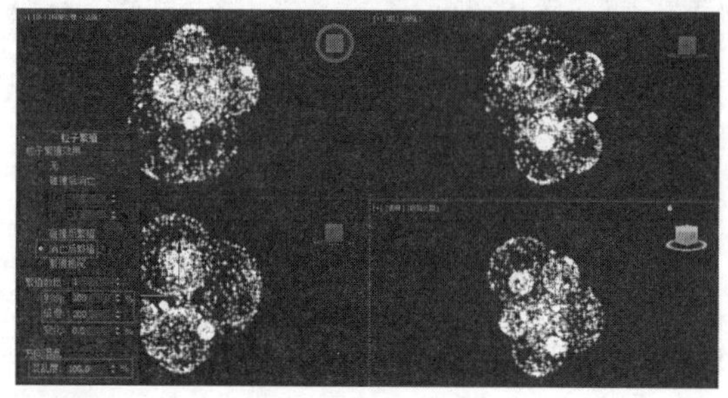

图 8-26　设置碰撞参数

STEP|06 在视图中选中粒子物体，复制出三个副本，并修改它们的发射时间，使它们产生一些紊乱，如图 8-27 所示。

图 8-27　复制效果

STEP|07 将一个材质球赋予粒子物体，并选择【粒子年龄】作为基本贴图，如图 8-28 所示。

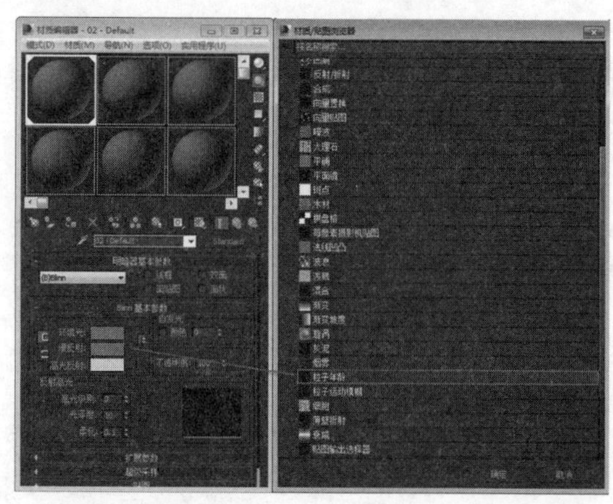

图 8-28　设置材质

STEP|08 按照如图 8-29 所示的颜色值，设置粒子年龄各个阶段的颜色。

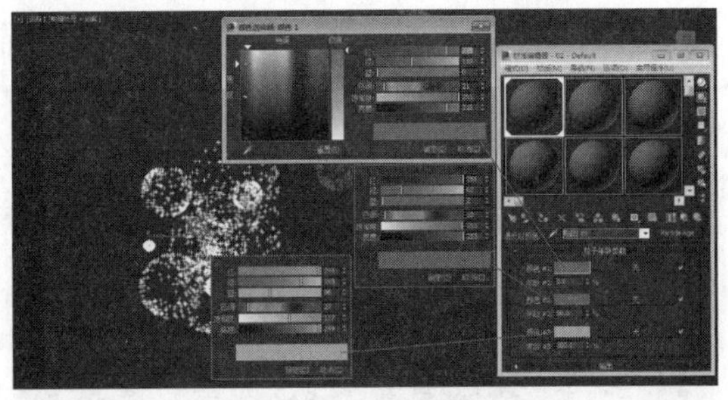

图 8-29　设置颜色

STEP|09 返回到【明暗器基本参数】卷展栏，将【自发光】设置为 100，如图 8-30 所示。将该材质球分别复制两个副本，并修改一下它的颜色，赋予另两个喷射粒子。

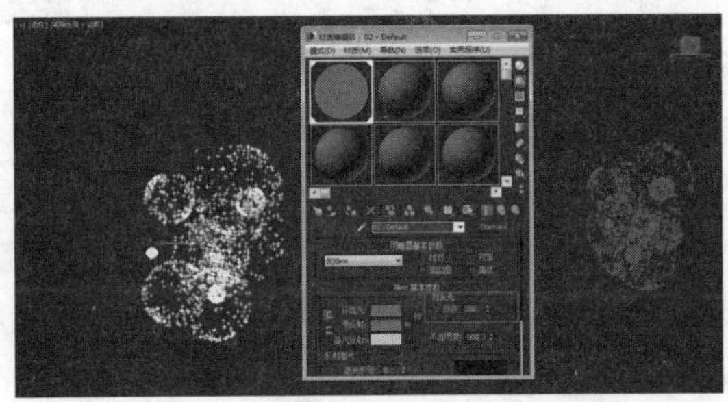

图 8-30　赋予材质

STEP|10 选择粒子物体，单击鼠标右键，选择快捷菜单中的【对象属性】命令，在打开的面板中将【对象 ID】设置为 1，如图 8-31 所示。

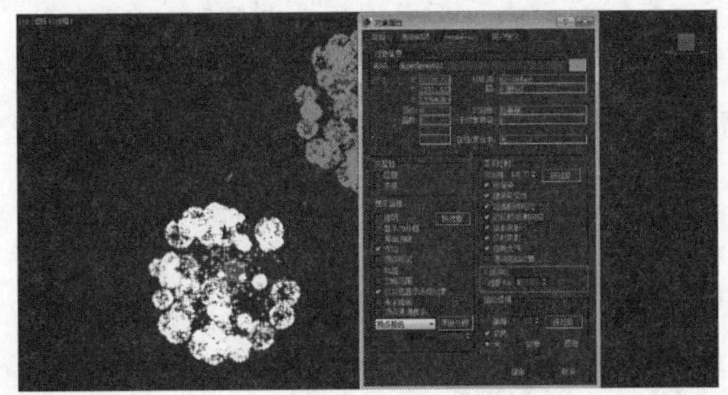

图 8-31 设置对象 ID

STEP|11 选择【渲染】|【视频后期处理】命令，打开该窗口。然后，在该窗口中添加如图 8-32 所示的两个事件。

图 8-32　添加特效

STEP|12 按数字键 8 打开环境设置对话框，将文件导入进来，如图 8-33 所示。

图 8-33　添加夜景图片

STEP|13 快速渲染一下观察此时的效果，如图 8-34 所示。

图 8-34　效果

到此为止，关于礼花的效果就制作完成了。关于后期的特效还有很大的调整空间，读者可以仔细纠正一下。

8.4 雪

雪粒子和暴风雪粒子是两种具有相似特性的粒子系统，读者可以把暴风雪粒子理解为雪粒子的升级版，这两种粒子系统可以制作浮动的物体，例如气泡、雪花等。本节将分别介绍这两种粒子的特性。

8.4.1 认识雪粒子

雪粒子系统主要用来模拟下雪和乱飞的纸屑等看起来没有重量的事务。与喷射粒子物体相似，只是增加了雪花飞舞的效果。创建雪粒子的方法是：打开粒子系统，单击【雪】按钮，然后在视图中拖动鼠标即可。在单击【雪】按钮的同时，还可以展开如图 8-35 所示的【参数】卷展栏，下面介绍雪粒子所特有的一些参数含义。

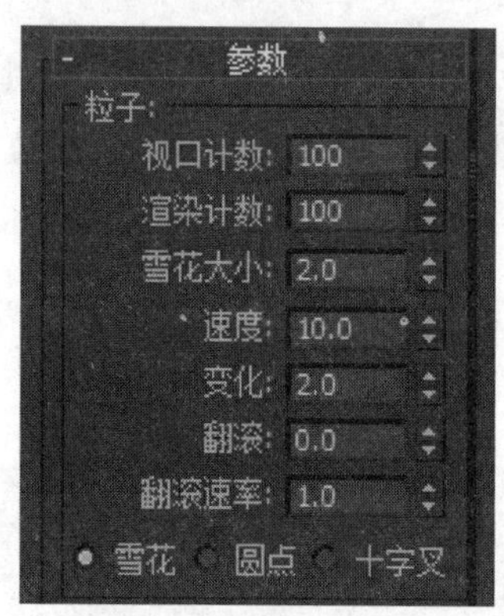

图 8-35　参数卷展栏

1．雪花大小

【雪花大小】用于设置雪花的大小，当更改了该值后，粒子在视图中显示的大小以及渲染中的大小都将发生变化，如图 8-36 所示。

2．翻滚

【翻滚】用于控制雪花粒子转动的随意性。其取值范围为 0~1，当取值为 0 时，雪花不产生翻滚效果，当取值为 1 时雪花翻滚剧烈。

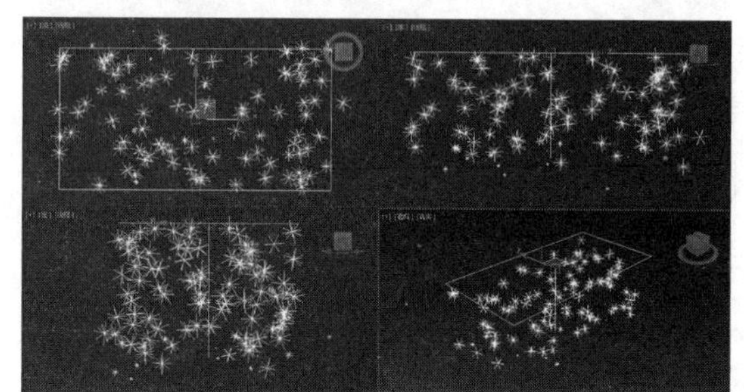

图 8-36　设置雪花大小

3．翻滚速率

该数值越大，雪花转动越快。在该选项下面还有三个单选按钮用于定义雪花的形状，其中，【六角形】的渲染方式是一个六角形的面；【三角形】的渲染方式是一个三角形面；【面】渲染方式为一个正方形面。

8.4.2 认识暴风雪粒子

【暴风雪】是一种增强型的【雪】粒子系统，它可以用来模拟自然的暴风雪效果，也可以创建出更加逼真的雪花、气泡、树叶等摇摆翻滚的效果。

暴风雪粒子系统所特有的参数被集中在【粒子生成】卷展栏中，下面重点介绍其中一些参数的含义。

1．速度

【速度】用于设置粒子喷射的速度，该参数和上述的参数功能相同。

2．变化

【变化】用于设置粒子在喷射过程中速度发生变化的几率，该数值是一个相对数值。

3．翻滚

【翻滚】参数用于控制粒子转动的随意性，该数值越大，则粒子的翻滚效果越激烈。

4．翻滚速率

【翻滚速率】用于设置粒子的转动速率，数值越大，则翻滚效果越剧烈。

除了这些参数外，暴风雪还有很多参数用于控制，这些参数和前文介绍的一些参数相似，读者可以自己学习一下。

8.4.3 练习：冰封北国

这是一个真实场景，场景是一个典型的雪景，下面需要我们在照片上添加雪花，使其更能够烘托唯美情节。在这里，采用【雪】粒子系统来完成这项任务。本例输出的动画序列效果如图 8-37 所示。

图 8-37 动画序列

STEP|01 切换到【创建】面板中的【粒子系统】子面板，然后单击【雪】按钮，在视图中创建一个雪粒子喷射器，如图 8-38 所示。

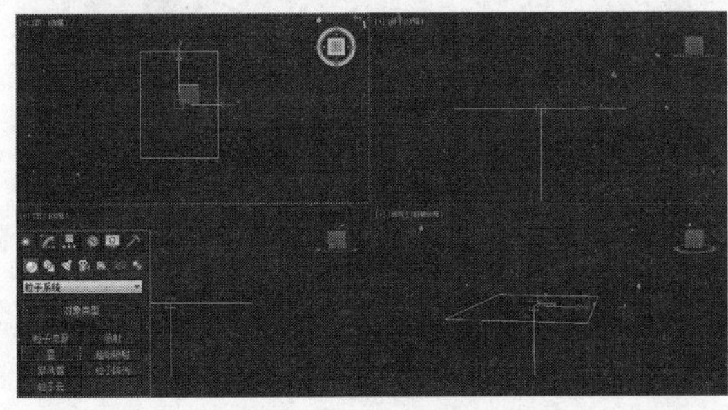

图 8-38 创建雪粒子喷射器

STEP|02 切换到【雪粒子喷射】卷展栏，设置【视口计数】为 500，【雪花大小】为 3，其他参数默认，如图 8-39 所示。

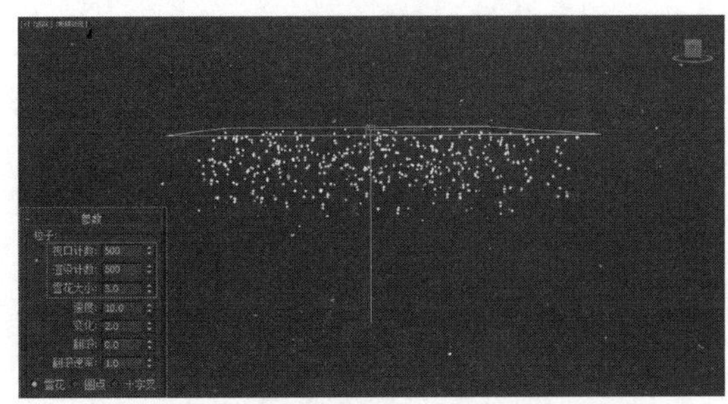

图 8-39 设置粒子参数

STEP|03 在【渲染】卷展栏中启用【面】复选框，然后在【计时】卷展栏中设置【开始】为-50，【寿命】为 100，如图 8-40 所示。

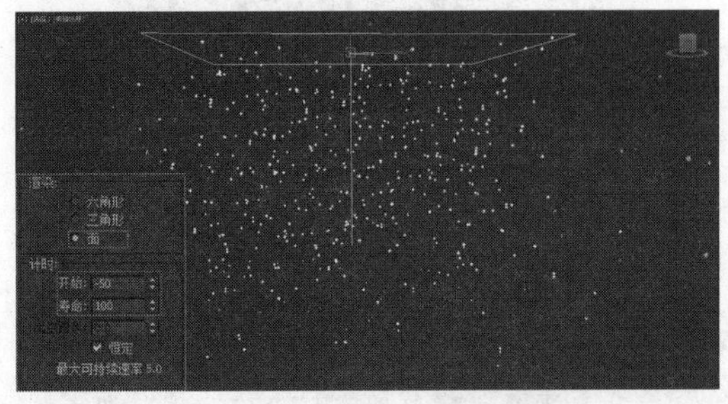

图 8-40 设置粒子参数

STEP|04 在材质编辑器中，选择一个空白材质球并将其重命名为 snow，然后将其设置为【双面】着色类型，并将【自发光】的颜色值设置为（196，196，196），如图 8-41 所示。

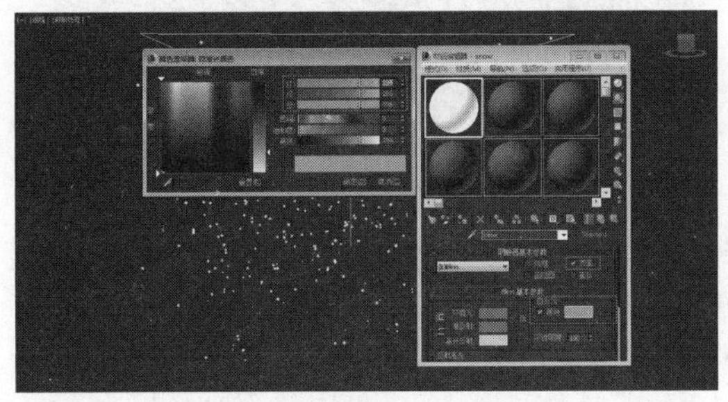

图 8-41 设置材质属性

STEP|05 单击【不透明度】通道，为其添加【渐变】贴图类型，并设置【渐变类型】为径向渐变，如图 8-42 所示。

STEP|06 将 snow 材质赋予雪花模型，然后按 Shift+Q 键渲染效果，如图 8-43 所示。

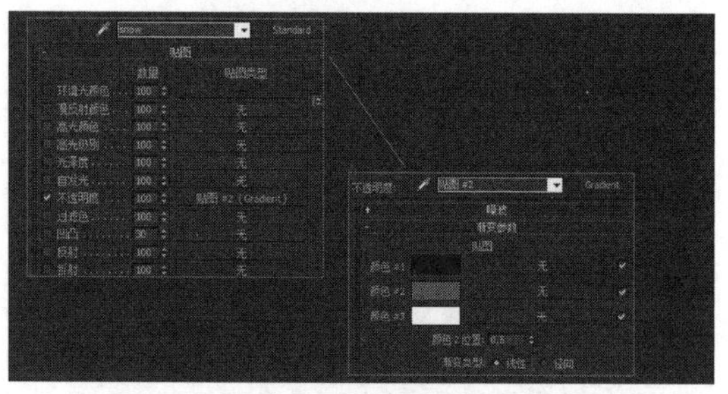
图 8-42 设置材质属性

图 8-43 渲染效果

STEP|07 按 Alt+B 键，打开【视口背景】对话框，然后为视图背景设置背景图片，并在【纵横比】选项区中启用【匹配位图】单选按钮，如图 8-44 所示。

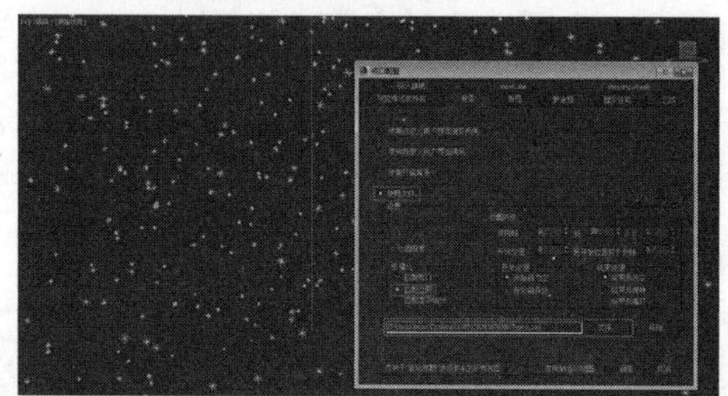
图 8-44 设置背景图片

STEP|08 按数字键 8，在打开的【环境和效果】窗口中选择一张背景图片，并按 M 键打开【材质编辑器】把贴图直接拖曳到一个空白材质球上，在出现的【实例（副本）贴图】对话框中选择【实例】选项，如图 8-45 所示。

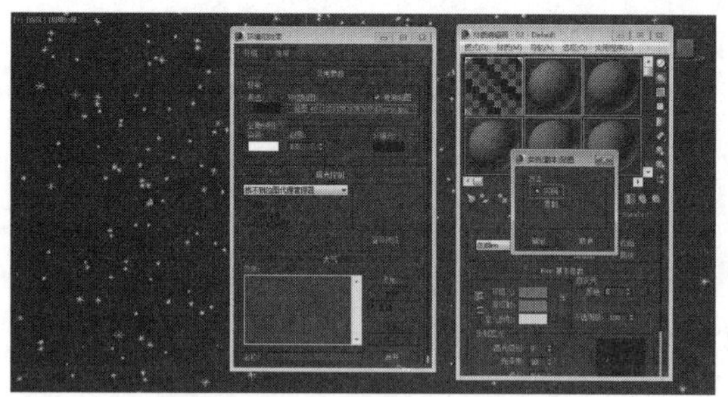
图 8-45 设置环境图片

STEP|09 在【材质编辑器】中【坐标】卷展栏中单击【贴图】选项的下拉按钮，在出现的下拉列表中单击【屏幕】选项，完成背景图片的设置，如图 8-46 所示。

图 8-46 背景设置

STEP|10 然后按 Shift+Q 键渲染效果场景文件，渲染效果如图 8-47 所示。

图 8-47 渲染效果

8.5 粒子阵列

【粒子阵列】是一种特殊的粒子系统。它根据粒子类型的不同，可以表现喷射、爆裂两大类特殊效果。选择一个三维目标对象作为粒子的发射器，从它的表面向外发散出粒子，以产生喷射的效果；也可以从场景中拾取目标对象作为粒子阵列的替身物体，将它自身崩裂发射出去以形成爆裂的效果。

8.5.1　认识粒子阵列

粒子阵列与超级喷射粒子系统只在基本参数卷展栏和粒子类型卷展栏中存在一定的差别。而在实际应用当中，【粒子阵列】的参数都包含在【基本参数】和【粒子类型】卷展栏中，本节将介绍一下使用【粒子阵列】时的要点。

1.【在整个曲面】

如果选中该单选按钮，则将在整个物体的表面上随机发射粒子，效果如图 8-48 所示。

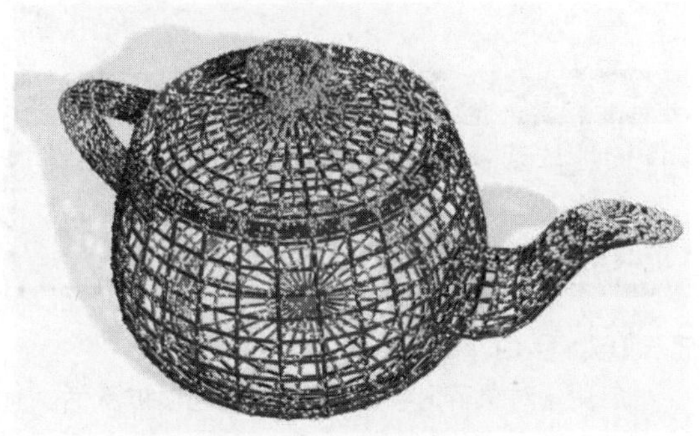

图 8-48　粒子位于表面

2. 沿可见边

如果选中该单选按钮，则粒子将沿着物体边发射粒子。边分布较密集的地方产生的粒子数量越多，但总的粒子数量是不变的，如图 8-49 所示的是选中该选项所产生的效果。

图 8-49　粒子放置在可见边上

3. 在所有的顶点上

如果选中该单选按钮，则将在选择物体的所有顶点上发射粒子，如图 8-50 所示。

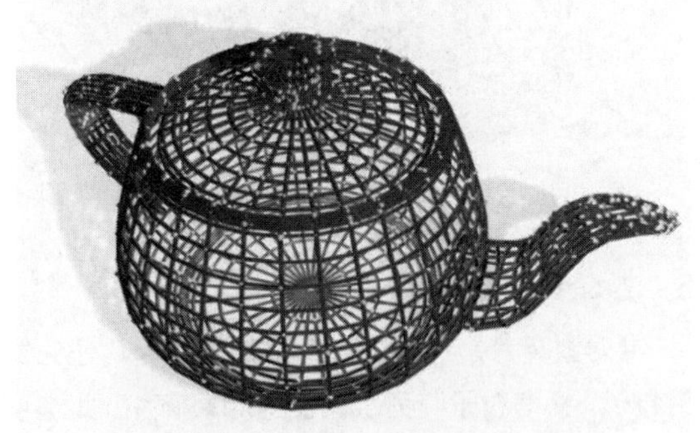

图 8-50　在所有点上

4. 在特殊点上

启用该复选按钮后下面的【总数】选项被激活，可以设置在物体上发射粒子的顶点数量。如图 8-51 所示的是将【总数】设置为 10 的效果。

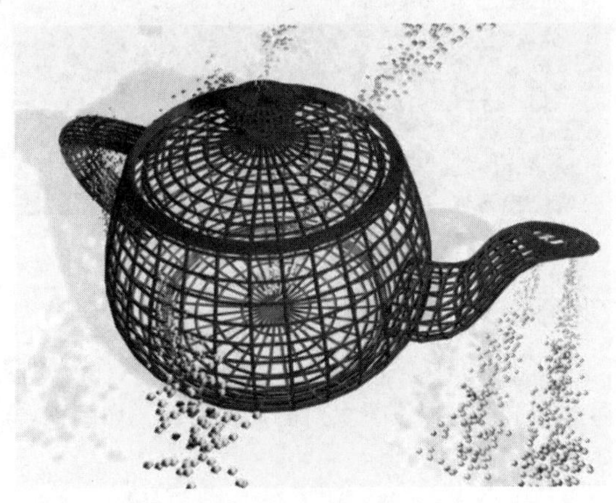

图 8-51　在特殊点上

5. 在面的中心

选中该单选按钮后，粒子将在选择物体面的中心发射粒子，效果如图 8-52 所示。

上述是粒子的几种喷射方式，下面介绍粒子的继承方法，读者可展开【粒子类型】卷展栏中找到下列选项。这些选项被放置在 Particle Type 卷展栏中。

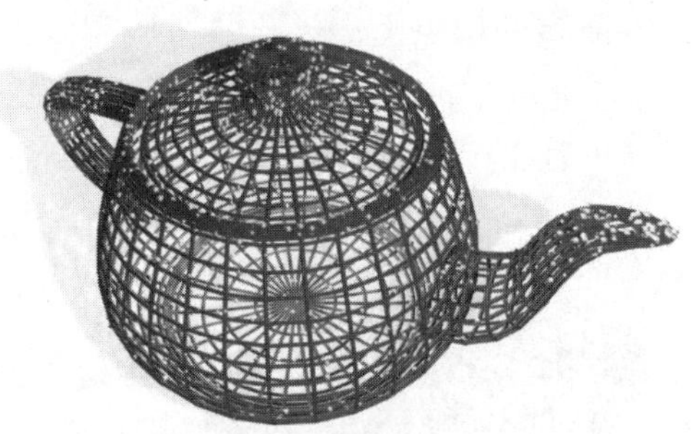

图 8-52　发射方式

6. 对象碎片

【对象碎片】选项可以使用物体的碎片作为发射粒子，只有粒子阵列可以使用对象碎片，此选项用于设置爆炸和破碎碰撞的动画，如图 8-53 所示的是汽车被炸开的效果。

图 8-53　设置碎片

7. 厚度

启用【对象碎片】单选按钮后该选项被激活，通过该选项可以设置发射面片的厚度，如图 8-54 所示。

图 8-54　厚度材质

8. 所有面

启用【对象碎片】复选框后该选项被激活，启用该复选框后物体所有的面作为发射粒子，如图 8-55 所示。

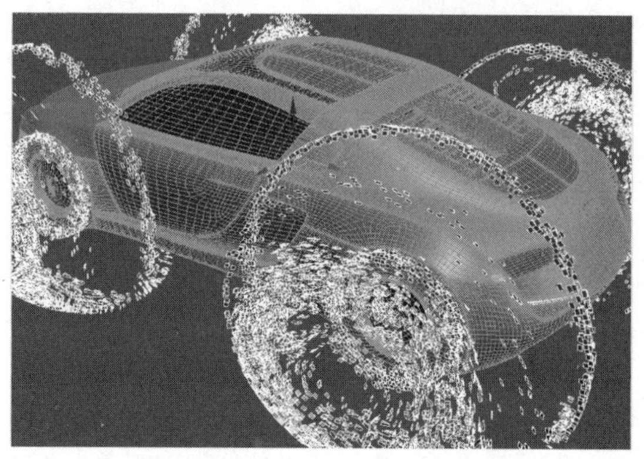

图 8-55　所有面

提示

在使用该选项的时候要注意一下实例物体的面数，如果面数太多，可能导致系统资源消耗过多，产生短时间的死机。

9. 碎片数目

启用【对象碎片】复选框后该选项被激活，通过该选项可以设置粒子产生的物体碎片的数目。如图 8-56 所示的是设置碎块数目为 15 时的效果。

图 8-56　设置面数

10. 平滑角度

选中该单选按钮后，可以通过其下面的【角度】值，来修改面法线之间的夹角，设置的数值越大，碎块越大。如图 8-57 所示的是将【角度】设置为 8 和 15 时的效果。

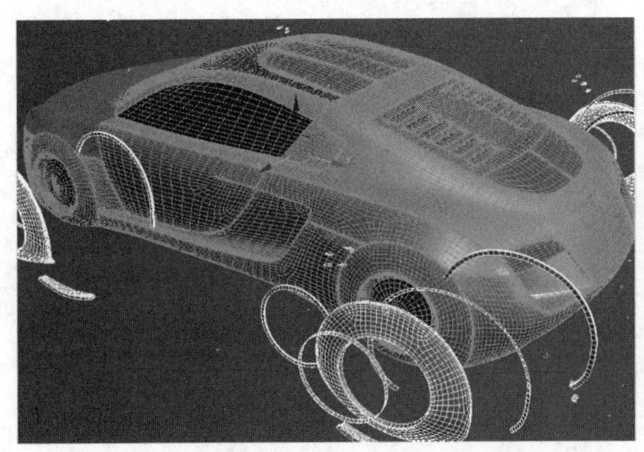

图 8-57　不同角度产生的不同效果

关于粒子阵列就介绍到这里，读者有不明白的地方可以通过互联网查找相关资料进行学习。

8.5.2　练习：宇宙大爆炸

在影视、游戏场景中，关于爆炸的场面是必不可少的，对于这种场景来说，就可以使用【粒子阵列】来完成。之所以选择该粒子，是因为【粒子阵列】可以将喷射的粒子利用物体碎片来替代。本节将介绍宇宙中的一次爆炸。

STEP|01 打开场景文件，此时的场景效果如图 8-58 所示。

图 8-58　场景效果

STEP|02 切换到【创建】面板，单击【粒子阵列】按钮，在视图中创建一个粒子发射器，如图 8-59 所示。

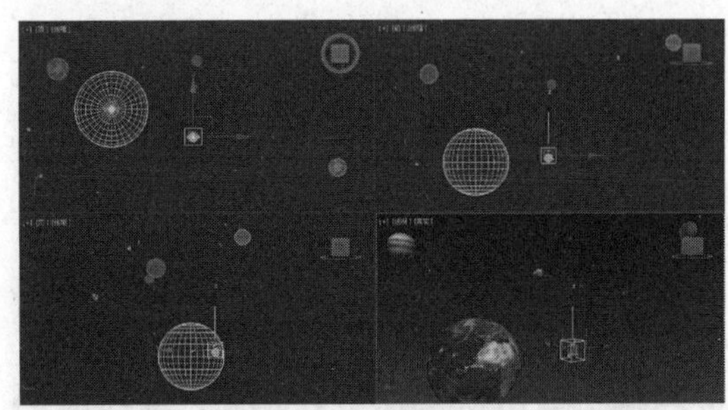

图 8-59　创建粒子阵列

STEP|03 切换到【修改】面板，在【基本参数】卷展栏中单击【拾取对象】按钮，在视图中拾取如图 8-60 所示的球体，从而将其和粒子绑定。

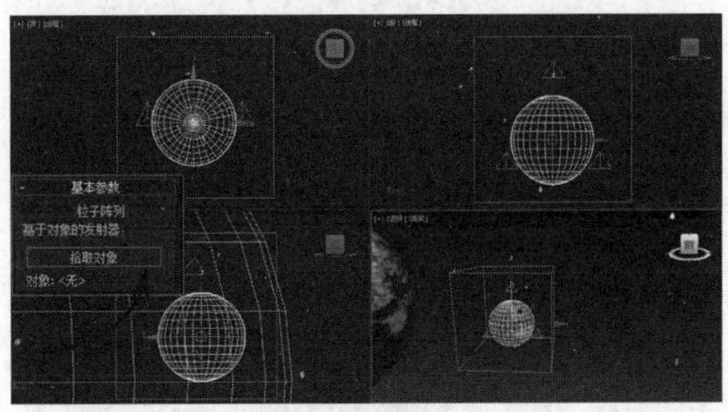

图 8-60　拾取实例几何体

STEP|04 在【视口显示】选项区域中选中【网格】单选按钮。展开【粒子生成】卷展栏，将【速度】设置 5，【变化】设置为 60。将【发射开始】设置为 30，将【发射停止】设置为 60，如图 8-61 所示。

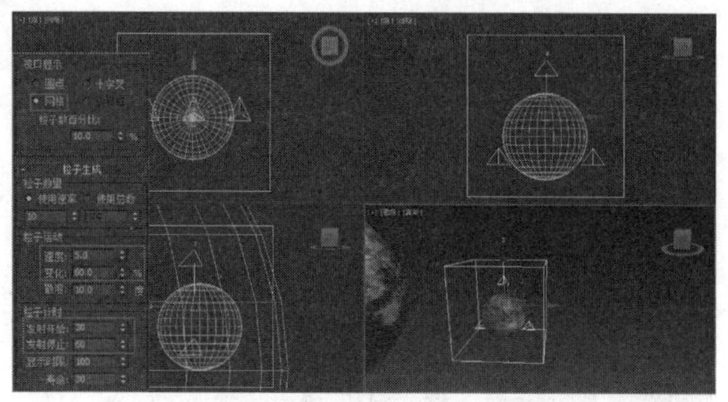

图 8-61　设置粒子生长参数

STEP|05 展开【粒子类型】卷展栏，将粒子类型设置为【对象碎片】单选按钮，在【对象碎片控制】选项区域中，单击【碎片数目】，将其设置为 25，如图 8-62 所示。

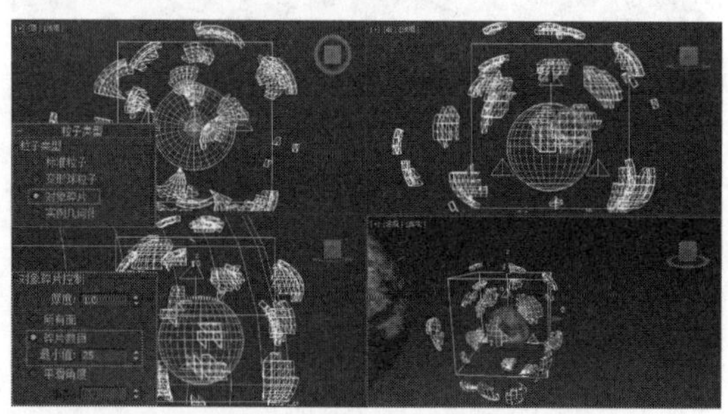

图 8-62　设置碎片数量

STEP|06 为了能够使爆炸的碎片产生厚重的感觉，需要调整一下粒子碎片的厚度。在【对象碎片控　制】选项区域中将【厚度】设置为 6，如图 8-63 所示。

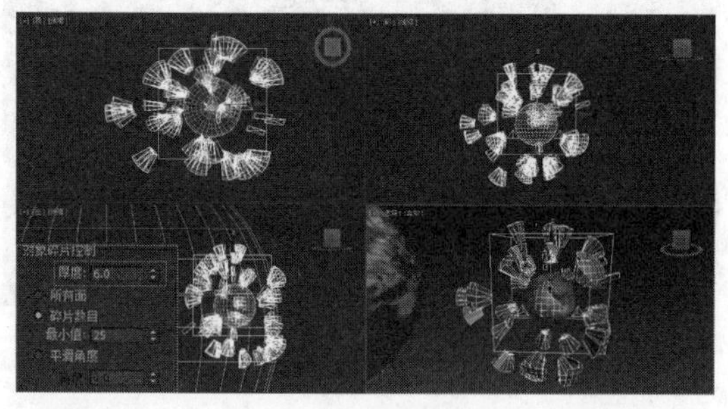

图 8-63　设置厚度

STEP|07 单击【自动关键点】按钮，将时间滑块移动到 30 帧，选择右键菜单中的【对象属性】命令，打开该窗口，将【可见性】设置为 0，如图 8-64 所示。

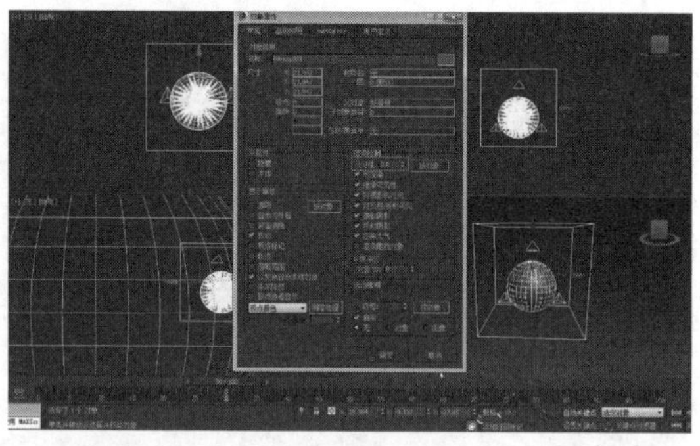

图 8-64　设置球体可见性

STEP|08 选择第 0 帧处的关键帧，按住 Shift 键将其拖动到第 29 帧处，从而复制一个关键帧，如图 8-65 所示。

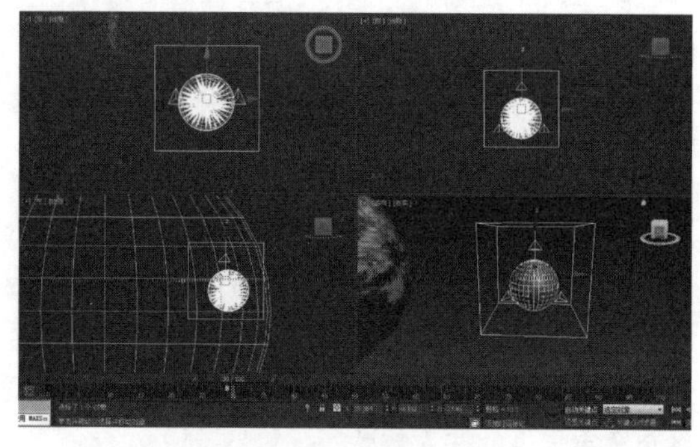

图 8-65　复制关键帧

STEP|09 快速渲染此时的摄像机视图，观察一下效果，如图 8-66 所示。

图 8-66　爆炸效果

STEP|10 粒子爆炸的效果已经产生了，但是在产生爆炸的时候应该产生火焰效果，为此需要设置一下爆炸的环境。当然，关于该环境的设置就不再制作。

8.6 粒子流

【粒子流源】是一种事件驱动性粒子，是每个流的视口图标，同时作为默认的发射器，也就是说这种粒子的所有动作都需要通过“事件”来进行设置，由于这种粒子是直接采用事件来进行控制的，因此它具有较高的灵活性。可以说，3ds Max 中任何一种粒子系统所产生的效果都可以利用该粒子物体来实现。

8.6.1　全新的粒子概念

【粒子流源】系统中的每个粒子是通过【出生】操作符“出生”。出生后，粒子可以固定地保留在发射点，也可以按两种不同的方式开始移动。图 8-67 形象地说明了粒子的运动。

图 8-67　粒子出生原理

在图 8-67 中，1 表示的是刚创建的粒子，无速度；2 表示的是 Speed 操作符设置运动中的粒子；3 表示的是粒子继续移动，直到另一动作对其进行操作。

在粒子驻留于事件期间，【粒子源】会完全计算每个事件的动作，每积分步长进行一次计算，并对粒子进行全部适用的更改。如果事件包含测试，则【粒子源】确定测试参数的粒子测试是否为“真”，例如，是否与场景中的对象碰撞。如果为真，并且此测试与另一事件关联，则【粒子源流】将该粒子发送到下一事件。如果不为真，则此粒子保留在当前事件中，并且其操作符和测试可能会进一步对其进行操作。因此，某一时间内每个粒子只存在于一个事件中。

在整个事件当中，动作可以更改粒子的属性，例如形状、粒子自旋或者繁殖粒子等，如图 8-68 所示。

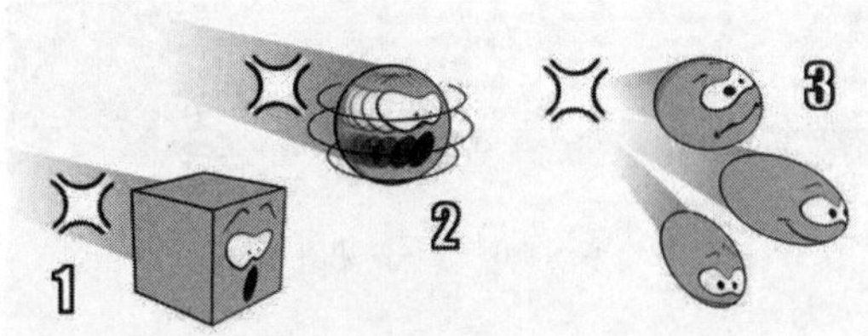

图 8-68　设置粒子属性

动作还可以将力施加到物体上，例如指定碰撞、更改粒子物体表面属性等，如图 8-69 所示。

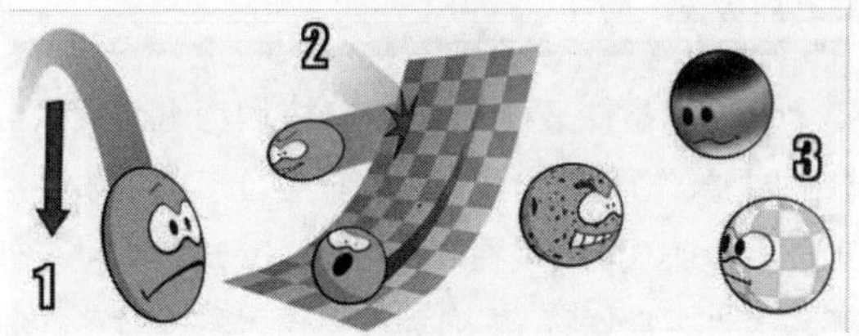

图 8-69 驱动粒子

当然，粒子流的功能并不是这么简单，在接下来的讲解中将介绍 PF Source 各个部分的功能以及整体操作环境。

8.6.2　粒子设置环境

【粒子视图】构建和修改粒子流系统的主要环境，如图 8-70 所示。该系统中的第一个事件始终是全局事件，其内容影响系统中的所有粒子。它与【粒子源流】图标拥有相同的名称。默认情况下，全局事件包含一个【渲染】操作符，该操作符指定系统中所有粒子的渲染属性。读者可以在此添加其他操作符，如材质、显示和速度，并让它们可以全局使用。

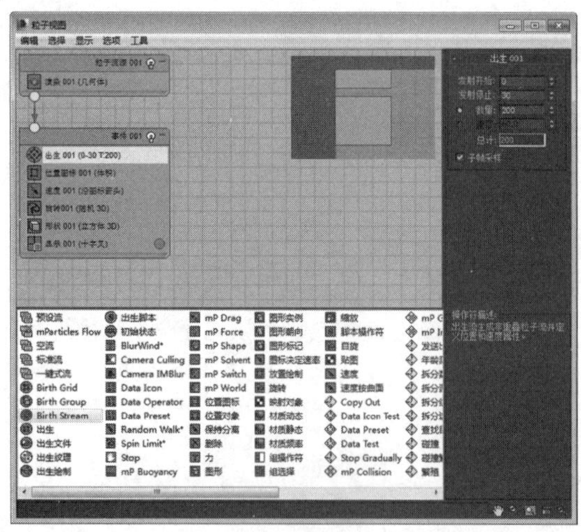

图 8-70　粒子视图

> **提示**
>
> 读者可以在创建了粒子流发射器后，按数字键 6 打开粒子视图，也可以在创建粒子流发射器后，单击【参数】卷展栏中的【粒子视图】按钮。

第二个事件又称为生成事件，因为它必须包含【出生】操作符。【出生】操作符应位于出生事件的顶部，并且不应出现在其他位置。默认的出生事件还包含许多操作符，它们局部操作以指定粒子在此事件中的属性。如图 8-71 所示的是 Particle View 的环境。

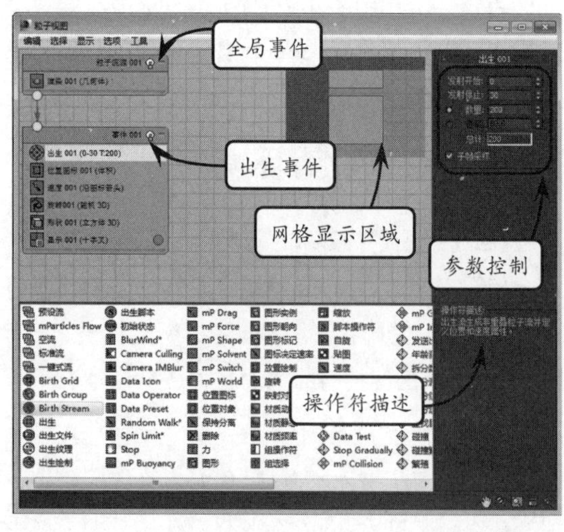

图 8-71　环境简介

> **提示**
>
> 默认的粒子系统提供了基本的全局事件和出生事件，这些事件可作为创建粒子流系统的起始点。当然，也可以使用空系统，从头开始构建粒子系统。

正是由于这些初始设置，才导致了粒子流灵活多变，成为最为流行的粒子系统。实际上，创建粒子流就类似于程序员编写程序，通过将一段一段的小程序构建到一起，来影响粒子的运动、属性的改变以及测试粒子与场景中的相互作用，并使它们在不同的时刻决定进入一个新的状态或者开始一个新的行为。

1. 操作符

操作符是粒子系统的基本元素，用于描述粒子速度和方向、形状、外观以及其他。操作符驻留在粒子视图仓库内的两个组中，并按字母顺序显示在每个组中。每个操作符的图标都有一个蓝色背景，但【出生】操作符例外，它具有绿色背景。

❑ 出生

该操作符可以指定粒子的总数或每秒出生粒子的速率，也可以通知系统何时开始发射粒子以及何时停止。

❑ 形状

利用该操作符，可以使用一个或多个空间扭曲来影响粒子运动。将该操作符与各种力一起使用，可以模拟风、重力等效果。

❑ 位置图标

位置图标用于控制发射器上粒子的初始位移。可以设置发射器从其曲面、体积、边、顶点、轴或子对象选择发射粒子，还可以使用对象的材质来控制粒子发射。

❑ 旋转

该操作符可以设置事件期间的粒子方向及其动画，并且可选设置粒子方向的随机变化。可以按照 5 种不同的矩阵应用方向，其中有两个是随机的，三个是明确的。对于部分选项，可以设置指定方向上的随机变化程度或者分散度。

❑ 速度

在创建新【粒子源流】粒子图标时出现在第一个事件中。它提供了对粒子速度和方向的基本控制。

❑ 显示

设置粒子在视口中的显示方式。默认显示模式是十字叉，这种模式最简单，因此显示速度也最快。另外，该操作符还提供多种简单图形，这些图形在测试动画时能提供快速的反馈，便于在不同的事件中的粒子之间进行区分。

❑ 渲染

渲染操作符提供渲染粒子的有关控制。可以指定渲染粒子所采用的形式以及出于渲染目的将粒子转换为单个网格对象的方式。

2. 测试

【粒子源流】粒子系统中的测试的基本功能是确定粒子是否满足一个或多个条件，如果满足，使粒子可以发送给另一个事件。粒子通过测试时，称为"测试为真值"。要将有资格的粒子发送给另一个事件，必须将测试与相应事件关联。未通过测试的粒子保留在该事件中，反复受其操作符和测试的影响。如果测试未与另一个事件关联，所有粒子均将保留在该事件中。可以在一个事件中使用多个测试，第一个测试检查事件中的所有粒子，第一个测试之后的每个测试只检查保留在该事件中的粒子。所有测试图标均包含电气开关简图的黄色菱形，如图 8-72 所示。

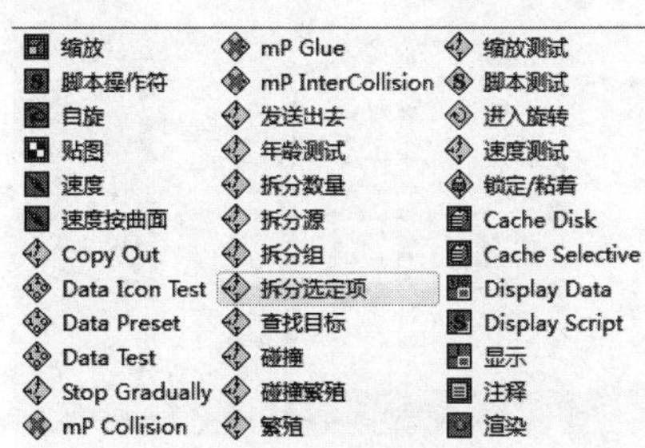

图 8-72　测试类型

❑ 年龄测试

通过年龄测试，粒子系统可以检查开始动画后是否已过了指定时间，或某个粒子在当前事件中已存在多长时间，并相应导向不同分支。

❑ 碰撞测试

与一个或多个指定的导向板空间扭曲碰撞的粒子的碰撞测试。还可以测试在一次或多次碰撞后，粒子速度减慢还是加快，粒子是否已碰撞多次，甚至粒子是否在指定的帧数后将与某个导向板碰撞。

❑ 碰撞繁殖

该测试使用与一个或多个导向板空间扭曲碰撞现有粒子以创建新粒子。可以为碰撞的粒子及其子粒子指定不同的碰撞后行为。

❑ 缩放测试

通过该测试，粒子系统可以检查粒子的缩放或缩放前后的粒子大小以及相应分量。

❑ 发送出去

简单地将所有粒子发送给下一个事件，或者将所有粒子保留在当前事件中。如果只希望将粒子无条件地发送给另一个事件，则使用【发出】测试。

❑ 速度测试

通过【速度测试】测试符，粒子系统可以检查粒子速度、加速度或圆周运动的速率以及相应分量。

❑ 拆分数量

通过【拆分数量】测试，可以将特定数目的粒子发送给下一个事件，将所有剩余的粒子保留在当前事件中。

3. 流

流在仓库中包含三种类型，分别是【空流】、【标准流】和【一键式流】，每个操作符的图标都有一个白色背景。

❑ 空流

提供粒子系统的起始点，该粒子系统由包含渲染操作符的单个全局事件组成。这样可以完全重新构建一个系统，而不必首先删除由标准系统提供的默认操作符。

❑ 标准流

提供由包含渲染操作符的全局事件组成的粒子系统的起始点，其中的全局事件与包含产生、位置、速度、旋转、形状以及显示操作符的出生事件相关联。

❑ 一键式流

创建一个有一组默认操作符的新粒子系统发射器，以播放 ICE 生成的缓存。

限于篇幅这里就不再多介绍了，在后面的课堂练习中将学习它的创建及编辑方法。

8.6.3 练习：树叶飘落

本练习将介绍的是一个树叶飘落的特效，这种特效经常用在游戏场景、建筑漫游或者一些影视片头当中，通过使用这种效果，能够很好地表现场面气氛，有时也经常用来缓解观众的心情，本节将利用【粒子流源】粒子来制作该特效。

STEP|01 打开场景文件，如图 8-73 所示。

图 8-73 打开场景

STEP|02 切换到【创建】面板，单击【粒子流源】按钮，在顶视图中创建一个粒子流发射器，并适当调整一下它的位置，如图 8-74 所示。

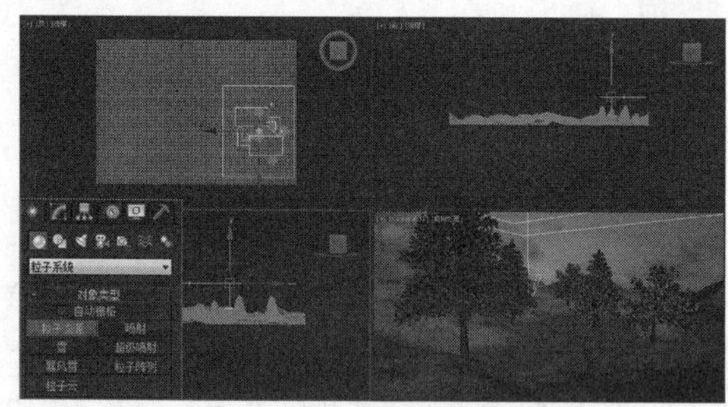

图 8-74 创建粒子流

STEP|03 按数字键 6 打开粒子视图，观察此时的粒子配置情况，拖动时间滑块观察粒子的喷射情况，如图 8-75 所示。

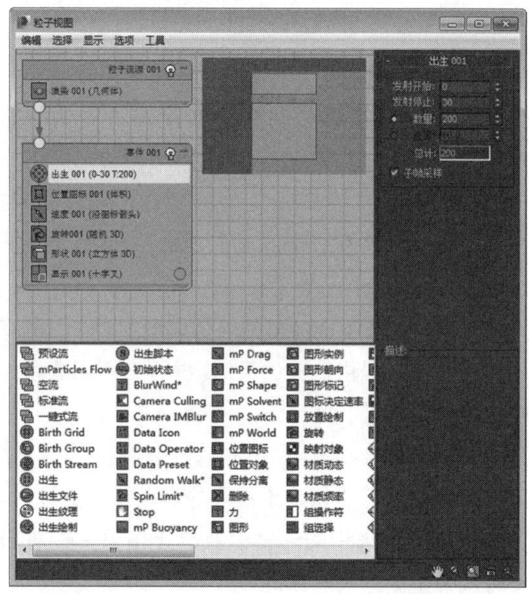

图 8-75 观察粒子配置

STEP|04 在【事件 001】中选择【出生 01】操作符，按照如图 8-76 所示的参数修改一下。这里用来设置粒子的数量，这样可以使粒子发射出来就停留在发射器上。

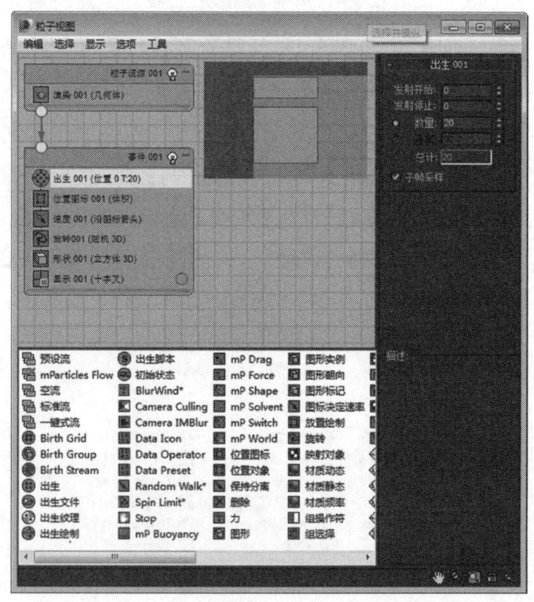

图 8-76 设置粒子数量

STEP|05 选择【形状】选项，单击鼠标右键，选择快捷菜单中的【删除】命令，将其删除，如图 8-77 所示。

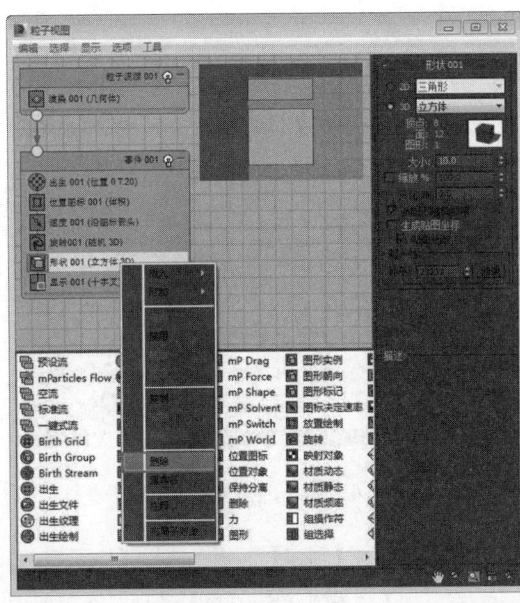

图 8-77　删除操作符

STEP|06 在仓库中选择【图形实例】选项，拖动鼠标将其添加到【显示】操作符的前面，如图 8-78 所示。

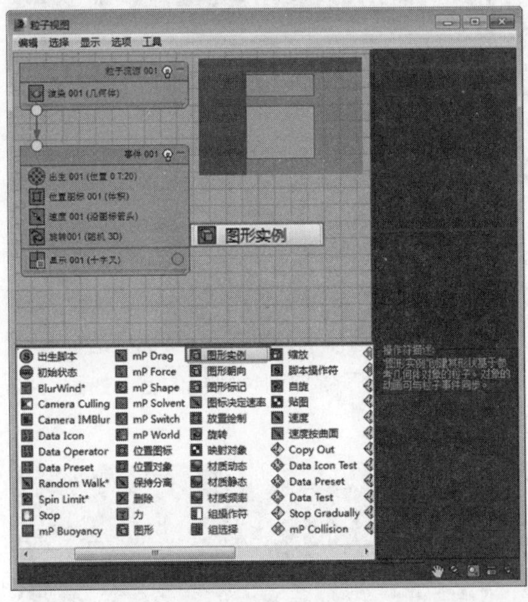

图 8-78　添加操作符

STEP|07 选择【图形实例】选项，在其参数面板中单击【粒子几何体对象】选项中的【无】按钮，在视图中拾取【树叶】物体，从而使其替代粒子，如图 8-79 所示。

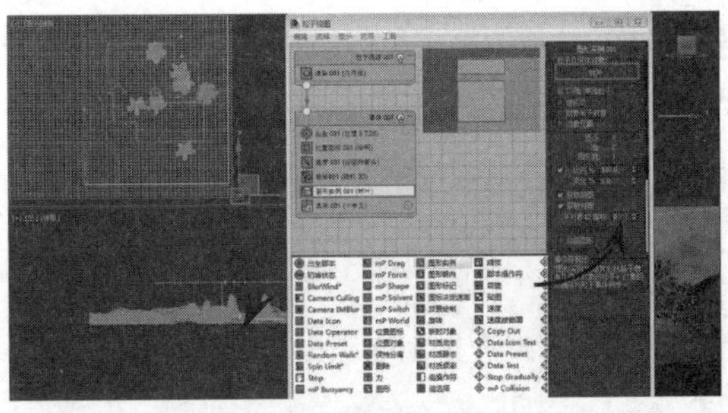

图 8-79　拾取树叶物体

STEP|08 选择【显示】操作符，在【类型】下拉列表中选择【几何体】选项，从而在视图中以几何体方式显示粒子，如图 8-80 所示。

图 8-80　设置几何体显示方式

STEP|09 此时，读者可以通过场景观察一下粒子的形状，如图 8-81 所示。

图 8-81　粒子形状

STEP|10 快速渲染摄像机视图，观察一下此时的效果，如图 8-82 所示。

图 8-82　渲染效果

STEP|11 在仓库中选择【年龄测试】，将其放置到【显示】下面，并按照如图 8-83 所示的参数进行调整。

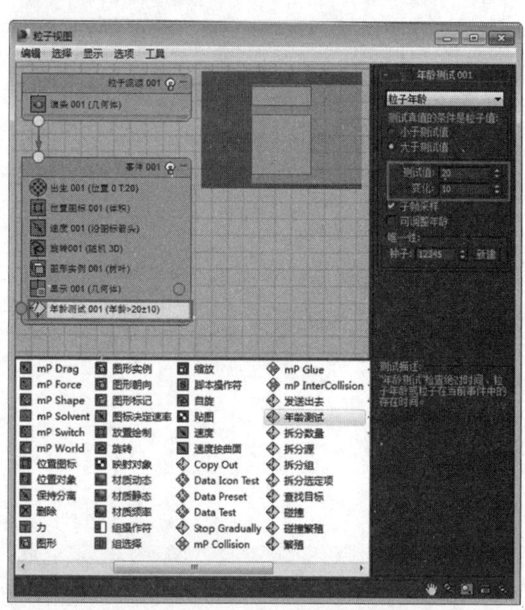

图 8-83　添加年龄测试

STEP|12 再添加一个独立的【力】操作符，并将其与【年龄测试】符号链接起来，如图 8-84 所示。链接的目的是为了能够通过测试的粒子获取新的属性。

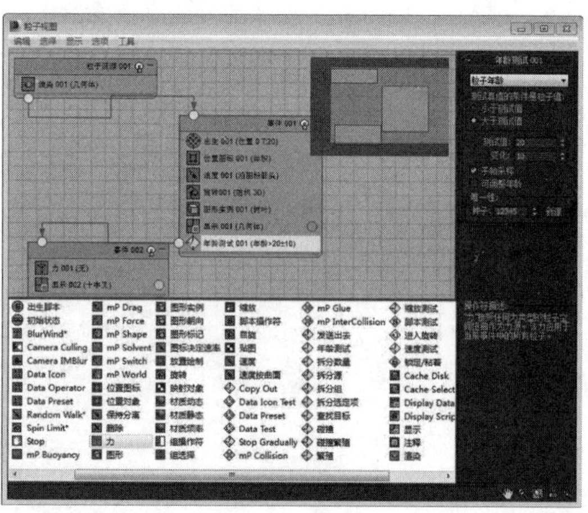

图 8-84　添加【力】操作符

STEP|13 切换到【创建】面板，选择【空间扭曲】选项，在【力】面板中单击【风】选项，在视图中创建一个【风】扭曲物体，并按照如图 8-85 所示的参数进行设置。

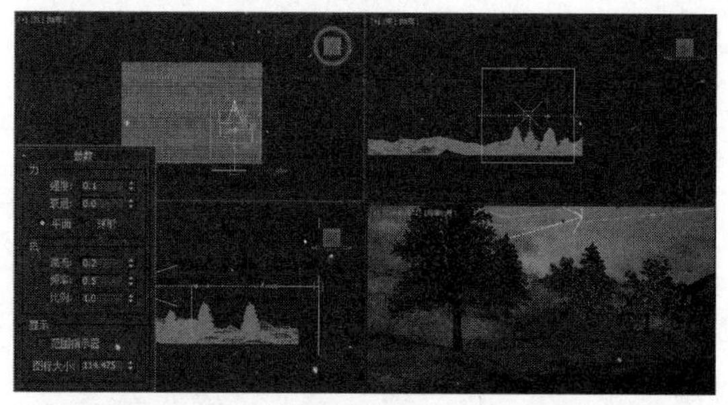

图 8-85　创建风力物体并设置参数

STEP|14 在粒子视图中选择【力】操作符，在其参数面板中单击【添加】按钮，在视图中选择【风】物体，即可将粒子绑定到风力物体上，如图 8-86 所示。

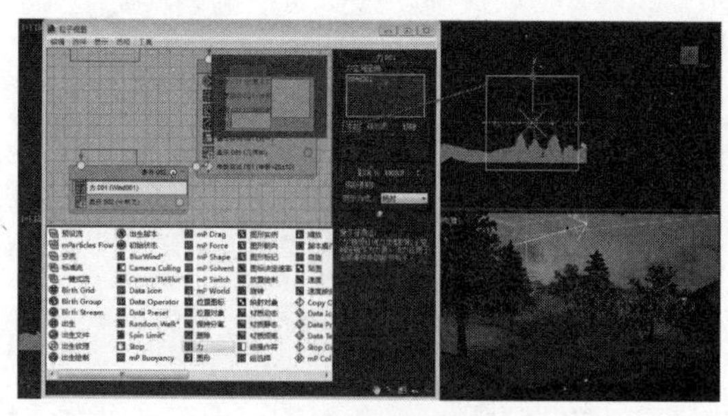

图 8-86　绑定风力

STEP|15 在【显示 002】前添加一个【自旋】操作符，并按照如图 8-87 所示的参数进行设置。

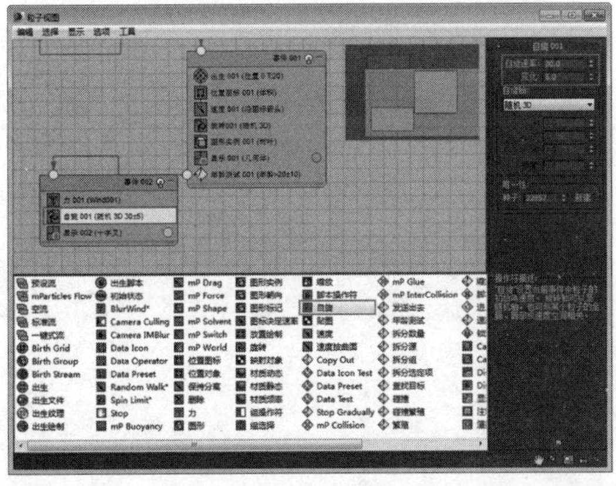

图 8-87　添加自旋操作符

STEP|16 然后，再在【显示】下面添加一个【碰撞】测试符，这个符号将用来添加另外一个力，如图 8-88 所示。

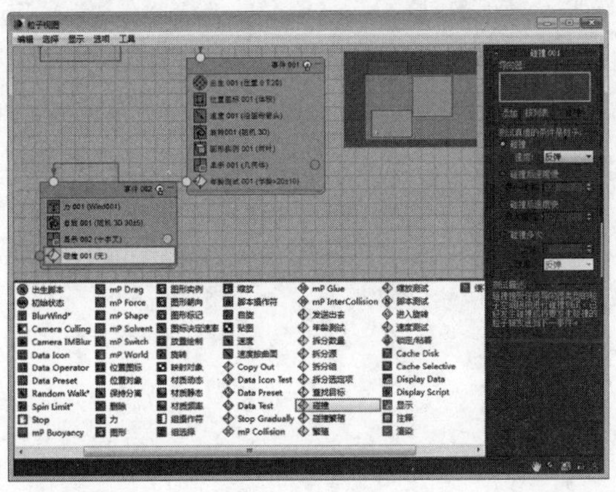

图 8-88　添加碰撞测试

STEP|17 单击【创建】面板上的【空间扭曲】按钮，在其中的下拉列表中选择【导向器】选项，单击其中的【全导向器】按钮，在顶视图中创建一个导向器，切换到【修改】面板，按照如图 8-89 所示的参数进行设置。

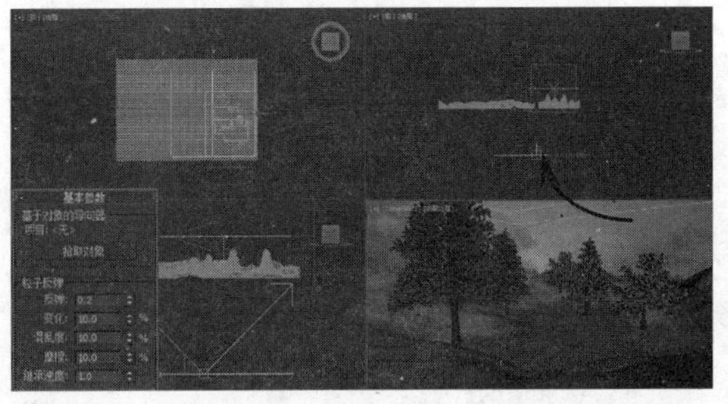

图 8-89　创建导向器

STEP|18 到这里为止，关于树叶飘落的动画就设置完成了，适当调整一下灯光，即可将其渲染成动画，效果如图 8-90 所示。

图 8-90　落叶效果

提示

一定要将【全导向器】与地面捆绑到一起，这样才能使粒子接触到地面时，停留在地面上。

第 9 章

动画设计

动画技术较规范的定义是采用逐帧拍摄对象并连续播放而形成运动的影像技术。不论拍摄对象是什么，只要它的拍摄方式是采用逐格方式，观看时连续播放形成了活动影像，它就是动画。随着人们精神生活的不断提高，这种形式的作品几乎已经融入到生活的各个角落。而三维动画，又是动画中的佼佼者，它以"真实"的世界被人们所接受，通常用在影视、广告、栏目包装、游戏等多个应用领域。对于初学者而言，可能认为动画的制作是非常困难的，其实不然，利用一些专业的三维动画工具也是可以轻松实现的。

本章将带领读者学习 3ds Max 2015 的动画系统，认识一些动画的创作工具、常用的动画约束方式以及关键帧动画的实现方法等。

9.1 动画制作理论

本节将讲解动画理论的基础知识，帮助读者对动画的概念以及制作过程有个清醒的认识，以更好地使用软件创作自己的作品。本节介绍关于三维动画的一些基础知识和动画设计的流程，这将直接关系到动画的后期制作。

9.1.1 动画基础知识概述

动画基本原理和电影的基本原理是一样的，当一系列相关的静态图片快速从眼前闪过，利用人眼的视觉暂留现象，会觉得它是连续运动的。这一系列相关的图片称作一个动画序列，其中每一张图片称作一帧。每一段动画都是由若干帧组成。关键帧是一个动画序列中起决定性作用的帧，它往往控制着动画运动的方向。一般而言，一个动画序列的第一帧和最后一帧是默认的关键帧，关键帧之间的画面称为中间帧，如图 9-1 所示。

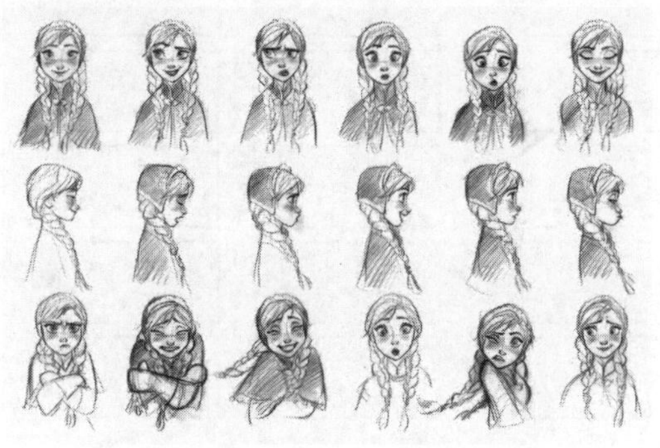

图 9-1 串联的关键帧

用户以前可能看过组成电影的实际胶片。从表面上看，它们像一堆画面串在一条塑料胶片上。每一个画面称为一帧，代表电影中的一个时间片段。这些帧的内容总比前一帧有稍微的变化，这样，当电影胶片在投影机上放映时就产生了运动的错觉：每一帧都很短并且很快被另一个帧所代替，这样就产生了运动，如图 9-2 所示。

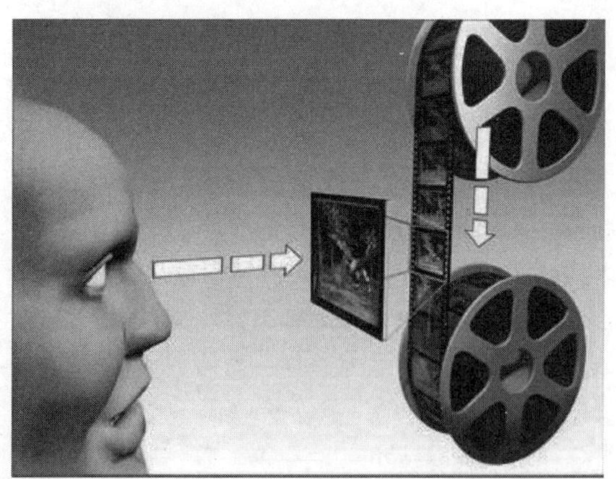

图 9-2 动画原理

3ds Max 的动画没什么不同，就像一个运动的画片一样，它包括许多独立的帧，每一帧都与前一帧略有不同。关键帧定义了动画在哪儿发生改变，例如，何时移动或旋转对象、改变对象大小、增加对象、减少对象等。每一个关键帧都包含任意数量对象。当移动时间轴上的时间滑块时，用户在场景上所看到的就是每帧的图形内容。当帧以足够快的速度放映时就会产生运动的错觉。所不同的是 3ds Max 的动画产生需要有一个渲染的过程。

就像塑料胶片组成了一部真正的电影一样，3ds Max 的时间轴包括动画的属性。时间轴可以任意长，也可以以用户希望的速度放映。3ds Max 中电影播放的速度单位是帧每秒或者 fps。

9.1.2 动画制作流程

在迪斯尼有一个可供游客参观的卡通制作部门，他们用玻璃作隔墙，可以让游客看到里面的画家在作画的情形，而且又不会打扰到画家的工作，但是在本书中没有这样的参观环境可以和画家面对面地接触，不过还是能够通过文字，让读者来了解制作一部卡通的过程。制作一部卡通电影是相当费时费力的，在这里可将这个过程分为 10 个步骤。

1. 企划

企划是制作一部卡通前的准备工作，包括举行企划会议和制作会议。

❑ 企划会议

企划会议就是把出钱要制作这部片子的人和卡通公司的人，以及负责将来要把这部片子卖出去的发行公司，甚至玩具制作商等相关的人都召集在一起，讨论要怎么样制作这部片子，要怎么样发行这部片子，有没有周边的商品可以开发等，当然最好的状况就是把片子制作得又好看又赚钱，这就必须要靠不同专长的人结合在一起规划，才能将片子制作成功。

❑ 制作会议

在前面的企划会议当中，其实也要把一些制作的基本内容方向画出来，然后再由卡通公司召开技术、进度、设计方面的会议。

2. 文字剧本

不论是自己发明的故事，或将别人写过的故事拿来加以改编都可以，一定要具有卡通的特色，就是有一些好笑、有一些夸张、有一些紧张、又有一些感动，那么这个故事就会受到大家的欢迎。当然，不要忘了把对白和动作、场景写出来。根据制作会议所得到的资料，作家开始编写剧本。

3. 故事脚本

文字写好之后，就要画成画面，但它并不是真正的动画图稿，只是一连串的小图，详细地画出每一个画面出现的人物、故事地点、摄影角度、对白内容、画面的时间、做了什么动作等，如图 9-3 所示（故事板）。这个脚本可以让后面的画家明白整个故事进行的情形，因为从构图之后的步骤，就开始将一部卡通拆开来交由很多位画家分工绘制，所以这个脚本一定是画得越详细越不会出差错。

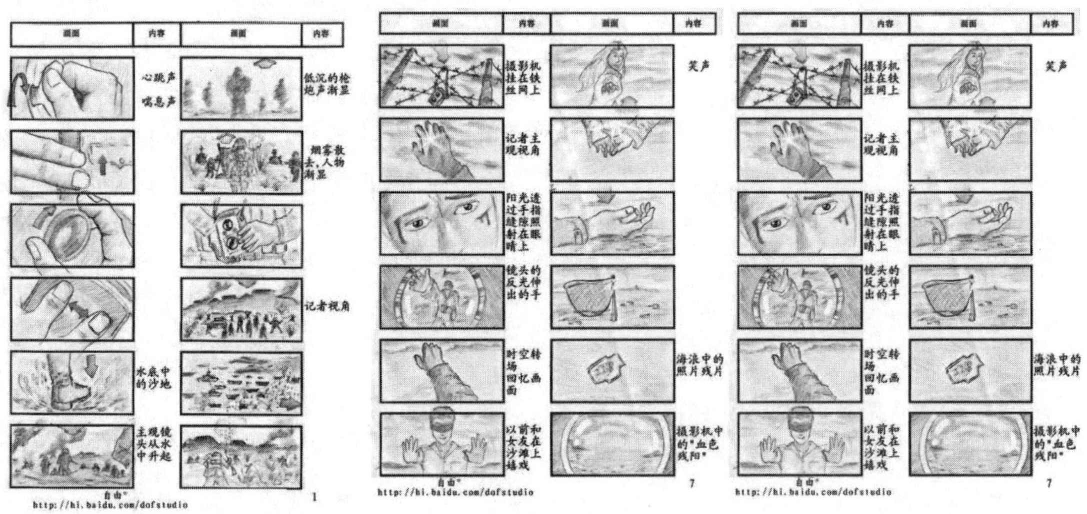

图 9-3　故事板

4. 造型与美术设定

造型设计就是根据故事的需要，将人物一个个设计出来，而且还要画出他们之间的高矮比例、各种角度的样子、脸部的表情、他们使用的用品等，如图 9-4 所示。

美术设定就是一种视觉上的感受，包括色彩、明暗、透视感、线条等，这整个就构成了一部片子的美术风格，像龙猫的感觉就很温馨、青翠、舒适，这种风格很适合用来表现亲情之间的故事，而蝙蝠侠就是一种夸张、压迫、强烈的感觉，用这种风格来表现正义与邪恶间的对抗非常适合。

5. 构图

构图是指画面的构成，也是一部卡通要正式生产的第一关，前面的企划是属于设计部分，这些设计好的造型、场景和脚本，要交给构图师作画面的设计，根据脚本的指示和说明来画出详细的制作图来，包括人物从哪里移动到哪里、人物简明的动作表情和站的位置、镜头的角度和大小、镜头如何移动，也就是将来我们在电视上看到的画面。

图 9-4　设定人物造型

6. 背景

构图是将人物部分交由原画根据脚本上所示的人物代表、姿势与表情、位置等做动感演出，而背景部分则交由背景师去绘制成彩色稿，并由颜色演出的动画家来控制色调变化。

7. 原画

画面由构图设计好了，就要分两部分作业，前面的那张背景铅笔稿要交给背景师画成很漂亮的彩色稿，而人物的那一张就交由原画师作一连串精彩的动作表演，原画就是演员，要将卡通人物的七情六欲和性格表现出来，但原画不需要把每一张图都画出来，只需画出关键张就可以，其余交给动画师去画。

8. 动画

动画师就像原画的助手一样，要替原画完成所有动作的连贯，动画师还要将所有的动作图稿作"完稿"。

9. 品管

"品管"就是品质管制，其实卡通里的每一个过程都有负责把关的人。例如，制片负责片子能如期完成，并掌握每个画家的进度，以及担任画家和行政部门之间的联络协调，使制作部门和行政部门间能顺利地运作。导演负责指导画家们所画出来的画面，能够符合要求。

10. 试片与发行

配好音乐的片子邀请导演、制片、资方、画家等观赏有无需做修改的地方，一切都完成后则交由电视网或电影院线排档上映。

9.2 动画控制工具

要制作动画，首先要了解控制动画的工具，控制动画的一些常用工具包括时间控制区域、轨迹视窗、运动面板等内容，这些工具都是制作动画的基础。只有牢牢掌握这些工具的使用方法，才能更好地发挥自己的想象创建动画。

9.2.1 时间控制

在 3ds Max 中，动画的实现和时间有着十分密切的关系，不同的时间段内对象的属性是不同的，为此对于时间的控制就显得十分重要了。实际上，较为常用的时间控制包括两个区域，一个是时间条，另一个是时间配置区域，本节介绍这两个区域的功能。

1. 轨迹条

轨迹条位于编辑窗口的下方，它提供了一条显示帧数的时间线，具有快速编辑关键帧的功能，其中，时间滑块是用来控制设置关键帧的位置。

如果给场景中的对象创建了动画，当选择一个或多个对象时，轨迹条上将显示它们的所有关键帧。不同性质的关键帧分别用不同的颜色块表示，如位置、旋转、缩放对应的颜色分别是红色、绿色、蓝色。

在轨迹条上任意位置单击鼠标右键，会弹出方便的快捷菜单，在时间滑块上单击鼠标右键会弹出设置当前关键帧的对话框，如图 9-5 所示。

图 9-5　时间条区域

2. 时间控制区域

时间控制区域在轨迹条的右下方，它的功能是自动或手动设置关键帧、显示动画时间、选择动画的播放方式以及动画的时间配置等，如图 9-6 所示。

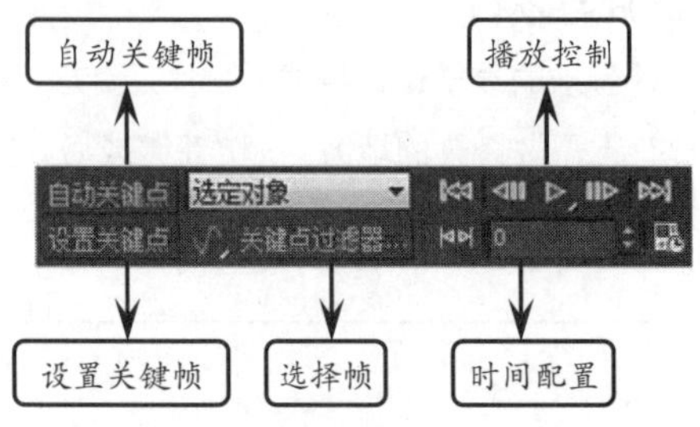

图 9-6　时间控制区域

当单击【自动关键点】按钮时，会进入自动记录动画模式，该按钮和视图的边框都会变成红色，此时给对象所做的任何改变都会被记录成动画。单击【设置关键点】按钮，则可以将当前所做的更改设置为动画。单击播放控制区域中的按钮可以对动画的播放进行控制，关于这些按钮的说明如表 9-1 所示。

表 9-1　播放控制说明

按钮名称	图标	功能说明
转至开头	⏮	跳转到开始帧
播放/停止动画	▷	播放动画
转至结尾	⏭	跳转到结束帧
上一帧	◀II	上一帧
下一帧	II▶	下一帧
关键点模式切换	⏮⏭	切换帧模式

续表

9.2.2　运动面板

【运动】面板提供了对所选对象的运动进行调整的工具，可以调整影响所有位置、旋转和缩放的变形控制器，以及关键帧时间、松弛参数等，也可以替代轨迹窗为对象添加动画控制器。运动面板包含两个部分，一是【参数】部分，二是【轨迹】部分，如图 9-7 所示。

图 9-7　包含部分

1. 参数卷展栏

在【指定控制器】卷展栏中，选择列表中的某个项目，则按钮变为可用状态，如图 9-8 所示，单击该按钮，从显示的对话框中给对象指定和添加不同的变形控制器，相同的效果也可以在【轨迹视图】中指定。

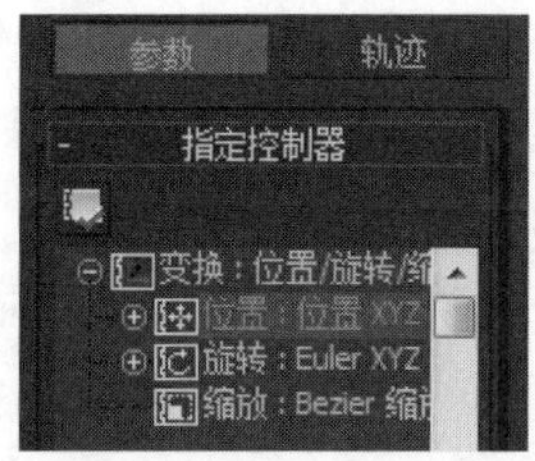

图 9-8　添加控制器

【PRS 参数】卷展栏中提供了创建和删除关键帧的操作，如图 9-9 所示。在【创建关键点】或者【删除关键点】选项区域中可创建或者删除当前帧的转换关键帧。而其下方的【位置】/【旋转】/【缩放】三个按钮决定出现在【PRS 参数】卷展栏下方的【关键点信息（基本）】卷展栏中的内容。

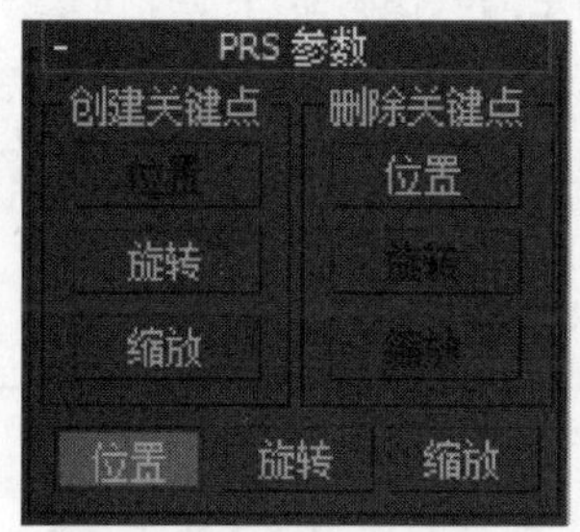

图 9-9　【PRS 参数】卷展栏

【关键点信息（基本）】卷展栏用来改变动画值、时间和所选关键帧的中间插值方式，如图 9-10 所示。在该卷展栏的底部有两个关键帧切线按钮用来设置关键帧的【输入】和【输出】模式，下面简单介绍一下这些切线的功能，如表 9-2 所示。

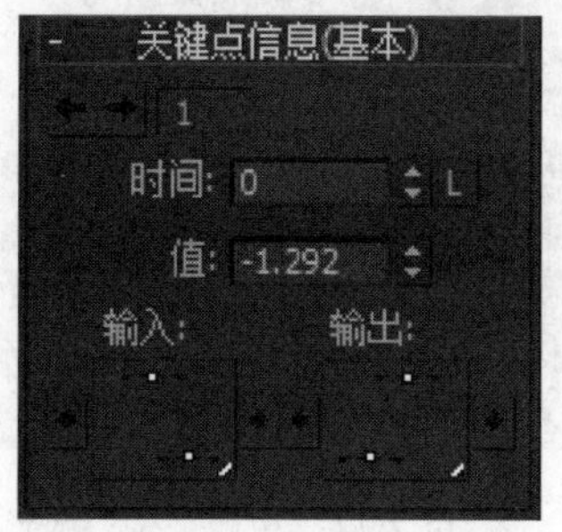

图 9-10　【关键点信息（基本）】卷展栏

表 9-2　切线功能简介

按钮名称	图标	功能说明
光滑		在关键帧之间创建平滑的插值
线性		在关键帧之间创建线性插值
步		在一个关键帧和下一个关键帧之间采用阶跃插值
慢		当趋向于关键帧时将改变的速率减慢，离开关键帧时变快
快		与【慢】的效果正好相反
自定义		根据实际需要调整曲线状态
样条线		在关键帧之间创建可以任意调整的插值

2. 轨迹卷展栏

【轨迹】卷展栏用于控制显示对象随时间变化而移动的路径，如图 9-11 所示。通过该卷展栏可以完成下面的功能：将任何一个变形控制器塌陷为可编辑的关键帧；显示所选对象位置轨迹的 3D 路径，从路径上增加或者删除关键帧，移动、旋转和缩放路径上的关键帧，将关键帧转换为样条线，从一个样条线得到新的路径，塌陷变形控制器等。

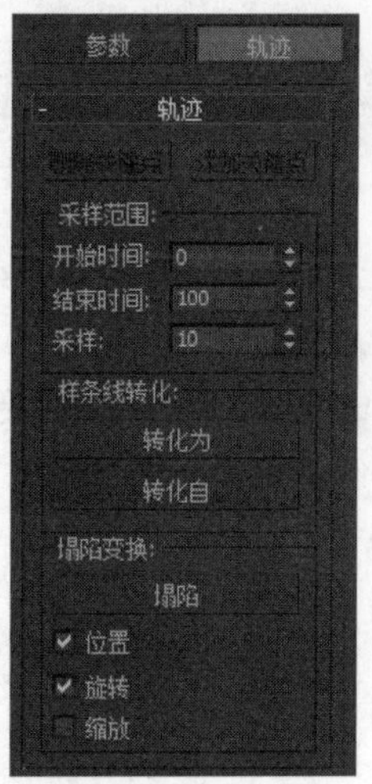

图 9-11　【轨迹】卷展栏

9.2.3　动画控制器

用专业术语来说，动画控制器是处理所有动画值的存储和插值的插件。在 3ds Max 中，所有的动画都是靠动画控制器来进行描述和驱动的，每一种控制器都提供了特定的动画处理模式。本节主要介绍一下 3ds Max 当中的几种常用的动画控制器。

1. 线性控制器

线性控制器在两个关键帧之间进行线性插值。线性控制器没有属性设置面板，只能控制一个线性关键帧的时间和动画值。线性控制器适合用来制作规则的、机械性的动画。

2. 贝塞尔控制器

贝塞尔控制器是 3ds Max 使用频率最高的一种控制器。它使用可调整的样条曲线在关键帧之间进行插值。对于绝大多数的参数，都是以贝塞尔控制器作为默认的控制器。使用贝塞尔控制器，可以完全控制关键帧之间的插值。

3. 噪波控制器

噪波控制器可以在一个时间范围内产生随机的动画。在【轨迹视图】或者【运动】面板中应用一个噪波控制器时，它将被默认应用给当前所有活动时间段。在设置时，可以通过在跟踪图中拖动噪波轨迹中的【频率】来更改噪波的频率。

4. 四元数 TCB 控制器

TCB 控制器可以用来产生基于曲线的动画，和 Bezier 控制器有一定的相似之处，不同的是 TCB 控制器不使用切线类型控制动画，而是使用数字区来调整动画的张力、连续和倾斜。该控制器用作位置控制器并且当一个对象的轨迹显示时，用起来相当方便。

5. 音频控制器

音频控制器将所记录的声音文件振幅或实时声波转换为可以设置对象或参数动画的值。使用音频控制器，可以完全控制声音通道选择、基础阈值、重复采样和参数范围。

6. 列表控制器

列表控制器可以混合多个控制器。该控制器按照从上到下的顺序一次来计算列表中的控制器，对一个参数指定列表控制器后，当前的控制器将成为列表中的第一个控制器。第二个参数将被加到列表控制器的下面并命名为“可用”，用来准备放置下一个将加入到列表中的控制器。

9.3 关键帧动画

本节主要介绍一下关键帧动画实现的要领，然后以战地坦克为例，介绍关键帧动画的重要性以及详细应用方法。通过本节的学习，要求读者掌握关键帧动画的要领。

9.3.1 认识关键帧动画

在 3ds Max 2015 中，关键帧技术是计算机动画中最基本并且运用最广泛的方法。可以使用两种模式来创建关键帧，一种是自动关键帧模式，另一种是设置关键帧模式，本节详细介绍它们的使用方法。

1. 使用自动关键帧创建动画

相对于这两种动画的实现方法而言，利用自动关键帧创建动画的方法比较简单，仅需要通过选择某个参数，拖动时间滑块，再调整参数就可以实现。本节以一个简单的实例为例，介绍自动关键帧的创建方法。

如图 9-12 所示的是一个茶壶的造型，在下面的操作中，将使用自动关键帧为其创建变形动画。

图 9-12 动画场景

将时间滑块拖动到第 0 帧处，保持茶壶所有设置都不变，并单击【自动关键帧】按钮，如图 9-13 所示。

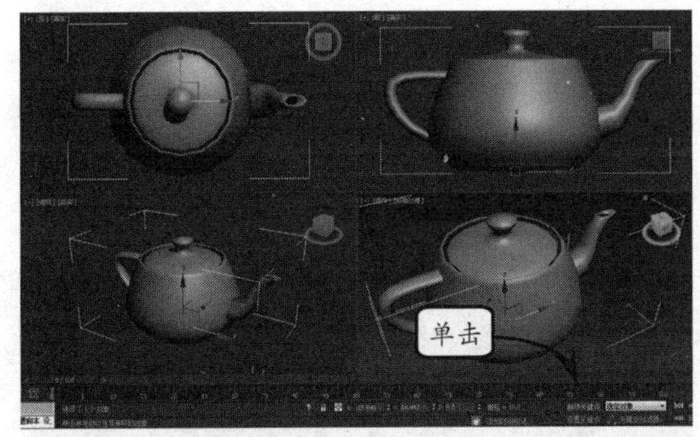

图 9-13　单击【自动关键帧 】按钮

将时间滑块拖动到第 20 帧处，然后利用非等比缩放工具沿 Z 轴方向缩放物体，如图 9-14 所示。

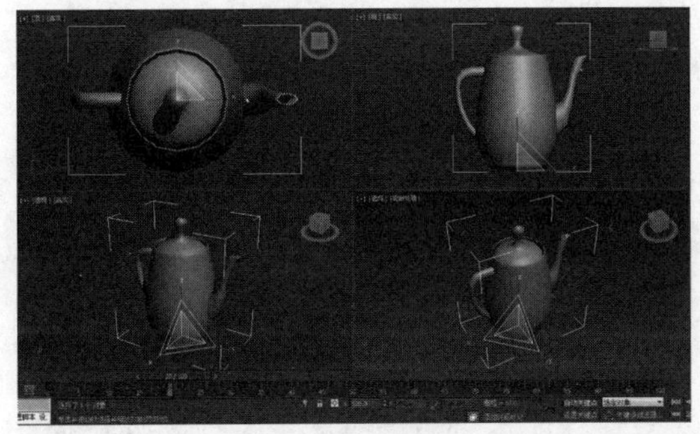

图 9-14　制作缩放动画

将时间滑块拖动到第 40 帧处，然后利用等比缩放工具放大整个茶壶，并可以再修改一下茶壶的其他参数控制，如图 9-15 所示。设置完毕后，再次单击【自动关键帧】按钮，退出动画制作模式，然后拖动时间滑块观察此时的效果。

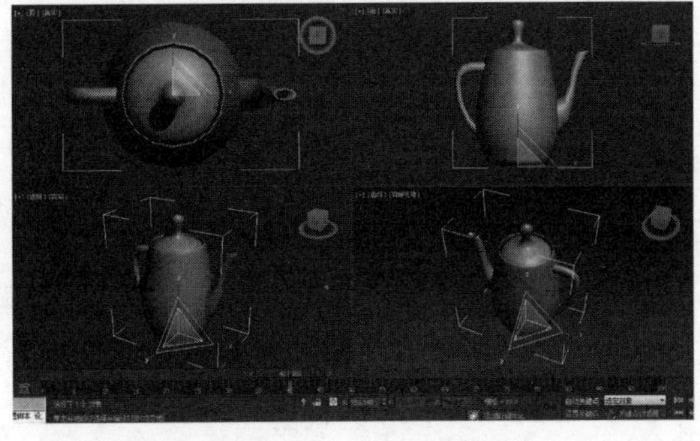

图 9-15　设置关键帧

这样，一个动画效果就产生了。单击【自动关键帧】按钮后，如果更改物体的参数，则可以自动生成一个关键帧，通过在不同的时间设置关键帧，即可使场景中的物体产生一系列动作。

2. 使用设置关键帧创建动画

【设置关键点】动画系统是设计给专业角色动画制作人员使用的，他们想要试验姿势然后特意把那些姿势委托给关键帧。在制作角色动作时，一个固定的动作的调整是非常烦琐的，此时，如果能够直接将姿势调整好后，将这个姿势记录下来，那么将会大大地降低劳动强度，而【设置关键点】可以达到这个目的。

要使用【设置关键点】的方法创建动画，则可以按照下面的方法进行：将时间滑块拖动到某个时间上，例如第 20 帧处，并调整物体的变形，如图 9-16 所示。

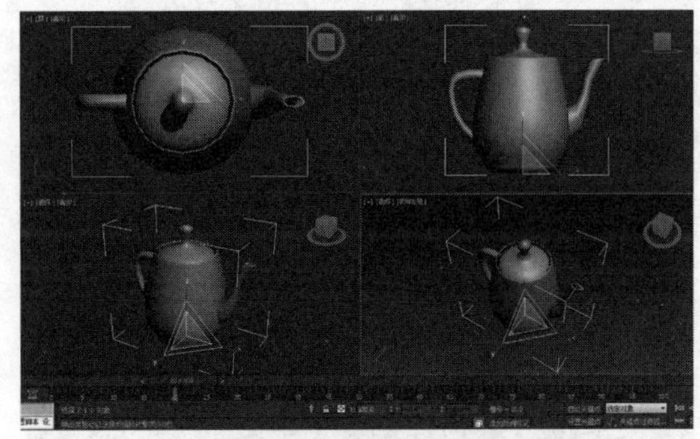

图 9-16　调整物体形状

然后，单击【设置关键点】按钮，并单击其右侧的■按钮，即可创建一个关键帧，如图 9-17 所示。

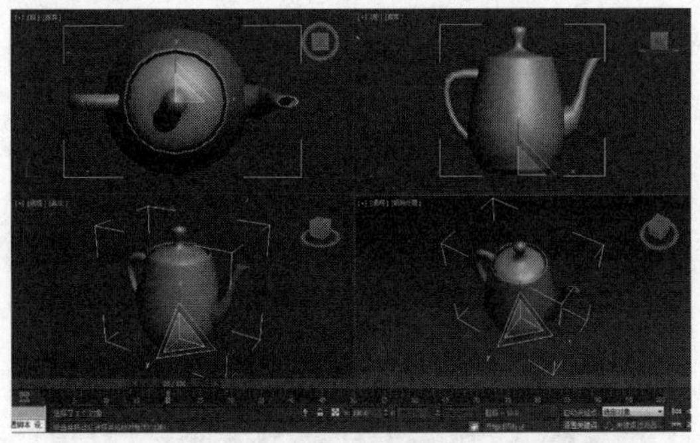

图 9-17　设置关键点

注意

从外形上可以分辨出设置关键帧和自动关键帧两种模式的关键帧，它们是不同的，读者可以仔细观察一下，注意它们的不同之处。

如果还需要再设置关键帧，则可以直接将时间滑块拖动到相应的时间上，调整模型的参数后，单击按钮创建一个关键帧。

9.3.2 练习：战地坦克

自动关键点模式是 3ds Max 动画设置模式之一。这种模式可以使 3ds Max 自动记录用户对物体所做的变化，并生成关键帧，其优点在于这种关键帧模式记录动画方便、快捷，新手很容易上手，缺点在于经常在不需要记录或误操作的时候也记录关键帧。下面来看战地坦克的实现方法

STEP|01 打开场景文件，已经制作好模型和材质，如图 9-18 所示。

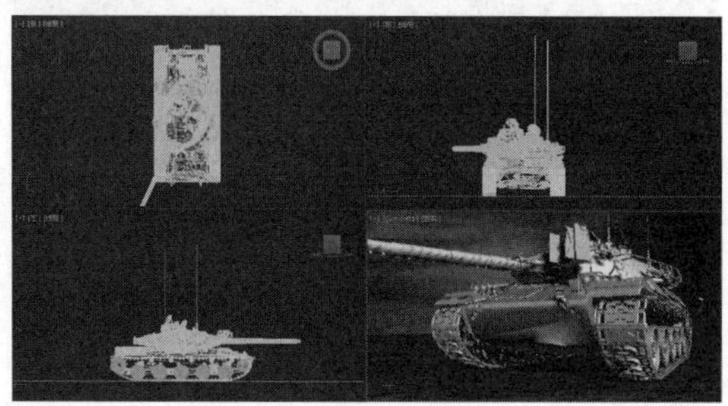

图 9-18 打开场景文件

STEP|02 将时间滑块拖动到第 0 帧，保持坦克所有设置不变，单击【自动关键点】按钮，如图 9-19 所示。

图 9-19 单击【自动关键点】

STEP|03 将时间滑块拖动到第 30 帧，然后利用旋转工具，沿 Z 轴方向旋转物体，如图 9-20 所示。

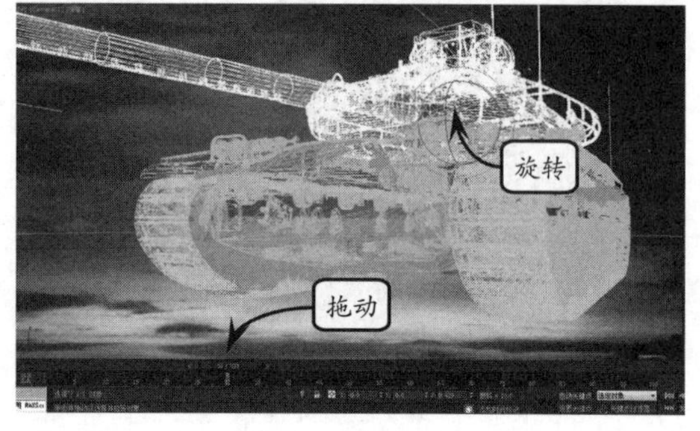

图 9-20 旋转物体

STEP|04 将时间滑块拖动到第 60 帧，然后利用旋转工具，沿 Z 轴方向继续旋转物体，如图 9-21 所示。

图 9-21 旋转物体

STEP|05 将时间滑块拖动到第 100 帧，再次利用旋转工具，沿 Z 轴方向继续旋转物体，如图 9-22 所示。

图 9-22 旋转物体

STEP|06 设置完毕后，再次单击【自动关键点】按钮，退出动画制作模式，然后拖动时间滑块观察此时的效果，如图 9-23 所示。

图 9-23　观察效果

9.4 认识轨迹视图

轨迹视图是一种关键帧编辑工具，主要用于制作比较复杂的动画。通过轨迹视图来编辑动画的功能曲线以完成制作复杂动画，且在进行修改的时候也十分便利。

9.4.1 轨迹视图简介

【轨迹视图】有两种不同的窗口模式，即【曲线编辑器】和【摄影表】。选择菜单栏中的【图形编辑器】|【轨迹视图-曲线编辑器】命令打开【轨迹视图-曲线编辑器】。在【曲线编辑器】模式下可以以功能曲线的方式显示动画，可以形象地对物体的运动、变形进行修改，如图 9-24 所示。

【轨迹视图-摄影表】可以将动画的所有关键帧和范围显示在一张数据表格上，可以很方便地编辑关键帧和子帧等，如图 9-25 所示。

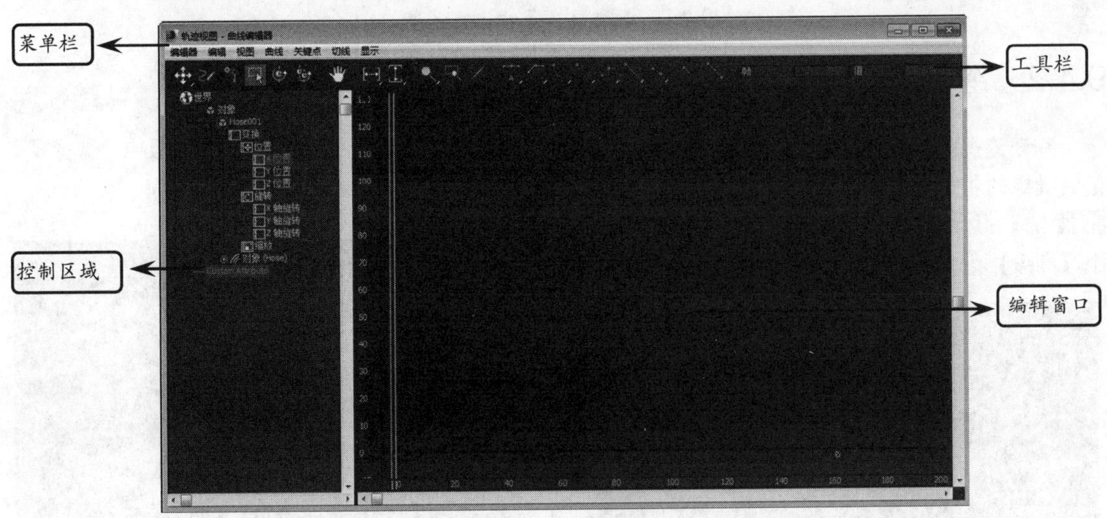

图 9-24　曲线编辑器模式

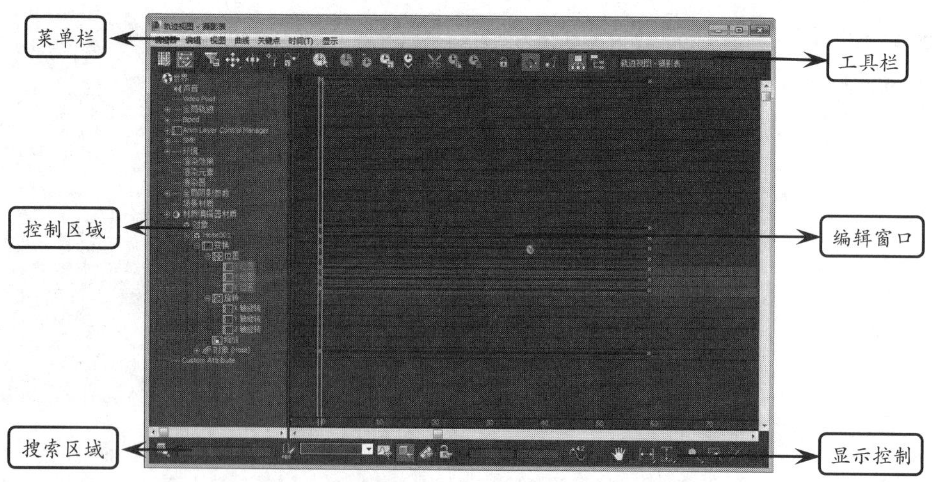

图 9-25　摄影表模式

在 3ds Max 中，【轨迹视图】是动画制作中最强大的工具。可以将其停靠在视图窗口的下方（如图 9-26 所示），或者用浮动窗口。【轨迹视图】的布局可以命名后保存在【轨迹视图】缓冲区当中，再次使用时只需要调用即可。事实上，【曲线编辑器】和【摄影表】的功能是相同的，所不同的是编辑区域中轨迹线的显示方式不一样。

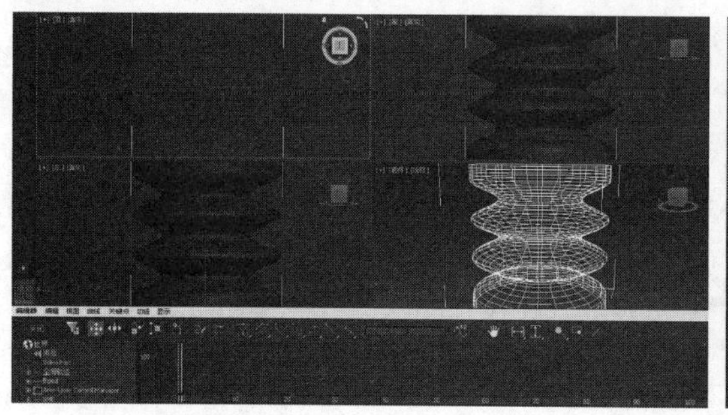

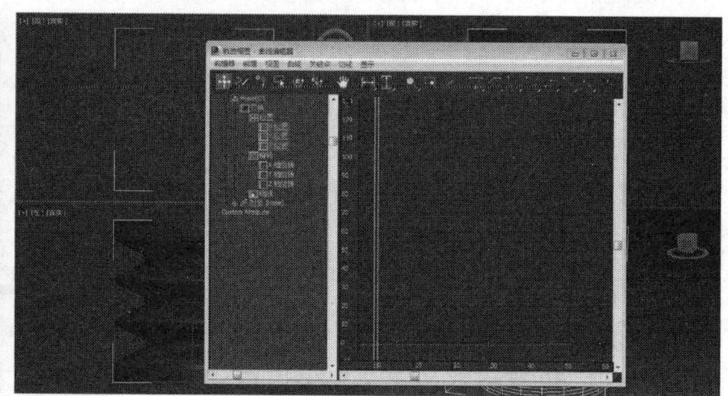

图 9-26　曲线编辑器的停靠位置

9.4.2　练习：使用功能曲线

在轨迹视图中，可以通过设置切线的按钮来设置关键点的曲线类型，从而控制物体的运动方式。

STEP|01 打开 3ds Max 2015，在透视图中创建一个【高度】为 50 的软管模型，如图 9-27 所示。

图 9-27　创建软管模型

STEP|02 单击【自动关键点】按钮，启动动画记录模式，移动时间滑块到第 30 帧，将软管在 x 轴的位移设置为 50，并在【修改】面板中，选择【高度】选项，改成 80，如图 9-28 所示。

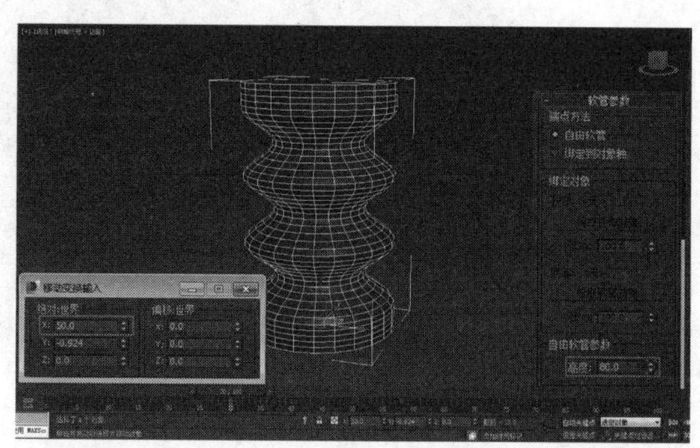

图 9-28　制作第 30 帧动画

STEP|03 移动时间滑块到第 60 帧，将 X、Z 的位移分别改为 120/0，并将高度改为以前的 50，如图 9-29 所示。

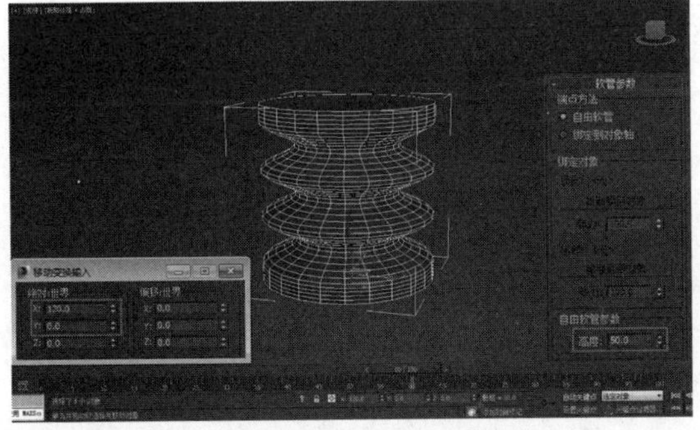

图 9-29　制作第 30 帧动画

STEP|04 关闭动画记录模式。选择菜单栏中的【图标编辑器】|【轨迹视图-曲线编辑器】命令，打开【轨迹视图-曲线编辑器】窗口，如图 9-30 所示。

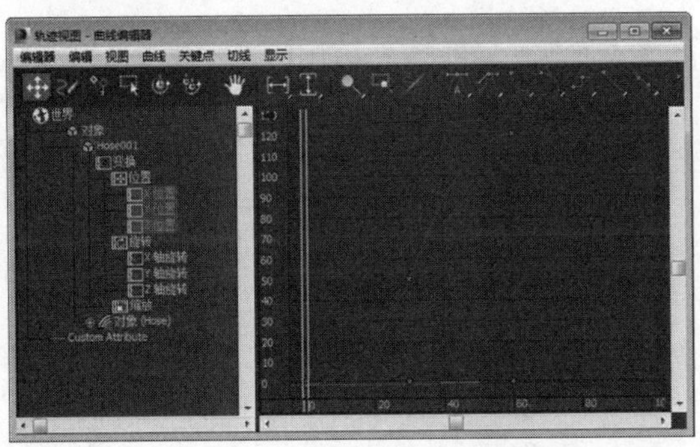

图 9-30　【轨迹视图-曲线编辑器】窗口

STEP|05 单击【将切线设置为自动】按钮。这时关键点的控制手柄可用于编辑。选择【X 位置】曲线关键点上的控制手柄进行调整，如图 9-31 所示。

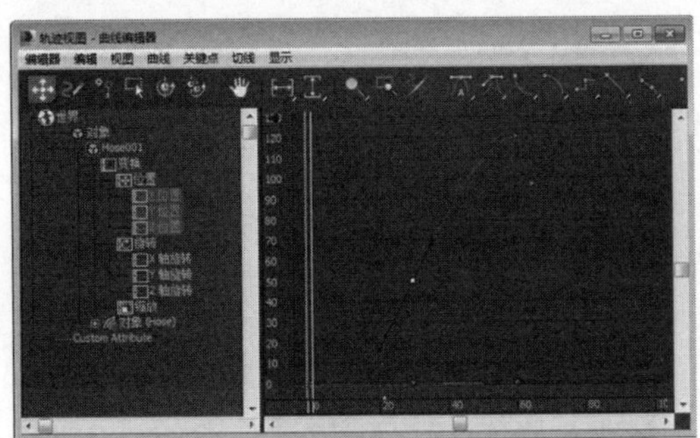

图 9-31　调整控制手柄

STEP|06 按 Ctrl+Z 快捷键返回操作。在工具栏中单击【将切线设置为快速】按钮，它的含义是将关键点曲线设置为快速内曲线、快速外曲线。这时曲线发生了变化，如图 9-32 所示。

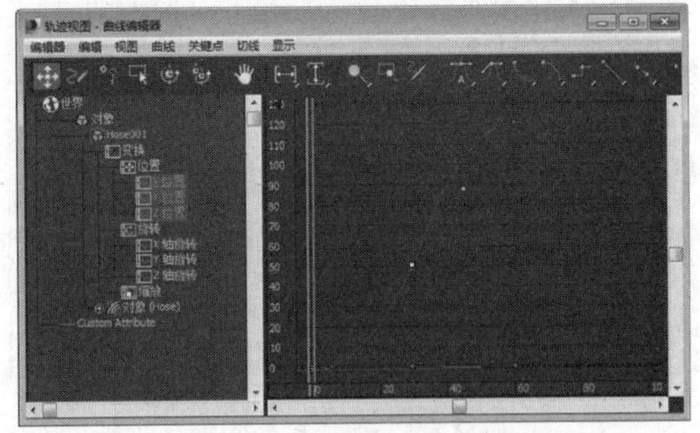

图 9-32　设置曲线

STEP|07 返回操作。单击【将切线设置为慢速】按钮，它的含义是将关键点曲线设置为慢速内曲线、慢速外曲线，如图 9-33 所示。

图 9-33　设置为慢速

STEP|08 返回操作。单击【将切线设置为阶跃】按钮，它的含义是将关键点曲线设置为阶跃内曲线、阶跃外曲线。使用该选项可以创建跳跃性动画。这时动画曲线变成了阶梯，如图 9-34 所示。

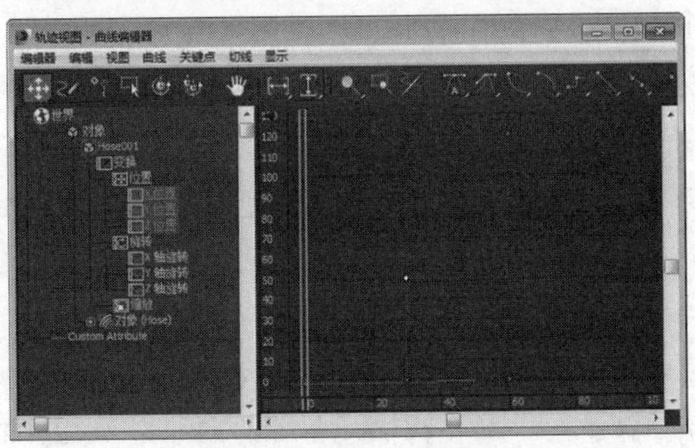

图 9-34　设置为阶跃

STEP|09 返回操作。单击【将切线设置为线性】按钮，它的含义是将关键点曲线设置为线性内曲线、线性外曲线，如图 9-35 所示。

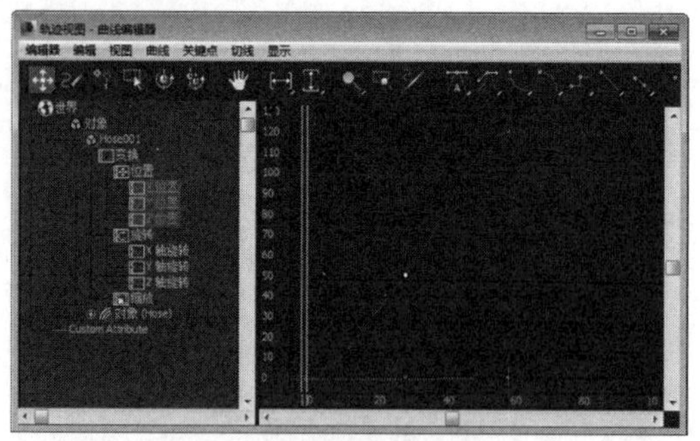

图 9-35 设置为线性

STEP|10 返回操作。单击【将切线设置为平滑】按钮，这时软管的运动将平滑过渡，如图 9-36 所示。

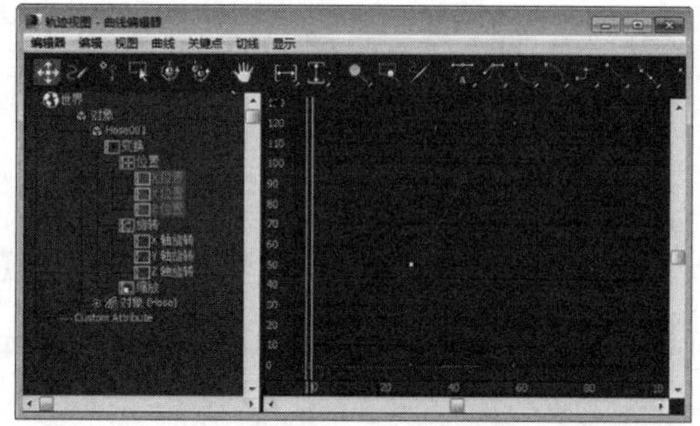

图 9-36 设置为平滑

9.5 掌握动画约束

动画约束是动画制作过程中的辅助工具，通过一个对象控制与之发生关联的另一个对象的位置、旋转和大小。动画约束的建立需要一个对象和至少一个目标对象，目标对象对被约束对象施加特殊的限制。例如，如果需要使一辆汽车沿着崎岖不平的道路行驶，则可以为其添加【附着】控制器，将其约束到地面上。

9.5.1 动画约束的类型

在 3ds Max 中，动画约束包括 7 种基本形态，分别是【附着约束】、【曲面约束】、【位置约束】、【路径约束】、【链接约束】、【注视约束】和【方向约束】，下面简单介绍一下它们的特性。

1. 附着约束

【附着约束】将一个对象附着在另一个对象的一个面上，如图 9-37 所示。使用该约束时，目标对象不必是网格对象，但是必须能够转化为网格对象。

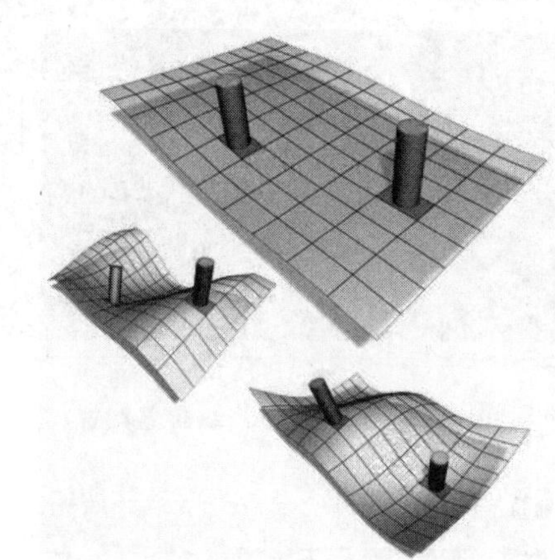

图 9-37 附着约束效果

2. 曲面约束

【表面约束】将源对象的运动限制在目标对象的表面上，如图 9-38 所示。目标对象必须是表面可以参数化描述的对象，包括球、圆锥、圆柱、圆环、方面片、放样对象、NURBS 对象等。

图 9-38 曲面约束

提示

这里用到的目标对象的表面是一个不存在的参数化表面，并不是对象的真实表面，它们之间的差别有时会很大。参数化表面会忽略切片和半球的存在。

3．路径约束

【路径约束】使源对象沿一条预定的样条路径运动，或者沿着多条样条线的平均值运动，如图 9-39 所示。路径目标可以是任何一种样条线，目标路径可以用任何一种标准的平移、旋转、比例缩放工具制作动画，对路径的子对象进行修改也会影响源对象的运动。使用多条路径时，每个目标路径都有一个值，值的大小决定了其影响源对象的程度。只有在用多个目标时，值才有意义。

图 9-39　路径约束效果

4．位置约束

【位置约束】设置源对象的位置随另一个目标对象的位置或者几个目标对象的权平均位置而变化，还可以将值的变化设置为动画，如图 9-40 所示。

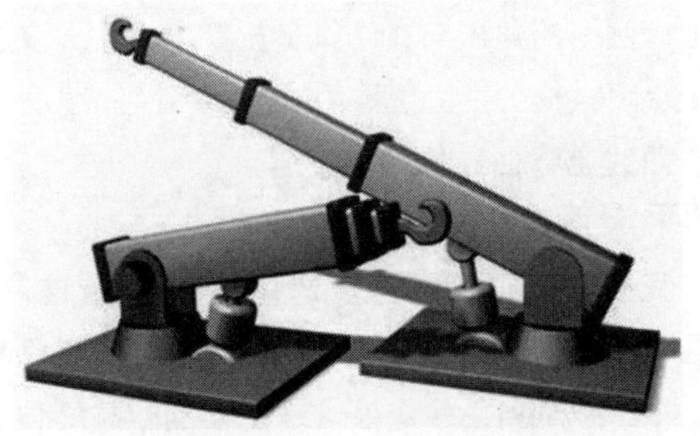

图 9-40　位置动画

5．链接约束

【链接约束】将源对象链接到一个目标对象上，源对象会继承目标对象的位置、旋转和尺寸大小等参数。如图 9-41 所示的动画序列就是里利用链接的方式将小球约束到机械臂上，并使其能够在两个机械臂上进行传递。

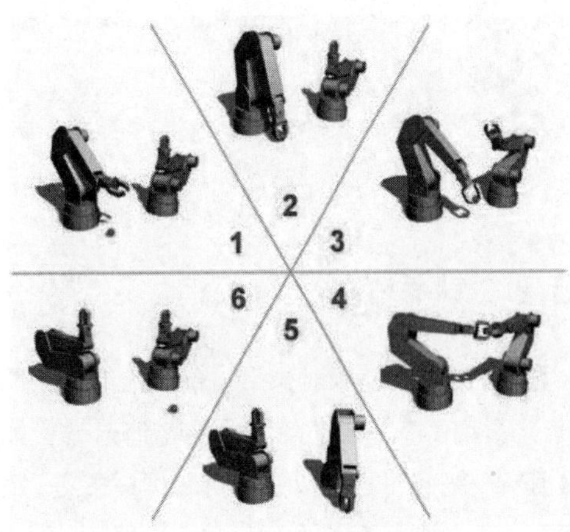

图 9-41　小球传递动画

6．注视约束

【注视约束】使源对象的一个轴在运动的过程中始终指向另一个目标对象，好像注视着目标对象一样，如图 9-42 所示。另外，还可以用多个对象权值平均来产生效果。

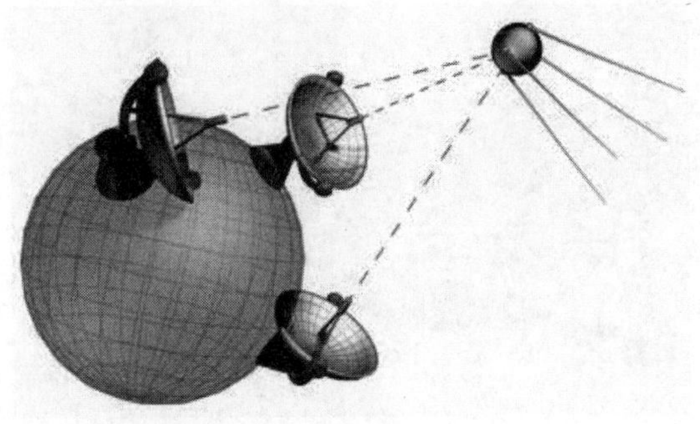

图 9-42　注视约束

7．方向约束

【方向约束】使旋转源对象跟随另一个目标对象的旋转而旋转，效果如图 9-43 所示。任何能够旋转的物体都可以作为源对象，并能继承目标对象的旋转变化。

图 9-43　定向效果

9.5.2　认识路径约束

【路径约束】使源对象沿一条预定的样条路径运动，或者沿着多条样条线的平均值运动，如图 9-44 所示。路径目标可以是任何一种样条线，目标路径可以用任何一种标准的平移、旋转、比例缩放工具制作动画，对路径的子对象进行修改也会影响源对象的运动。使用多条路径时，每个目标路径都有一个值，值的大小决定了其影响源对象的程度。只有在用多个目标时，值才有意义。

图 9-44　路径约束效果

如图 9-45 所示的是【路径参数】的参数控制面板，本节将介绍这些参数的功能以及使用方法。

1．添加/删除路径

【添加路径】按钮可以在视图中选取其他的样条线为约束路径；单击【删除路径】按钮，将把目标列表中选定的作为约束路径的样条线去掉，使它不再对被约束对象产生影响，而不是从场景中删掉。

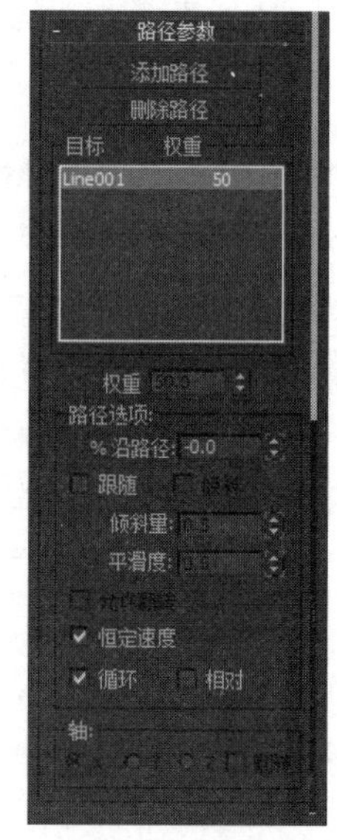

图 9-45　路径参数

2．%沿路径

【%沿路径】用来定义被约束对象现在处在约束路径长度的百分比，值的范围为 0～100，它常用来设定被约束对象沿路径的运动动画。

3．跟随

【跟随】使对象的某个局部坐标系与运动的轨迹线相切。与轨迹线相切的默认轴是 X，但是可以指定任何一个轴与对象运动的轨迹线相切。默认情况下，对象局部坐标系的 Z 轴与世界坐标系的 Z 轴平行。

4．倾斜/倾斜量

【倾斜】可以使对象局部坐标系的 Z 轴朝向曲线的中心。只有启用了 Follow 复选框后才能使用该项。倾斜的角度与【倾斜量】参数相关，该数值越大，倾斜越厉害。倾斜角度也受路径曲线度的影响。曲线越弯曲，倾斜角度越大。

5．平滑度

只有启用了【倾斜】复选框，才能设置该参数。该参数沿着转弯处的路径均分倾斜角度。该数值越大，被约束对象在转弯处倾斜变换的就越缓慢、平滑；值比较小时，被约束对象在转弯处倾斜变换比较快速、突然。

9.5.3　路径变形修改器

路径变形修改器将样条线或 NURBS 曲线作为路径使用来变形对象。它可以使对象沿着该路径移动和拉伸，也可以关于该路径旋转和扭曲对象。该修改器也有一个世界空间修改器版本，我们以对象的修改器为例简单介绍一下它的参数。单击菜单中的【修改器】|【动画】选项，在出现的下拉列表中选择【路径变形】命令，打开【路径变化】面板中的【参数】卷展栏，如图 9-46 所示。

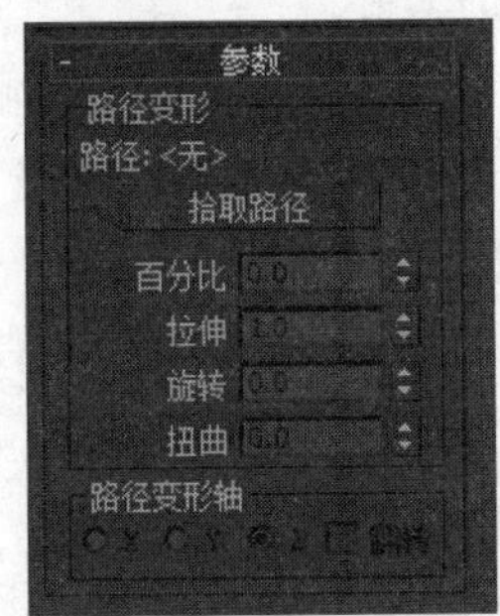

图 9-46　路径变形参数面板

1．拾取路径

单击该按钮，然后选择一条样条线或 NURBS 曲线以作为路径使用。出现的 Gizmo 设置成路径一样的形状并与对象的局部 Z 轴对齐。一旦指定了路径，就可以使用该卷展栏上的剩下的控件调整对象的变形。所拾取的路径应当含有单个的开放曲线或封闭曲线。如果使用含有多条曲线的路径对象，那么只使用第一条曲线。

2．百分比

根据路径长度的百分比，沿着 Gizmo 路径移动对象，如果把该对象设置为动画，就可以产生对象沿路径运动的效果。

3．拉伸

使用对象的轴点作为缩放的中心，沿着 Gizmo 路径缩放对象。通过调整该参数，可以拉伸对象。

4．旋转/扭曲

【旋转】用于设置对象沿 Gizmo 路径旋转对象；【扭曲】可以沿路径扭曲对象。根据路径总体长度一端的旋转决定扭曲的角度。通常，变形对象只占据路径的一部分，所以产生的效果很微小。

5．路径变形轴

X/Y/Z 用于设定路径变形发生的轴向；启用【翻转】复选框则可以按照指定的轴向翻转变形效果。

9.5.4　链接约束

通过前面的动画约束简介我们已经知道了【链接约束】的基本功能，它可以将一个源对象链接到一个目标对象上，并能够使源对象跟随目标对象进行位置、旋转和尺寸方面的变化。本节介绍一下【链接约束】的使用方法。

当为对象指定了【链接约束】，就可以在【运动】面板的【链接参数】卷展栏上访问它的属性。在该卷展栏中可以添加或删除目标，并在每个目标成为活动的父约束对象时设置动画。如图 9-47 所示的是该卷展栏，下面介绍一下它的参数设置。

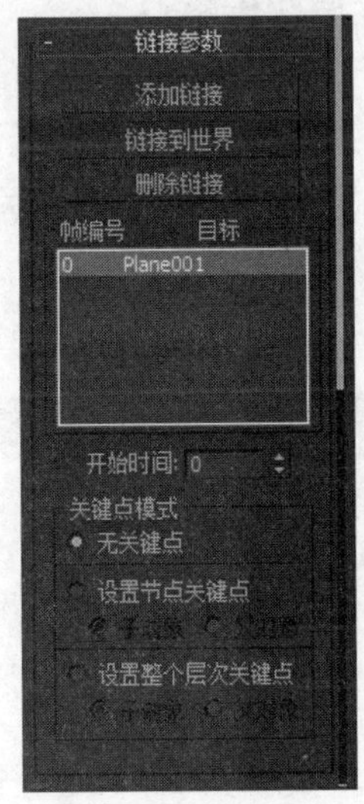

图 9-47　【链接参数】卷展栏

1．添加链接/链接到世界

【添加链接】用于添加一个新的链接目标；【链接到世界】用于将对象链接到世界（整个场景）。建议将该项置于列表的第一个目标。此操作可避免在从列表中删除其他目标时该对象还原为其独立创建或动画变换。

2. 删除链接

【删除链接】移除一个新的链接目标。一旦链接目标被移除将不再对约束对象产生影响。

3. 开始时间

【开始时间】用于指定或编辑目标的帧值。在列表窗口中选中一个命名的目标对象并查看此对象成为父对象的帧位置。当链接变换开始时可以调整值来加以改变。

4. 无关键点

选中该单选按钮后，约束对象或目标中不会写入关键点。该链接控制器在不插入关键点的情况下使用。

5. 设置节点关键点

选中【设置节点关键点】单选按钮后，将关键帧写入指定的选项。它具有两个属性：【子对象】和【父对象】。【子对象】仅在约束对象上设置一个关键帧。【父对象】为约束对象和其所有目标设置关键帧。

6. 设置整个层次关键点

用指定选项在层次上设置关键帧。它也具有两个属性：【子对象】和【父对象】。【子对象】仅在约束对象和它的父对象上设置一个关键帧，【父对象】为约束对象、它的目标和它的上部层次设置关键帧。

注意

只有所约束的对象已经成为层次中的一部分，“关键点节点”和“关键点整个层次”才会起作用。如果在应用了链接约束之后要对层次添加对象，则必须使用所需要的关键点选项再次应用链接约束。

9.5.5 方向约束

要使用方向约束，则可以选择源对象，单击菜单中的【动画】|【约束】按钮，在出现的下拉列表中选择【方向约束】命令，然后再在视图中选择目标物体即可。绑定以后，并不是就完成了操作，还需要通过其参数设置面板修改参数设置，如图 9-48 所示的是【方向约束】的参数面板。

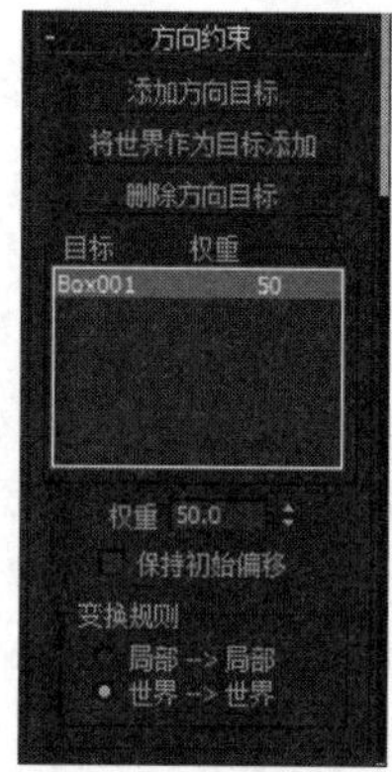

图 9-48 【方向约束】参数面板

1. 添加方向目标

单击该按钮，则可以添加一个影响受约束对象的新目标对象。

2. 将世界作为目标添加

将受约束对象与世界坐标轴对齐。可以设置世界对象相对于任何其他目标对象对受约束对象的影响程度。

3. 删除方向目标

移除目标。移除目标后，将不再影响受约束对象。

4. 权重

为每个目标指定并设置动画。

5. 保持初始偏移

保留受约束对象的初始方向。禁用该复选框后，目标将调整其自身以匹配其一个或多个目标的方向。默认设置为禁用状态。

6. 变换规则

将方向约束应用于层次中的某个对象后，即确定了是将局部节点变换还是将父变换用于方向约束。

9.5.6 练习：旋转的硬币

这是一个比较典型的案例，在本案例中，通过利用注视控制器搭配螺旋线的方法制作出了硬币在掉落时所产生的一些动作。本案例除了用到注视控制器外，还将使用路径约束等控制器。

STEP|01 打开场景文件，在本场景中已经建好物体模型和灯光，如图 9-49 所示。

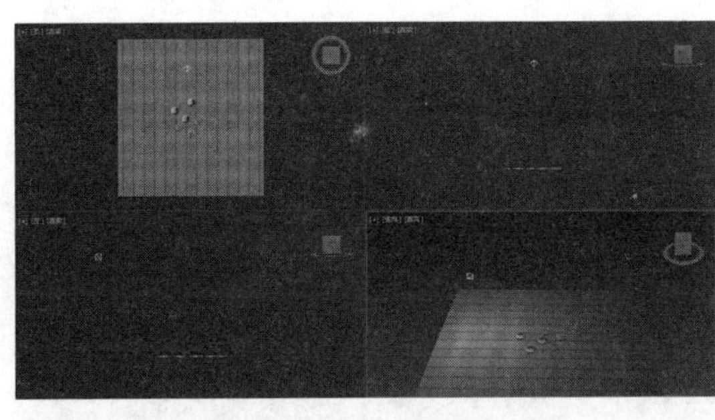

图 9-49　打开场景

STEP|02 在视图中创建一条螺旋线，然后将其放在硬币的上方，并与硬币对齐，如图 9-50 所示。

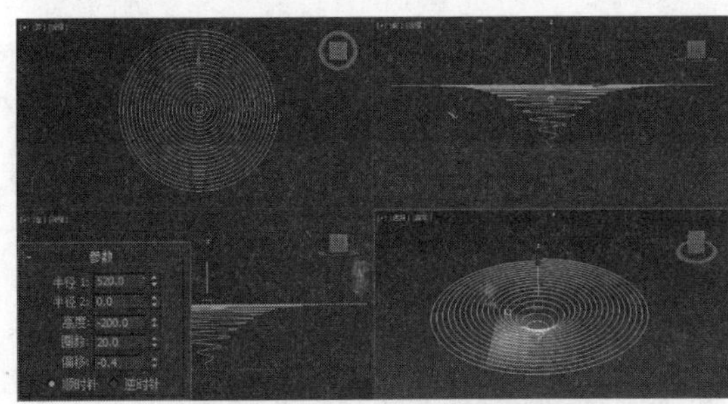

图 9-50　创建螺旋线

STEP|03 选择螺旋线 helix1，按 Ctrl+V 快捷键克隆一条新的螺旋线，然后修改其参数，如图 9-51 所示。

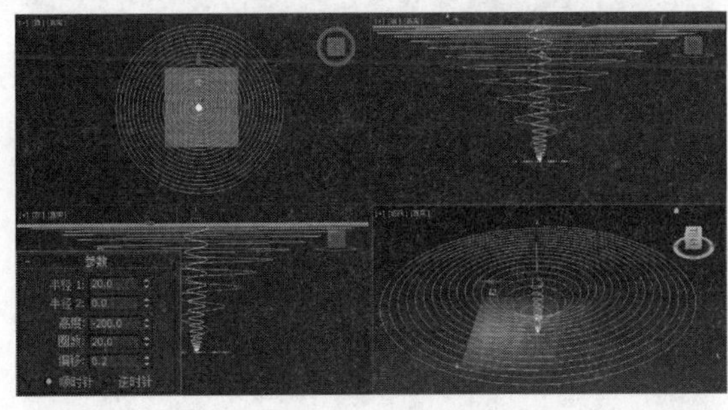

图 9-51　克隆螺旋线

STEP|04 在【工具】面板中单击【虚拟对象】选项，然后在场景中创建两个虚拟对象，作为目标物体，如图 9-52 所示。

STEP|05 选中虚拟物体 Dummy001，在主菜单栏中选择【动画】|【约束】|【路径约束】命令，然后将鼠标虚线链接到螺旋线 Helix001 上，将其拾取为路径，如图 9-53 所示。

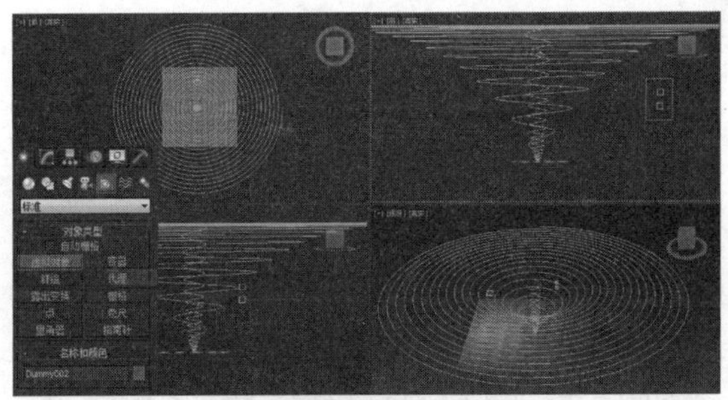

图 9-52　创建虚拟物体

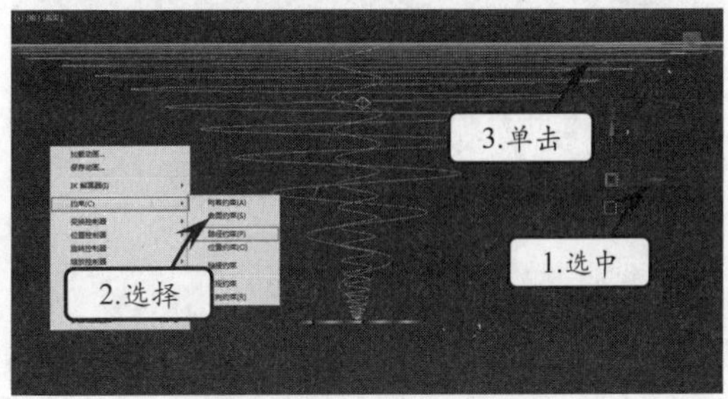

图 9-53　调整控制手柄

STEP|06 使用同样的方法将虚拟物体 Dummy002 链接到螺旋线 Helix002 上，将其拾取为路径，如图 9-54 所示。

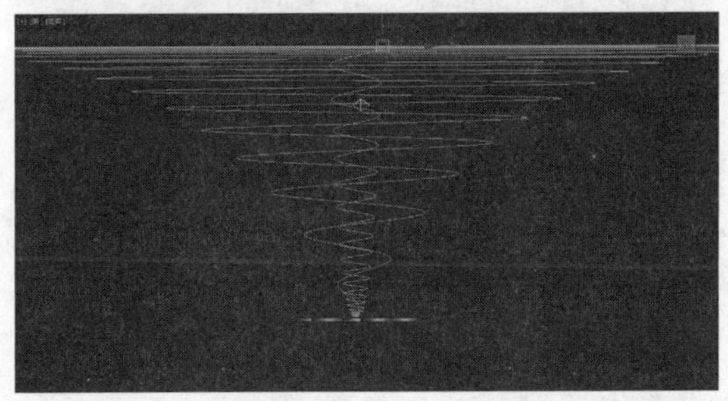

图 9-54　设置曲线

STEP|07 在前视图中选择地面模型和硬币模型，然后将其移动到螺旋线的正下方，如图 9-55 所示。

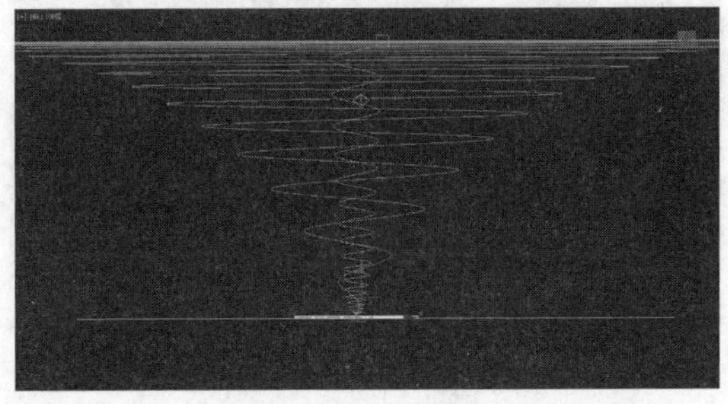

图 9-55　移动物体

STEP|08 选择硬币 006 模型，然后单击【运动】按钮，切换到运动控制面板，在【指定控制器】卷展栏中选择【旋转】选项，最后单击【指定控制器】按钮，即可弹出【指定旋转控制器】对话框，如图 9-56 所示

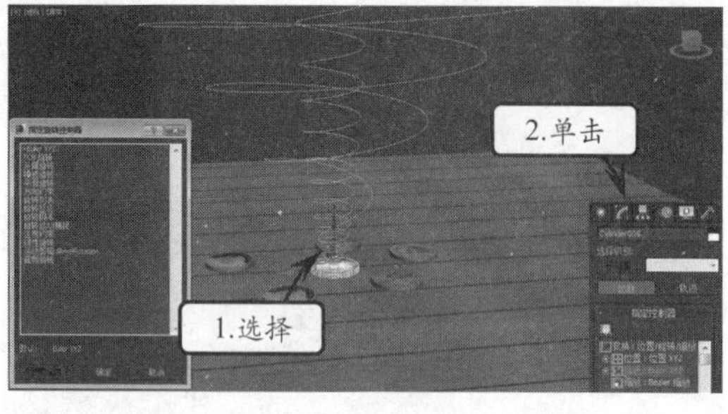

图 9-56　选择属性

STEP|09 在【指定旋转控制器】对话框中选择【注视约束】选项，然后单击【确定】按钮，如图 9-57 所示。

图 9-57　添加约束

STEP|10 在【注视约束】卷展栏中选择【添加注视目标】选项，然后在场景中分别选择两个虚拟物体，将它们作为注视目标，如图 9-58 所示。

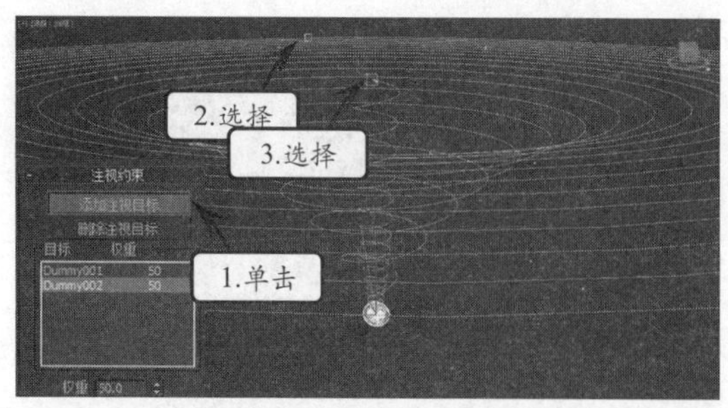

图 9-58　添加注视目标

STEP|11 为硬币模型添加注视目标后，可以看到硬币模型发生了偏转，如图 9-59 所示。

图 9-59　模型偏转

STEP|12 将时间滑块移动到第 0 帧，设置虚拟物体 Dummy001 的权重值为 100，虚拟物体 Dummy002 的权重值为 0，然后单击【自动关键点】按钮，如图 9-60 所示。

图 9-60　设置权重关键帧

STEP|13 将时间滑块移动到第 100 帧，设置虚拟物体 Dummy001 的权重值为 0，虚拟物体 Dummy002 的权重值为 100，如图 9-61 所示。

图 9-61　设置权重关键帧

STEP|14 设置了虚拟物体的注视权重后，切换到【注视约束】卷展栏中，然后在【选择注视】区域中，启用 Z 单选按钮。这样在制作动画时，可以实时观察对象的运动状态，以便于修改对象在运动时产生的错误，如图 9-62 所示。

STEP|15 至此，硬币旋转的动画就制作完成了。然后按 Shift+Q 键打开渲染窗口，渲染该场景文件，渲染效果如图 9-63 所示。

图 9-62　激活选项

图 9-63　渲染效果

第 10 章

环境和效果

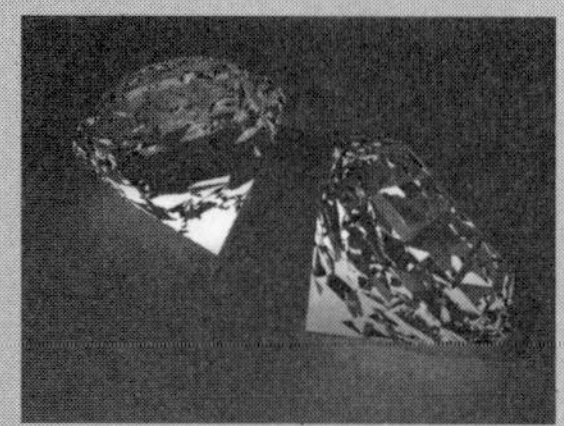

环境是三维场景的一个营造氛围的重要组成部分，但也往往是被读者忽视的因素。很多初学者经常沉醉于一个又一个的造型和动画之中。但当这些造型和动画组合到一起时，会发现它们显得平淡无奇，与设想的场景格格不入，这些都是因为忽视了三维场景的原因所造成的。实际上，三维场景中的环境也和现实世界中的环境是一样重要的。一个好的造型如果没有真实的环境去模拟，是不可能产生让人身临其境的效果的。

本章主要介绍了环境设计理论、设置背景环境、火效果、雾效果和体积光效果等动画的基础背景效果。对于初学者而言，这些可能一时无法熟练运用，所以在学习三维动画制作过程中，应当时时练习，并多多观察生活，观察真实世界中的各种现象。

10.1 自然环境——设计概论

环境影响周围的一切事物，这一理论在动画中同样适用。在三维动画设计中，环境的使用是十分重要的。它可以制作一些普通建模方法难以实现甚至无法实现的物体形态，为此就需要读者利用一些现成的素材或者有目的地制造一些这样的因素。

10.1.1　环境对效果的影响

环境的来源很广，可以从现实生活中寻找环境，也可以利用 3ds Max 软件制作环境，甚至可以从第三方面的软件中来寻求帮助。通常情况下，三维动画环境可以使用以下途径找到环境素材。

1．利用现实环境

这种方法主要应用在一些专题片、栏目包装、广告片头当中，随着数字媒体技术的发展，这一途径正在虚拟现实中逐步达到了应用。

利用现实环境，实际上要求我们通过拍摄或者抓取现实世界的某些场景作为动画的影视素材。例如，如果要表现飞行器在空中飞行的动画，则可以利用拍摄的天空素材来充当整个动画的环境，如图 10-1 所示。

图 10-1　使用天空背景

在一些电视片头、栏目包装的过程中，真实的环境不仅可以表现出主题，更重要的是可以向人们展示一个真实的场景效果。因此，此时如果拍摄一些与节目相关的素材更能吸引人们的目光。如图 10-2 所示的是影视栏目当中的环境与主题层次。

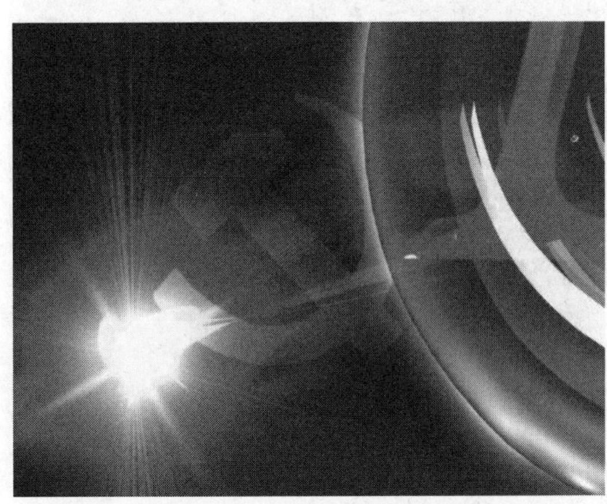

图 10-2　影视栏目包装中的环境

当然，在制作的过程中还需要造型的颜色与场景搭配。并且，要使整个场景的主题更加突出，使整个场景的显示十分润恰、浑若天成。

2．使用软件制作

软件制作的方法主要应用在一些大型的影视片中，例如《变形金刚》、《星际穿越》、《爱丽丝梦游仙境》等。这些影片当中都是以软件合成的方式制作整个动画的环境，并且配上一些精彩的动画，或者真实演员的动作造就了令人瞩目的作品。如图 10-3 所示的是《星际穿越》中外星的环境。

图 10-3　利用软件制作的环境效果

另外的一个重要应用领域就是游戏，在大型

的游戏场景中，利用软件生成的场景是非常有必要的，例如，众所周知的《魔兽争霸》、《魔兽世界》等都采用这种模式制作环境，如图 10-4 所示。

图 10-4　三维游戏中的环境

三维的游戏环境虽然失真，但是它可以营造一个十分润恰的环境，也是很多游戏朋友十分喜欢的。

3．使用合成图像

合成图像主要针对一些静帧效果而言，通常使用于产品的宣传画、产品展示、真实效果模拟，或者一些静态的艺术作品之中。如图 10-5 所示的就是利用图形图像处理软件合成的渐变背景。

图 10-5　产品展示当中的环境

这种方法主要是应用一些通过现实世界拍摄的或者利用三维软件生成的素材，通过一些专业的图像处理软件将其合成，例如 Photoshop 等。

10.1.2　环境的实现方法

利用 3ds Max 实现环境的方法很多，只要能够为场景的主题创建合适的氛围都是环境。例如，利用材质表现环境、利用建模表现环境、利用特效表现环境。

1．利用材质表现环境

材质表现动画的方法较为常用，但是它一般用于表现一些简单的环境，例如渐变的天空、云朵、地面，以及一些具有特殊形状的环境。如图 10-6 所示的作品中，森林古迹中的地面实际上就是利用贴图来实现的。

图 10-6　利用贴图创建环境

2．利用建模表现环境

建模主要应用在一些元素角度的环境中，例如，三维建模效果场景、游戏场景等。特别是利用 3ds Max 的 AEC 扩展就可以制作在场景中添加树木、植物等环境。如图 10-7 所示的是一个丛林的效果。

图 10-7　利用建模表现环境

3．利用特效模拟

特效是建模的重点区域，通常利用 3ds Max 的特效可以实现雾、云、火、光等。关于这部分知识本章后面还将重点介绍。如图 10-8 所示的是利用特效模拟出来的真实火焰效果。

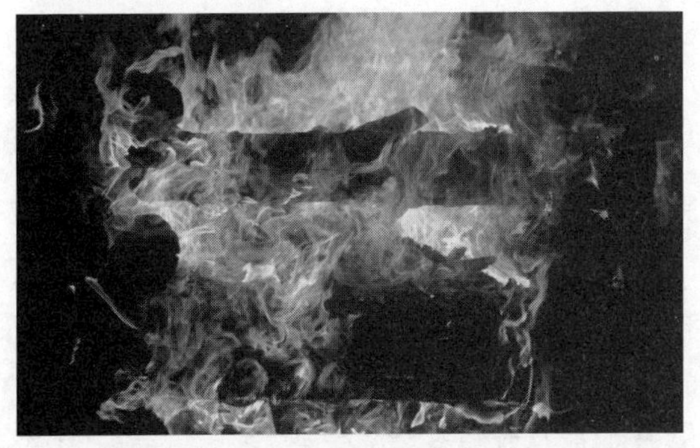

图 10-8　火焰效果

4．灯光在环境中的应用

在环境的制作过程中，不要忘记灯光，它对环境的真实性有着很大的帮助。例如，灯光的投影可以真实地模拟场景物体的投影；灯光的照明可以使场景看起来明暗分明，更能体现场景效果，如图 10-9 所示。

图 10-9　灯光在特效中的应用

在图 10-9 中，通过为树叶添加灯光投影效果，使整个环境表现得淋漓尽致，不仅增加了场景颜色的变化，更重要的是使整个场景显得更加真实。

10.2　设置背景环境

在 3ds Max 中，环境的设置需要通过【效果和环境】对话框进行。环境包括两种基本类型，一个是整个场景的环境，例如背景图片等；另一类则是环境特效，例如火焰、雾气等。本节将介绍环境的设置方法以及一些常用参数的功能。

10.2.1　设置环境参数

在 3ds Max 2015 中，依次选择【渲染】|【环境】命令，会弹出【环境和效果】窗口，或者按下快捷键 8，也可以打开【环境和效果】窗口，如图 10-10 所示。该窗口可以设置大气特效和环境特效等，下面介绍一下环境贴图的使用方法。

1．【公用参数】卷展栏

【公用参数】卷展栏中的参数主要用于设置一些常用的场景效果，例如背景、全局光等。关于它们的含义简介如下。

❑ 颜色

背景的颜色。在默认情况下，该颜色为黑色。如果用户需要更改背景颜色，只需单击其下面的颜色块，并选取需要的颜色即可。

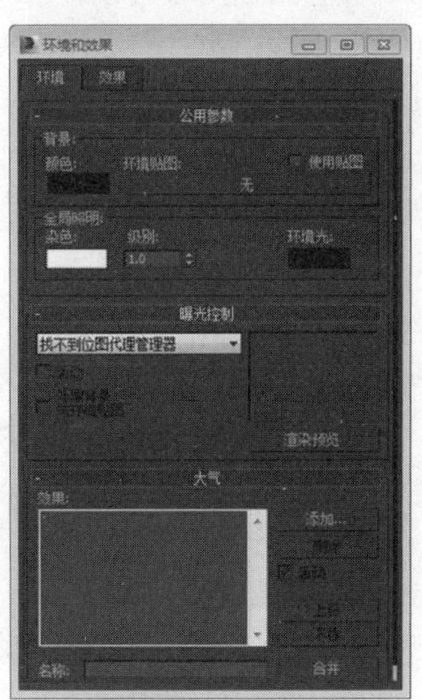

图 10-10　环境与效果

❑ 环境贴图

用于指定一个背景贴图。例如，当用户需要在当前场景中渲染带有天空效果的场景时，可以直接单击该按钮，并导入一张关于天空的贴图即可，如图 10-11 所示。

图 10-11 设置天空环境

❑ 使用贴图

当用户启用该复选框后，环境贴图变得有效，即在场景中显示【环境贴图】所指定的贴图。如果禁用该复选框，则系统在场景中显示【颜色】属性所指定的颜色。

❑ 染色

用于设置灯光在系统中的默认颜色。3ds Max 中灯光的默认颜色为白色，通过设置该选项可以将灯光的颜色设置为其他颜色。

2.【大气】卷展栏

通过【环境】对话框，也可以设置大气效果。展开【大气】卷展栏，即可看到与大气效果相关的选项，其简介如下。

❑ 效果

【效果】列表用于显示已添加的效果队列。在渲染期间，效果在场景中按线性顺序计算。根据所选的效果，环境对话框添加适合效果参数的卷展栏。

❑ 特效编辑区域

特效编辑区域用于向当前场景中添加、删除大气效果。例如，单击【添加】按钮可在打开的对话框中选择一个特效，单击【删除】按钮可删除一个特效等。

10.2.2 练习：咔咔归来

这是一只具有魔性的魔兽，它具有血红的眼睛，能够放射出石化效果的魔法，它拥有可以与龙媲美的强悍身体，并且能够喷射出带有霍乱性质的火焰。咔咔归来讲述了一个魔幻性质的故事：咔咔为了兄弟义气，被人类的大法师鲁亚给封印了，而其领地也产生了一些变故，在紧急的关头，咔咔在朋友们的帮助下突破封印，回归自己的领地平定了骚乱。本节将对咔咔归来的一个场景设定背景，从而营造出其归来的气氛。

STEP|01 打开随书光盘本章目录下的文件，在这个场景当中，已经定义好了灯光、摄像机；以及咔咔的骨骼和骨骼动画，如图 10-12 所示。

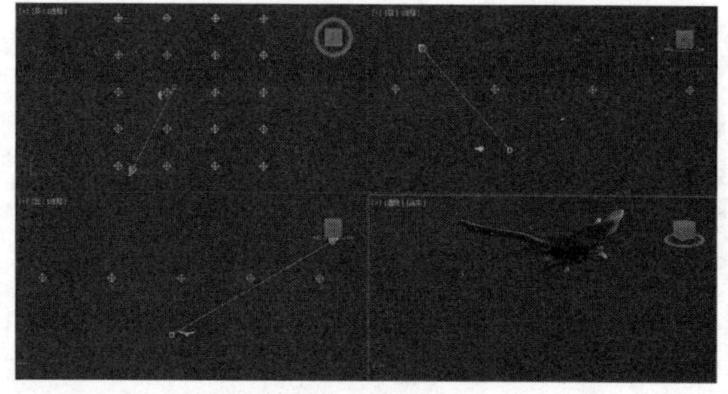

图 10-12 打开场景

STEP|02 按数字键 8 打开【环境和效果】窗口，观察此时的颜色。此时的场景以白色的背景作为环境，读者可以通过渲染摄像机视图来观察一下，如图 10-13 所示。

图 10-13 渲染效果

STEP|03 确认【环境和效果】窗口处于打开状态，选择【环境】选项卡，展开【公用参数】卷展栏，单击【背景】选项卡中的【颜色】选项下方的颜色块，打开【颜色选择器：背景色】对话框。将背景的颜色设置为 RGB（84，129，87），如图 10-14 所示，单击【确定】按钮关闭对话框。

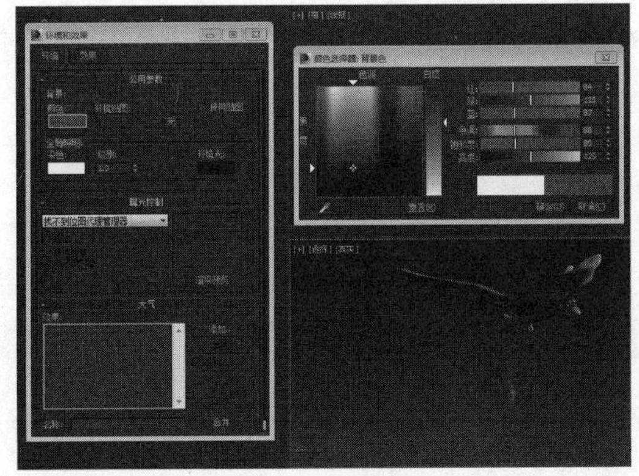

图 10-14　设置颜色

STEP|04 激活摄像机视图，按 Shift+Q 键快速渲染该视图观察效果，如图 10-15 所示。

图 10-15　单色背景效果

STEP|05 单击【背景】选项卡中的【环境贴图】选项下方的【无】按钮，即可弹出【材质/贴图浏览器】对话框，如图 10-16 所示。

STEP|06 在【材质/贴图浏览器】对话框中，双击【位图】选项，打开【选择位图图像文件】对话框，选择图像，单击【打开】按钮导入图像，如图 10-17 所示。

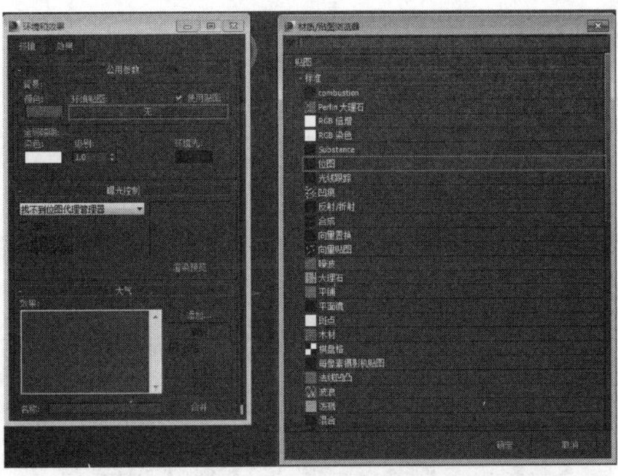

图 10-16　选择贴图

图 10-17　设置背景图像

STEP|07 按 F9 键渲染视图，可以看到场景的背景显示出了一个比较适合主角心情气氛的效果，如图 10-18 所示。

图 10-18　背景效果

STEP|08 设置完毕后，可以将最终的效果渲染出来，完成咔咔的飞行镜头设置，如图 10-19 所示。

图 10-19　动画序列

> **提示**
>
> 在第（7）步时，若渲染出的背景比例不协调，可以在【背景与效果】中把背景文件拖到【材质编辑器】的材质球上，选择【实例】复制，单击【坐标】参数面板中【贴图】下的【球形环境】，在出现的下拉列表中选择【屏幕】选项，再次渲染就正常了。

10.3 火效果

使用火效果可以生成火焰、烟雾和爆炸效果。甚至可以生成篝火、火炬、火球、烟云和星云的效果。3ds Max 中的火特效整合在【环境和效果】面板中，将其作为一种环境来运用。本节将介绍 3ds Max 中的燃烧特效的功能和使用方法。

10.3.1　认识火效果

打开【环境和效果】窗口，展开【大气】卷展栏，单击【添加】按钮在打开的【添加大气效果】对话框中选择【火效果】选项，即可添加一个燃烧效果。此时，【火效果】将会被列在【效果】列表中显示，并显示其参数设置，如图 10-20 所示。

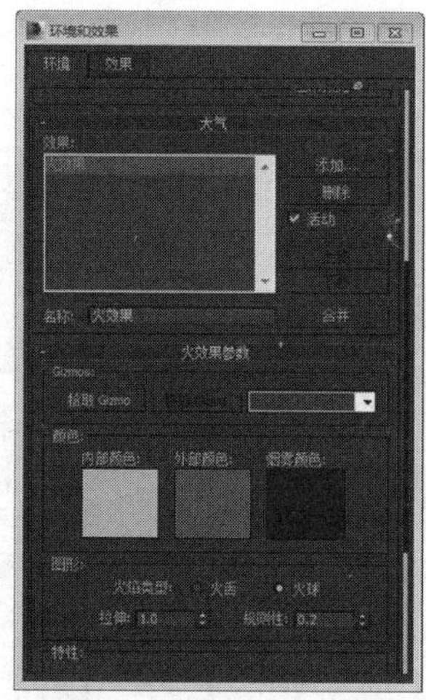

图 10-20　添加火效果

1．Gizmos 选项区域

在 3ds Max 中，火焰自身是不能够被渲染的，它必须依附在辅助物体上，才能够被渲染出来。因此，制作火焰时需要在该选项区域中单击【拾取 Gizmo】按钮来选择辅助物体。如果需要移除一个辅助物体，则需要在该选项区域中单击【移除 Gizmo】按钮。

> **提示**
>
> 在 3ds Max 中，同一个场景中可以使用任意数目的火焰效果，每个特效都拥有自己独立的参数设置。

2．颜色选项区域

火焰在燃烧的时候是具有颜色的，并且由于

温度的不同，颜色也会产生一定的变化。因此 3ds Max 将火焰的颜色定义为三层，火焰温度最高的部分被定义为内部颜色，较低的部分定义为外部颜色，而火焰的最外层被定义为烟雾颜色，分别由【内部颜色】、【外部颜色】和【烟雾颜色】控制。

3．图形选项区域

【图形】选项区域用于设定火焰的类型及颜色。在 3ds Max 中，火焰的类型分为两种，一种是【火舌】，另一种是【火球】，关于它们的效果对比如图 10-21 所示。

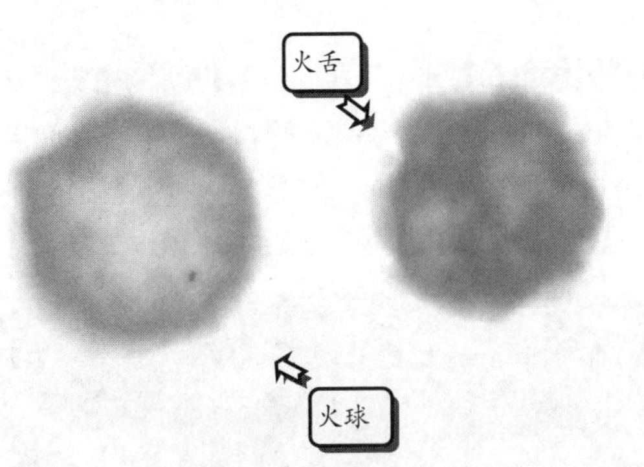

图 10-21　火舌与火球形状

❑ 拉伸

将火焰沿着装置的 Z 轴进行缩放，适用于火舌形式。此外，当该值小于 1.0 时，系统将压缩火焰的形状，从而使其显得更短更粗；当该值大于 1.0 时，系统将拉伸火焰，使其显得更细更长。其效果对比如图 10-22 所示。

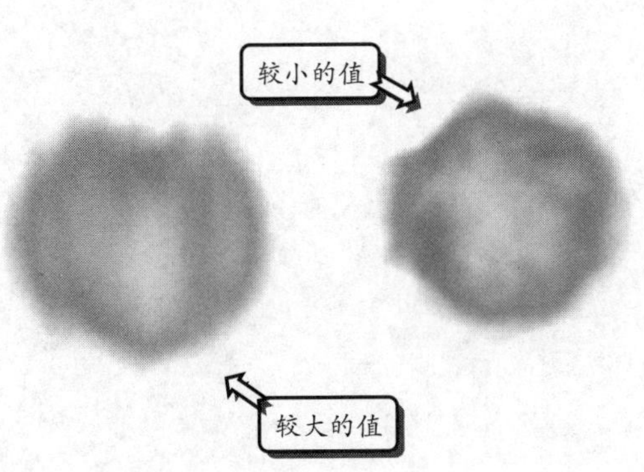

图 10-22　Stretch 影响效果

❑ 规则性

【规则性】用于修改火焰的填充方式。当其取值为 1.0 时，火焰充满辅助装置；当火焰取值为 0 时，则生成不规则的效果，但通常要小一些。

4．特性选项区域

【特性】选项区域下的参数用于设置火焰的大小和外观，当然它还取决于辅助装置的大小，关于它们的简介如下。

❑ 火焰大小

【火焰大小】用于设置辅助装置中火焰的大小。一般情况下，在【火焰大小】值为 15～30 之间可以取得较好的效果。

❑ 密度

【密度】用于设置火焰的不透明度和亮度。在制作过程中需要注意辅助装置的大小，它是影响火焰密度的主要因素之一。

❑ 火焰细节

【火焰细节】控制火焰的颜色变化和边缘尖锐程度。降低该参数的值可以生成平滑、模糊的火焰；提高该选项的值，可以生成纹理清晰的火焰，其效果比较如图 10-23 所示。

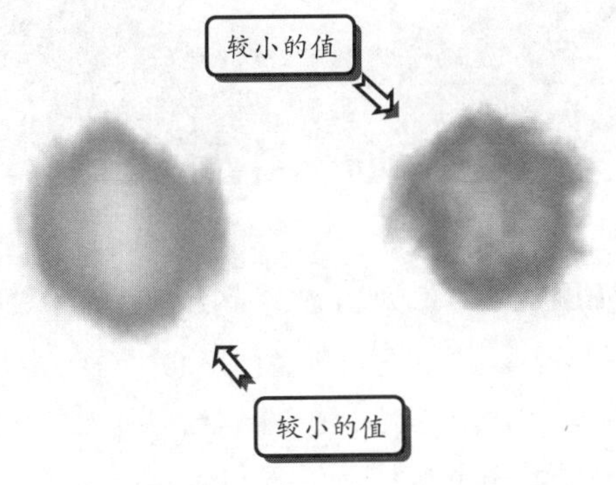

图 10-23 火焰细节效果对比

❑ 采样数

【采样数】用于设置效果的采样率。该值越大，生成的效果越准确，渲染所需要的时间越长。

关于火效果的参数设置就介绍到这里，这些参数将直接关系到火焰的真实性，需要读者练习一下。

3ds Max 2015 中文版从新手到高手

10.3.2 练习：小巷之光

这是一个表现城中小巷子的场景，而本节所要表现的是幽暗的夜晚，在皎洁的月光衬托下，整个小巷陷入宁静的氛围，只有一截小小的蜡烛在幽暗中映出一点光明。

STEP|01 在视图中导入一个场景文件作为编辑的对象，如图 10-24 所示。

图 10-24 添加大气装置

STEP|02 选择【创建】|【辅助对象】|【大气】|【球体 Gizmo】命令，在视图中创建一个球体 Gizmo，并将其移动到如图 10-25 所示的位置。

图 10-25 创建球体 Gizmo

STEP|03 选择球体 Gizmo，切换到【球体 Gizmo 参数】卷展栏，设置【半径】为 60，启用【半球】复选框，然后单击【新种子】按钮随机生成一个种子，如图 10-26 所示。

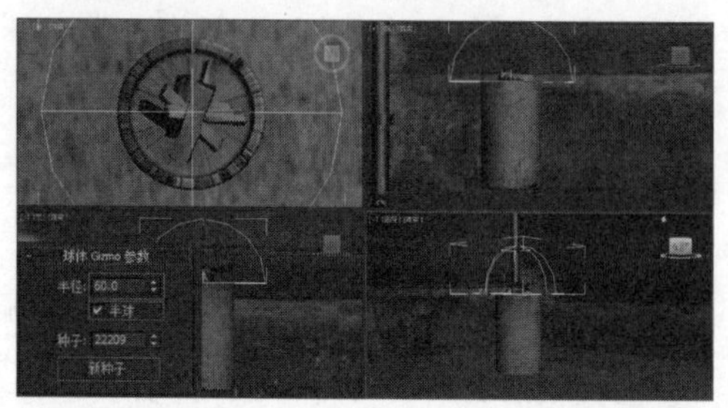

图 10-26 设置参数

STEP|04 在工具栏中单击【选择并非均匀缩放】按钮，然后使用该工具缩放辅助装置，如图 10-27 所示。

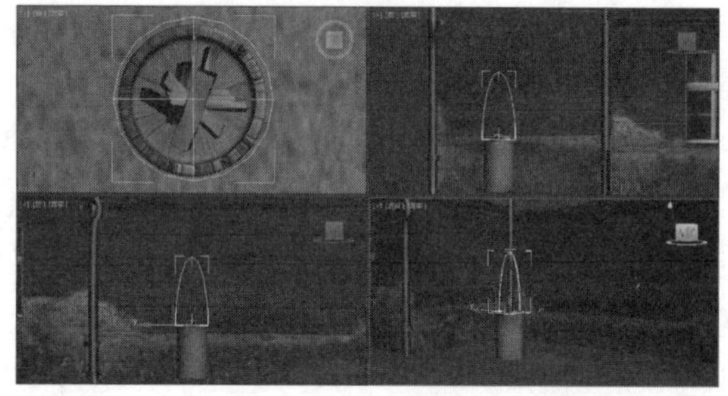

图 10-27 缩放辅助装置

STEP|05 在【球体 Gizmo 参数】卷展栏中展开【大气和效果】卷展栏，单击【添加】按钮。在弹出的【添加大气】对话框中，选择【火效果】选项，单击【确定】按钮，添加火效果，如图 10-28 所示。

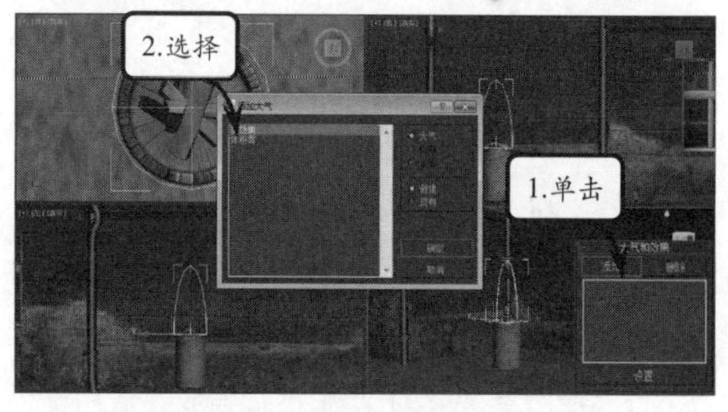

图 10-28 添加火效果

STEP|06 按 F9 键，快速渲染摄像机，观察此时的火焰效果，如图 10-29 所示。

图 10-29 火焰效果

STEP|07 下面来制作火焰的跳动动画。首先，将时间滑块移动到第 200 帧，并单击【自动关键帧】按钮。然后设置【相位】为 2，【漂移】为 150，如图 10-30 所示。

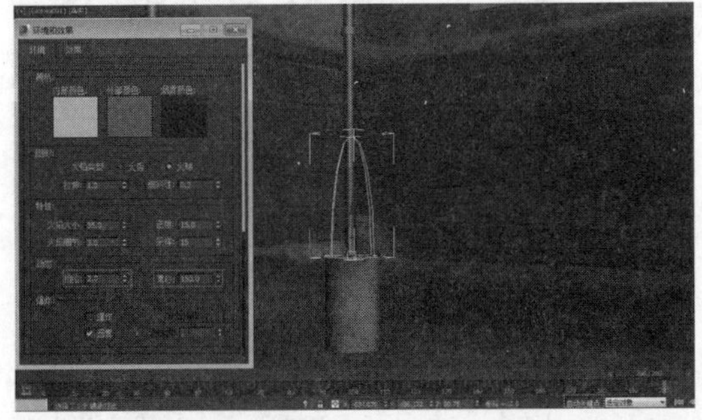

图 10-30　设置关键帧

STEP|08 将时间滑块移动到第 0 帧，按 F9 键快速渲染摄像机视图，可以看到火焰燃烧时伴随跳动效果，如图 10-31 所示。

图 10-31　火焰效果

STEP|09 将时间滑块移动到第 100 帧，按 F9 键快速渲染摄像机视图，可以看到火焰燃烧时伴随跳动效果，如图 10-32 所示。

图 10-32　火焰效果

STEP|10 在视图中创建一盏泛光灯，用于模拟燃烧的火焰，然后将其调整到如图 10-33 所示的位置。

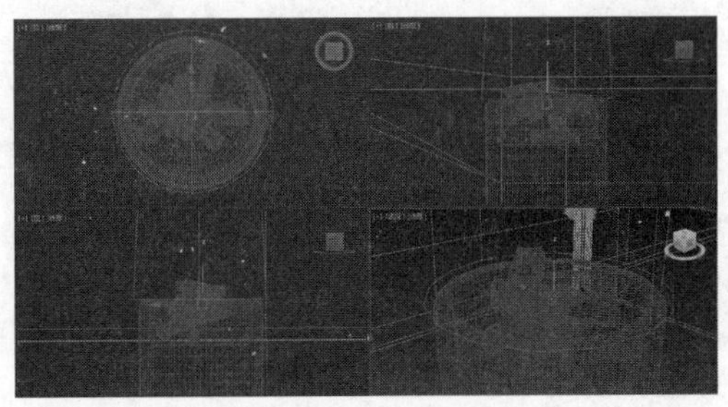

图 10-33　创建泛光灯

STEP|11 切换到【修改】面板，设置泛光灯的颜色为红色，启用【远距衰减】，设置【开始】为 5，【结束】为 30，如图 10-34 所示。

图 10-34　设置灯光属性

STEP|12 按 F9 键快速渲染摄像机视图，可以看到灯光照明效果，如图 10-35 所示。

图 10-35　照明效果

STEP|13 在视图中创建一盏目标聚光灯，然后将其放置到如图 10-36 所示的位置，切换到【修改】面板，设置聚光灯的颜色为黄色，【聚光区/光束】

为 30，【衰减区/区域】为 60。

图 10-36 设置聚光灯参数

STEP|14 按 F9 键快速渲染摄像机视图，观察此时的灯光照明效果，如图 10-37 所示。

图 10-37 照明效果

STEP|05 在视图中创建一盏泛光灯，然后将其调整到如图 10-38 所示的位置，然后设置相关参数。

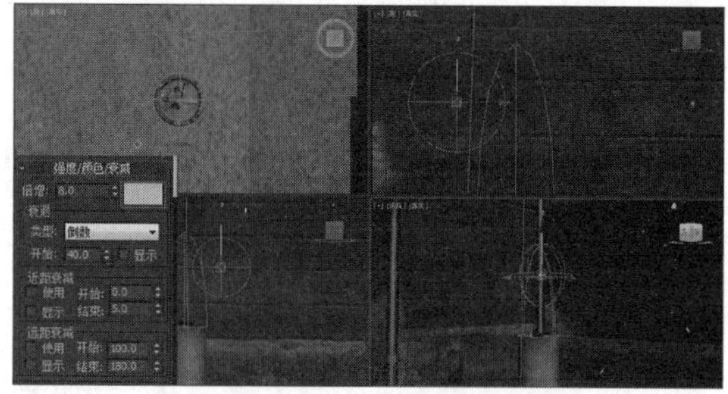

图 10-38 创建泛光灯

STEP|16 按 F9 键快速渲染摄像机视图，观察此时的灯光照明效果，如图 10-39 所示，小巷之光就完成了。

图 10-39 照明效果

10.4 雾

3ds Max 2015 提供了两种雾效，分别是标准雾和体积雾。它们的特征非常相似，但它们的使用效果却有着很大的区别。要真实地模拟出雾效，则需要事先了解它们的功能和应用领域。本节将逐一介绍它们。

10.4.1 认识雾效

雾可以在当前场景中提供雾和烟雾的大气效果，如图 10-40 所示。它可以使对象随着与摄影机距离的增加逐渐褪光，或提供分层雾效果，使所有

图 10-40 雾效

对象或部分对象被雾笼罩，如图 10-40 所示。按照其表现的效果，可以将雾分为标准雾和分层雾。此外，只有摄影机视图或透视视图中会渲染雾效果。正交视图或用户视图不会渲染雾效果。雾的创建方法和燃烧特效的创建方法相同，这里不再赘述。

1．雾

【雾】又被称为标准雾，它可以在场景中增加大气搅动的效果，例如图 10-40 所示的效果就是标准雾。标准雾的默认颜色为白色，可以根据自己的需要更改其颜色。在设置标准雾时需要在场景中最少有一部摄像机，这是因为它的深度由摄像机的环境范围控制。标准雾的参数设置面板如图 10-41 所示。

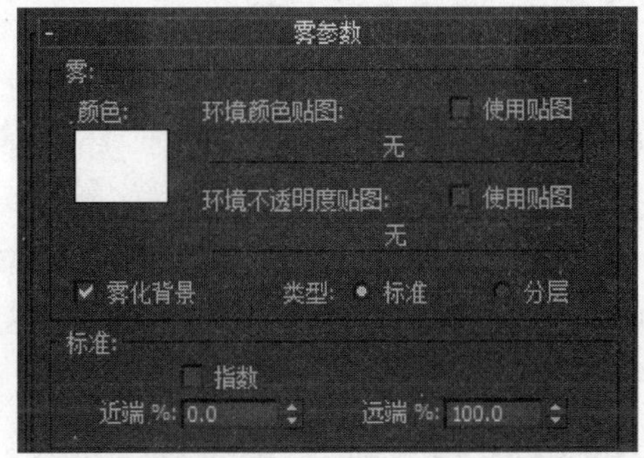

图 10-41　参数设置面板

❑ **颜色**

用于设置雾的颜色。

❑ **雾化背景**

如果启用该复选框，则将雾化整个场景的背景。反之，则只雾化场景中的物体，其效果对比如图 10-42 所示。

图 10-42　雾化前后的效果

❑ **类型**

【类型】用于设置雾的类型。如果选中【标准】单选按钮，则会在场景中产生标准雾。如果选中【分层】单选按钮，则会在场景中产生分层雾。

2．分层

【分层】就像一块平板，它具有一定的高度，有无限的长度和宽度。可以把它看作是舞台上用于布景的人造雾，薄薄的一层覆盖在地表，具有流动感、神秘感。如图 10-43 所示的就是分层雾作用在场景中的效果。

图 10-43　分层雾的两种效果

要使用分层雾，只需要在创建一个雾效果后在其参数面板中选中【分层】单选按钮即可，下面对分层雾的参数简介。

❑ **顶/底**

【顶】/【底】分别用于设置雾的顶/底端到摄像机地平线的值，该值定义雾的上限。

❑ **衰减**

该选项组可以添加一个额外的垂直地平线的浓度衰减，在顶层或者底层将雾的浓度减为 0。

❑ **密度**

【密度】用于定义雾的整体浓度。

❑ 地平线噪波

为雾添加噪波，可以在雾的地平线上增加一些噪波以增加真实感，噪波的范围在地平线正负角度范围内，其效果对比如图 10-44 所示。

图 10-44　启用【地平线噪波】选项前后效果对比

❑ 大小

【大小】用于定义噪波的尺寸，该值越小，则雾的翻滚效果越明显。在如图 10-45 所示的效果中，图 10-45（a）的取值为 120，图 10-45（b）的取值为 10。

（a）

（b）

图 10-45　定义噪波大小

关于标准雾的参数就介绍完了，这些参数的设置将直接影响雾的最终效果。

10.4.2　认识体积雾

【体积雾】是一种拥有一定作用范围的雾，它和火焰一样都需要一个 Gizmo 作为容器。通常情况下可以使用它制作漂浮的云层、被风吹动的云雾等特效。如图 10-46 所示的是体积雾的表现效果，其中图 10-46（a）的效果是在一个背景的基础上添加了体积雾，图 10-46（b）效果则仅应用了体积雾。

（a）

（b）

图 10-46 体积雾效果

在场景中创建 Gizmo 物体后，即可通过【环境和效果】窗口添加体积雾特效。如图 10-47 所示的是体积雾的参数面板。

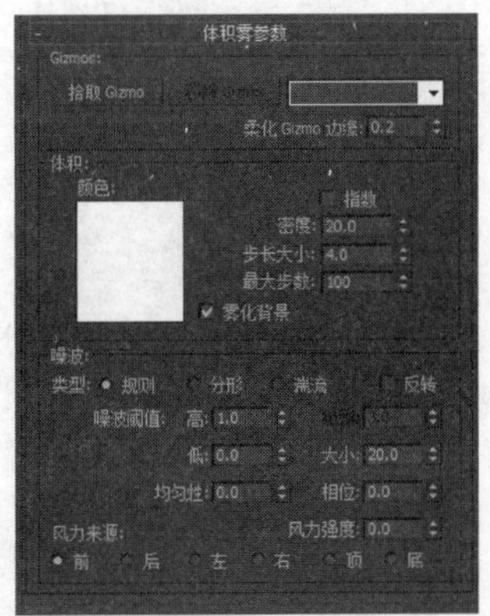

图 10-47　【体积雾参数】面板

1．拾取 Gizmo

为体积雾选择 Gizmo。如果不渲染任何 Gizmo，则体积雾将弥漫于整个场景当中。

2．柔化 Gizmo 边缘

用于羽化体积雾的边界，取值越大，则羽化程度越大。为了防止雾效产生锯齿，通常将其设置为不为 0 的数值。

3．颜色

和【标准雾】的功能相同，该参数用于设置雾的颜色。

4．指数

启用该复选框后，雾的浓度将随着距离的变化符合现实中的指数规律。

5．密度

【密度】用于定义雾的整体密度。不同的密度值创建的不同效果如图 10-48 所示。

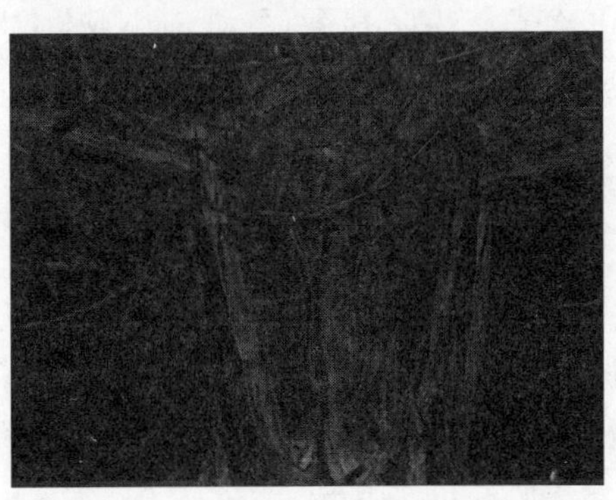

图 10-48　不同的密度效果对比

6．步长大小/最大步数

【步长大小】用于设置雾的粗糙程度，该值越大则雾显得越粗糙。【最大步数】用于限制取样的数量。

7．噪波

在制作场景时，雾的默认效果比较均匀，影响整个场景效果。此时，可以利用【噪波】选项区域中的参数使雾产生翻滚的效果，如图 10-49 所示。

图 10-49　噪波的影响

提示

在体积雾上添加噪波的好处在于：①可以柔化雾的边缘；②可以产生不规则雾的形状。

8．类型

【类型】用于设置噪波的显示方式，不同的选项将会产生不同的噪波形状。

9．反转

【反转】可以把噪波中浓度大的地方变为浓度小的，将浓度小的地方变为浓度大的。

10．噪波阈值

该选项区域用于设置噪波的阈值。其中，【高】用于设置阈值的上限；【低】用于设置阈值的下限，两者的取值范围都在 0～1 之间，它们的差越大，则雾的过渡效果越柔和。不同的参数效果对比如图 10-50 所示。

图 10-50　噪波阈值对体积雾的影响

11．大小

【大小】用于设置烟卷或雾卷的大小。该值越小，则雾卷越小，其效果对比如图 10-51 所示。

图 10-51　【大小】对体积雾的影响

12．相位

控制风的种子。如果【风力强度】大于 0，体积雾会根据风向产生动画。如果没有【风力强度】，雾将在原处涡流。因为相位有动画轨迹，所以可以使用【功能曲线】编辑器准确定义希望风的吹动方式。

13．风力强度

控制烟雾远离风向的速度。该参数与【相位】的参数设置相关。如果相位没有设置动画，无论风力强度有多大，烟雾都不会移动。通过使相位随着大的风力强度慢慢变化，雾的移动速度将大于其涡流速度。

10.4.3　练习：小院月夜

在前面的操作当中，介绍了“小巷之光”，本练习中一起来制作小院月夜。

STEP|01 在视图中导入一个场景文件，作为编辑的对象，如图 10-52 所示。

图 10-52　打开场景

STEP|02 切换到【环境和效果】窗口，展开【大气】卷展栏，单击【添加】按钮，在弹出的【添加大气效果】对话框中，选择【雾】选项，如图 10-53 所示。

图 10-53　添加雾

STEP|03 单击【确定】按钮，即可完成雾效的添加，用雾的默认参数渲染场景文件，如图 10-54 所示。

图 10-54　雾效果

STEP|04 在【环境和效果】窗口中，展开【雾参数】卷展栏，设置雾颜色为 RGB（245，245，220），渲染效果如图 10-55 所示。

STEP|05 启用【指数】复选框，设置【近端】为 30，【远端】为 60，渲染摄像机视图，观察此时场景中雾气的效果，如图 10-56 所示。

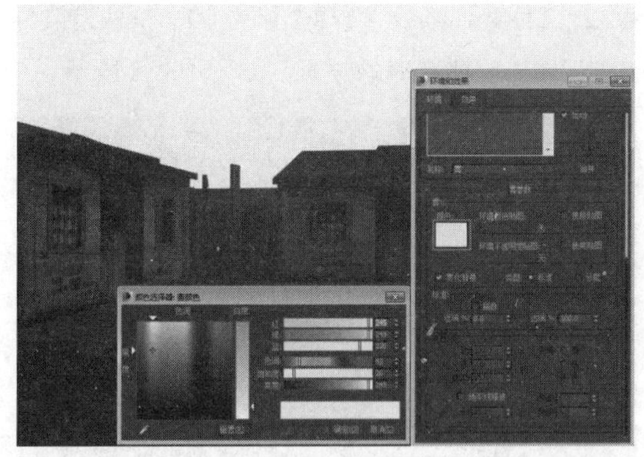

图 10-55　雾气效果

图 10-56　雾气效果

STEP|06 为场景再添加一个雾效果，设置雾颜色为 RGB（255，255，230），启用【分层】单选按钮，设置【顶】为 75，【密度】为 8，快速渲染摄像机视图，观察此时的效果，如图 10-57 所示。

图 10-57　雾气效果

STEP|07 切换到【雾参数】卷展栏，在【分层】区域中启用【地平线噪波】复选框，设置【大小】为 12，【角度】为 16，【相位】为 10，快速渲染摄像机视图，观察此时的效果，如图 10-58 所示。

图 10-58 调整雾气参数后的效果

STEP|08 再为场景添加一个雾效果，启用【分层】单选按钮，设置【顶】为 45，【密度】为 10，快速渲染摄像机视图，观察此时的效果，如图 10-59 所示。

STEP|09 切换到【雾参数】卷展栏，在【分层】区域中启用【地平线噪波】复选框，设置【大小】为 8，【角度】为 6，【相位】为 5，快速渲染摄像机视图，观察此时的效果，如图 10-60 所示。

图 10-59 分层后的效果

图 10-60 地平线噪波的效果

至此，关于雾的制作就完成了，关于雾的调整是后期的一个重要过程，不同的参数产生的效果也不相同。

10.5 体积光

体积光能够模拟灯光透过灰尘和雾的自然光照效果，利用它可很方便地模拟大雾中汽车前灯照射路面的场景，黑夜中手电筒射出的光柱，阳光透过窗户照射进屋内等，本节介绍的是体积光的制作方法和体积光的参数设置。

10.5.1 认识体积光

体积光的创建方法和燃烧效果的方法相同。所不同的是体积光的载体和火特效的载体不同，体积光需要场景中的一盏灯光作为载体。当我们添加了一个体积光效果后，就可以打开如图 10-61 所示的参数设置面板。

1. 拾取灯光/移除灯光

【拾取灯光】用于拾取灯光，【移除灯光】用于删除已经被加载到列表中的灯光。

2. 雾颜色/衰减颜色

【雾颜色】用于设置体积光的颜色；【衰减颜色】用于设置体积光的衰减色。

3. 最大亮度/最小亮度

这两个参数主要用于定义体积光的最大亮度和最小亮度。一般情况下，【最小亮度】都设置为 0。

图 10-61　参数设置面板

4．密度

【密度】用于控制体积光的密度，数值越大光线变得越不透明，其效果对比如图 10-62 所示。在自然界中，真正有密度的光很少，在密度很大的大气条件下（如浓雾）才能发现的光只有太阳光。除非需要创建一个密度很大的大气，否则一般选择低密度的光。该参数的默认值为 5，建议使用 2～6 之间的某个数值。

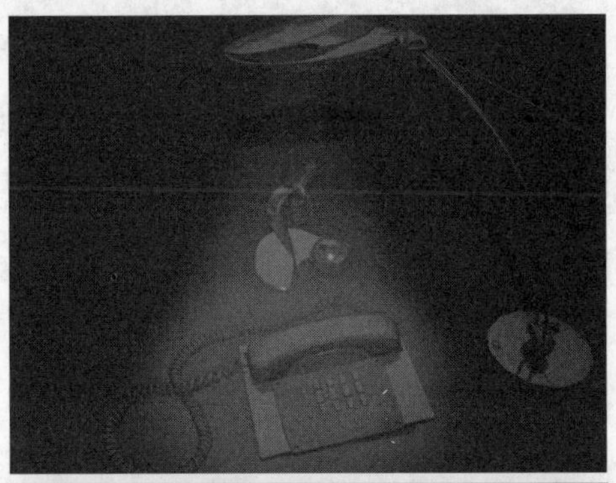

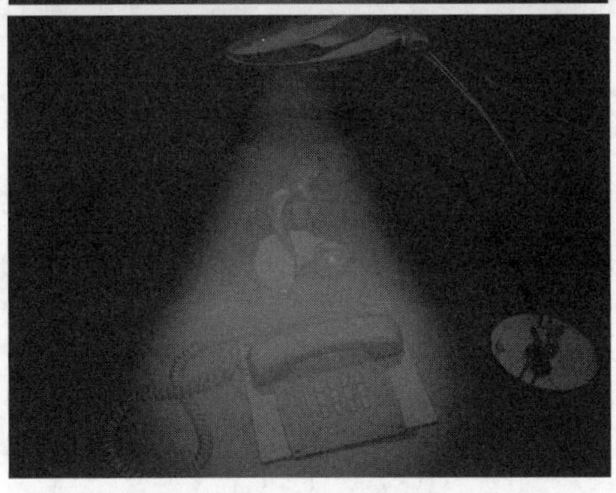

图 10-62　密度对效果的影响

体积光和雾的特性都可以将大气雾效果加入到场景中，这种雾可能是均匀的薄雾，也可能是带有噪波设置的不规则雾。体积光和雾可以一起使用，也可以相互补充，还可以相互重叠。但体光与雾存在着三个明显的不同：当场景中没有指定灯光时，体积光不会被激活；体积光可以和平行光一起使用以产生舞台布景灯光的效果；体积光不能向雾那样既可以充满整个场景，也可以将整个场景分层。

10.5.2　练习：温馨小屋

本章介绍了体积光的使用方法，它可以将雾效添加到灯光上，从而来模拟现实生活中的景象，例如灰尘、雾气等。本节所要制作的是一个温馨的小屋效果，实现方法如下。

STEP|01 首先打开场景文件，这是一个已经设置好灯光模型的场景，如图 10-63 所示。

图 10-63　打开场景

STEP|02 在视图中创建一盏聚光灯，然后将其调整到如图 10-64 所示的位置。

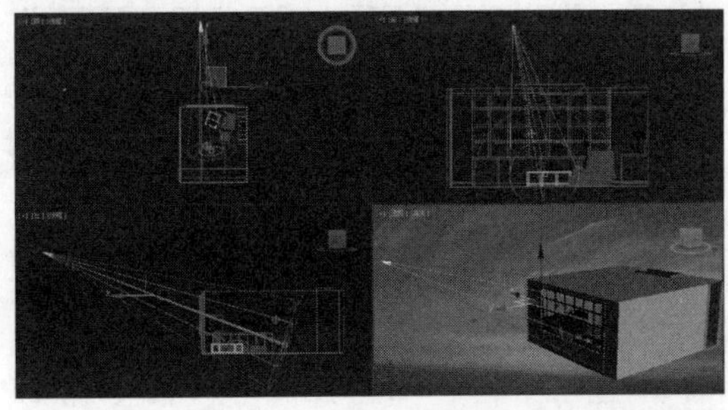

图 10-64 创建聚光灯

STEP|03 选择聚光灯 Spot1，切换到【修改】面

板，展开【强度/颜色/衰减】卷展栏，设置【倍增】为 5，颜色 RGB 为（224，181，89），如图 10-65 所示。

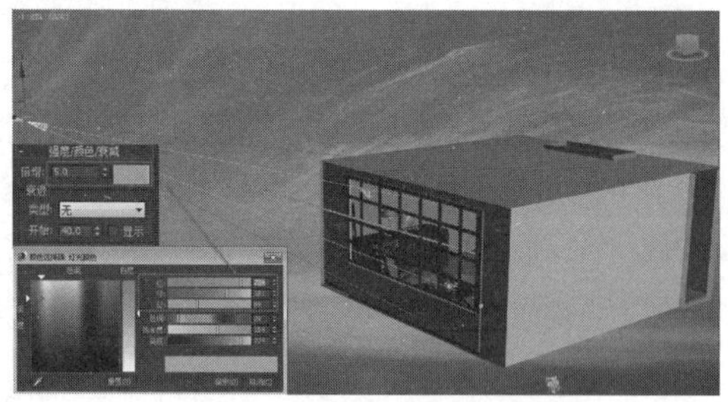

图 10-65 调整聚光灯参数

STEP|04 快速渲染摄像机视图，观察此时的效果，如图 10-66 所示。

图 10-66 聚光灯效果

STEP|05 通过图 10-66 可以看到曝光比较严重，切换到聚光灯的【强度/颜色/衰减】卷展栏中，启用【远距衰减】复选框，然后设置【开始】为 800，【结束】为 1000，如图 10-67 所示。

图 10-67 设置灯光属性

STEP|06 快速渲染摄像机视图，观察此时的效果，如图 10-68 所示。

图 10-68 灯光衰减效果

注意

在 3ds Max 中，包括燃烧、雾效和体积光等特效必须在透视图或者摄像机视图中才能显示，在其他视图中是不会产生渲染效果的。

STEP|07 切换到聚光灯的【大气和效果】参数卷展栏，然后单击【添加】按钮，在弹出的对话框中选择【体积光】选项，如图 10-69 所示。

图 10-69 添加体积光

STEP|08 设置完毕后，快速渲染摄像机视图，观察此时的效果，可以看到其照射范围太强，导致整个画面都产生了朦胧的白色，如图 10-70 所示。

图 10-70 体积光效果

STEP|09 按数字键 8，切换到【环境和效果】面板，展开【体积光参数】卷展栏，启用【指数】复选框，设置【密度】为 2，【最大亮度】为 75%，如图 10-71 所示。

图 10-71 设置体积光参数

技巧

这一步的设置是至关重要的，在制作体积光的时候，不管使用什么灯光都需要进行这一步的设置，这样可以约束体积光的照射范围。

STEP|10 设置完毕后，再次渲染摄像机视图，可以看到体积光发散出的灯光密度和亮度有所减弱，如图 10-72 所示。

图 10-72 体积光效果

STEP|11 切换到【体积光参数】卷展栏，启用【使用衰减颜色】复选框，设置雾颜色 RGB 为（254，251，230），衰减颜色 RGB 为（254，243，166），如图 10-73 所示。

STEP|12 设置完毕后，渲染摄像机视图，可以看到体积光发散出的灯光密度和亮度再次减弱，如图 10-74 所示。

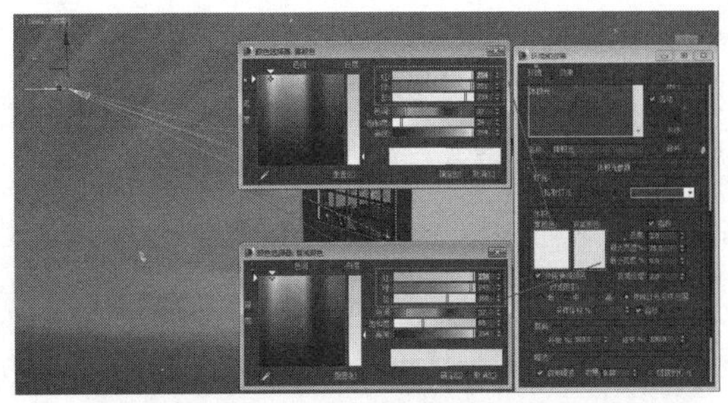

图 10-73 设置体积光属性

图 10-74 体积光效果

STEP|13 选择聚光灯，切换到【修改】命令面板，展开【高级效果】卷展栏，启用【投影贴图】复选框，然后单击【无】按钮，为其添加 Mask 图片，如图 10-75 所示。

图 10-75 添加位图

STEP|14 在【高级效果】卷展栏中选择贴图 tree1.jpg，将其拖曳到材质编辑器中的一个空白材质球上，在弹出的【实例（副本）贴图】对话框中，启用【实例】单选按钮，如图 10-76 所示。

STEP|15 展开【位图参数】卷展栏，在【裁剪/放置】区域中，启用【应用】复选框，并设置裁切属性。然后单击【查看图像】按钮，如图 10-77 所示。

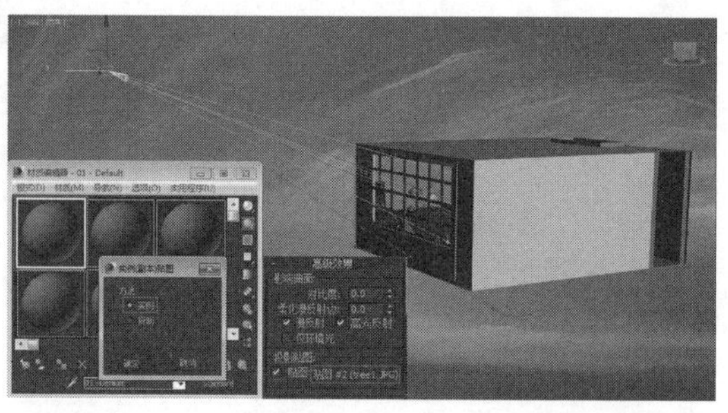

图 10-76　设置贴图

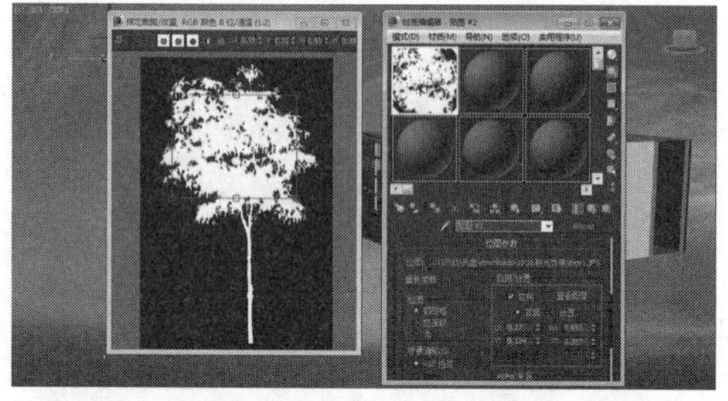

图 10-77　编辑位图

STEP|16 设置完毕后，渲染摄像机视图，观察此时体积光在室内的投影效果，如图 10-78 所示。

图 10-78　光影效果

STEP|17 通过图 10-78，可以看出体积光的阴影和光速很不理想，下面来调整上述问题。首先，选择聚光灯，切换到【聚光灯参数】卷展栏，设置【聚光灯/光束】为 10，【衰减区/区域】为 20，如图 10-79 所示。

STEP|18 设置完毕后，渲染摄像机视图，观察此时体积光在室内的投影效果，如图 10-80 所示。

STEP|19 切换到【环境和效果】窗口，为体积光增加噪波颗粒，丰富灯光雾的细节。启用【噪波】复选框，设置【数量】为 0.68，【高】为 0.88，【低】为 1.0，【均匀性】为 0.16，如图 10-81 所示。

图 10-79　设置聚光灯

图 10-80　光影效果

图 10-81　设置噪波属性

STEP|20 设置完毕后，渲染摄像机视图，观察此时体积光在室内的投影效果，该实例就制作完成了，如图 10-82 所示。

图 10-82　照明效果

第 11 章

渲染艺术

渲染是一门艺术，是利用 3ds Max 软件的最终目的所在。无论是利用 3ds Max 制作何种效果，其最终的目的就是将模型转换为可以被人们所认可的效果，例如影视、动画、建筑设计图、产品广告等。此外，渲染还是一门高深的技术，它需要每一个操作者按照它制定的规则进行操作。为此，在很多时候，仅利用一个软件是无法实现的，通常需要 VRay 渲染器的协助。

本章主要介绍 VRay 渲染器、VRay 材质，并结合了一个案例将 VRay 渲染器的应用及渲染过程展示出来。

11.1 关于渲染

从事的职业不同，渲染的含义也不完全相同。例如，一个从事影视动画的设计师眼中的渲染和一个从事建筑设计的人员眼中的渲染存在很大的差异。但是，从软件的角度来看，渲染都是一个重要的环节，是将三维模型转换为可视化画面的过程。本章所介绍的渲染主要针对于建筑效果图而言。

效果图表现技法是一门设计语言，是设计师表现其灵感和创意的必备工具，也是设计师需要掌握的一项基本技能。

效果图表现不是单纯的技术上的工作，而是在一定思维体系的指引下，通过对所掌握的美学、光学、色彩学以及人的生活习惯的了解，对所要做的设计工作有一个直观的、可行的设计构思，然后通过一定的技术处理，最终展示给人们观察评估的可视化手段。因此，效果图表现对于设计师而言，是设计思维和技术的结晶。

关于 3ds Max 的知识这里不再做过多的介绍，下面主要介绍一些常用的专业渲染器。

1．Brazil 渲染器

Brazil 渲染器是由 SplutterFish 公司在 2001 年发布的，其前身是大名鼎鼎的 Ghost 渲染器。熟悉 Brazil 渲染器的读者都知道，它以优秀的全局照明、强大的光线跟踪的反射和折射、焦散、逼真的材质和细节处理而得到人们的认可。它的效果达到了影视、照片级的效果，如图 11-1 所示。

图 11-1　Brazil 渲染效果

Brazil 渲染器的缺点是渲染速度太慢，对于一般的用户而言，其效率不高，因此没有能够得到很好的普及。但是，目前 Brazil 渲染器比较流行于工业设计中的产品渲染。

2．FinalRender 渲染器

FinalRender 渲染器是著名的插件公司 Cebas 推出的旗舰产品。它在 3ds Max 中是作为独立插件的形式存在的，在 Cinerma 4D 中则为软件操作系统的默认渲染引擎。FinalRender 同样也是主流渲染器之一，它拥有接近真实的全局渲染能力、优秀的光能传递、真实的衰减效果、优秀的反真实渲染能力、饱和且特别的色彩系统以及多重真实材质，使 FinalRender 迅速在渲染插件市场中占有一席地位，并成为目前最主流的渲染器之一。著名的三维影视动画《冰河世纪》就是利用该渲染器作为主流渲染器制作的，如图 11-2 所示。

图 11-2　冰河世纪中的画面

3．VRay 渲染器

VRay 渲染器的知识在这里不再做过多的介绍。在本章当中，将以它为重点渲染器对象，介绍渲染的要点。

4．Maxwell 渲染器

Maxwell 渲染器是 Next Limit 公司推出的产品。读者可能对 Maxwell 渲染器比较陌生，但是绝对不会对制作《机器人历险记》的 RealFlow 感到陌生，这两款性能卓越的软件一同出自于 Nex

Limit 公司。Maxwell 是一个基于真实光线物理特性的全新渲染引擎，按照完全精确的算法和公式会来重现光线的行为，拥有先进的 Caustics 算法和完全真实的运动模糊，渲染效果也是相当不错的，是渲染插件的生力军，其渲染效果如图 11-3 所示。

图 11-3 Maxwell 渲染效果

5. Lightscape 渲染器

Lightscape 本来是 SGI 工作站上的渲染软件，后来被移植到了个人计算机上。目前所使用的是 Autodesk 公司推出的 3.2 版本，它只包括材质、灯光、渲染、摄像机动画 4 个部分，而没有建模系统，其场景来源于外部文件。

如图 11-4 所示的是利用 Lightscape 渲染出来的居家客厅效果。

图 11-4 Ligthscape 效果

11.2 VRay 渲染器

在学习渲染之前，对工具的了解是必需的。如果基本的操作要领都没有掌握，而直接渲染效果，肯定会有很大的难度，为此本节将介绍 VRay 渲染器的一些基础知识。

11.2.1 VRay 简介

VRay 渲染器是著名的 Chaos Group 公司开发的，它拥有快速的全局光引擎和优质的光线追踪品质，VRay 凭借这些优势在室内外设计以及建筑表现领域都显得极为活跃。而且有很好的兼容性，能与多种相关软件相配合，遍布于工业造型、影视娱乐、多媒体开发、游戏制作等各领域。

VRay 不仅支持 3ds Max，也支持 Maya、Rhinoceros 等软件，这使得 VRay 在工业领域以及其他设计领域中占有一席之地，如图 11-5 所示为其工业表现效果。

图 11-5 工业表现

VRay 渲染器是一款光线追踪和全局光渲染器，多用于建筑表现，VRay 的最大特点是间接照明功能，也就是人们通常说的 GI，使用该功能可以很好地模拟出真实而柔和的阴影和光影的反射效果，如图 11-6 所示。

图 11-6 真实的阴影

另外，VRay 还有一个特点就是发光贴图，它的作用是将全局照明所计算出的结果使用贴图的形式表现出来，这是 VRay 渲染引擎中较为复杂、参数也比较多的一项。正因为有了如此多的参数提高其可操控性，所以发光贴图可以快速准确地计算出完美的渲染效果。

在将渲染器调整为 VRay 渲染器之后，打开【材质/贴图浏览器】可以看到新添加的 7 种 VRay 专业类型的材质，使用这些材质可以轻松地制作出逼真的效果，如图 11-7 所示。

图 11-7 逼真的材质效果

为了丰富光效的表现力，VRay 在灯光面板中也添加了两盏专业的 VRay 灯光，这些灯光的设置比较简单，但是它们可以很好的模拟出真实的光源照射，如图 11-8 所示。

图 11-8 真实的光照效果

11.2.2 VRay 参数

要熟悉一款渲染器，或者说要比较深入地掌握它，就一定要先深入理解渲染器的含义。通俗地说，首先要明白渲染器各部分的功能和意义。在 3ds Max 中安装了 VRay 渲染器后，即可按快捷键 F10 打开渲染面板，在【公用】面板中展开【指定渲染器】卷展栏，单击【产品级】右侧的小按钮，在打开的对话框中选择 VRay 选项即可，如图 11-9 所示。

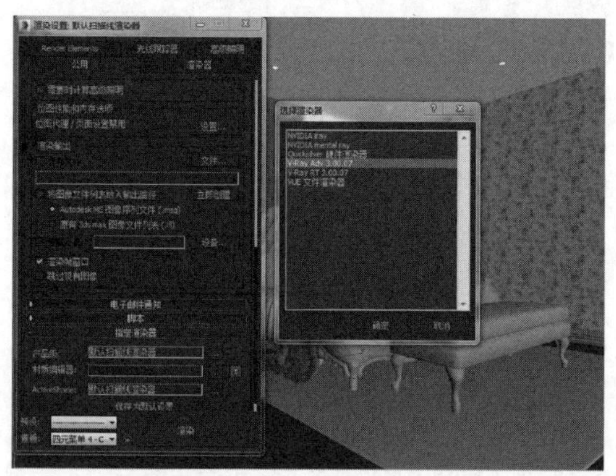

图 11-9 选择渲染器

此时，渲染设置面板中将自动加载 VRay 渲染器的其他参数面板，包括 VRay 面板、间接照明、设置面板等。这三个面板包含很多关于 VRay 渲染器的参数设置，本节重点介绍几个主要的参数卷展栏。

提示

本书所介绍的 VRay 版本为 3.00.07 版，因此它的参数布局和以前的版本不太相同。但参数的功能基本一致。

1．VRay 帧缓冲窗口

VRay 渲染器提供了一个特殊的功能，即 VRay 帧缓冲。VRay 拥有自身的帧缓冲处理功能，可以摆脱 3ds Max 系统默认的帧窗口。它方便对图像的最终处理进行 3ds Max 系统的自身调整，如图 11-10 所示。

图 11-10　帧缓冲窗口

2．VRay 全局开关

该卷展栏主要用来设置全局渲染参数，包含针对几何体、灯光、材质、间接照明以及光线追踪的参数控制。

3．VRay 图像采样器

该卷展栏主要用来设置图像的采样频率，这是一个制约效果的关键性因素。可以通过设置【图像采样器】下拉列表来设置图像的采样方式，通过设置【抗锯齿过滤器】的参数来调整抗锯齿的方式。

4．VRay 间接照明

该卷展栏中的参数将对场景中的间接照明参数进行控制。在默认情况下，间接照明是关闭着的，只有在启用【开】复选框后才能够使用。

5．VRay 发光贴图

该卷展栏只有将【间接照明】卷展栏中的【首次反弹】计算方式设置为【发光贴图】才会显示出来，发光贴图是计算三维空间点的集合的间接光照明。当光线发射到物体表面时，VRay 会在发光贴图中寻找是否具有与当前点类似的方向和位置的点，从这些已经被计算过的点中提供各种信息。

6．VRay 灯光缓冲

该卷展栏只有将【间接照明】卷展栏中的渲染引擎设置为【灯光缓冲】才会显示出来，灯光缓冲渲染引擎是近似计算场景中间接光照明的一种技术，与【光子贴图】有些类似，但是比光子贴图具有扩展性，它追踪场景中指定数量的来自摄像机的灯光追踪路径，发生在每一条路径上的反弹会将照明信息储存在一种三维结构中。

7．VRay 光子贴图

该卷展栏只有将【间接照明】卷展栏中的渲染引擎设置为【灯光缓冲】才会显示出来，光子贴图有些类似于发光贴图，但是光子贴图的产生使用了另外一种不同的方法，它是建立在追踪场景中光源发射的光线微粒基础上的。这些光子在场景中来回反弹，在反弹中包含灯光和对场景的表面信息，保存在光子贴图中。它与发光贴图配合使用时，可以得到完美的效果。

11.3　VRay 材质介绍

如果用户将渲染器设置为 VRay 渲染器，打开材质编辑器后会出现 VRay 特有的材质，这些材质与 3d Max 中的材质使用方法大致都是相同的，也比 3d Max 中的材质表现效果更优秀。

VRay 渲染器能够制作出逼真的效果，使用 VRay 材质渲染的作品如图 11-11 所示。

图 11-11　VRay 材质表现

在 VRay 渲染器中使用 VRay 材质可以获得一个比较正确的渲染效果，VRay 渲染器中的材质也可以防止产生色溢现象的发生，在 VRay 材质中可以使用不同的纹理贴图，增加凹凸和置换贴图等，下面就来介绍一下 VRay 比较常用的几种材质。

11.3.1　VRayMtl 材质

VRayMtl 材质是在 VRay 渲染中使用比较多的材质，它可以轻松地控制物体的折射反射，以及半透明的效果，下面就来认识一下 VRayMtl 材质的主要参数。

1．基本参数卷展栏

该卷展栏可以设置 VRayMtl 材质的基本参数，包括反射、折射、漫反射颜色等，基本参数卷展栏中的参数如图 11-12 所示。

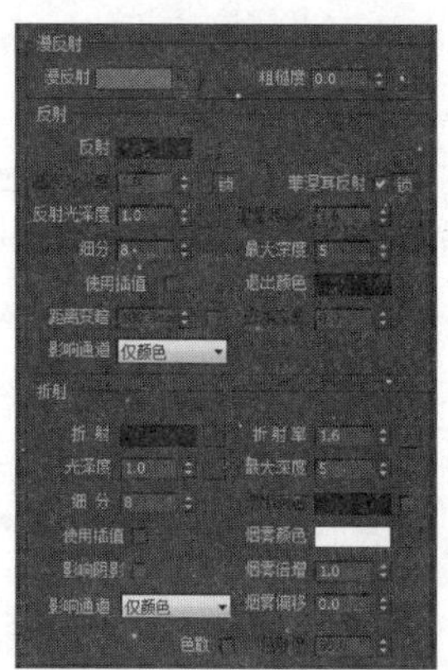

图 11-12　基本参数卷展栏

❑ 漫反射

该项控制着漫反射的颜色。可以在漫反射通道中添加一张贴图，需要注意的是，实际的漫反射颜色也与反射和折射有关，漫反射的效果及贴图效果如图 11-13 所示。

图 11-13　漫反射效果

❑ 反射

控制材质的反射程度，通过右侧的色块可以调整反射的颜色和程度，效果如图 11-14 所示。

图 11-14　反射效果对比

❑ 菲涅耳反射

启用该复选框后，反射的光线会随着表面法线的夹角减小而减小，最后消失，【菲涅耳折射率】可以调整菲涅耳反射的反射率，如图 11-15 所示。

图 11-15　菲涅耳反射

❑ 高光光泽度和光泽度

【高光光泽度】可以控制 VRayMtl 材质的高光状态，默认情况下，【锁】按钮不被启用。【光泽度】会控制光泽的反射，该值越小反射越模糊，如图 11-16 所示。

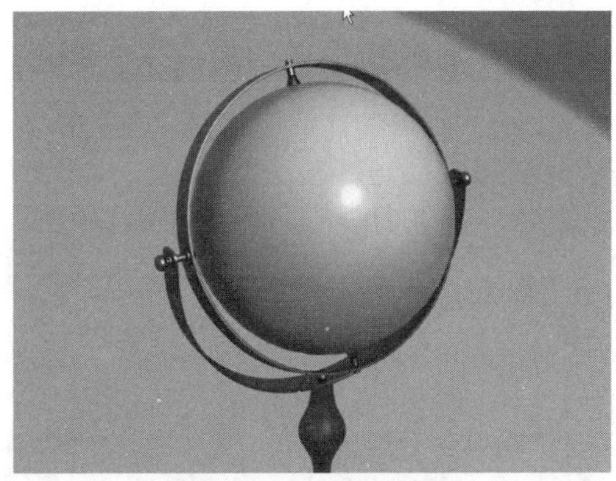

图 11-16　光泽度效果

❑ 最大深度

定义反射能够完成的最大次数，注意当场景中具有大量的反射和折射表面的时候，该参数要设置的足够大才能产生真实的效果，如图 11-17 所示。

图 11-17　最大深度效果

❑ 退出颜色

光线在场景中反射达到最大深度定义的反射次数后停止反射，此时该颜色将是反射完毕后的颜色，如图 11-18 所示。

图 11-18 退出颜色

❑ 折射

控制物体的折射强度，使用右侧色块可以定义折射的颜色。黑色代表的是无折射，白色代表的是完全透明，并可以为折射添加贴图。折射强度对比如图 11-19 所示。

❑ 光泽度和细分

【光泽度】控制着折射的模糊程度，该值越小折射的效果就越模糊，默认为 1，【细分】用于定义折射效果的质量，较小的值会加快渲染速度，但同时也会产生噪波。

图 11-19 折射对比

❑ 最大深度和退出颜色

【最大深度】控制着折射完成的最大次数，如图 11-20 所示。【退出颜色】会在折射完成后，保留设定的颜色为最终颜色。

图 11-20 最大深度对比

❑ 烟雾颜色

定义烟雾填充折射效果时的颜色，该选项经常用于较厚的透明物体。烟雾颜色效果如图 11-21 所示。

图 11-21　烟雾颜色对比

图 11-22　多面和沃德效果

图 11-23　各向异性和旋转效果

❑ **半透明类型和散射系数**

【类型】选项可以选择半透明的类型，系统为用户提供了 4 种类型，分别为【无】、【硬（铅）模型】、【软（水）模型】和【混合模型】。【散射系数】会定义在对象内部散射的数量。

2．BRDF-双向反射分布功能卷展栏

【BRDF-双向反射分布功能】卷展栏是控制对象表面的反射特性的常用方法，它可以定义物体表面的光谱和控件反射特性的功能，VRay 支持三种 BRDF，分别是【多面】、【反射】、【沃德】。多面和沃德的效果如图 11-22 所示。下面介绍一下该卷展栏中的参数。

注意

在同样的高光光泽度下，【多面】的反射最小，【反射】其次，【沃德】的反射最大。

【各向异-1..1】可以改变高光形状，设置高光的各向异性特性。

【旋转】可以将高光旋转，各向异性和旋转的效果如图 11-23 所示。

11.3.2 VR 灯光材质

VRayLightMtl 材质也可以看作是 VRay 的自发光材质，它经常用于制作日光灯的灯罩这类自发光物体，下面介绍一下 VR 灯光材质。VRayLightMtl 的面板如图 11-24 所示。

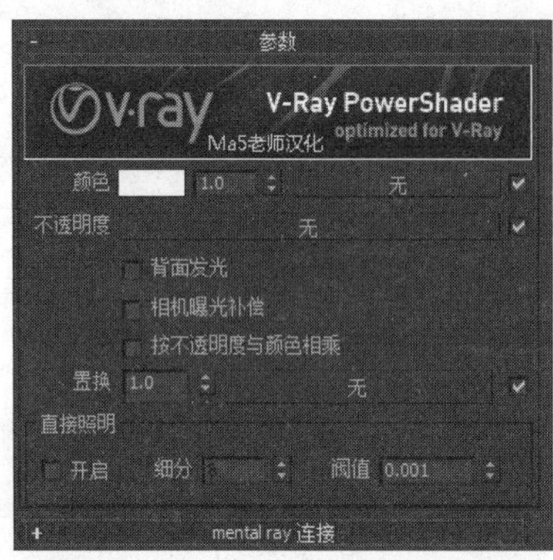

图 11-24　VRayLightMtl 面板

【颜色】用于设置自发光的颜色，单击右侧的色块即可更改颜色，【倍增器】控制着颜色的亮度。颜色和倍增器的效果如图 11-25 所示。

图 11-25　颜色和倍增器效果

1．背面发光

启用该复选框后灯光材质的双面都发光，并可通过【颜色】参数修改其颜色，效果如图 11-26 所示。

图 11-26　双面效果

2．不透明度

可以为材质添加不透明度贴图，从而更加丰富灯光材质效果，如图 11-27 所示。

图 11-27　添加不透明贴图

11.3.3　VR 材质包裹器

在使用 VRay 渲染器渲染的时候，通常会出现一个物体的颜色映在另一个物体上，这就是我们通常所说的色溢现象，VRay 提供的 VR 材质包裹器可以有效地控制色溢现象。它类似一个包裹，将物体的颜色包起来避免溢出，同时可以控制接收和传递光子的强度。VR 材质包裹器面板如图 11-28 所示。

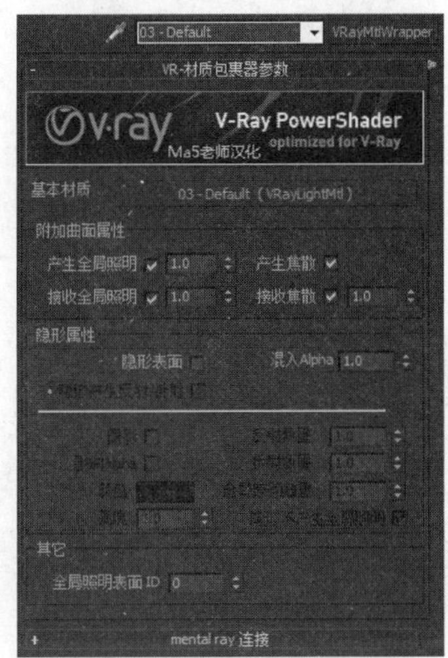

图 11-28　VR 材质包裹器

如果要使用 VR 材质包裹器控制色溢，可以选择色溢的材质球，单击【材质类型】按钮选择【VR 材质包裹器】类型，在弹出的【替换材质】对话框中选择【将旧材质保存为子材质】，这样原材质就转换成为 VR 材质包裹器材质。效果如图 11-29 所示。

图 11-29　控制色溢现象

1．产生全局照明

控制物体表面产生光能传递的强度，该值越小，色溢现象越不明显。但是如果继续调低该参数，场景将会变暗，如图 11-30 所示。

图 11-30　产生全局照明效果

2．接收全局照明

该选项可以控制物体表面接收全局照明的强度，该值越高，光照越加明显，反之则越暗，如图

11-31 所示。

图 11-31　接收全局照明效果

3．产生焦散和接收焦散

【产生焦散】控制着物体表面产生焦散的强度。【接收焦散】控制着物体表面接收焦散的强度。

11.3.4　VRay 贴图

在选择 VRay 渲染器之后，就可以在贴图通道中使用 VRay 贴图了，这里介绍三种贴图类型：VRay、VRayHDRI、【VRay 边纹理】贴图。首先介绍一下 VRay 贴图的用法。

1．VRay 贴图

VRay 贴图可以在 VRay 所支持的材质中使用，它通常可以取代常规使用的光线跟踪贴图，以换取更为快捷的渲染速度，这么做是因为 VRay 在激活的状态下并不支持光线跟踪阴影，VRay 贴图卷展栏如图 11-32 所示。

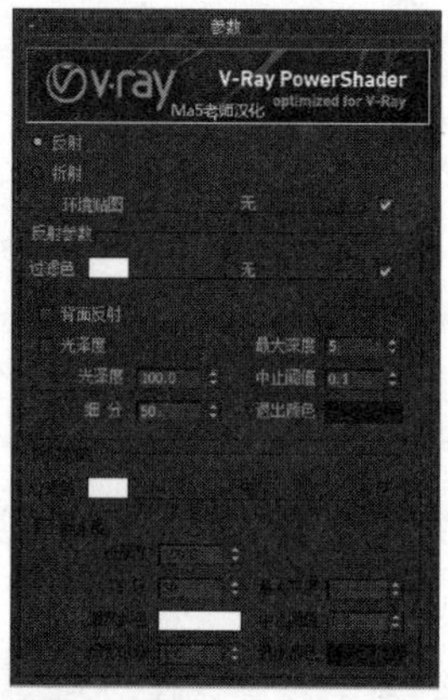

图 11-32　VRay 贴图卷展栏

- **反射**

选择【反射】选项后，VRay 贴图会产生反射效果，它可以通过【反射参数】选项区域来调整效果。

- **环境贴图**

可以单击右侧的按钮为其添加一张环境贴图，并且该通道支持 HDRI 贴图，对比效果如图 11-33 所示。

图 11-33　环境贴图对比

❑ 过滤色

可以单击右侧的色块控制反射的强度，黑色是不反射，白色为完全的反射，而且可以为其添加反射贴图，如图 11-34 所示。

图 11-34 过滤色效果

❑ 背面反射和光泽度

启用【背面反射】复选框后，系统会计算物体背面，同时渲染速度也会减慢。启用【光泽度】复选框后，可以设置材质模糊反射的效果，但是渲染时间也会大幅度增加，对比效果如图 11-35 所示。

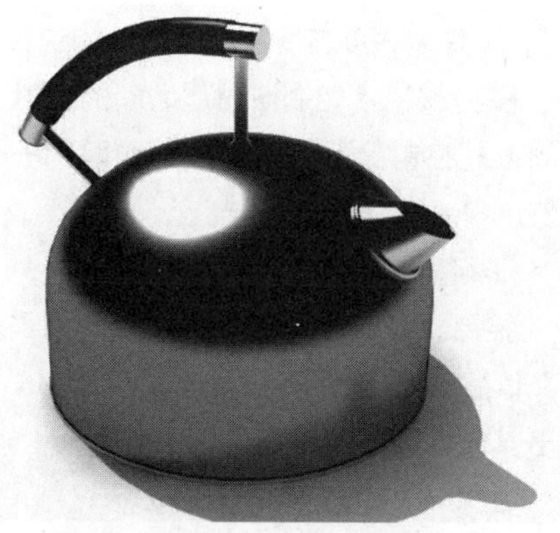

图 11-35 光泽度效果对比

❑ 光泽度

用于调整材质反射的光泽度，该值越大模糊的程度越小，该值越小，模糊的程度就越大，如图 11-36 所示。

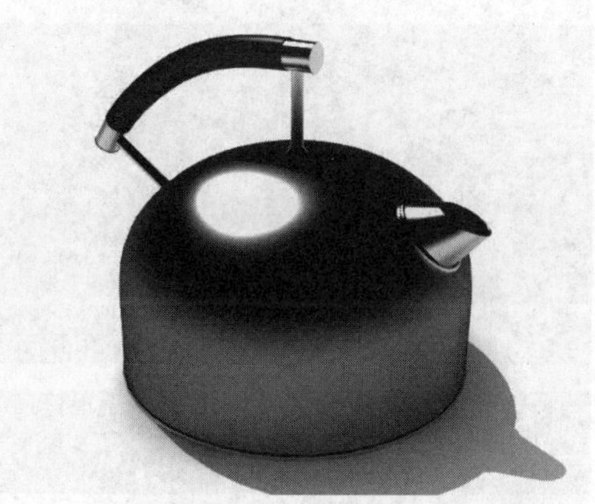

图 11-36 光泽度效果

❑ 细分

定义场景中模糊反射的细分数量，该值越大模糊反射质量越高，该值越小则相反，如图 11-37 所示。

图 11-37 细分为 1 时的效果

❑ 最大深度与终止阈值

【最大深度】控制着材质之间的反射次数，【终止阈值】控制着反射不被光线跟踪的一个最大极限值。

❑ 退出颜色

控制着在场景中光线的反射达到最大深度的定义值后呈现什么颜色。它与 VRayMtl 材质中的退出颜色类似。

❑ 折射

选择【折射】选项后，VRay 贴图会产生折射效果，它可以通过【折射参数】选项区域来调整效果，反射和折射对比效果如图 11-38 所示。

图 11-38　反射与折射的对比效果

❑ 过滤色

可以单击右侧的色块控制反射的强度，黑色是不反射，白色为完全反射，而且可以为其添加反射贴图，如图 11-39 所示。

❑ 光泽度和细分

启用【光泽度】复选框可以调整物体折射的光泽度。该值越小，物体折射就越模糊，【细分】控制着折射时的细分数量，该数值越大，模糊折射的效果就越好。

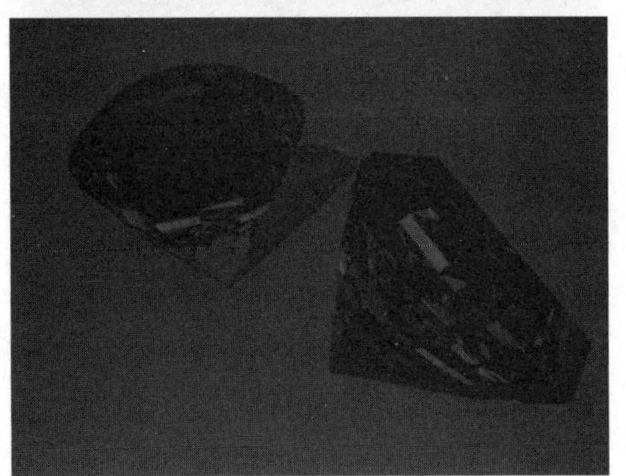

图 11-39　改变过滤色

❑ 烟雾颜色和烟雾倍增

【烟雾颜色】控制着光线通过物体所产生折射的颜色，【烟雾倍增】控制着烟雾通过物体产生折射颜色的强度，该值越小折射颜色就越淡薄，烟雾颜色和烟雾倍增的效果如图 11-40 所示。

图 11-40　烟雾颜色和烟雾倍增效果

❑ 最大深度

该值控制着光线在物体中折射的最大次数，该值越大光线在物体中折射的次数就越多，图 11-41 为【最大深度】为 3 和 8 时的效果。

图 11-41　最大深度对比

❑ 退出颜色

控制着在物体中光线的折射达到最大深度的定义值后呈现什么颜色，如图 11-42 所示。

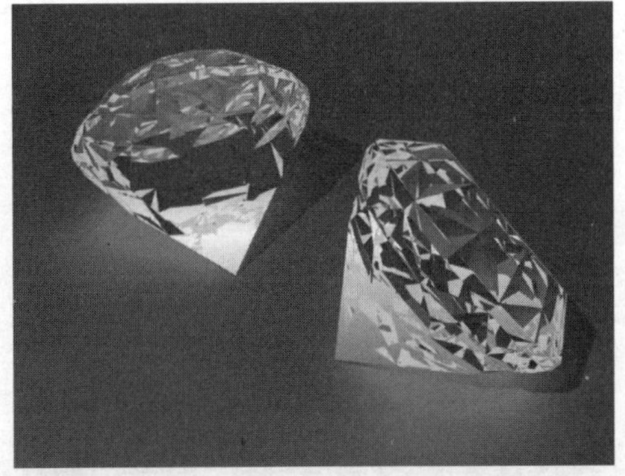

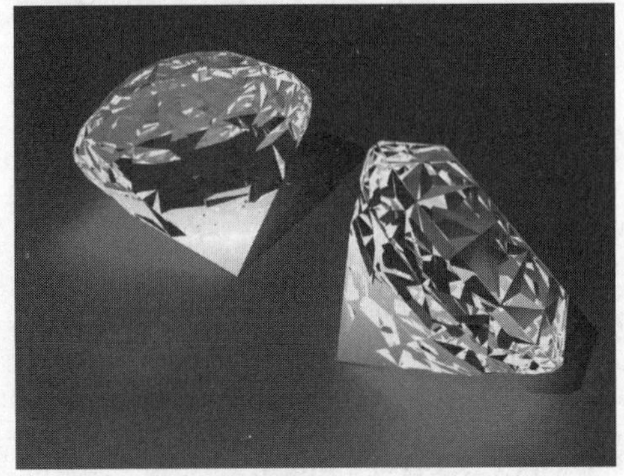

图 11-42　退出颜色效果

2．VR 边纹理

VR 边纹理贴图可以创建一些类似于 3ds Max 线框的效果，该材质经常被用来展示布线图等效果，使用方法也很简单，在材质的【漫反射贴图】通道中添加【VR 边纹理】贴图即可。边纹理效果如图 11-43 所示。

3．VRayHDRI 贴图

VRayHDRI 主要用于导入高动态范围图像（HDRI）作为环境贴图，HDRI 贴图主要用于光滑物体的表面反射，使反射呈现出真实的环境效果。

图 11-43　边纹理效果

❑ 倍增器

用于控制 HDRI 贴图的强度的大小，该值越大 HDRI 贴图的强度就越大，如图 11-44 所示。

图 11-44　倍增器效果

❑ 水平旋转和垂直旋转

【水平旋转】选项可以水平旋转 HDRI 贴图，使物体能够反射 HDRI 贴图中不同的位置，如图 11-45 所示。【垂直旋转】选项可以垂直旋转 HDRI 贴图。

图 11-45　水平旋转 HDRI 贴图

❑ 水平镜像和垂直镜像

【水平镜像】可以在水平方向反转 HDRI 贴图，【垂直镜像】可以在垂直方向反转 HDRI 贴图，水平镜像和垂直镜像的效果如图 11-46 所示。

❑ 成角贴图和立方环境贴图

【成角贴图】方式使用了对焦拉伸坐标方式，可以使 HDRI 贴图都汇集到一点上，【立方环境贴图】方式可以将 HDRI 贴图分布在一个立方体上，成角贴图和立方环境贴图效果如图 11-47 所示。

图 11-46　水平镜像和垂直镜像

图 11-47　成角贴图和立方环境贴图

❑ 球状环形贴图和球体反射

【球状环形反射】可以将 HDRI 贴图反射在球体上，通常情况下这种贴图方式最为真实。【球体反射】HDRI 贴图以全球体对称的方式反射，球状环形反射和球体反射的效果如图 11-48 所示。

❑ 外部贴图通道

这个方式可以将 HDRI 贴图分布在一个平面上，而且可以为贴图纹理指定通道，效果如图 11-49 所示。

图 11-48　球状环形反射和球体反射

图 11-49　外部贴图通道

11.3.5 VRay 灯光

VRay 除了可以支持 3d Max 自带的光源以外，本身还添加了两种灯光，一种是 VRay 灯光，另一种是 VRay 太阳光。VRay 灯光是一种面积光源，经常被用来制作阳光从窗口中射入的效果，如图 11-50 所示。下面介绍 VRay 灯光的一些参数。

图 11-50　VRay 灯光效果

1．类型

VRay 灯光提供了 4 种类型的灯光，分别是【平面】、【球体】、【穹顶】、【网格体】。平面和球形的效果如图 11-51 所示。

图 11-51　平面和球体类型

2．颜色和倍增器

【颜色】控制着灯光的颜色，改变右侧色块的颜色即可。【倍增器】控制着灯光的强度，该值越大，灯光越亮，值越小则反之，颜色和倍增器效果如图 11-52 所示。

图 11-52　颜色和倍增器效果

3．双面和不可见

启用【双面】复选框后，灯光的两面都会发光，启用【不可见】复选框后，灯光会在保留光照的情况下隐藏起来。双面和不可见的效果如图 11-53 所示。

图 11-53　双面和不可见效果

4．投射阴影

在默认情况下，灯光表面在空间的任何地方发射的光线是平均的，在启用该复选框后，光线会在法线上产生更多的光照，如图 11-54 所示。

图 11-54　忽略灯光法线效果

5．不衰减

灯光会按照与光线距离的平方的倒数方式进行衰减，启用该复选框后，灯光光照的强度将不会衰减，如图 11-55 所示。

图 11-55　不衰减

6．天光入口

启用该复选框后灯光的颜色倍增等参数将不在场景中起作用，而是以天光的颜色和亮度为标准，如图 11-56 所示。

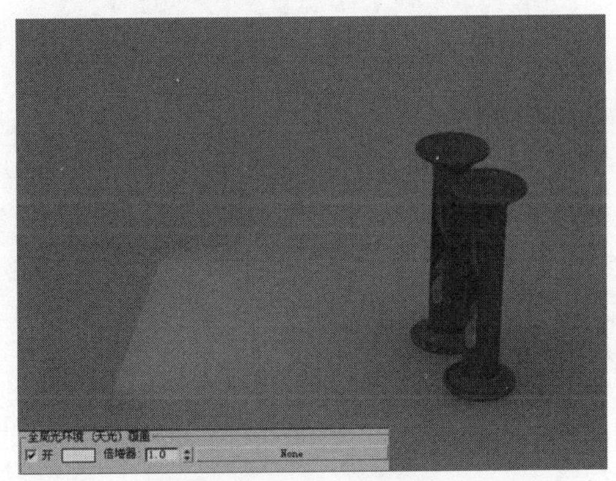

图 11-56　天光入口

7．储存在发光贴图中

启用该复选框后，如果使用发光贴图方式，VRay 将计算 VRay 灯光的光照效果，并且将光照效果储存在发光贴图中，在计算发光贴图的过程中整个计算速度将会变慢，但是会提高渲染时的速度。

8．影响漫反射、影响高光和影响反射

关闭【影响漫反射】复选框时灯光照在物体上时将不会产生漫反射，关闭【影响高光】复选框时灯光照在物体上时将不产生高光，关闭【影响反射】复选框时灯光照在镜面物体上时将不产生反射。影响漫反射和影响反射的效果如图 11-57 所示。

图 11-57 关闭影响漫反射和影响反射效果

9. 细分和阴影偏离

【细分】控制着阴影的采样数值，该数值越大细分光照质量就越大，同时渲染时间也越长，该值越小则反之。【阴影偏离】控制着阴影的偏移程度，该值越大阴影的范围就越大，越模糊，该值越小阴影相对清晰，如图 11-58 所示。

11.3.6 VRay 太阳光

VRay 太阳光是 VRay1.50 版本加入的一种光源，它可以真实地模拟太阳光照射的效果，它的参数面板并不复杂，用户可以根据自己的需要设置阳光的颜色和光源的强度等，下面介绍一下它的参数面板。

图 11-58 阴影偏离效果

1. 激活和不可见

启用【激活】复选框时才能使用 VRay 太阳光效果，启用【不可见】复选框后会在保留光照的情况下隐藏 VRay 太阳光。

2. 浊度

该值可以控制太阳光穿过空气时受空气阻挡的程度，值越小，空气阻挡的程度就越小，光线越强烈，值越大，空气阻挡的程度就越大，光线强度会减弱，而且还会偏向于红色，一般用来制作黄昏时的效果。浊度对比效果如图 11-59 所示。

图 11-59 浊度对比效果

3. 臭氧

控制空气中臭氧的含量，该值越小空气中臭氧的含量就越小，该值越大空气中臭氧的含量就越高，同时画面的颜色会偏向蓝色，如图 11-60 所示。

图 11-60　臭氧含量对比

4. 强度倍增器和大小倍增器

【强度倍增器】控制着太阳光的强度，通常与【浊度】一起配合使用，【大小倍增器】对于阴影的影响较大，该值越大，阴影边缘就越模糊，强度倍增器和大小倍增器的效果如图 11-61 所示。

图 11-61　强度倍增器和大小倍增器效果

5. 阴影细分和阴影偏移

【阴影细分】控制着阴影的采样数值，该值越大阴影的质量就越高，该值越小阴影周围会出现噪波现象。【阴影偏移】定义着阴影的偏移值，如果取值过大，可能会使阴影效果丢失，阴影细分和阴影偏移的效果如图 11-62 所示。

图 11-62　阴影细分和阴影偏移效果

11.4 卧室布光方案

在学习了 VRay 的基础知识后，下面以一个具体的室内方案为例，介绍利用 VRay 渲染器制作室内效果的方法。

11.4.1 布置卧室主光

本案例中的主光主要来自于日光，通常所采用的灯光有两种基本类型，一种是 3ds Max 中的【目标平行光】，它的优点就在于光线的均匀性以及灵活的参数设置；另一种灯光是利用 VRay 提供的日光系统。本节将利用后者来创建客厅的主光源。

STEP|01 打开场景文件，这是一个已经制作好模型的场景文件，如图 11-63 所示。

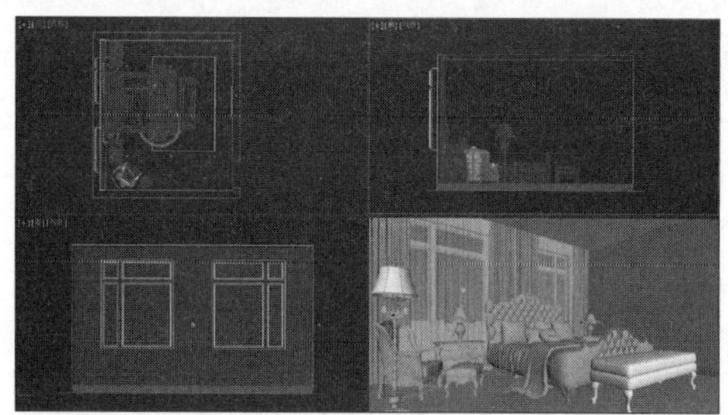

图 11-63 打开场景文件

STEP|02 切换到灯光面板，在【光度学】下拉列表中选择【标准】选项，单击【目标平行光】按钮，在顶视图中创建一盏灯光，如图 11-64 所示。

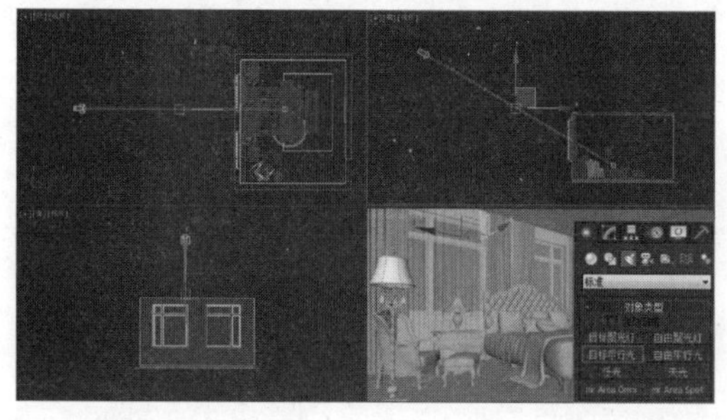

图 11-64 创建平行光

STEP|03 然后，再在各个视图中调整一下它的位置，使其高度和太阳光光线的入射角度接近，如图 11-65 所示。

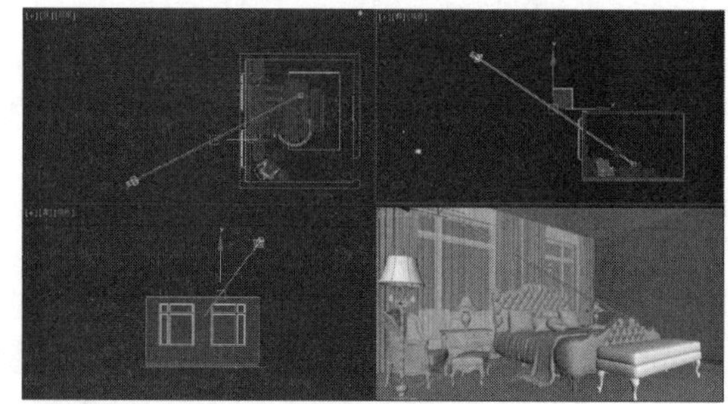

图 11-65 调整灯光位置

STEP|04 切换到修改面板，在【阴影】参数卷展栏中单击【启用】选项，在【阴影贴图】选项的下拉列表中选择 VRayShadow 选项，将灯光强度【倍增器】设置为 3，将灯光颜色设置为 RGB（255，196，104）泛黄的暖色，如图 11-66 所示。

图 11-66 设置参数

STEP|05 展开【平行光参数】卷展栏，设置【聚光灯/光束】为 1801，设置【衰减区/区域】2193，如图 11-67 所示。

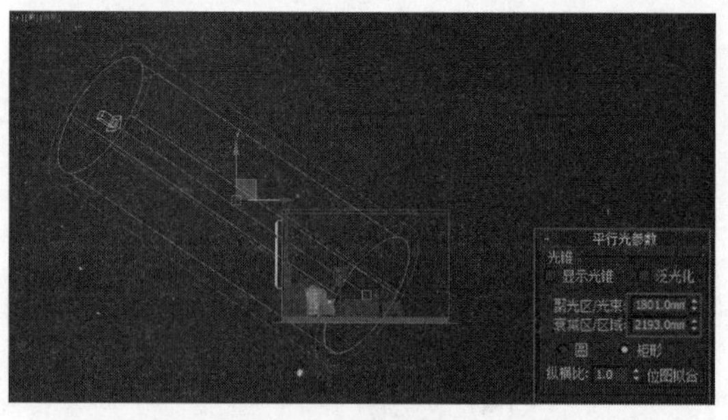

图 11-67 设置参数

STEP|06 按 F10 键打开【渲染设置:默认扫描线渲染器】对话框，在【指定渲染器】卷展栏中激活 V-Ray Adv3.00.07 渲染器，如图 11-68 所示。

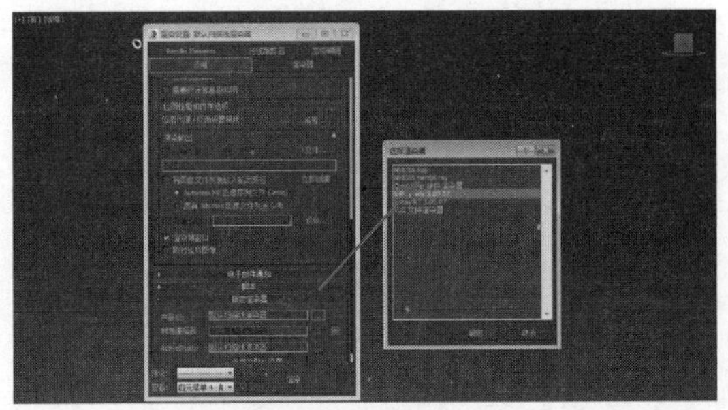

图 11-68　选择渲染器

STEP|07 切换到【间接照明】选项卡，启用【开启全局照明】复选框。然后，选择首次反弹为【发光图】，二次反弹为【灯光缓存】引擎，如图 11-69 所示。

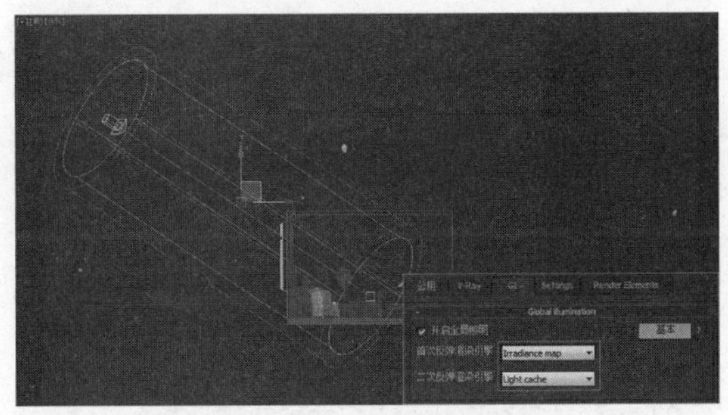

图 11-69　设置间接照明

STEP|08 展开【VRay 发光贴图】卷展栏，在【当前预置】中选择【自定义】选项，如图 11-70 所示。

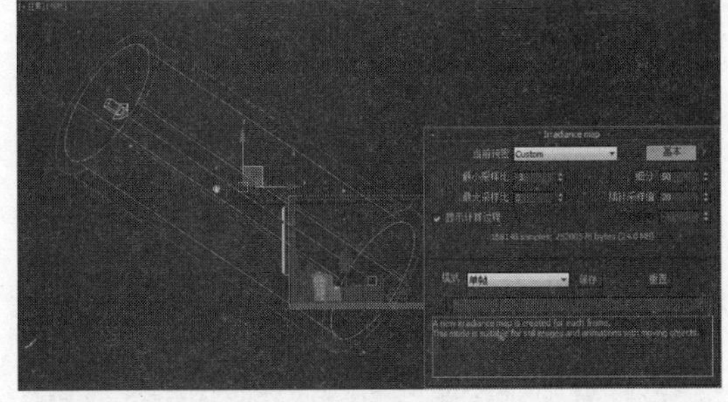

图 11-70　设置参数

STEP|09 展开【VRay 灯光缓存】卷展栏，按照图 11-71 修改二次反弹的参数设置。

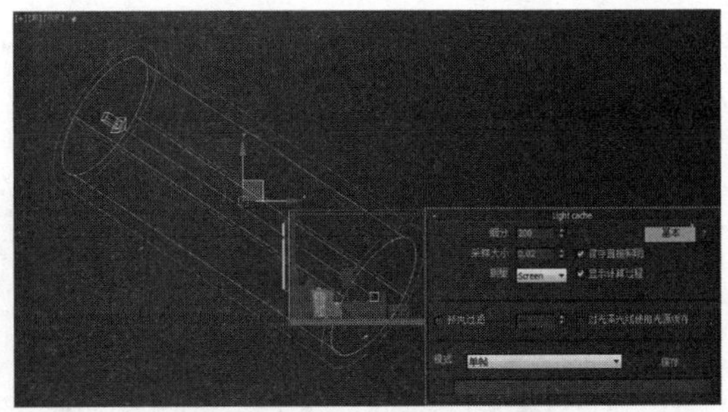

图 11-71　设置参数

STEP|10 设置完毕后，快速渲染摄像机视图，观察此时的灯光照明效果，如图 11-72 所示。

图 11-72　观察照明效果

STEP|11 此时，可以发现，画面的灯光效果并没有显现出来，被窗外的背景模型挡住了，这时就需要将背景模型排除。

STEP|12 选择背景模型，查看此模型的名称，再单击目标平行光，切换到【修改】面板，在【常规参数】卷展栏中单击【排除】按钮，在打开的【排除/包含】对话框左边的框中选择背景模型的名称，单击>>按钮排除物体，如图 11-73 所示。

STEP|13 另外，为了将灯光的边缘柔化，可以切换到 VRayShadows Params 卷展栏，并按照如图 11-74 所示的参数进行设置。

STEP|14 激活摄像机视图，再次渲染该视图，观察一下阴影的边缘，如图 11-75 所示。

到这里为止，关于主光的布置就完成了。实际上，在利用 VRay 布置类似场景时，主光的布置要素就包括这些，即光线入射角度、光的强度、颜色等。

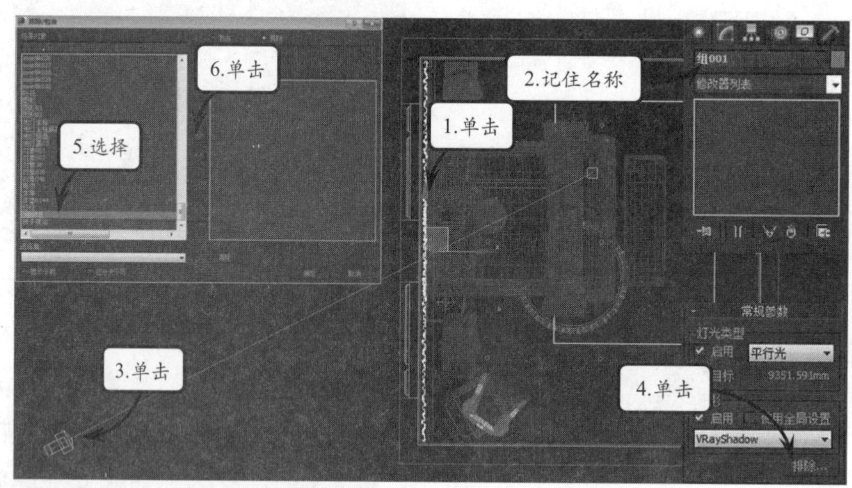

图 11-73 排除背景模型

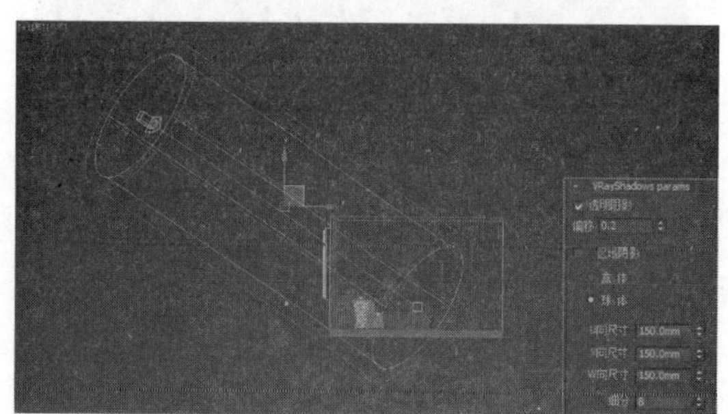

图 11-74 设置阴影参数

图 11-75 观察效果

11.4.2 布置卧室辅光

场景中的照明实际上分为两部分，一部分是太阳光直射的主光，另一部分则是由太阳光在空气中漫射而形成的辅光。本节主要介绍辅光的实现方法。

STEP|01 切换到灯光面板，在【光度学】下拉列表中选择 VRay 选项，单击【VRay 灯光】按钮，在左视图中创建一盏灯光，如图 11-76 所示。

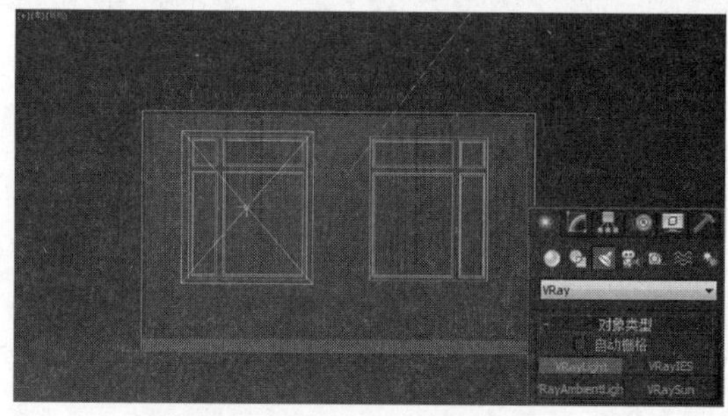

图 11-76 创建面光源

STEP|02 然后，再在视图中调整一下灯光的尺寸、位置，如图 11-77 所示。

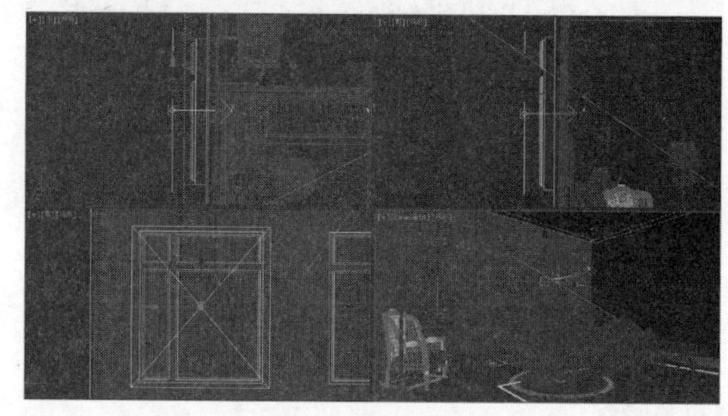

图 11-77 调整灯光

STEP|03 确认灯光处于选中状态，切换到修改面板。将灯光的强度【倍增器】设置为 10，将灯光颜色设置为 RGB（223，236，255），如图 11-78 所示。

图 11-78　设置灯光强度及颜色

STEP|04 并如主光一样，将窗帘组合排除，快速渲染摄像机视图，观察一下此时的效果，如图 11-79 所示。

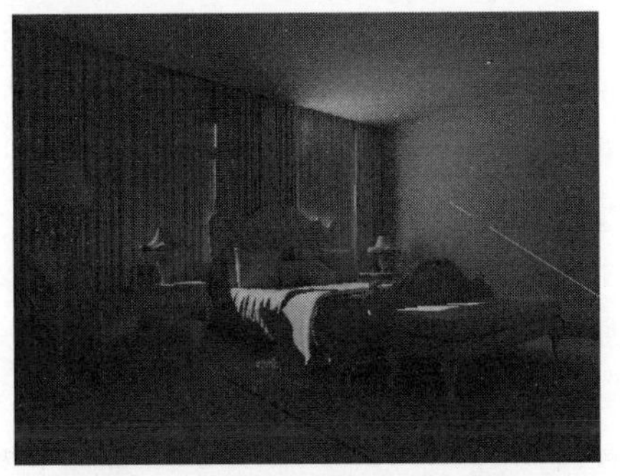

图 11-79　添加环境光后的效果

STEP|05 单击 VR 灯光在顶视图中进行复制，如图 11-80 所示。

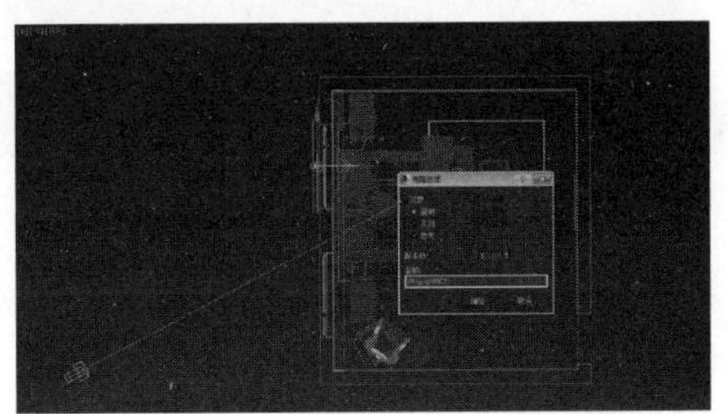

图 11-80　复制灯光

STEP|06 切换到修改命令面板，将灯光强度设置为 5，颜色 RGB（255，246，235）如图 11-81 所示。

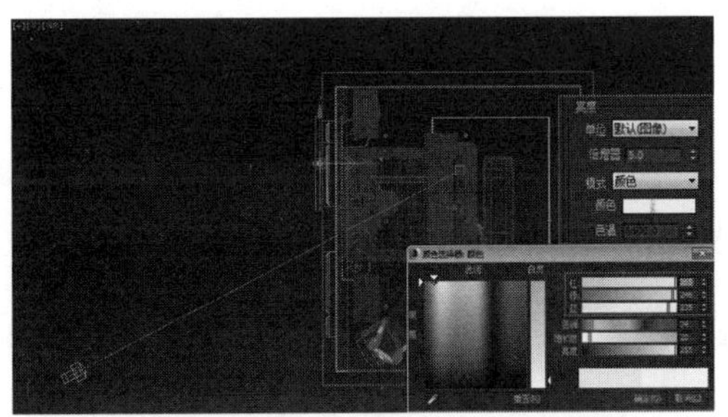

图 11-81　设置灯光参数

STEP|07 设置完成后，将两盏灯光复制到另一个窗户外，如图 11-82 所示。

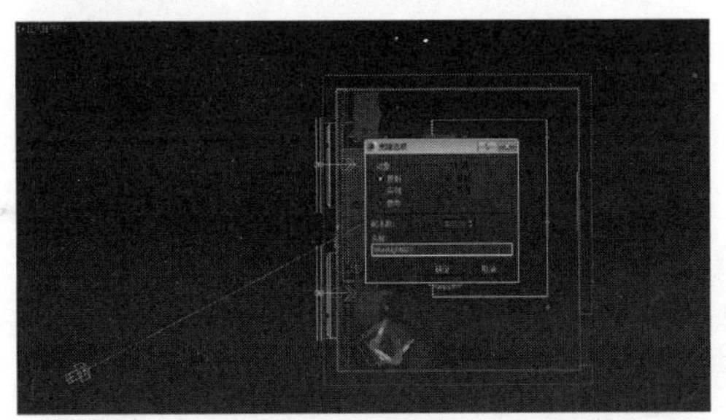

图 11-82 复制灯光

STEP|08 再次渲染摄像机视图，观察此时的光线情况，如图 11-83 所示。

图 11-83　渲染效果

11.5 卧室的材质方案

光线方案实现后，下面就需要制作一下场景的材质了。材质是表现效果的所在，真实的效果就需要由真实的纹理来实现。本节将介绍一些常用材质的实现方法。

11.5.1 制作壁纸材质

壁纸的材质实际上是比较简单的，通常情况下只需要将一幅图片附着到墙壁表面并附上凹凸即可。本节将制作壁画的材质。

STEP|01 选择场景中的墙壁物体，按快捷键 Alt+Q 将其隔离，然后赋予一个空白的材质球。单击材质编辑器水平工具栏上的 Standard 按钮，在打开的对话框中选择 VRayMtl 材质，如图 11-84 所示。

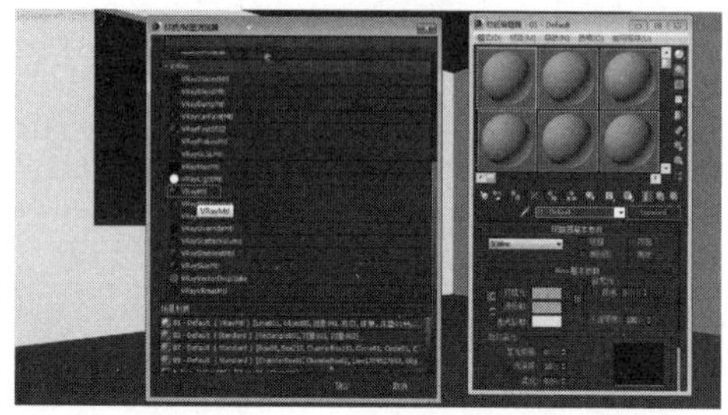

图 11-84 设置材质类型

STEP|02 单击【漫反射】右侧的按钮，在打开的对话框中单击【位图】按钮，导入壁纸贴图，如图 11-85 所示。

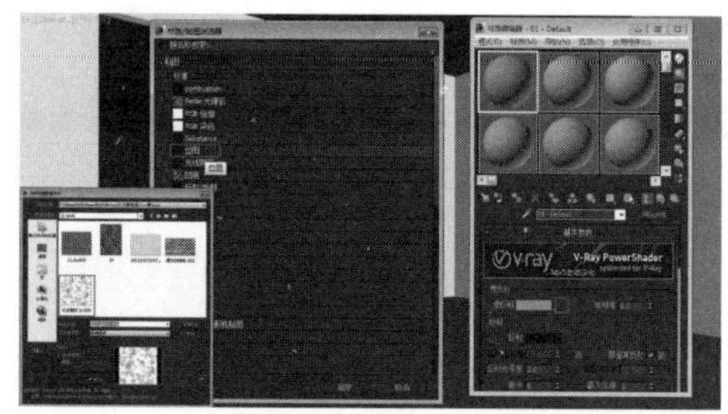

图 11-85 导入贴图

STEP|03 切换到【修改】面板，在修改器中选择【UVW 贴图】选项，设置贴图类型为【长方体】，【长度】、【宽度】、【高度】都为 530，如图 11-86 所示。

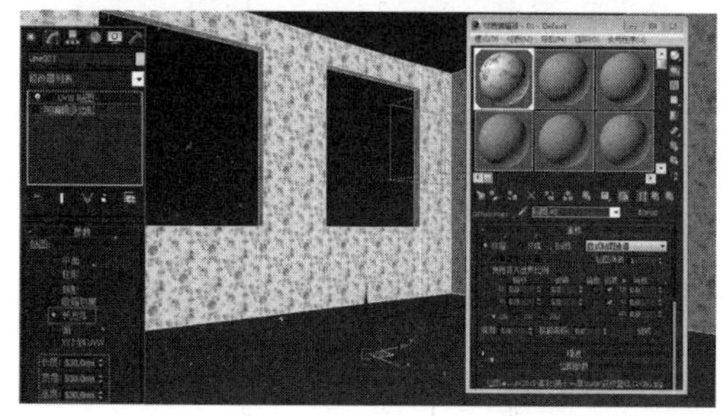

图 11-86 设置【UVW 贴图】

STEP|04 设置完毕后，快速渲染摄像机视图，观察壁纸的效果，如图 11-87 所示。

图 11-87 渲染效果

11.5.2 制作乳胶漆材质

乳胶漆的材质是比较简单且频繁使用的，通常情况下只需要将漫反射调成白色即可，本节将制作乳胶漆的材质。

STEP|01 选择场景中的吊顶物体，按快捷键 Alt+Q 将其隔离，然后赋予一个空白的材质球。单击材质编辑器水平工具栏上的 Standard 按钮，在打开的对话框中选择 VRayMtl 材质，如图 11-88 所示。

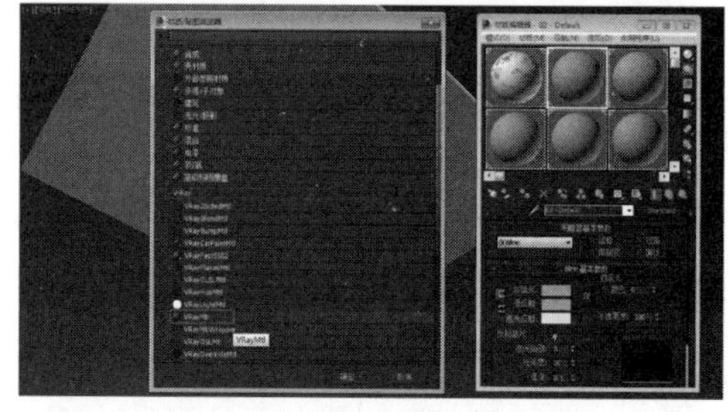

图 11-88 设置材质类型

STEP|02 单击【漫反射】右侧的颜色块，设置颜色为 RGB（250，250，250），如图 11-89 所示。

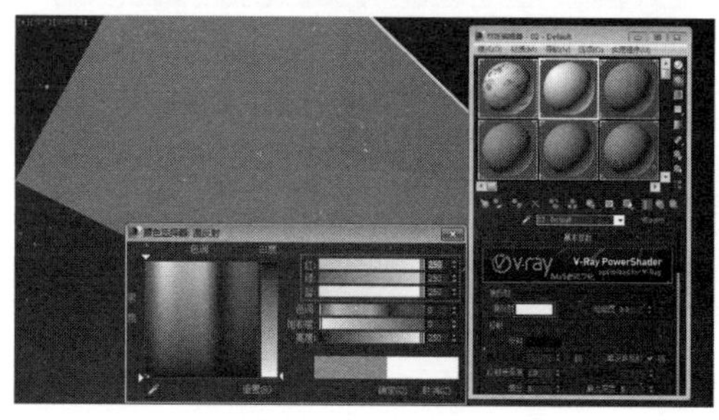

图 11-89 导入贴图

STEP|03 设置完毕后，快速渲染摄像机视图，观察壁纸的效果，如图 11-90 所示。

图 11-90　渲染效果

11.5.3　制作地板材质

地板的表现类型比较多，通常有木地板、大理石地毯以及地毯地板等，如图 11-91 所示。虽然其种类比较多，但是其实现思路大多数是相同的。本节将介绍一个木纹地板的材质实现方法。

STEP|01 选择地板物体，在材质编辑器中选择一个空白的材质球，将其赋予它。然后，选择 VRayMtl 材质，将反射的颜色设置为 RGB（45，45，45），将【高光光泽度】设置为 0.75，【反射光泽度】设置为 0.85，如图 11-92 所示。

图 11-91　地板效果

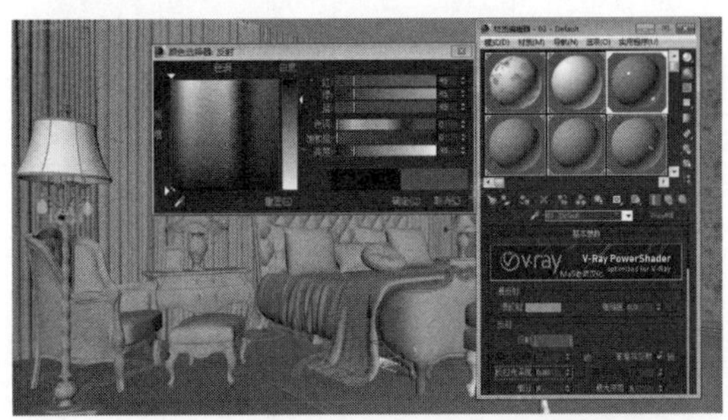

图 11-92　设置地板参数

STEP|02 展开【BRDF-双向反射分布功能】卷展栏，选择下拉列表中的【反射】选项，如图 11-93 所示。

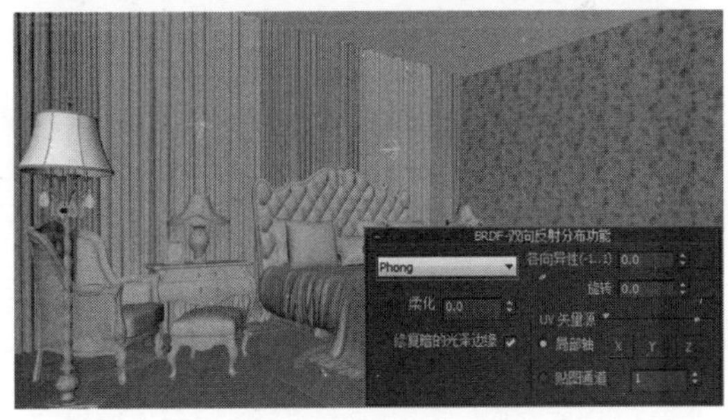

图 11-93　设置反射属性

STEP|03 在【贴图】卷展栏中单击【漫反射】右侧的【无】按钮，将如图 11-94 所示的贴图导入进来，作为地板的贴图。并在【坐标】展卷栏中设置【角度】中的 W 为 90。

STEP|04 切换到【修改】面板，在修改器中选择

【UVW 贴图】选项，设置贴图类型为【平面】，【长度】为 2500，【宽度】为 800，如图 11-95 所示。

图 11-94　漫反射贴图

图 11-95　设置参数

STEP|05 添加完成后，快速渲染摄像机视图观察效果，如图 11-96 所示。

图 11-96　渲染效果

注意

在制作地板材质的时候需要注意地板的反射程度，以及和周围环境的搭配效果。

11.5.4　制作木纹材质

木纹的类型比较多，通常有枫木、红木以及橡木等，如图 11-97 所示。虽然其种类比较多，但是其实现思路大多数是相同的。本节将介绍一个木纹的材质实现方法。

图 11-97　木纹效果

STEP|01 选择床头柜物体，在材质编辑器中选择一个空白的材质球，将其赋予它。然后，选择 VRayMtl 材质。如图 11-98 所示。

图 11-98　选择 VRayMtl 材质

STEP|02 将反射的颜色设置为 RGB(35,35,35)，将【高光光泽度】设置为 0.75，【反射光泽度】设置为 0.85，如图 11-99 所示。

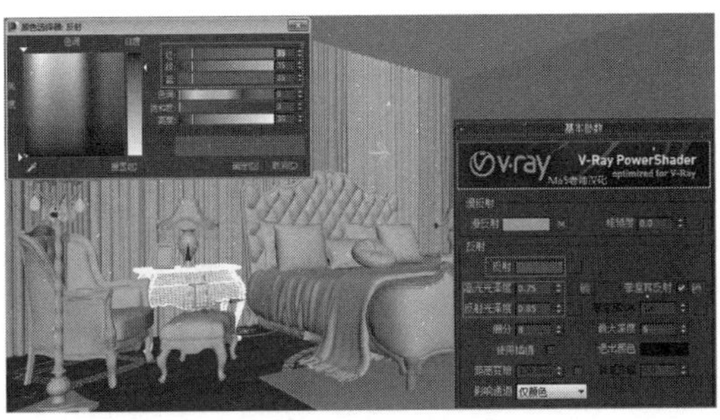

图 11-99　设置木纹参数

STEP|03 在【贴图】卷展栏中单击【漫反射】右侧的【无】按钮，将如图 11-100 所示的贴图导入进来，作为木纹的贴图。

图 11-100　漫反射贴图

STEP|04 切换到【修改】面板，在修改器中选择【UVW 贴图】选项，设置贴图类型为【长方体】，【长度】为 200，【宽度】为 200，【高度】为 200，如图 11-101 所示。

图 11-101　设置参数

STEP|05 将木纹材质分别给予床头和床尾及凳子和踢脚线等物体，并设置【UVW 贴图】，添加完成后，快速渲染摄像机视图观察效果，如图 11-102 所示。

图 11-102　渲染效果

注意

在制作地板材质的时候需要注意地板的反射程度，以及和周围环境的搭配效果。

11.5.5　制作窗帘材质

窗帘是一种布料材质，它本身没有什么规律可循，只要感觉到其外观和整体设计风格一致即可，如图 11-103 所示。在制作窗帘时，一定要注意窗帘的色调、透光性等因素。本节将介绍客厅的窗帘材质的实现过程。

1．制作窗帘

STEP|01 选择窗帘物体，单独隔离出来，将一个空白的材质球赋予窗帘物体，选择 VRayMtl 材质，如图 11-104 所示。

图 11-103 窗帘效果

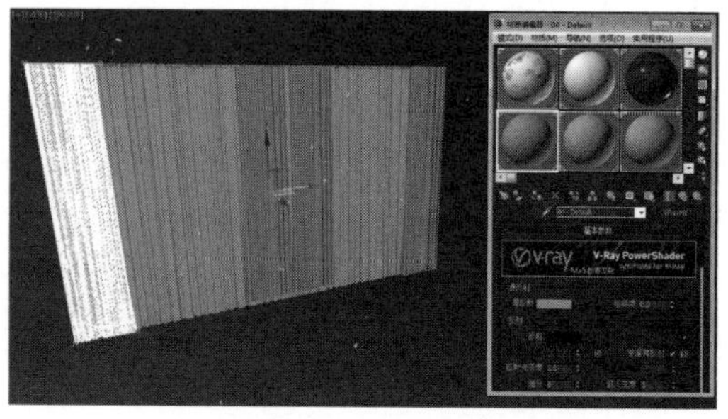

图 11-104 设置漫反射颜色

STEP|02 展开【贴图】卷展栏，单击【漫反射】右侧的【无】按钮，在打开的对话框中选择【位图】选项，从而添加该贴图，如图 11-105 所示。

图 11-105 添加贴图

STEP|03 将【反射】颜色设置为 RGB（50，50，50），设置【高光光泽度】为 0.5，【反射光泽度】为 0.6，如图 11-106 所示。

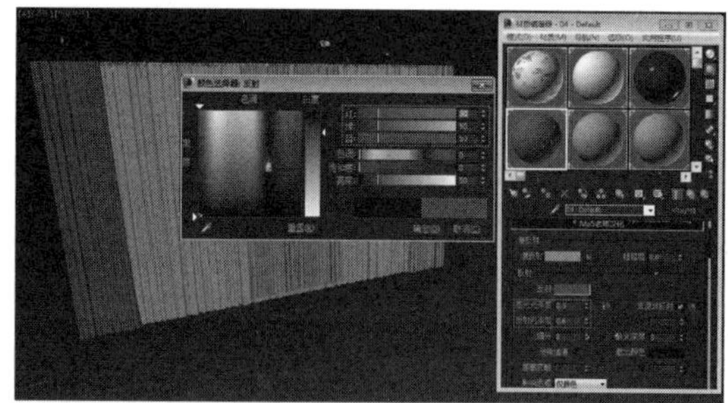

图 11-106 设置参数

STEP|04 将窗帘材质给予余下的几幅窗帘，全部选择窗帘，切换到【修改】面板，在修改器中选择【UVW 贴图】选项，设置贴图类型为【长方体】，【长度】为 530，【宽度】为 530，【高度】为 530，如图 11-107 所示。

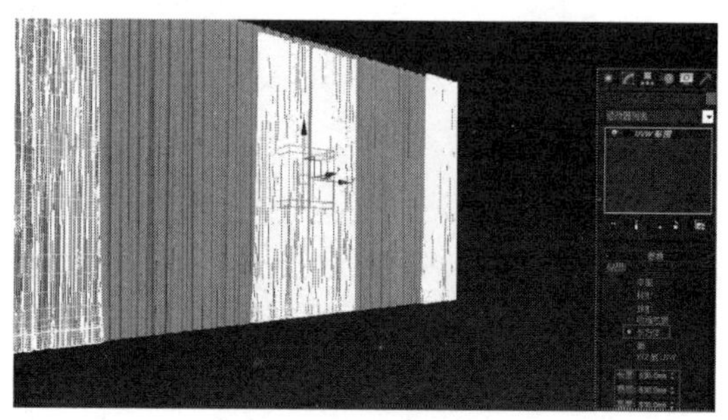

图 11-107 渲染效果

STEP|05 取消隔离，快速渲染，效果如图 11-108 所示。

图 11-108 渲染效果

2. 制作窗纱

STEP|01 选择窗纱物体，单独隔离出来，将一个空白的材质球赋予窗帘物体，选择 VRayMtl 材质，

如图 11-109 所示。

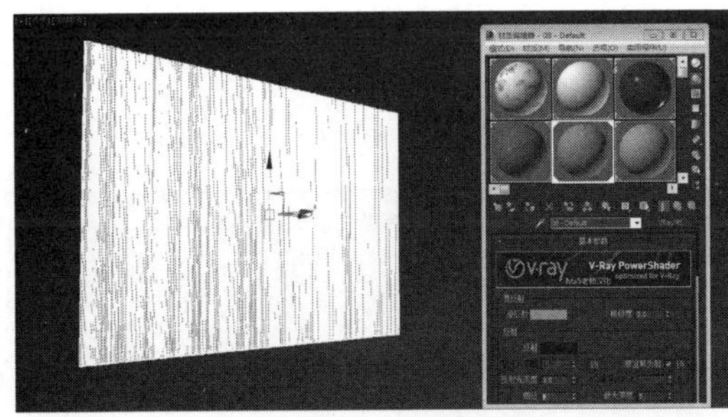

图 11-109　赋予材质

STEP|02 单击【漫反射】右侧的颜色按钮，将【漫反射】颜色设置为 RGB（220，220，220），设置【折射】颜色为 RGB（220，220，220），【光泽度】为 0.8，如图 11-110 所示。

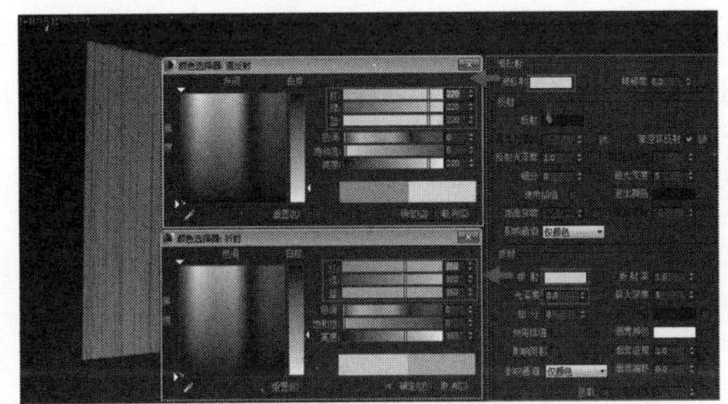

图 11-110　设置参数

STEP|03 取消隔离，快速渲染，效果如图 11-111 所示。

图 11-111　渲染效果

11.5.6　制作布料材质

本节将重点介绍布料材质和贴图，将展现如何通过贴图艺术达到真实的沙发质感效果。沙发的材质首先给人的感觉应该是比较松软的，为了实现这一效果，就必须考虑在材质上下点功夫，仅靠用模型表现是不够的。

1．制作布料材质

STEP|01 选择场景中的床铺造型，按快捷键 Alt+Q 启用独立模式，并将模型全部解组，如图 11-112 所示。

图 11-112　孤立模式

STEP|02 选择床单，在材质编辑器中选择一个空白的材质球，将其赋予扶手物体，如图 11-113 所示。

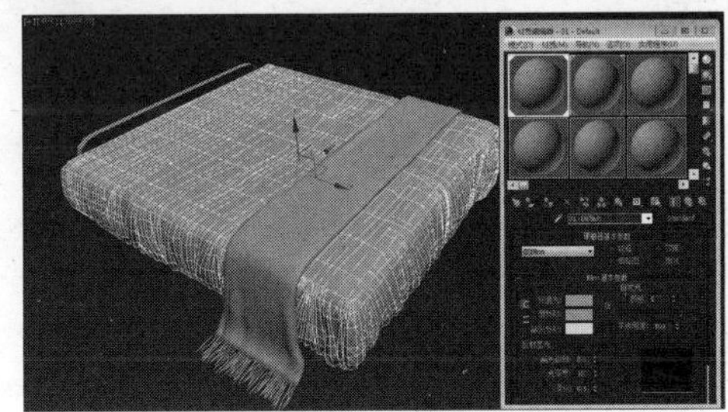

图 11-113　赋予材质

STEP|03 单击材质编辑器水平工具栏上的 Standard 按钮，在打开的对话框中选择 VRayMtl 材质，如图 11-114 所示。

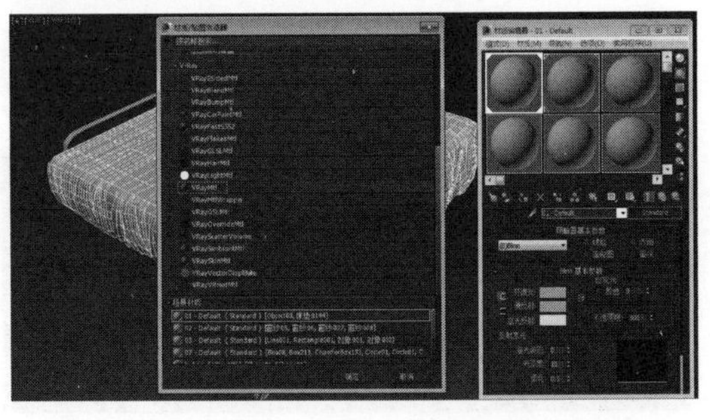

图 11-114　选择材质类型

STEP|04 展开【贴图】卷展栏，单击【漫反射】右侧的长条按钮，在打开的对话框中选择位图按钮，并将文件夹的贴图导入进来，如图 11-115 所示。

图 11-115 导入贴图

STEP|05 展开【贴图】展卷栏，将【漫反射】右侧的贴图拖曳复制到【凹凸】右侧的长条按钮上，并设置【凹凸】的数量为 15，床单的材质就做好了，如图 11-116 所示。

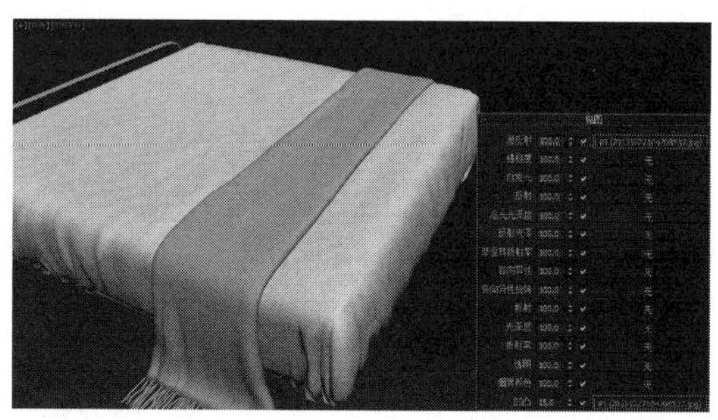

图 11-116 凹凸贴图

STEP|06 切换到【修改】面板，在修改器中选择【UVW 贴图】选项，设置贴图类型为【长方体】，长宽高都为 600，如图 11-117 所示。

图 11-117 设置【UVW 贴图】

STEP|07 选择床铺，在材质编辑器中选择一个空白的材质球，将其赋予扶手物体，并单击材质编辑器水平工具栏上的 Standard 按钮，在打开的对话框中选择 VRayMtl 材质，如图 11-118 所示。

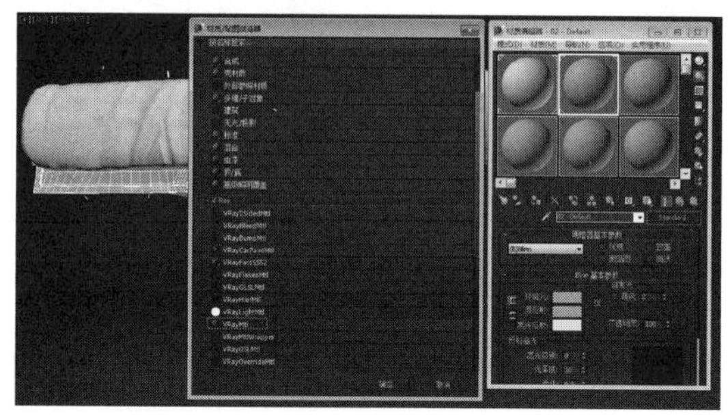

图 11-118 选择材质类型

STEP|08 展开【贴图】卷展栏，单击【漫反射】右侧的长条按钮，在打开的对话框中选择位图按钮，并将文件夹的贴图导入进来，如图 11-119 所示。

图 11-119 导入贴图

STEP|09 如床单一样将贴图拖曳复制到【凹凸】，设置【凹凸】的数量为 15，并添加【UVW 贴图】，如图 11-120 所示。

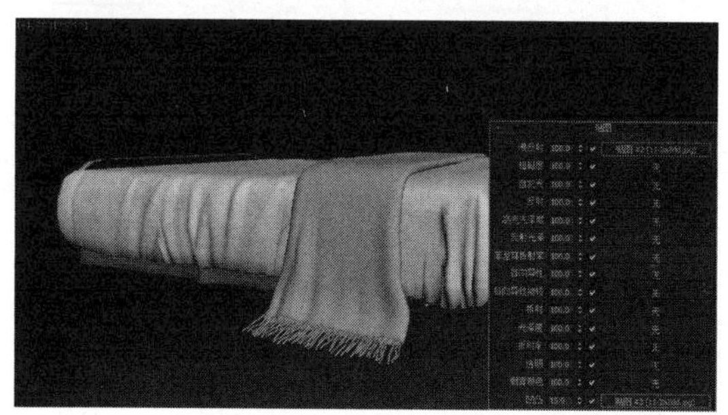

图 11-120 凹凸贴图

STEP|10 选择床搭，在材质编辑器中选择一个空白的材质球，将其赋予床搭物体，设置参数如床单材质，导入贴图，如图 11-121 所示。

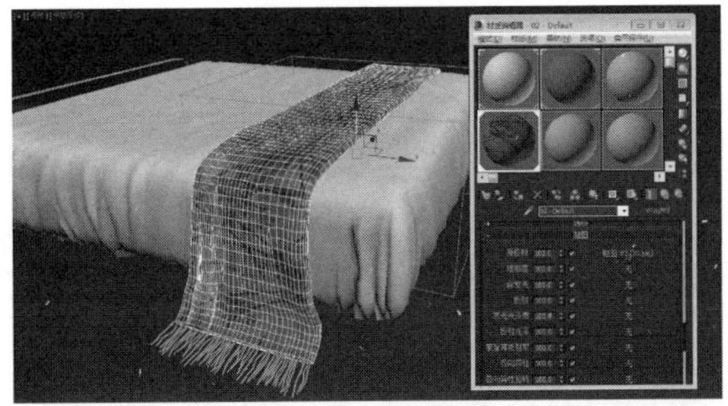

图 11-121 选择材质类型

STEP|11 选择床搭的垂穗，在材质编辑器中选择一个空白的材质球，将其赋予床搭物体，选择 VRayMtl 材质，单击【漫反射】右侧的颜色框，设置 RGB 为（45，18，5），与床搭颜色相仿，如图 11-122 所示。

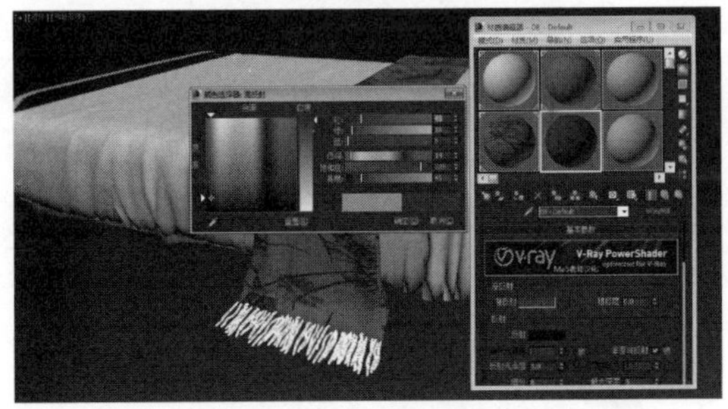

图 11-122 设置材质

STEP|12 单击床单材质，将材质给予床单的垂穗，设置完成后，退出孤立模式，快速渲染一下摄像机视图，观察此时的效果，如图 11-123 所示。

图 11-123 渲染效果

2. 制作靠背软包材质

STEP|01 在材质编辑器中选择一个空白材质球给予靠背软包，将材质类型设置为 VRayMtl，在【漫反射】中添加贴图，并添加【UVW 贴图】，如图 11-124 所示。

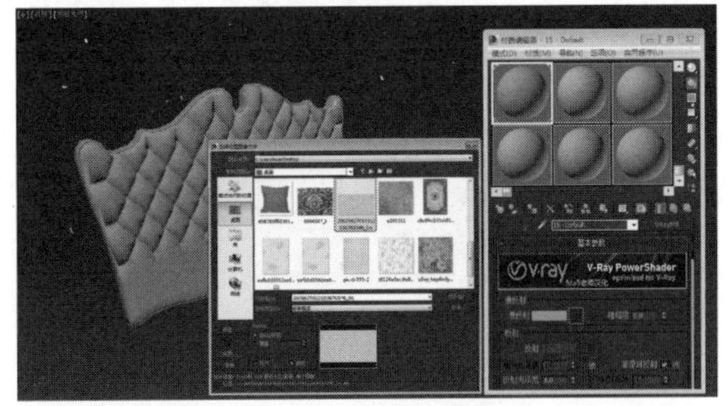

图 11-124 设置沙发靠背的颜色

STEP|02 展开【贴图】卷展栏，将【漫反射】中的贴图添加到【凹凸】通道当中，如图 11-125 所示。

图 11-125 凹凸贴图

STEP|03 返回到【贴图】卷展栏，将凹凸的强度设置为 30，从而增加凹凸的强度，如图 11-126 所示

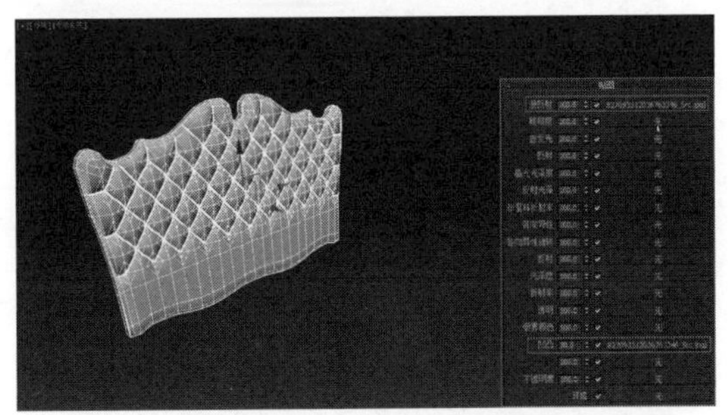

图 11-126 修改凹凸强度

STEP|04 单击【反射】右侧的颜色按钮，将【反射】颜色设置为 RGB（23，23，23），设置【反射光泽度】为 0.75，如图 11-127 所示。

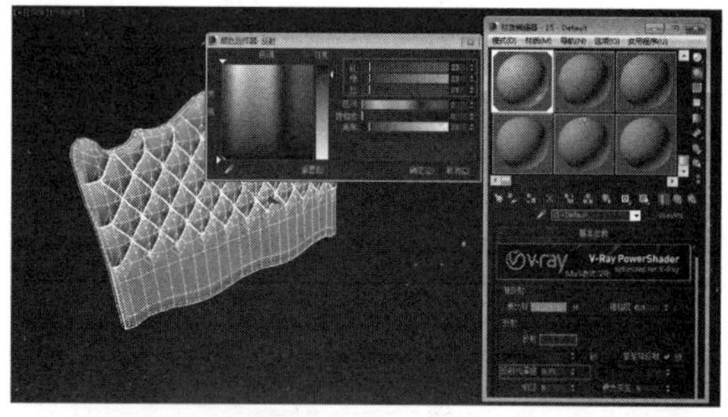

图 11-127 设置反射参数

STEP|05 将材质给予床尾软包，关闭材质编辑器，快速渲染摄像机视图，观察一下此时的效果，如图 11-128 所示。

图 11-128 靠背效果

STEP|06 将软包材质给予床榻和椅子，添加并调整【UVW 贴图】，快速渲染摄像机视图，观察一下此时的效果，如图 11-129 所示。

图 11-129 渲染效果

3. 制作靠包材质

STEP|01 选择场景中所有的靠垫模型，为其指定一个空白的材质球。然后，在漫反射通道中添加一个衰减贴图，如图 11-130 所示。

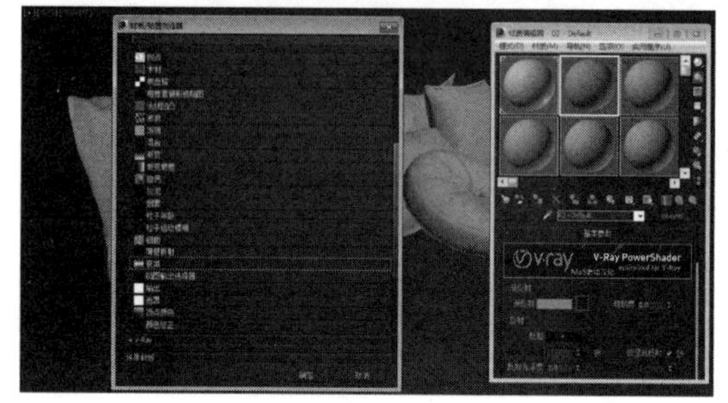

图 11-130 添加衰减贴图

STEP|02 在衰减参数卷展栏中，单击黑色块右侧的【无】按钮，在打开的对话框中双击【位图】选项，将布料纹理导入进来，如图 11-131 所示。

图 11-131 第一个衰减位图

STEP|03 单击白色块右侧的 None 按钮，将如图 11-132 所示的位图文件导入进来，作为衰减的第二个纹理。

图 11-132 添加第二个衰减位图

STEP|04 返回到【贴图】卷展栏，将如图 11-133 所示的贴图文件添加到【凹凸】贴图通道中，从而使靠垫产生凹凸不平的感觉。

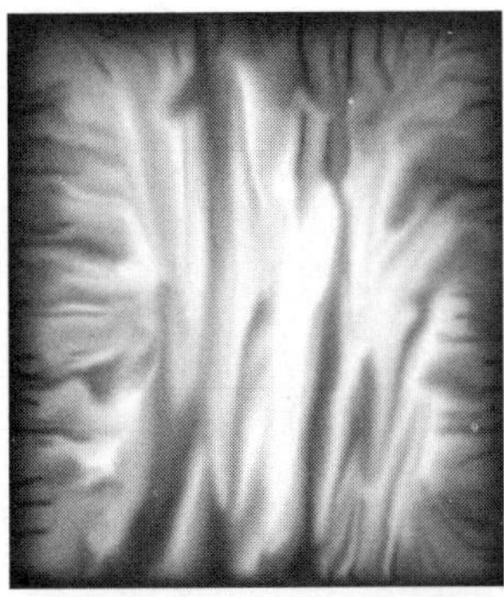

图 11-133 添加凹凸贴图

STEP|05 重新返回到【贴图】卷展栏，将凹凸的强度设置为 350，从而加大凹凸的强度，如图 11-134 所示。

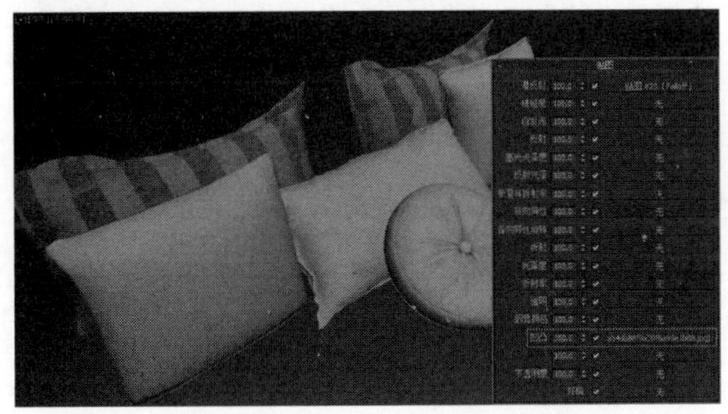

图 11-134 设置凹凸强度

STEP|06 设置完毕后，再次选择空白材质球，依照此参数设置材质并粘贴贴图，完成后观察效果。

STEP|07 设置完毕后，快速渲染摄像机视图，观察此时的效果，如图 11-135 所示。

图 11-135 渲染效果

> **提示**
>
> 在本节所制作的靠垫效果中，靠垫模型本身已经经过处理，因此其凹凸效果看起来比较明显一些。

11.5.7 制作地毯材质

地毯是居家装饰中经常出现的一种元素。通常情况下，地毯分为两种风格，一种是类似于布料的效果，另一种则是毛茸茸的毛质效果，如图 11-136 所示。本节将以前者为例，介绍它的制作方法。而后一种则主要是通过毛发来表现的，在这里不做介绍。

图 11-136 地毯效果

STEP|01 在场景中选择地毯造型，打开材质编辑器，将一个空白材质球赋予它。然后，将材质类型设置为 VRayMtl，并在【漫反射】通道中添加贴图，如图 11-137 所示。

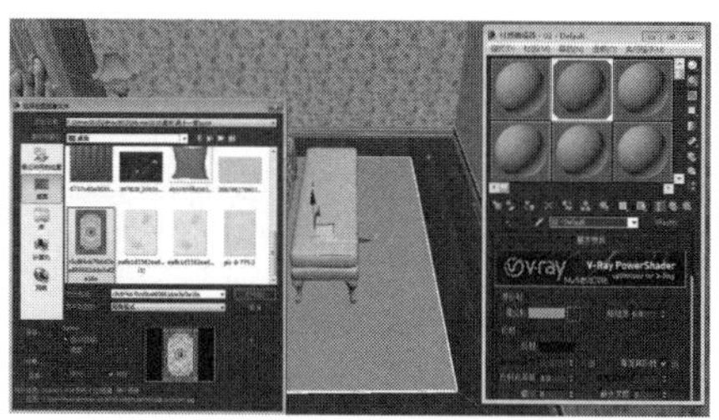

图 11-137　添加贴图

STEP|02 在【贴图】卷展栏中，将【漫反射】通道中的贴图拖曳到【凹凸】通道中，并设置【凹凸】值为 15，如图 11-138 所示。

图 11-138　贴图

STEP|03 使用相同的方法，将【漫反射】通道中的贴图拖曳到【置换】通道中，并设置【置换】值为 2，如图 11-139 所示。

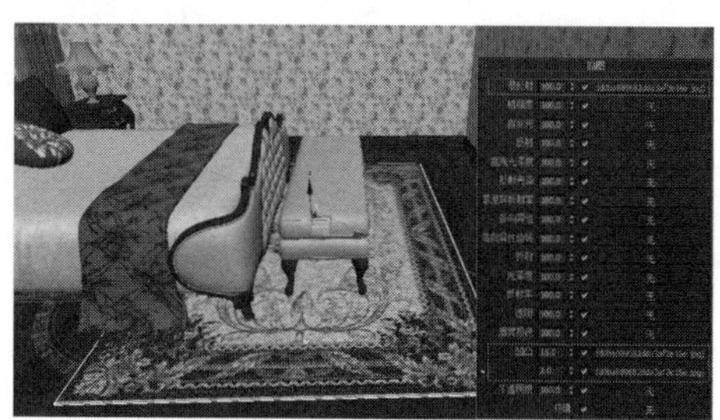

图 11-139　添加凹凸贴图

STEP|04 设置完成后，快速渲染摄像机视图，观察此时的效果，如图 11-140 所示。

图 11-140　地毯效果

11.5.8　制作铜材质

铜是一种反射比小、光泽度较低的材料。由于其表面的物体特性较多，因此也给模拟带来了很大的困难。但是，利用 VRay 渲染器所提供的独有材质，可以非常轻松地模拟它，本节将介绍不锈钢材质的制作方法。

STEP|01 在材质编辑器中选择一个空白的材质球，选择场景中的落地灯的撑杆等物体，将其赋予该材质球。然后，将材质类型设置为 VRayMtl，如图 11-141 所示。

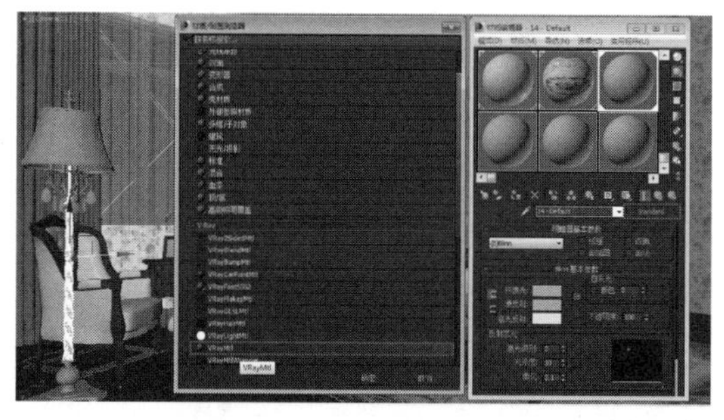

图 11-141　设置材质类型

STEP|02 在基本参数卷展栏中，单击【漫反射】右侧的颜色块，在打开的拾色器中将颜色设置为 RGB（18，10，0），将反射颜色设置为 RGB（23，18，11），如图 11-142 所示。

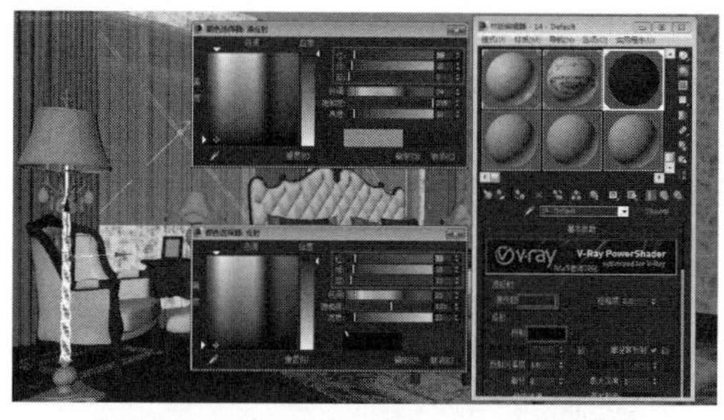

图 11-142　设置反射和漫反射颜色

提示

VrayMtl 中的反射和折射颜色都是通过灰度图来表示的。颜色越亮，则反射或者折射越剧烈，颜色越暗，则反射或者折射效果越弱。

STEP|03 然后，在【反射】区域中，将【高光光泽度】设置为 0.9，【反射光泽度】设置为 0.88，从而使反射显得粗糙一些。其他参数设置如图 11-143 所示。

图 11-143　设置反射光泽度

STEP|04 设置完毕后，快速渲染摄像机视图，观察此时的铜效果，如图 11-144 所示。

图 11-144　渲染效果

11.5.9　制作灯的材质

这里所说的灯的材质是指吊灯的灯罩材质。现在市面上关于灯的形状、质感多种多样，因此在制作的过程中没有特定的规律可循，设计师可以根据市场上的灯罩类型自由发挥，在这里将介绍本案例中的灯罩材质效果。

STEP|01 选择灯罩造型，将其赋予一个空白的材质球，并将材质类型转换为 VRayMtl，如图 11-145 所示。

STEP|02 在基本参数卷展栏中，将【漫反射】颜色设置为 RGB（245，245，245），将【反射】设置为 RGB（17，17，17），如图 11-146 所示。

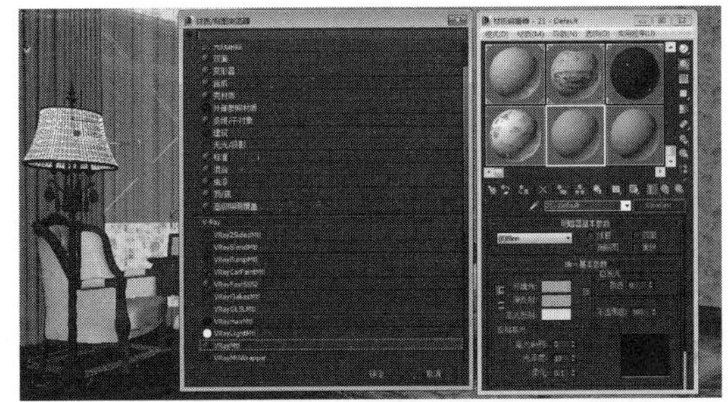

图 11-145　转换材质类型

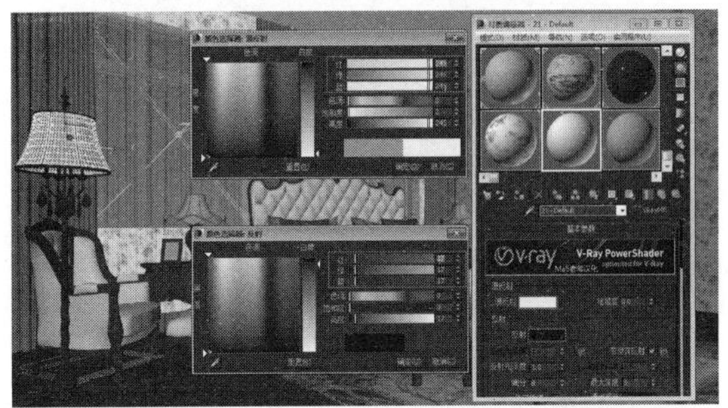

图 11-146　设置基本参数

STEP|03 在【反射】区域中将【反射光泽度】设置为 0.8，如图 11-147 所示。

图 11-147　设置反射光泽

STEP|04 在【基本参数】卷展栏【折射】选项中，将【折射】颜色设置为 RGB（101，101，101），将【折射光泽度】设置 0.8，如图 11-148 所示。

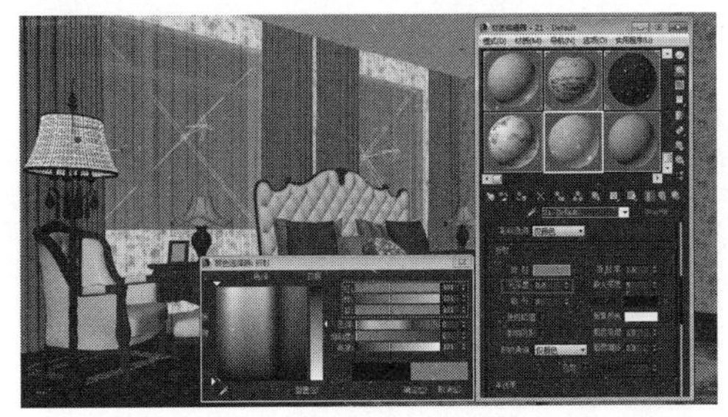

图 11-148　设置折射参数

STEP|05 设置完成后，将材质分别给予其他两盏台灯灯罩，渲染一下摄像机视图，观察此时的效果，如图 11-149 所示。

图 11-149　灯罩效果

11.5.10　制作筒灯的材质

现在市面上关于筒灯的规格、质感多种多样，设计师可以根据市场上的筒灯类型自由发挥，在这里将介绍本案例中的灯罩材质效果。

STEP|01 选择筒灯物体。将灯身赋予一个空白的材质球，并将材质类型转换为 VRayMtl，如图 11-150 所示。

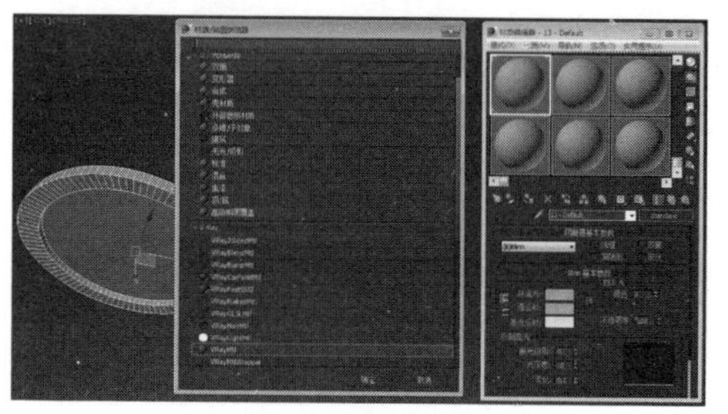

图 11-150　转换材质类型

STEP|02 在基本参数卷展栏中，将【反射】颜色设置为 RGB（215，215，215），将【反射光泽度】设置为 0.85，如图 11-151 所示。

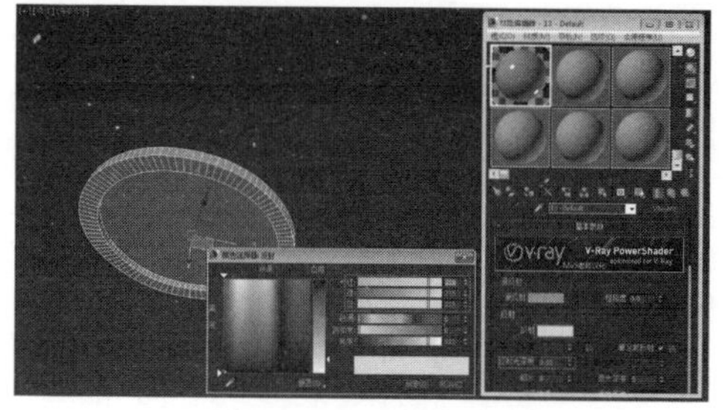

图 11-151　设置基本参数

STEP|03 将灯芯赋予一个空白的材质球，并将材质类型转换为【VRayMtl 自发光】，如图 11-152 所示。

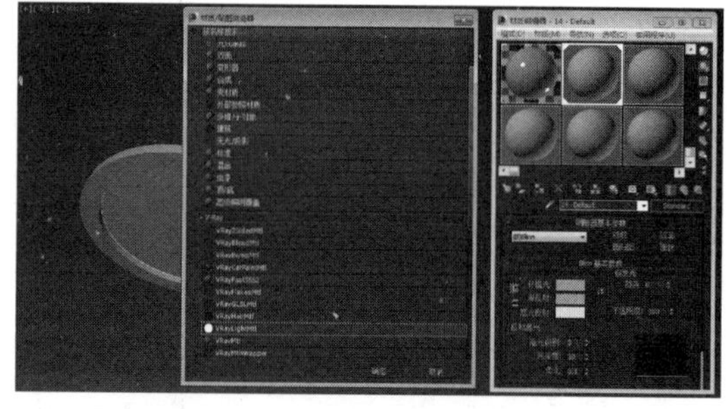

图 11-152　转换材质类型

STEP|04 在【参数】卷展栏中，将【颜色】数值设置为 1.5，如图 11-153 所示。

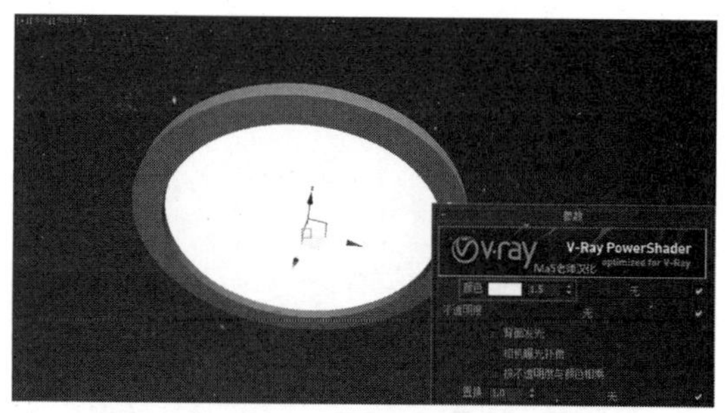

图 11-153　设置基本参数

STEP|05 设置完成后，将材质分别给予其他筒灯，渲染一下摄像机视图，观察此时的效果，如图 11-154 所示。

图 11-154　筒灯效果

11.6 设置输出参数

到此为止，整个场景中本摄像机所观察到的物体材质基本已经附完，可以提高渲染参数，开始正式渲图了。

STEP|01 按快捷键 F10，打开【渲染设置】对话框，在【公用参数】卷展栏中设置【输出大小】选项中的【宽度】为 2500，【高度】为 1875，如图 11-155 所示。

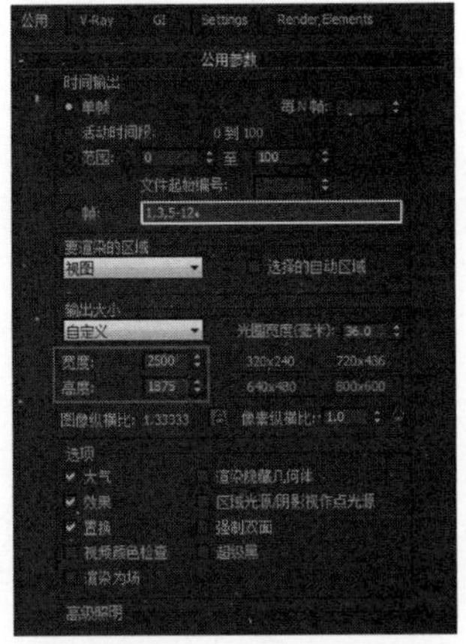

图 11-155　设置输出大小

STEP|02 在 V-Ray 卷展栏中单击【图像采样（抗锯齿）】选项中的【类型】选项，在出现的下拉列表中选择【自适应细分】选项，单击【过滤器】选项，在出现的下拉列表中选择 Catmull-Rom 命令，并设置 GIobal DMC 选项中的【自适应细分为】0.85，【噪波阈值】为 0.001，Color mapping 选项中的【类型】选项为 Exponential 命令，如图 11-156 所示。

STEP|03 在 GI 卷展栏中勾选 Global illumination 选项中的【开启全局照明】选项，设置【首次反弹渲染引擎】为 Irradiance map，【二次反弹渲染引擎】为 Light cache，并设置 Irradiance map 选项中的【当前预置】为 High 命令，Light cache 选项中的【细分】为 1500，如图 11-157 所示。

STEP|04 单击【渲染】按钮，渲染大图，并将最终效果输出出来。如图 11-158 所示的图片是镜头后期处理的最终效果。

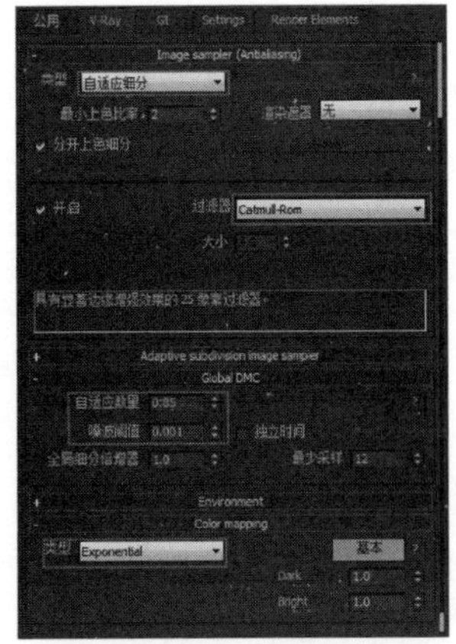

图 11-156　参数设置

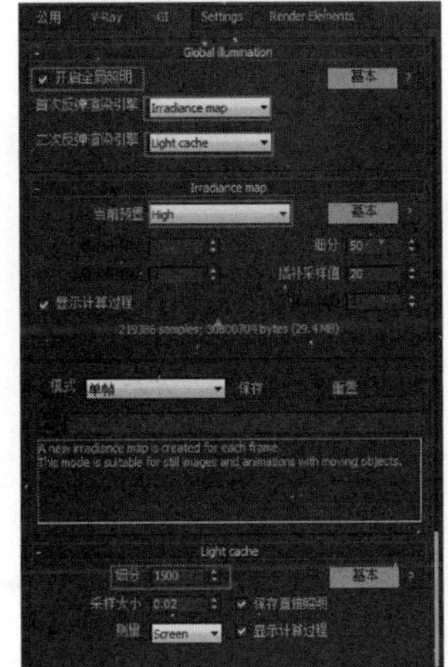

图 11-157　参数设置

图 11-158　最终效果